원리 학습을 기반으로 하는 중학 과학의 새로운 패러다임

중학 과학 1·1

정답과 해설은 EBS 중학사이트(mid.ebs.co.kr)에서 다운로드 받으실 수 있습니다.

교재 내용 문의 교재 내용 문의는 EBS 중학사이트 (mid.ebs.co.kr)의 교재 Q&A 서비스를 활용하시기 바랍니다.

교재 정오표 공지 발행 이후 발견된 정오 사항을 EBS 중학사이트 정오표 코너에서 알려 드립니다. 교재학습자료 → 교재 → 교재 정오표

교재 정정 신청 공지된 정오 내용 외에 발견된 정오 사항이 있다면 EBS 중학사이트를 통해 알려 주세요. 교재학습자료 → 교재 → 교재 선택 → 교재 Q&A

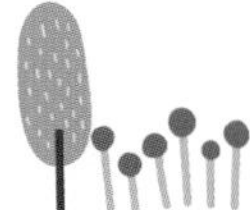

사회를 한 권으로
가뿐하게!

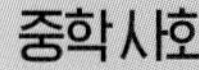

①-1

②-1

①-2

②-2

중학역사

①-1

②-1

①-2

②-2

원리 학습을 기반으로 하는 **중학 과학의 새로운 패러다임**

비욘드

중학 과학 1·1

구성과 특징

개념 학습 교재

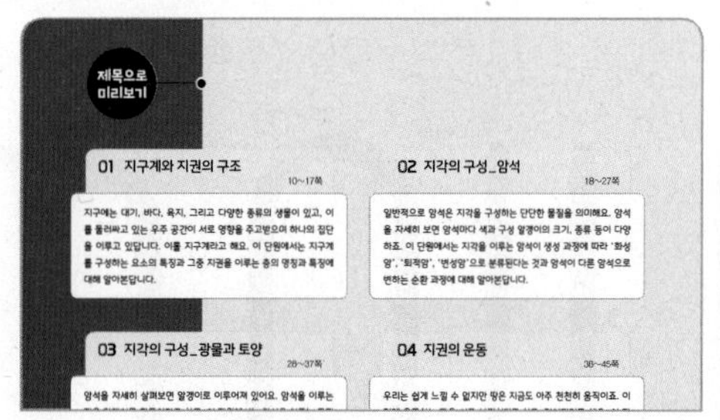

제목으로 미리보기

단원에서 학습해야 할 내용을 쉽고 흥미로운 이야기로 도입하였습니다.

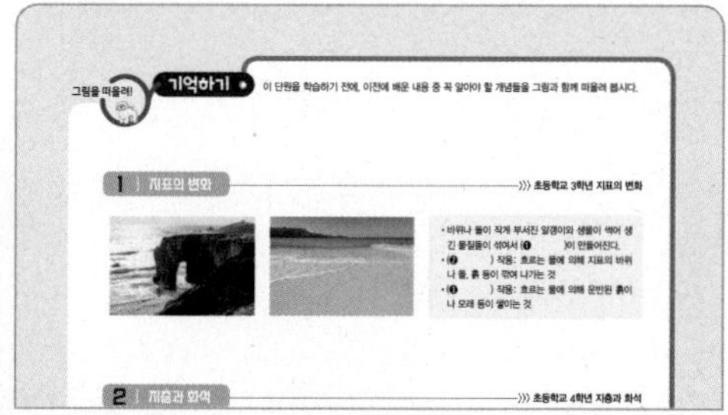

그림을 떠올려! 기억하기

단원에서 학습할 내용의 기초가 되는 이전 개념을 대표적인 그림을 떠올려 기억할 수 있도록 구성하였습니다.

쉽고 정확하게! 개념 학습

교과서를 철저하게 분석하고, 중학생 눈높이에 맞는 설명과 예시, 생생한 사진과 삽화, 다양한 코너를 이용하여 개념을 정확하고 쉽게 이해할 수 있도록 구성하였습니다.

- **개념 더하기**: 개념 이해를 돕기 위한 다양한 코너들
  핵심 Tip / 원리 Tip / 암기 Tip / 적용 Tip

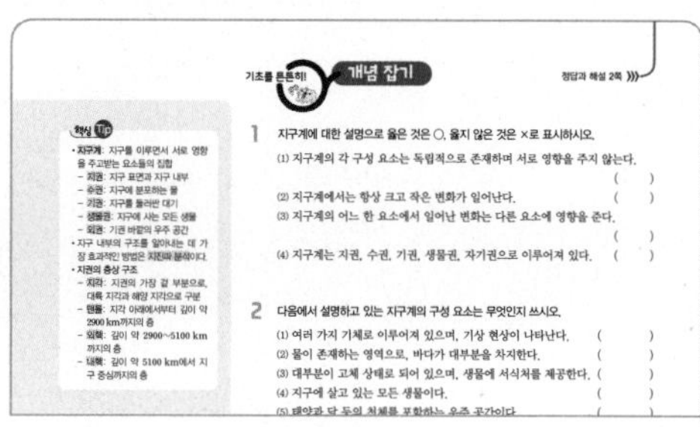

기초를 튼튼히! 개념 잡기

학습한 개념을 확실하게 잡을 수 있도록 간단하지만 날카로운 확인 문제로 구성하였습니다. 개념 학습과 실전을 연결시켜 주기 위한 중요한 단계입니다.

- **실험 Tip**: 실험 분석을 돕기 위한 자료
- **Plus 탐구**: 같은 목표의 다른 실험 자료

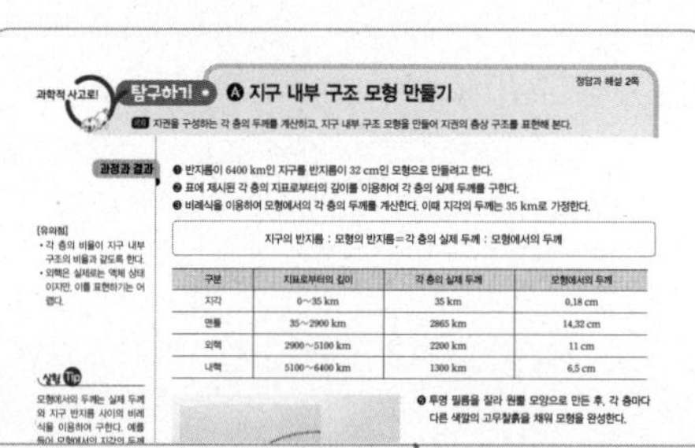

과학적 사고로! 탐구하기

교육과정에서 필수적으로 제시한 탐구 실험/자료를 [과정–결과–정리–문제] 단계로 구성하였습니다. 과학적 사고로 문제를 해결할 수 있는 능력을 키울 수 있습니다.

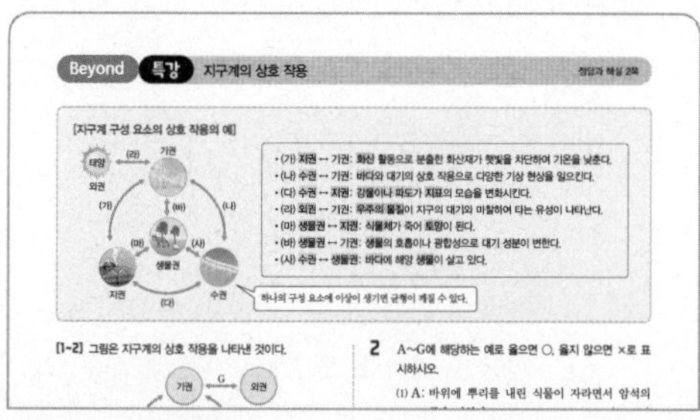

Beyond 특강

단원에 따라 다양한 내용의 특강으로 구성하여 학습의 효율을 극대화할 수 있도록 하였습니다.

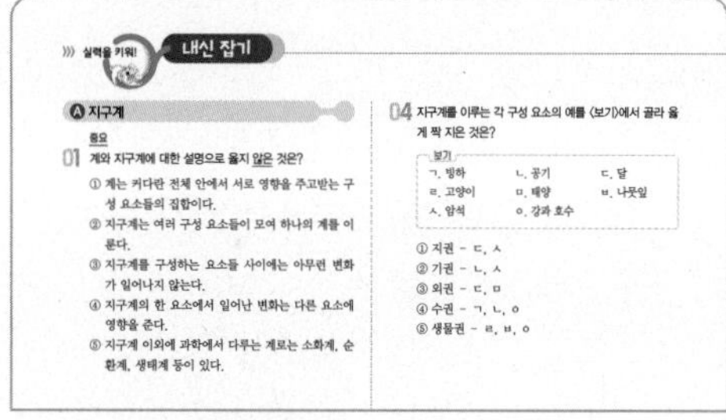

실력을 키워! 내신 잡기

학교 시험 족보를 꼼꼼하게 분석하여 실제 출제되는 핵심 유형의 문제들로 구성하였습니다. 실력을 키워 학교 내신에 철저하게 대비할 수 있습니다.

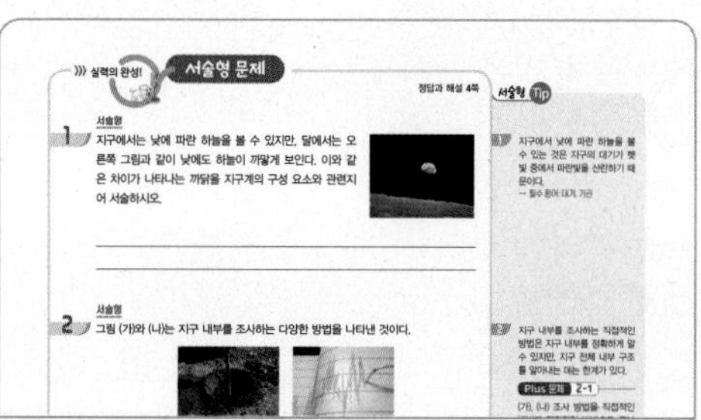

실력의 완성! 서술형 문제

실제 학교 시험에서 출제되는 다양한 유형의 서술형 문제를 구성하여 실력을 완성할 수 있도록 하였습니다.

- **서술형 Tip**: 서술형 문제의 답안 작성을 위한 팁
- **Plus 문제**: 한 문제에서 다른 관점으로 물어 볼 수 있는 또 다른 문제

시험 대비 교재

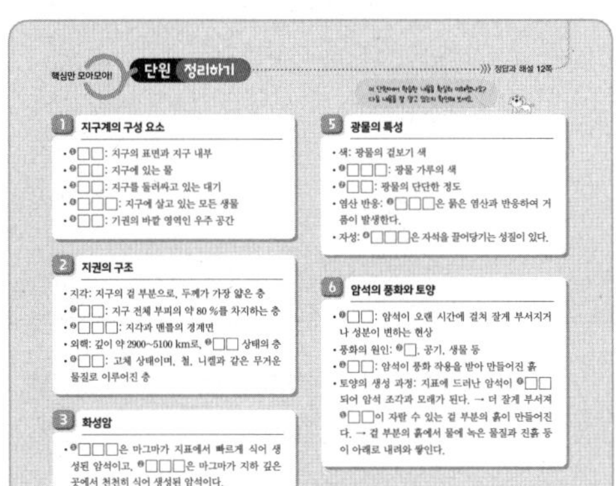

핵심만 모아모아! **단원 정리하기**

각 중단원에서 학습한 개념 중 핵심 내용만 모아서 짧은 시간에 전체 단원을 복습할 수 있도록 구성하였습니다.

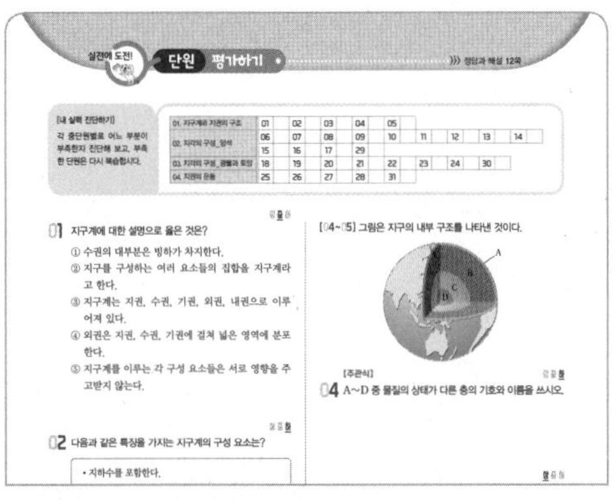

실전에 도전! **단원 평가하기**

대단원 내용에 대한 개념, 응용, 통합 등 다양한 관점의 문제들로 구성하여 실전 실력을 평가할 수 있도록 구성하였습니다.

• **내 실력 진단하기**: 각 문제마다 맞았는지 틀렸는지 표시하여 어느 중단원 부분이 부족한지 한 눈에 볼 수 있는 코너

중단원 **핵심 정리** / 중단원 **퀴즈**

학교 시험에 대비하여 개념을 빠르게 복습할 수 있도록 개념 정리와 퀴즈 문제로 구성하였습니다. 시험 직전에 효과적으로 이용할 수 있습니다.

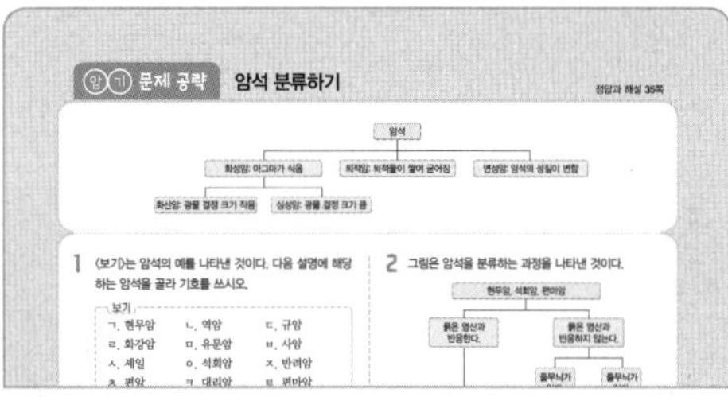

○○ **문제 공략**

시험에 자주 출제되는 문제를 공략하기 위한 코너로 구성하였습니다. 암기 문제 / 계산 문제 / 개념 이해 문제 / 모형 문제 / 그림 문제 등 단원별 빈출 유형을 집중 훈련할 수 있습니다.

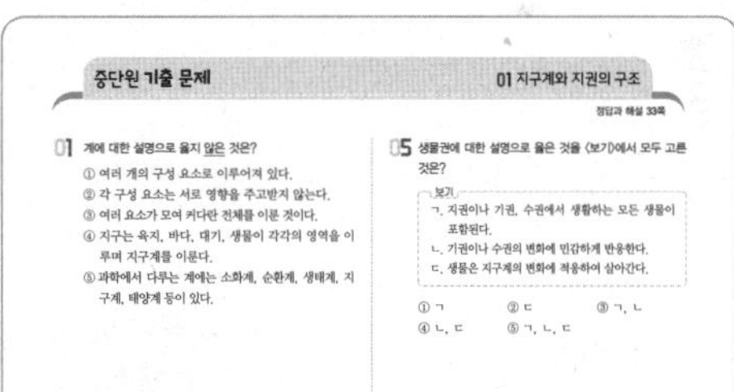

중단원 **기출 문제**

실제 학교 기출 문제 중 출제 비중이 높은 문제들로 구성하였습니다. 고난도 문제, 서술형 문제를 통하여 학교 시험 100점을 향해 완벽한 대비를 할 수 있습니다.

정답과 해설

문제의 전반적인 해설과, 옳은 선지와 옳지 않은 선지에 대한 친절한 해설로 구성하였습니다.

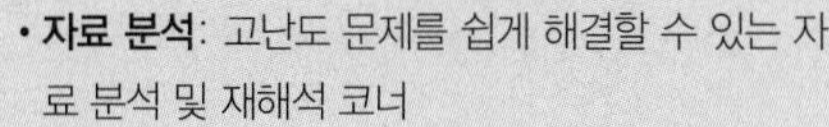

• **자료 분석**: 고난도 문제를 쉽게 해결할 수 있는 자료 분석 및 재해석 코너

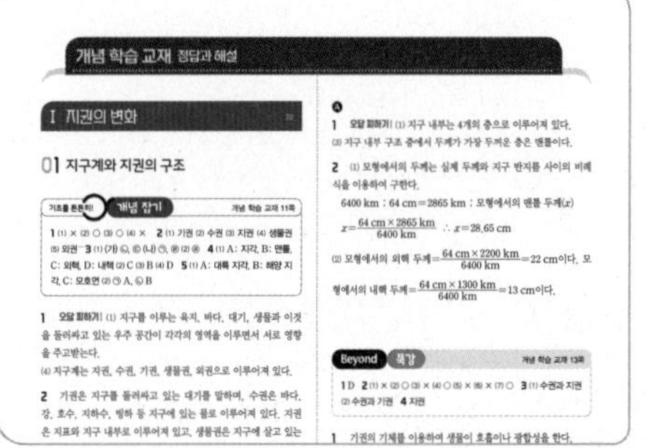

중학 과학 교과서 들여다보기

Ⅰ 지권의 변화

중단원명	비욘드 중학 과학	동아출판	미래엔	비상교육	천재교과서	와이비엠
01 지구계와 지권의 구조	10~17	13~19	14~21	14~19	13~19	14~18
02 지각의 구성_암석	18~27	20~28	22~29	24~27, 32~33, 36~40	23~33	22~27, 33~35
03 지각의 구성_광물과 토양	28~37	29~35	30~40	28~31, 34~35	34~37, 41~46	28~32, 36~38
04 지권의 운동	38~45	39~45	42~51	46~54	48~57	42~49

Ⅱ 여러 가지 힘

중단원명	비욘드 중학 과학	동아출판	미래엔	비상교육	천재교과서	와이비엠
01 중력과 탄성력	54~63	57~69	62~75	64~74	67~78	62~72
02 마찰력과 부력	64~74	70~81	76~87	80~87	81~89	76~82

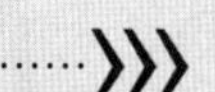

Ⅲ 생물의 다양성

중단원명	비욘드 중학 과학	동아출판	미래엔	비상교육	천재교과서	와이비엠
01 생물 다양성	82~89	91~95	98~103	96~99	99~105	96~100
02 생물의 분류	90~99	96~103	104~115	100~107	106~115	104~111
03 생물 다양성 보전	100~107	107~113	116~123	112~118	119~127	114~121

차례

I 지권의 변화

II 여러 가지 힘

비욘드 중학 과학 1-2 내용 미리 보기

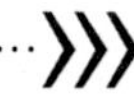

III 생물의 다양성

I

지권의 변화

제목으로 미리보기

01 지구계와 지권의 구조

10~17쪽

지구에는 대기, 바다, 육지, 그리고 다양한 종류의 생물이 있고, 이를 둘러싸고 있는 우주 공간이 서로 영향을 주고받으며 하나의 집단을 이루고 있답니다. 이를 지구계라고 해요. 이 단원에서는 지구계를 구성하는 요소의 특징과 그중 지권을 이루는 층의 명칭과 특징에 대해 알아본답니다.

02 지각의 구성_암석

18~27쪽

일반적으로 암석은 지각을 구성하는 단단한 물질을 의미해요. 암석을 자세히 보면 암석마다 색과 구성 알갱이의 크기, 종류 등이 다양하죠. 이 단원에서는 지각을 이루는 암석이 생성 과정에 따라 '화성암', '퇴적암', '변성암'으로 분류된다는 것과 암석이 다른 암석으로 변하는 순환 과정에 대해 알아본답니다.

03 지각의 구성_광물과 토양

28~37쪽

암석을 자세히 살펴보면 알갱이로 이루어져 있어요. 암석을 이루는 작은 알갱이를 광물이라고 하죠. 이 단원에서는 암석을 이루는 주된 광물과 함께 광물의 여러 가지 특성을 알아본답니다. 또한 암석이 풍화되어 토양이 되는 과정을 알아본답니다.

04 지권의 운동

38~45쪽

우리는 쉽게 느낄 수 없지만 땅은 지금도 아주 천천히 움직이죠. 이렇게 운동하는 땅은 서로 부딪치기도 하고, 멀어지기도 해요. 이 단원에서는 대륙 이동의 증거와 함께 화산 활동과 지진이 발생하는 것은 대륙의 이동과 어떻게 관련되는지 알아본답니다.

기억하기

이 단원을 학습하기 전에, 이전에 배운 내용 중 꼭 알아야 할 개념들을 그림과 함께 떠올려 봅시다.

1 | 지표의 변화

>>> 초등학교 3학년 지표의 변화

- 바위나 돌이 작게 부서진 알갱이와 생물이 썩어 생긴 물질들이 섞여서 (❶)이 만들어진다.
- (❷) 작용: 흐르는 물에 의해 지표의 바위나 돌, 흙 등이 깎여 나가는 것
- (❸) 작용: 흐르는 물에 의해 운반된 흙이나 모래 등이 쌓이는 것

2 | 지층과 화석

>>> 초등학교 4학년 지층과 화석

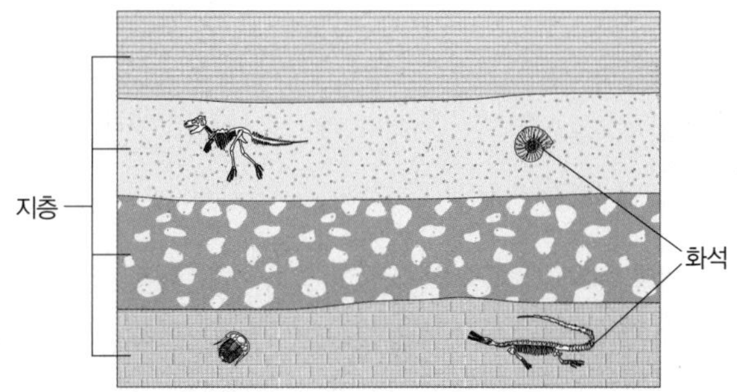

- (❹): 진흙, 자갈, 모래 등으로 이루어진 암석들이 층을 이루고 있는 것
- (❺): 옛날에 살았던 생물의 몸체와 생물이 생활한 흔적이 퇴적암 속에 남아 있는 것

3 | 화산과 화산 활동

>>> 초등학교 4학년 화산과 지진

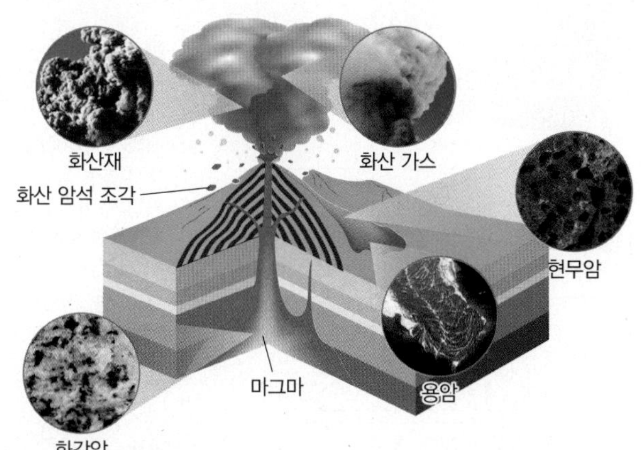

- (❻): 마그마가 분출하여 생긴 지형
- 화산이 분출할 때 나오는 물질: (❼), 화산 가스, 화산재, 화산 암석 조각 등
- (❽): 마그마가 식어서 만들어진 암석
  - 현무암: 마그마가 지표 가까이에서 식은 암석
  - 화강암: 마그마가 땅속 깊은 곳에서 식은 암석

정답 ❶ 흙 ❷ 침식 ❸ 퇴적 ❹ 지층 ❺ 화석 ❻ 화산 ❼ 용암 ❽ 화성암

쉽고 정확하게! 개념 학습

01 지구계와 지권의 구조

Ⓐ 지구계

1. 지구계 지구를 구성하는 여러 요소들이 서로 영향을 주고받으며 이루는 계❶

2. 지구계의 구성 요소 지구계는 크게 지권, 수권, 기권, 생물권, 외권으로 구성되어 있고, 각 구성 요소는 끊임없이 서로 영향을 주고받으면서 다양한 자연 현상이 일어난다.❷

Beyond 특강 13쪽

수권: 지구계의 구성 요소 사이를 이동하면서 다양한 변화를 일으킨다.

지권	수권	기권❸	생물권	외권
• 암석과 토양으로 이루어진 지구의 표면과 지구 내부 • 기권이나 수권보다 부피가 크다.	• 바다, 빙하, 지하수, 강, 호수 등 지구에 있는 물 • 수권은 대부분 바다가 차지한다.	• 지구를 둘러싸고 있는 대기 • 여러 가지 기체로 이루어져 있다. (주로 질소, 산소)	• 지구에 살고 있는 모든 생물 • 지권, 수권, 기권에 걸쳐 넓은 영역에 분포한다.	• 기권 바깥의 우주 공간 • 태양, 달 등의 천체를 포함한다.

Ⓑ 지권의 구조

1. 지구 내부 조사 방법

직접적인 조사 방법	간접적인 조사 방법❺
• 시추❹: 직접 땅을 파고 물질을 채취하여 조사한다. • 화산 분출물 조사: 화산이 분출할 때 나오는 지구 내부의 물질을 조사한다.	• *지진파 분석: 지구 내부를 통과하여 지표에 도달하는 지진파를 분석한다. • *운석 연구: 지구 내부 물질과 비슷한 물질로 이루어진 운석을 연구한다.
지표 부근을 조사할 수 있지만, 지구 내부의 전체를 알아낼 수는 없다. 지구 내부의 정확한 정보를 얻을 수 있다.	지구 내부를 알아내는 데 가장 효과적인 방법은 지진파 분석이다. ➡ 지진파는 모든 방향으로 전달되며, 통과하는 물질에 따라 전달되는 속도가 달라지기 때문이다.

2. 지권의 층상 구조 지권은 지각, 맨틀, 외핵, 내핵이라는 4개의 층으로 된 층상 구조를 이루고 있다. 탐구 12쪽

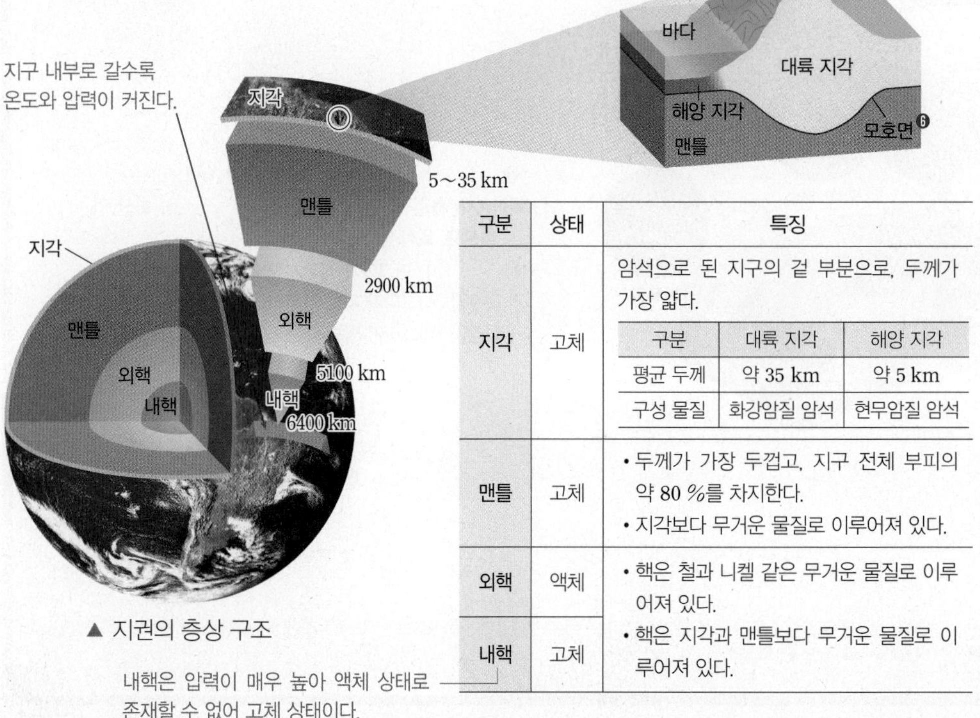

▲ 지권의 층상 구조

구분	상태	특징
지각	고체	암석으로 된 지구의 겉 부분으로, 두께가 가장 얇다. 구분 / 대륙 지각 / 해양 지각 평균 두께 / 약 35 km / 약 5 km 구성 물질 / 화강암질 암석 / 현무암질 암석
맨틀	고체	• 두께가 가장 두껍고, 지구 전체 부피의 약 80 %를 차지한다. • 지각보다 무거운 물질로 이루어져 있다.
외핵	액체	• 핵은 철과 니켈 같은 무거운 물질로 이루어져 있다. • 핵은 지각과 맨틀보다 무거운 물질로 이루어져 있다.
내핵	고체	

개념 더하기

❶ 계
커다란 전체 안에서 서로 영향을 주고받는 구성 요소들의 집합
예 지구계, 생태계, 소화계 등

❷ 지구계 각 권의 상호 작용
지구계를 구성하는 요소들은 물질과 에너지를 교환하며, 이들 상호 작용으로 여러 자연 현상과 크고 작은 변화가 일어난다. 어느 한 요소에서 일어난 변화는 다른 요소에 영향을 준다.

❸ 기권
생물의 호흡과 광합성에 필요한 기체를 제공하며, 구름, 비와 눈, 바람 등 날씨 변화가 나타난다.

❹ 시추
지하자원을 탐사하거나 지층의 구조와 상태 등을 조사하기 위해 땅속 깊이 구멍을 파는 것이다. 지금까지 가장 깊이 파 내려간 깊이는 약 13 km이다.

❺ 간접적인 방법의 이용 사례
• 공항에서 X선을 이용하여 가방 내부를 검사한다.
• 병원에서 몸속 상태를 검사하기 위해 MRI(자기 공명 영상)를 이용한다.
• 엄마 배 속의 태아를 관찰하기 위해 초음파를 이용한다.

❻ 모호면
지진파 분석을 통해 지구 내부에 3개의 경계면이 있다는 사실을 알아내었다. 지각과 맨틀의 경계면은 이를 최초로 발견한 과학자 모호로비치치의 이름을 따서 모호로비치치 불연속면 또는 모호면이라고 한다. 맨틀과 외핵의 경계면은 구텐베르크면, 외핵과 내핵의 경계면은 레만면이라고 한다.

용어 사전
＊지진파(땅 地, 우레 震, 물결 波) 지진이 발생할 때 사방으로 전달되는 진동
＊운석(떨어질 隕, 돌 石) 행성들 사이에 떠 있는 암석 조각 등이 지구로 떨어진 것

핵심 Tip

- **지구계**: 지구를 이루면서 서로 영향을 주고받는 요소들의 집합
  - 지권: 지구 표면과 지구 내부
  - 수권: 지구에 분포하는 물
  - 기권: 지구를 둘러싼 대기
  - 생물권: 지구에 사는 모든 생물
  - 외권: 기권 바깥의 우주 공간
- 지구 내부의 구조를 알아내는 데 가장 효과적인 방법은 지진파 분석이다.
- **지권의 층상 구조**
  - 지각: 지권의 가장 겉 부분으로, 대륙 지각과 해양 지각으로 구분
  - 맨틀: 지각 아래에서부터 깊이 약 2900 km까지의 층
  - 외핵: 깊이 약 2900~5100 km까지의 층
  - 내핵: 깊이 약 5100 km에서 지구 중심까지의 층

적용 Tip 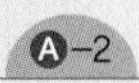

지구계 요소들 사이의 영향

- 지권에서 큰 화산 폭발이 일어나면 많은 양의 화산재가 기권으로 올라가고, 햇빛을 가려 지구의 기온을 떨어뜨린다.
- 기권에서 내리는 비는 지표의 모습을 변화시키고, 지권의 물질을 수권으로 운반한다.

원리 Tip B-1

지진파의 전파

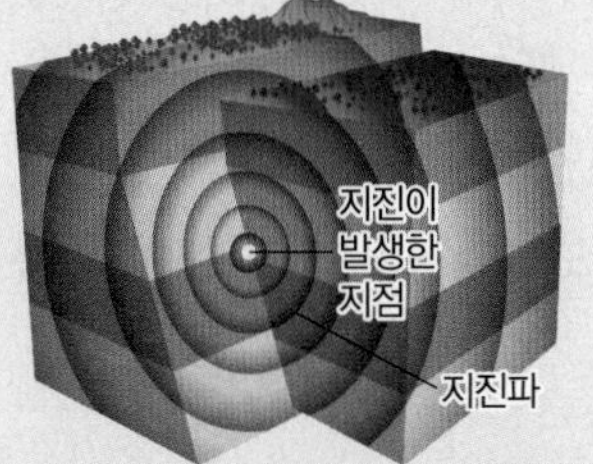

손가락으로 수면을 살짝 치면 물결이 사방으로 퍼져 나가는 것과 마찬가지로, 지구 내부에서도 암석이 힘을 받아 끊어지면 지진이 발생하고 그 진동인 지진파는 모든 방향으로 전파된다.

1 지구계에 대한 설명으로 옳은 것은 ○, 옳지 않은 것은 ×로 표시하시오.

(1) 지구계의 각 구성 요소는 독립적으로 존재하며 서로 영향을 주지 않는다. (   )

(2) 지구계에서는 항상 크고 작은 변화가 일어난다. (   )

(3) 지구계의 어느 한 요소에서 일어난 변화는 다른 요소에 영향을 준다. (   )

(4) 지구계는 지권, 수권, 기권, 생물권, 자기권으로 이루어져 있다. (   )

2 다음에서 설명하고 있는 지구계의 구성 요소는 무엇인지 쓰시오.

(1) 여러 가지 기체로 이루어져 있으며, 기상 현상이 나타난다. (   )

(2) 물이 존재하는 영역으로, 바다가 대부분을 차지한다. (   )

(3) 대부분이 고체 상태로 되어 있으며, 생물에 서식처를 제공한다. (   )

(4) 지구에 살고 있는 모든 생물이다. (   )

(5) 태양과 달 등의 천체를 포함하는 우주 공간이다. (   )

3 다음은 지구 내부를 조사하는 방법이다.

㉠ 운석 연구	㉡ 화산 분출물 조사	㉢ 시추	㉣ 지진파 분석

(1) 위의 조사 방법을 (가) 직접적인 방법과 (나) 간접적인 방법으로 구분하시오.
(가): (   ), (나): (   )

(2) 위의 조사 방법 중 지구 내부를 알아내는 데 가장 효과적인 방법을 고르시오. (   )

4 그림은 지구 내부 구조를 나타낸 것이다.

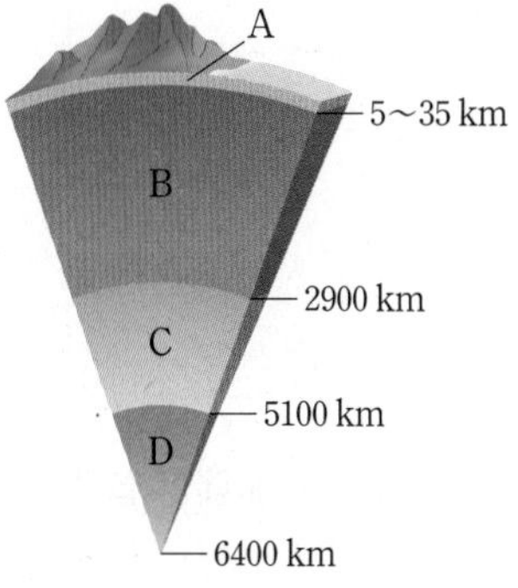

(1) A~D층의 명칭을 쓰시오.

(2) A~D 중 액체 상태로 추정되는 층을 고르시오.

(3) A~D 중 지구 전체 부피의 약 80 %를 차지하는 층을 고르시오.

(4) A~D 중 고체 상태로 추정되며 무거운 철과 니켈 등으로 이루어져 있는 층을 고르시오.

5 그림은 지각의 구조를 나타낸 것이다.

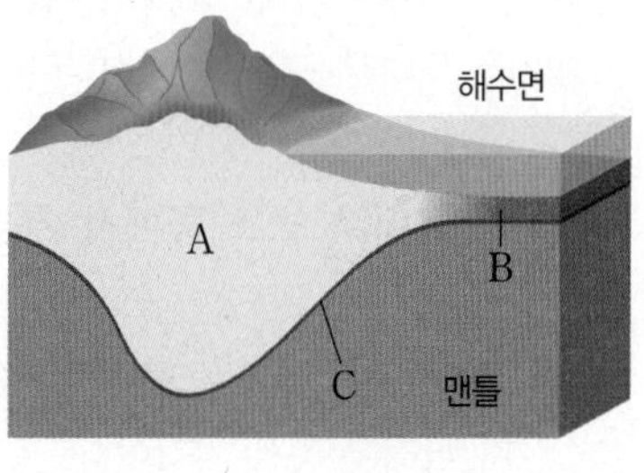

(1) A, B, C의 명칭을 쓰시오.

(2) 표의 (   ) 안에 알맞은 기호를 고르시오.

구분	구성 물질	평균 두께
㉠ (A , B)	화강암질 암석	약 35 km
㉡ (A , B)	현무암질 암석	약 5 km

과학적 사고로!

탐구하기 Ⓐ 지구 내부 구조 모형 만들기

목표 지권을 구성하는 각 층의 두께를 계산하고, 지구 내부 구조 모형을 만들어 지권의 층상 구조를 표현해 본다.

과정과 결과

❶ 반지름이 6400 km인 지구를 반지름이 32 cm인 모형으로 만들려고 한다.

❷ 표에 제시된 각 층의 지표로부터의 깊이를 이용하여 각 층의 실제 두께를 구한다.

❸ 비례식을 이용하여 모형에서의 각 층의 두께를 계산한다. 이때 지각의 두께는 35 km로 가정한다.

지구의 반지름 : 모형의 반지름=각 층의 실제 두께 : 모형에서의 두께

구분	지표로부터의 깊이	각 층의 실제 두께	모형에서의 두께
지각	0～35 km	35 km	0.18 cm
맨틀	35～2900 km	2865 km	14.32 cm
외핵	2900～5100 km	2200 km	11 cm
내핵	5100～6400 km	1300 km	6.5 cm

[유의점]
- 각 층의 비율이 지구 내부 구조의 비율과 같도록 한다.
- 외핵은 실제로는 액체 상태이지만, 이를 표현하기는 어렵다.

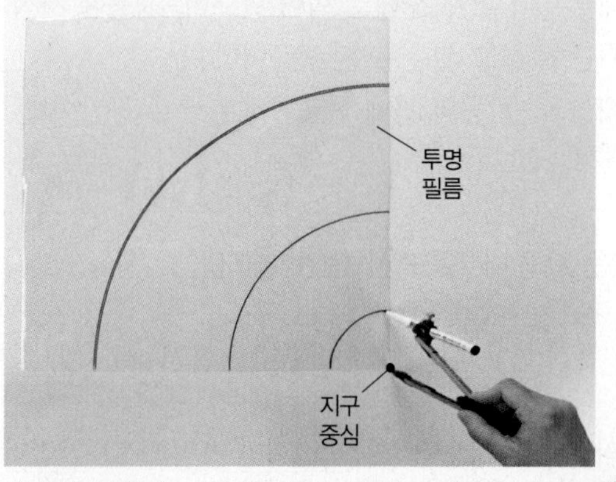

❹ 투명 필름에 지구 중심을 표시하고, ❸에서 계산한 각 층의 두께에 맞추어 호를 그린다.

❺ 투명 필름을 잘라 원뿔 모양으로 만든 후, 각 층마다 다른 색깔의 고무찰흙을 채워 모형을 완성한다.

고무찰흙

지각

맨틀

외핵

내핵

지구 내부 구조 중에서 매우 얇아서 모형으로 나타내기 어려운 층은 지각이다.

실험 Tip

모형에서의 두께는 실제 두께와 지구 반지름 사이의 비례식을 이용하여 구한다. 예를 들어 모형에서의 지각의 두께(x)를 구한다면 비례식은 다음과 같다.

6400 km : 32 cm=35 km : x

∴ x≒0.18 cm

비례식을 세울 때는 등호(=)를 기준으로 양쪽의 비가 대칭을 이루어야 해요.

정 리

- 지구 내부는 (㉠)개의 층으로 이루어진 층상 구조이다.
- 지구 내부 구조 중에서 두께가 가장 얇은 층은 (㉡)이다.
- 지구 내부 구조 중에서 가장 많은 부피를 차지하는 층은 (㉢)이다.

확인 문제

1 위 실험에 대한 설명으로 옳은 것은 ○, 옳지 않은 것은 ×로 표시하시오.

(1) 지구 내부는 3개의 층으로 이루어져 있다. ( )

(2) 지구 내부의 각 층의 두께는 다르다. ( )

(3) 지구 내부 구조 중에서 두께가 가장 두꺼운 층은 외핵이다. ( )

(4) 지구 내부 구조 중에서 부피가 가장 큰 층은 맨틀이다. ( )

(5) 지구 내부 구조 모형에서 매우 얇아서 모형으로 표현하기 어려운 층은 지각이다. ( )

실전 문제

2 반지름이 64 cm인 지구 내부 구조 모형을 만들려고 할 때, 모형에서의 각 층의 두께가 얼마로 계산되는지 구하시오. (단, 지구의 반지름은 6400 km이다.)

(1) 다음 비례식을 완성하여 모형에서의 맨틀 두께(x)를 구하시오.

6400 km : (㉠) cm=(㉡) km : x

∴ x=(㉢) cm

(2) 위의 (1)과 같은 비례식을 이용하여 (가) 모형에서의 외핵 두께와 (나) 모형에서의 내핵 두께를 구하시오.

[지구계 구성 요소의 상호 작용의 예]

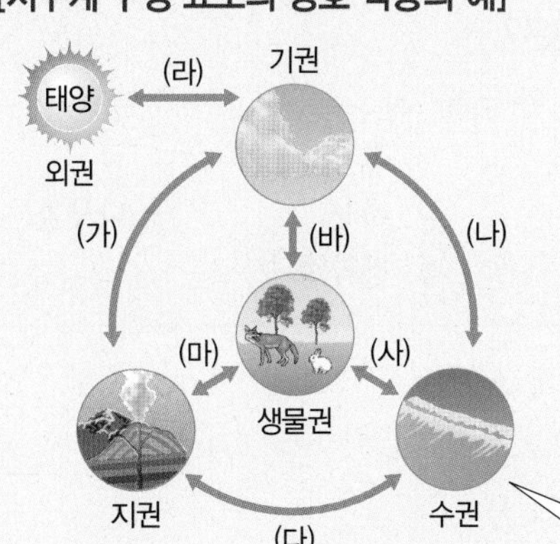

- (가) 지권 ↔ 기권: 화산 활동으로 분출한 화산재가 햇빛을 차단하여 기온을 낮춘다.
- (나) 수권 ↔ 기권: 바다와 대기의 상호 작용으로 다양한 기상 현상을 일으킨다.
- (다) 수권 ↔ 지권: 강물이나 파도가 지표의 모습을 변화시킨다.
- (라) 외권 ↔ 기권: 우주의 물질이 지구의 대기와 마찰하여 타는 유성이 나타난다.
- (마) 생물권 ↔ 지권: 식물체가 죽어 토양이 된다.
- (바) 생물권 ↔ 기권: 생물의 호흡이나 광합성으로 대기 성분이 변한다.
- (사) 수권 ↔ 생물권: 바다에 해양 생물이 살고 있다.

하나의 구성 요소에 이상이 생기면 균형이 깨질 수 있다.

[1~2] 그림은 지구계의 상호 작용을 나타낸 것이다.

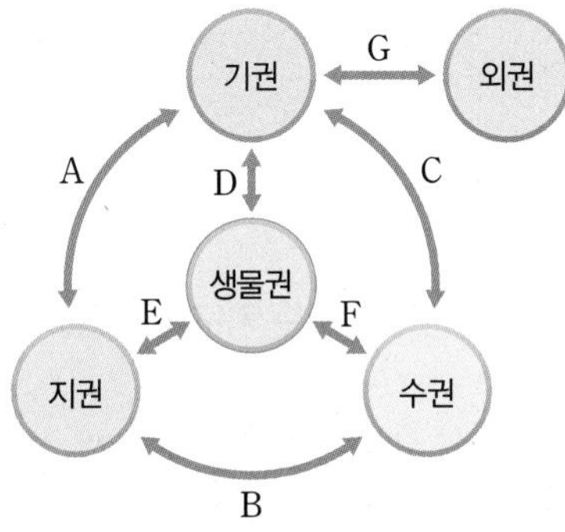

1 A~G 중 다음과 같은 현상에 해당되는 것을 고르시오.

> 식물은 광합성 작용에 의해 이산화 탄소를 흡수하고 산소를 배출한다.

2 A~G에 해당하는 예로 옳으면 ○, 옳지 않으면 ×로 표시하시오.

(1) A: 바위에 뿌리를 내린 식물이 자라면서 암석의 틈을 넓힌다. ( )

(2) B: 해저 지진에 의해 지진 해일이 발생한다. ( )

(3) C: 바람에 의해 모래 언덕이 만들어진다. ( )

(4) D: 바람은 민들레 씨앗을 멀리까지 운반한다. ( )

(5) E: 지하수의 침식 작용으로 석회 동굴이 생성된다. ( )

(6) F: 동물의 사체가 땅에서 분해된다. ( )

(7) G: 유성이 나타난다. ( )

[각 현상에 작용하는 지구계의 구성 요소]

화산이 폭발하여 화산재가 대기로 분출되면 햇빛을 차단하여 기온이 낮아질 수 있다. ➡ 지권 ↔ 기권

지진으로 생긴 큰 파도가 해안가를 덮친다. ➡ 지권 ↔ 수권

따뜻한 바닷물이 증발한 후 응결하여 태풍이 발생한다. ➡ 수권 ↔ 기권

3 다음 현상과 관련된 지구계의 구성 요소를 쓰시오.

(1) 파도에 의해 해안가에 절벽이 만들어진다.

(2) 물이 증발하여 구름이 만들어지고 태풍이 발생하기도 한다.

4 다음 세 가지 현상에 모두 작용하고 있는 지구계의 구성 요소를 쓰시오.

> - 분출된 화산재가 대기 중으로 날아간다.
> - 파도가 해안 절벽을 깎아 동굴이 만들어진다.
> - 지진으로 생긴 큰 파도가 해안가를 덮친다.

A 지구계

중요

01 계와 지구계에 대한 설명으로 옳지 않은 것은?

① 계는 커다란 전체 안에서 서로 영향을 주고받는 구성 요소들의 집합이다.
② 지구계는 여러 구성 요소들이 모여 하나의 계를 이룬다.
③ 지구계를 구성하는 요소들 사이에는 아무런 변화가 일어나지 않는다.
④ 지구계의 한 요소에서 일어난 변화는 다른 요소에 영향을 준다.
⑤ 지구계 이외에 과학에서 다루는 계로는 소화계, 순환계, 생태계 등이 있다.

중요

02 다음은 지구계의 구성 요소를 설명한 것이다.

> (가) 지구에 분포하는 모든 물
> (나) 지구를 둘러싸고 있는 대기
> (다) 지구에 살고 있는 모든 생물
> (라) 암석과 토양으로 이루어진 지구 표면과 지구 내부
> (마) 지구를 둘러싸고 있는 기권의 바깥 영역

(가)~(마)에 해당하는 지구계의 구성 요소를 옳게 짝 지은 것은?

	(가)	(나)	(다)	(라)	(마)
①	수권	기권	생물권	지권	외권
②	수권	지권	생물권	외권	기권
③	지권	수권	외권	생물권	기권
④	생물권	기권	수권	지권	외권
⑤	생물권	지권	외권	기권	수권

03 지구계의 구성 요소에 대한 설명으로 옳은 것은?

① 핵과 맨틀은 지권에 해당한다.
② 빙하는 수권에 해당하지 않는다.
③ 생물권은 지권에서만 분포한다.
④ 지권은 기권이나 수권보다 부피가 작다.
⑤ 기권은 대기에 살고 있는 생명체를 포함한다.

04 지구계를 이루는 각 구성 요소의 예를 〈보기〉에서 골라 옳게 짝 지은 것은?

> 보기
> ㄱ. 빙하　　ㄴ. 공기　　ㄷ. 달
> ㄹ. 고양이　　ㅁ. 태양　　ㅂ. 나뭇잎
> ㅅ. 암석　　ㅇ. 강과 호수

① 지권 – ㄷ, ㅅ
② 기권 – ㄴ, ㅅ
③ 외권 – ㄷ, ㅁ
④ 수권 – ㄱ, ㄴ, ㅇ
⑤ 생물권 – ㄹ, ㅂ, ㅇ

05 다음과 같은 특징을 가지는 지구계의 구성 요소는?

> • 지진과 화산 활동이 일어난다.
> • 생명체에 서식처를 제공한다.
> • 암석으로 된 지구의 겉 부분을 포함한다.
> • 지구 내부를 포함한 영역이다.

① 지권　② 수권　③ 기권
④ 외권　⑤ 생물권

06 그림에 해당하는 지구계의 구성 요소에 대한 설명으로 옳은 것을 〈보기〉에서 모두 고른 것은?

> 보기
> ㄱ. 날씨 변화가 나타난다.
> ㄴ. 대부분 고체와 액체 상태로 되어 있다.
> ㄷ. 생물의 호흡과 광합성에 필요한 기체를 제공한다.
> ㄹ. 우주로부터 오는 해로운 빛을 흡수하고 차단하는 역할을 한다.

① ㄱ, ㄷ　② ㄴ, ㄹ　③ ㄱ, ㄴ, ㄷ
④ ㄱ, ㄷ, ㄹ　⑤ ㄴ, ㄷ, ㄹ

07 다음과 같은 현상은 지구계의 어느 구성 요소 사이에서 일어나는 것인가?

> 큰 화산 활동이 일어나 많은 양의 화산재가 하늘 위로 분출되면 햇빛을 차단하여 지구의 기온이 낮아질 수 있다.

① 지권 ↔ 수권 ② 지권 ↔ 기권
③ 수권 ↔ 외권 ④ 생물권 ↔ 기권
⑤ 외권 ↔ 생물권

08 그림은 지구계의 상호 작용을 나타낸 것이다.

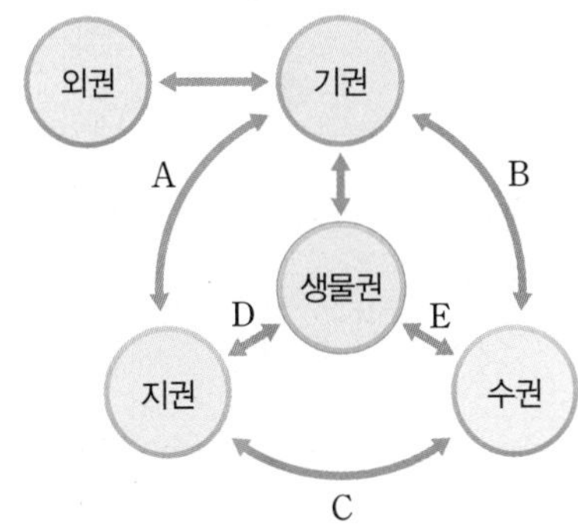

A~E 중 강물이 지표면을 침식시켜 지표의 모양을 변화시키는 현상에 해당하는 것은?

① A ② B ③ C
④ D ⑤ E

Ⓑ 지권의 구조

09 지구 내부를 조사하는 방법에 대한 설명으로 옳은 것을 〈보기〉에서 모두 고른 것은?

> 보기
> ㄱ. 화산 분출물을 조사하거나 운석을 연구하는 것은 간접적인 조사 방법이다.
> ㄴ. 시추를 이용하여 지구 내부 전체 구조를 알아낼 수는 없다.
> ㄷ. 지진파를 분석하는 것은 직접적인 조사 방법이다.

① ㄱ ② ㄴ ③ ㄷ
④ ㄱ, ㄷ ⑤ ㄴ, ㄷ

중요
10 지구 내부를 조사하는 방법 중에서 지구 전체 구조를 알아낼 수 있는 가장 효과적인 방법은?

① 땅을 직접 파서 내부를 조사한다.
② 우주에서 떨어진 운석을 연구한다.
③ 지구 내부를 통과하는 지진파를 분석한다.
④ 우주 탐사선을 이용하여 지구 사진을 찍는다.
⑤ 화산이 폭발할 때 나오는 화산 분출물을 조사한다.

중요
11 그림은 지구 내부의 층상 구조를 나타낸 것이다.

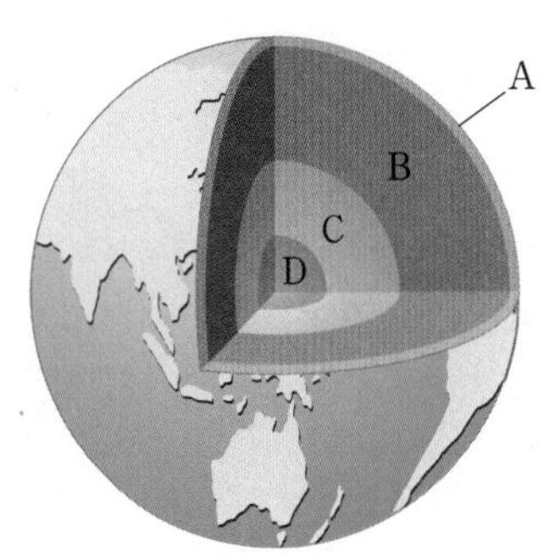

A~D에 대한 설명으로 옳은 것은?

① A는 온도가 가장 높다.
② B는 맨틀로 고체 상태이다.
③ C는 내핵, D는 외핵이다.
④ C가 가장 많은 부피를 차지한다.
⑤ D는 대륙 지각과 해양 지각으로 구분된다.

12 지각의 구조를 옳게 나타낸 것은?

①
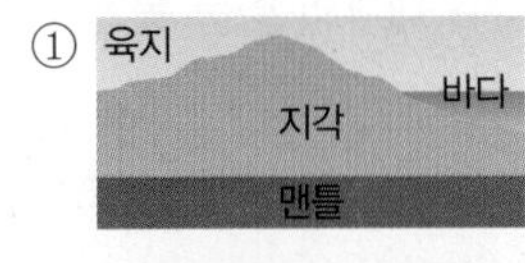

②

③

④

⑤

중요

13 그림은 지각과 맨틀의 구조를 나타낸 것이다.

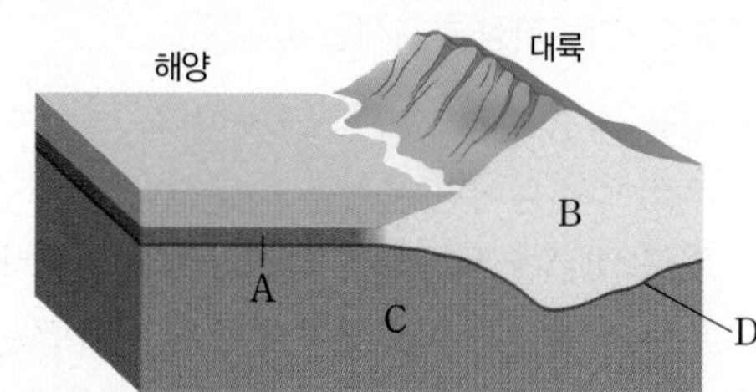

이에 대한 설명으로 옳은 것은?

① A는 대륙 지각이고, 평균 두께는 약 5 km이다.
② B는 해양 지각이고, 평균 두께는 약 35 km이다.
③ B는 현무암질 암석으로 되어 있다.
④ C는 A나 B보다 무거운 물질로 되어 있다.
⑤ D는 대륙 지각과 해양 지각의 경계면이다.

14 그림은 지권의 층상 구조를 나타낸 것이다. 이에 대한 설명으로 옳은 것을 〈보기〉에서 모두 고른 것은?

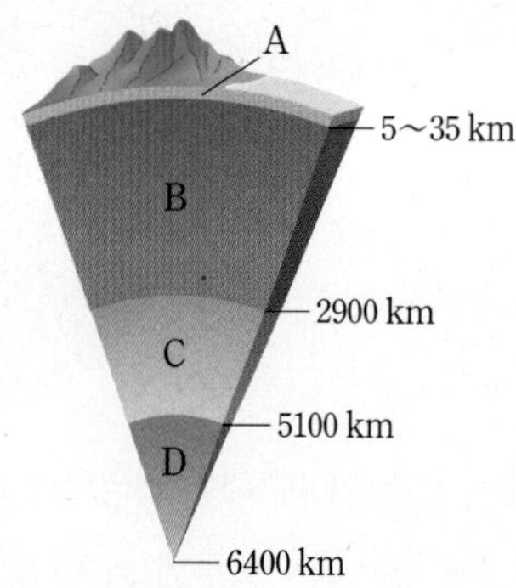

보기

ㄱ. A는 지권의 가장 바깥층인 지각이다.
ㄴ. A~D 중 두께가 가장 두꺼운 층은 B이다.
ㄷ. C와 D는 무거운 철과 니켈 등으로 이루어져 있다.
ㄹ. 지진파 분석을 통해 지구 내부에 4개의 경계면이 있다는 사실을 알아내었다.

① ㄱ, ㄴ ② ㄴ, ㄷ ③ ㄷ, ㄹ
④ ㄱ, ㄴ, ㄷ ⑤ ㄴ, ㄷ, ㄹ

중요

15 다음에서 설명하고 있는 지구 내부의 층을 옳게 짝 지은 것은?

(가) 지구 전체 부피의 약 80 %를 차지한다.
(나) 철과 니켈로 이루어져 있고, 액체 상태로 추정된다.

	(가)	(나)		(가)	(나)
①	지각	내핵	②	맨틀	지각
③	맨틀	외핵	④	외핵	맨틀
⑤	내핵	외핵			

16 모호면에 대한 설명으로 옳지 않은 것을 모두 고르면? (2개)

① 지각과 맨틀 사이의 경계면이다.
② 깊이 약 5100 km에서 나타난다.
③ 모호면의 깊이는 해양 지각보다 대륙 지각에서 더 깊다.
④ 모호면을 경계로 위쪽은 맨틀, 아래쪽은 외핵이라고 한다.
⑤ 지진파를 이용하여 지구 내부 구조를 연구하다 발견되었다.

17 삶은 달걀을 지구 내부 구조에 비유했을 때, 각 층에 해당하는 것을 옳게 짝 지은 것은?

	달걀 껍질	흰자	노른자
①	지각	핵	맨틀
②	지각	맨틀	핵
③	맨틀	지각	핵
④	맨틀	핵	지각
⑤	핵	지각	맨틀

탐구 12쪽

18 표를 참고하여 반지름이 64 cm인 지구 모형을 만들어 보려고 한다.

구분	지각	맨틀	외핵	내핵
지표로부터의 깊이(km)	0~35	35~2900	2900~5100	5100~6400
각 층의 실제 두께(km)	35	2865	2200	1300
모형에서의 두께(cm)	㉠	㉡	22	13

이에 대한 설명으로 옳은 것을 〈보기〉에서 모두 고른 것은? (단, 지구의 반지름은 6400 km이다.)

보기

ㄱ. ㉠은 0.35 cm이다.
ㄴ. ㉡은 '6400 km : 2865 km=㉡ : 64 cm'의 비례식을 이용하여 구할 수 있다.
ㄷ. 지구 내부 구조 모형에서 두께가 가장 두꺼운 층은 외핵이다.

① ㄱ ② ㄴ ③ ㄱ, ㄷ
④ ㄴ, ㄷ ⑤ ㄱ, ㄴ, ㄷ

>>> 실력의 완성!

서술형 문제

정답과 해설 4쪽

서술형 Tip

1 서술형

지구에서는 낮에 파란 하늘을 볼 수 있지만, 달에서는 오른쪽 그림과 같이 낮에도 하늘이 까맣게 보인다. 이와 같은 차이가 나타나는 까닭을 지구계의 구성 요소와 관련지어 서술하시오.

2 서술형

그림 (가)와 (나)는 지구 내부를 조사하는 다양한 방법을 나타낸 것이다.

(가) 시추

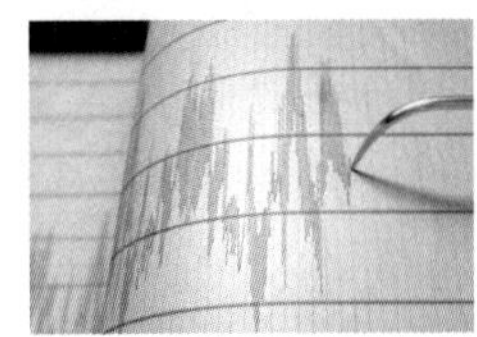

(나) 지진파 분석

(가)와 (나) 방법의 장점을 각각 서술하시오.

3 단계별 서술형

그림은 지권의 층상 구조를 나타낸 것이다.

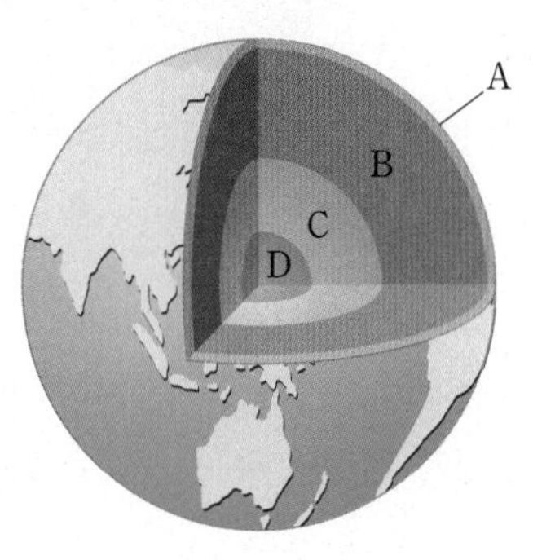

(1) A~D 중에서 물질의 상태가 다른 것으로 추정되는 층의 기호와 이름을 쓰시오.

(2) 지구 내부 구조가 층을 이루고 있음을 조사하는 방법으로 가장 효과적인 방법을 서술하시오.

(3) 지구 내부 구조를 연구할 때 (2)와 같은 방법을 이용하는 까닭을 서술하시오.

4 단어 제시형

외핵과 내핵의 공통점과 차이점을 다음 단어를 모두 포함하여 서술하시오.

철과 니켈, 고체, 액체

---

1 지구에서 낮에 파란 하늘을 볼 수 있는 것은 지구의 대기가 햇빛 중에서 파란빛을 산란하기 때문이다.
→ 필수 용어: 대기, 기권

2 지구 내부를 조사하는 직접적인 방법은 지구 내부를 정확하게 알 수 있지만, 지구 전체 내부 구조를 알아내는 데는 한계가 있다.

Plus 문제 2-1

(가), (나) 조사 방법을 직접적인 방법과 간접적인 방법으로 구분하시오.

3 지구 내부를 이루는 물질의 성질이 다르기 때문에 지진파의 속도는 깊이에 따라 달라진다.
→ 필수 용어: 외핵, 지진파, 속도

4 외핵과 내핵은 구성하는 물질은 같지만, 상태는 다르다. 외핵은 지구 내부의 나머지 세 층과 상태가 다르다.

쉽고 정확하게! **개념 학습**

02 지각의 구성_암석

Ⓐ 암석의 분류

암석은 생성 과정에 따라 화성암, 퇴적암, 변성암으로 분류한다. 탐구 22쪽 Beyond 특강 23쪽

화성암	퇴적암	변성암
마그마가 식어서 만들어진 암석 예 현무암, 화강암 등	*퇴적물이 쌓이고 굳어져서 만들어진 암석 예 역암, 사암 등	기존의 암석이 열과 압력을 받아 성질이 변한 암석 예 대리암, 편마암 등

Ⓑ 화성암

1. 화성암 마그마나 용암❶이 식어 굳어진 암석

2. 화성암의 생성

① 화성암은 생성되는 장소에 따라 화산암과 심성암으로 구분한다.

② 마그마가 식으면 화성암을 이루는 광물❷ 결정이 만들어지는데, 마그마가 식는 속도에 따라 결정의 크기가 달라진다.❸

화산암

마그마가 지표에서 빠르게 식어서 만들어진 화성암 ➡ 암석을 이루는 알갱이(광물 결정)의 크기가 작다. (광물 결정이 성장할 시간이 부족하다.)
예 현무암, 유문암

심성암

마그마가 지하 깊은 곳에서 천천히 식어서 만들어진 화성암 ➡ 암석을 이루는 알갱이(광물 결정)의 크기가 크다. (광물 결정이 성장할 시간이 충분하다.)
예 반려암, 화강암

화산암
심성암
마그마

▲ 화성암의 생성 장소

마그마의 냉각 속도가 느릴수록 화성암을 이루는 광물 결정의 크기가 커진다.

3. 화성암의 종류 암석을 이루는 알갱이의 크기와 암석의 색에 따라 구분한다.❹

① 암석을 이루는 알갱이의 크기: 화산암과 심성암 ➡ 심성암은 화산암보다 암석을 이루는 알갱이의 크기가 크다.

② 암석의 색: 암석을 구성하는 광물의 종류와 비율에 따라 달라진다.

- 밝은색 화성암: 밝은색 광물을 많이 포함한다. 예 유문암, 화강암
- 어두운색 화성암: 어두운색 광물을 많이 포함한다. 예 현무암, 반려암

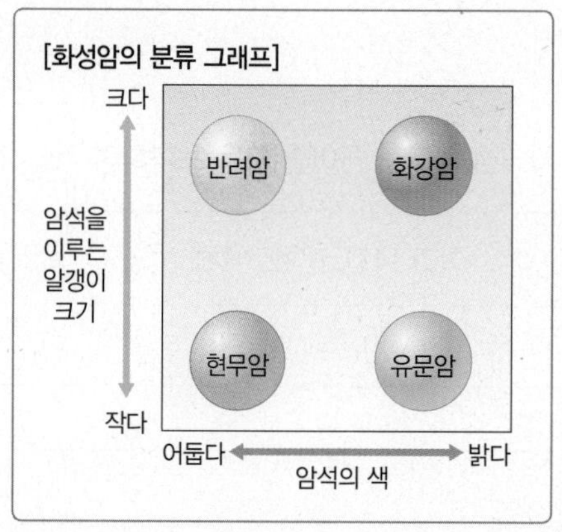

개념 더하기

❶ 마그마와 용암
암석이 지구 내부에서 녹은 것을 마그마라 하고, 마그마가 지표로 흘러나오면서 기체가 빠져나간 것을 용암이라고 한다.

❷ 광물
암석을 이루고 있는 알갱이이다.

❸ 마그마의 냉각 속도와 화성암의 결정 크기 실험
물중탕하여 녹인 스테아르산을 얼음물과 더운물 위에 띄운 페트리 접시에 각각 붓고, 식혀서 굳힌 결정의 크기를 비교한다.

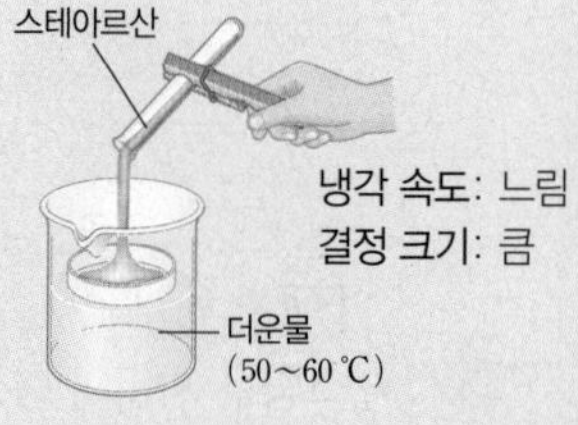

- 녹인 스테아르산: 마그마에 해당
- 얼음물: 지표에 해당
- 더운물: 지하 깊은 곳에 해당

➡ 마그마의 냉각 속도에 따라 암석을 이루는 결정의 크기가 달라질 것이다.

❹ 현무암과 화강암

현무암	화강암
• 색: 어둡다 • 결정 크기: 작다 • 종류: 화산암	• 색: 밝다 • 결정 크기: 크다 • 종류: 심성암

용어 사전
***퇴적물(쌓다 堆, 쌓다 積, 물건 物)**
암석 조각이나 생물의 유해 등이 운반되어 쌓인 것

핵심 Tip

- 암석은 생성 과정에 따라 화성암, 퇴적암, 변성암으로 분류한다.
- **화성암**: 마그마나 용암이 식어 굳어진 암석
  - **화산암**: 마그마가 지표에서 빠르게 식어서 만들어진 화성암
    예 현무암, 유문암
  - **심성암**: 마그마가 지하 깊은 곳에서 천천히 식어서 만들어진 화성암
    예 반려암, 화강암
  - 암석을 이루는 알갱이(광물 결정)의 크기: 화산암<심성암
- **밝은색 화성암**: 유문암, 화강암
- **어두운색 화성암**: 현무암, 반려암

암기 Tip 

- 현무암: 화산암, 어둡다
- 화강암: 심성암, 밝다
- 지표 – 화산암 – 마그마 냉각 속도 빠름 – 광물 결정 크기 작음
- 지하 – 심성암 – 마그마 냉각 속도 느림 – 광물 결정 크기 큼

원리 Tip 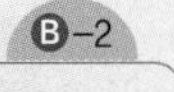

현무암 표면의 구멍들이 만들어진 원리
현무암 표면의 크고 작은 구멍들은 마그마가 지표 부근이나 지표에서 빠르게 식으면서 굳어질 때 마그마 속에 포함되어 있던 기체가 빠져나가면서 만들어졌다.

적용 Tip B-3

가로축과 세로축을 바꾼 화성암의 분류 그래프

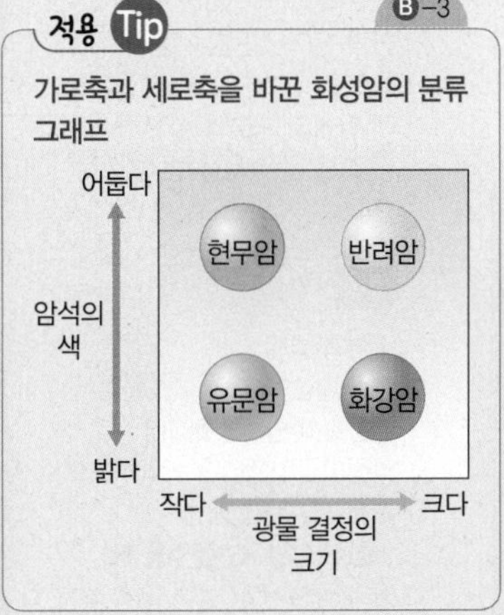

1 암석의 분류에 대한 설명이다. (   ) 안에 알맞은 말을 고르시오.

(1) 암석을 화성암, 퇴적암, 변성암으로 분류하는 기준은 암석의 생성 (과정 , 장소)이다.

(2) ㉠ (현무암 , 편마암)은 화성암에 속하고, ㉡ (화강암 , 역암)은 퇴적암에 속하며, ㉢ (대리암 , 사암)은 변성암에 속한다.

2 화성암의 특징에 대한 설명으로 옳은 것은 ○, 옳지 않은 것은 ×로 표시하시오.

(1) 화성암을 이루는 광물 결정의 크기에 영향을 주는 요인은 마그마의 냉각 속도이다. (   )

(2) 마그마가 천천히 식으면 암석을 이루는 광물 결정의 크기가 작다. (   )

(3) 마그마가 빨리 식으면 암석을 이루는 광물 결정의 크기가 크다. (   )

3 그림은 화성암이 생성되는 장소를 나타낸 것이다.

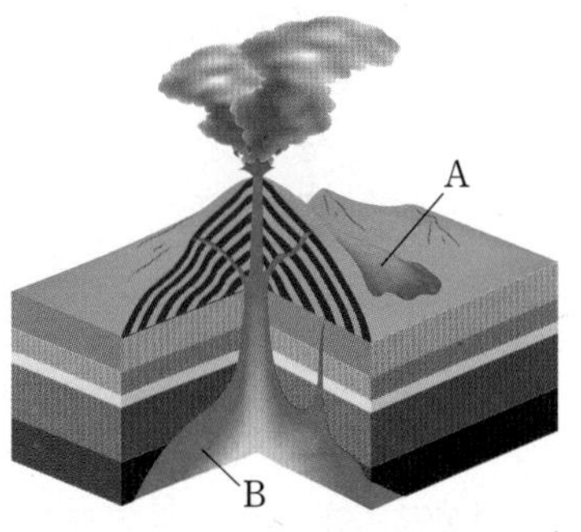

(1) A와 B 중 화산암이 생성되는 곳을 쓰시오.

(2) A와 B 중 심성암이 생성되는 곳을 쓰시오.

(3) (가)와 (나) 집단의 암석은 A와 B 중 어느 곳에서 만들어졌는지 쓰시오.

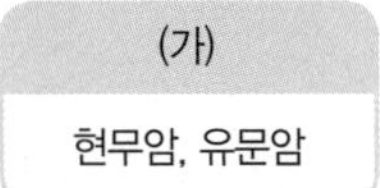

(가)	(나)
현무암, 유문암	반려암, 화강암

4 그림의 ㉠과 ㉡에 알맞은 내용을 쓰시오.

5 그림은 화성암을 광물 결정의 크기와 암석의 색에 따라 구분한 것이다. A~D에 해당하는 화성암의 이름을 〈보기〉에서 골라 쓰시오.

보기

현무암, 유문암, 반려암, 화강암

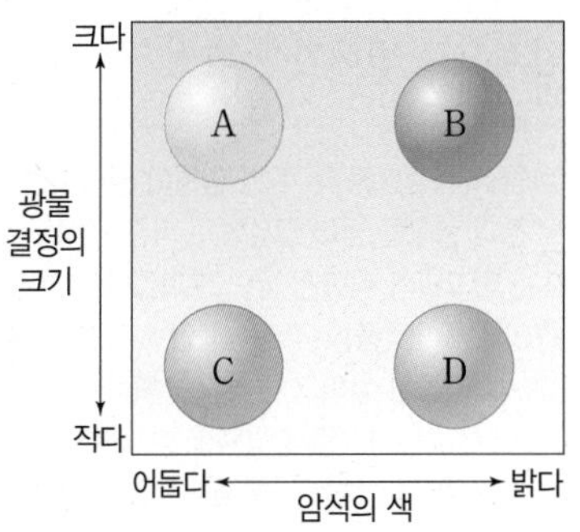

02 지각의 구성_암석

C 퇴적암

1. 퇴적암 퇴적물[❶]이 쌓인 후 다져지고 굳어져서 만들어진 암석

2. 퇴적암의 생성 과정 퇴적물 운반 → 퇴적 → 다져짐 → 굳어짐 → 퇴적암 생성[❷]

3. 퇴적암의 특징 층리와 화석[❸]

① 층리: 크기, 종류, 색깔이 서로 다른 퇴적물이 쌓이면서 만들어진 평행한 줄무늬 — 퇴적물이 쌓일 당시 주변 환경이 달라지면 퇴적물의 종류도 달라져 퇴적암에 결이 생기기도 한다.

② 화석: 과거에 살았던 생물의 유해나 흔적

4. 퇴적암의 종류 퇴적물의 크기와 종류에 따라 역암, 사암, 셰일, 석회암 등으로 분류한다.

퇴적물	크다 ← 암석이 부서진 퇴적물 → 작다			*석회 물질, 산호, 조개껍데기 등	화산재	소금
	자갈	모래	진흙			
퇴적암	역암	사암	셰일	석회암	응회암	암염

[퇴적물이 쌓이는 위치]
- 퇴적물의 크기는 자갈이 가장 크고, 모래, 진흙 순으로 작아진다.
- 퇴적물의 크기가 작을수록 해안에서 먼 곳까지 운반되어 쌓인다.
- 해안가에서 멀어질수록 쌓이는 퇴적물의 크기가 작아진다.

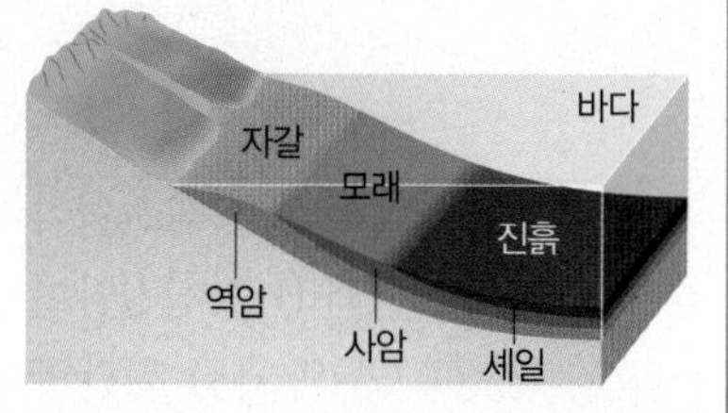

D 변성암

1. 변성암 암석이 높은 열과 압력을 받아 성질이 변하여 만들어진 암석

2. 변성암의 특징

① 엽리: 암석이 압력을 받으면 암석을 이루는 알갱이가 압력의 수직 방향으로 배열되면서 만들어진 줄무늬

② 암석이 열의 영향을 크게 받으면 암석을 이루는 광물이 다른 광물로 변하거나 광물 결정이 커진다. - 재결정

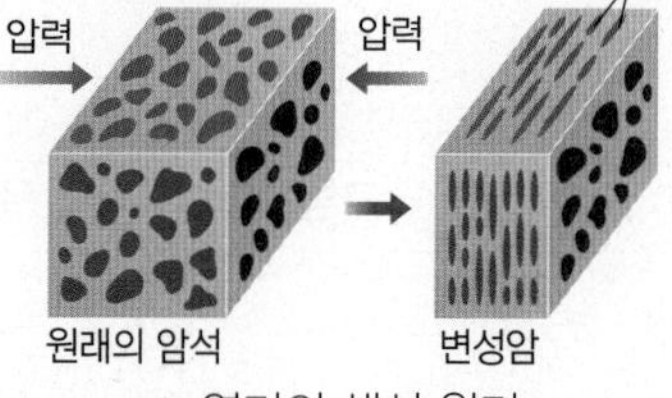

▲ 엽리의 생성 원리

3. 변성암의 종류 변성 작용[❹]을 받기 전 원래 암석의 종류와 변성 정도에 따라 분류한다.

원래 암석	화강암	사암	석회암	세일	
변성암	편마암	규암	대리암	편암	→ 편마암

석회암과 대리암은 모두 석회 물질로 이루어져 있어 묽은 염산과 반응하여 거품이 발생한다.

편암과 편마암에서는 엽리가 잘 발달되어 있다. 편마암은 편암보다 변성 정도가 크다.

E 암석의 순환

암석이 환경의 변화에 따라 끊임없이 다른 암석으로 변해가는 과정

암석은 생성된 후 주변 환경이 달라지면 새로운 환경의 영향을 받아 끊임없이 다른 암석으로 변한다.
- 마그마가 식어서 굳으면 화성암이 만들어진다.
- 암석이 *풍화·*침식되면 퇴적물이 된다.
- 퇴적물이 쌓이고 굳어지면 퇴적암이 된다.
- 암석이 높은 열과 압력을 받으면 변성암이 된다.
- 암석이 더 높은 열을 받으면 마그마가 된다.

개념 더하기

❶ 퇴적물
지표에 드러난 암석은 오랜 시간이 지나면 자갈, 모래, 진흙 등의 작은 알갱이로 부서진다. 이 알갱이들은 물, 바람, 빙하 등에 의해 운반되어 호수나 바다 밑바닥에 쌓이는데, 이를 퇴적물이라고 한다.

❷ 퇴적암의 생성 과정

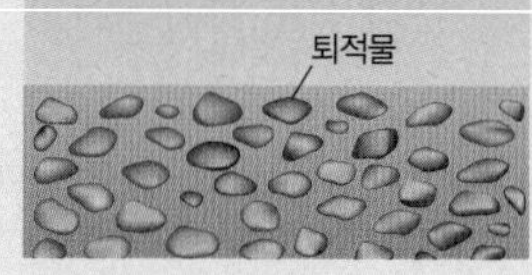

① 퇴적물이 쌓인다.

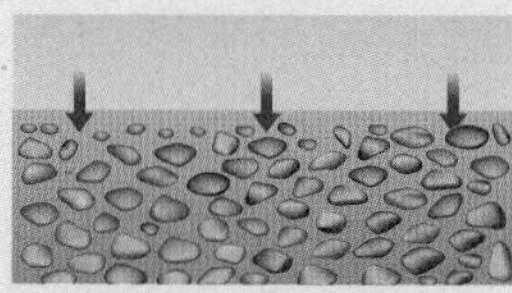
② 퇴적물이 다져진다.

③ 물속에 녹아 있는 물질이 퇴적물을 붙게 하여 굳어진다.

❸ 층리와 화석

❹ 변성 작용
지표의 암석이 지하 깊은 곳으로 들어가 열과 압력을 받거나, 암석의 틈으로 마그마가 뚫고 들어오면 원래 암석의 구조와 성질 등이 변하는데, 이러한 작용을 변성 작용이라고 한다.

용어 사전

***석회 물질**
탄산 칼슘을 포함하는 물질

***풍화(바람 風, 될 化)**
암석이 물리적, 화학적 작용으로 잘게 부서지는 현상

***침식(잠길 浸, 좀먹을 蝕)**
물과 바람 등이 암석 등을 깎는 일

핵심 Tip

- **퇴적암**: 퇴적물이 다져지고 굳어져서 생성된 암석
  예 역암, 사암, 셰일, 석회암 등
- **퇴적암의 생성 과정**: 퇴적물 운반·퇴적 → 다져짐 → 굳어짐
- **퇴적물의 크기**: 역암 > 사암 > 셰일
- **층리**: 퇴적암에 나타나는 줄무늬
- **화석**: 과거에 살았던 생물의 유해나 흔적
- **변성암**: 암석이 높은 열과 압력을 받아 성질이 변하여 만들어진 암석
  예 규암, 대리암, 편암, 편마암 등
- **엽리**: 변성암에 나타나는 줄무늬
- **암석의 순환**: 암석이 환경에 따라 끊임없이 다른 암석으로 변하는 과정

원리 Tip D-2

엽리의 형성 원리

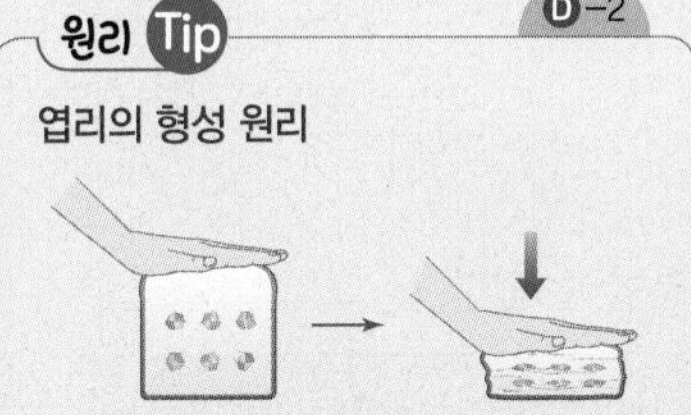

통식빵에 마시멜로를 끼우고 위에서 누르면 누르는 힘의 수직 방향으로 마시멜로가 납작해진다. 이처럼 엽리는 암석을 누르는 힘의 수직 방향으로 나타나는 줄무늬 구조이다.

적용 Tip E

암석의 순환 과정 모형실험

❶ 여러 가지 색깔의 크레파스를 강판에 갈아 쇠 그릇에 담는다. ➡ 퇴적물
❷ 크레파스 조각을 숟가락으로 여러 번 눌러 단단하게 굳힌다. ➡ 퇴적암
❸ 쇠 그릇을 가열 장치로 가열하여 단단하게 굳어진 크레파스를 녹인 후 다시 식힌다. ➡ 화성암

6 퇴적암에 대한 설명으로 옳은 것은 ○, 옳지 않은 것은 ×로 표시하시오.

(1) 바다나 호수 밑바닥에서 퇴적물이 쌓여서 굳어질 때 만들어진다. (　　)
(2) 해안가에서 멀어질수록 크기가 큰 퇴적물이 쌓인다. (　　)
(3) 산호나 조개껍데기 등 석회 물질로 이루어진 생물의 유해가 쌓여서 생긴 퇴적암을 석회암이라고 한다. (　　)

7 역암, 사암, 셰일 중 다음의 퇴적물이 굳어서 생성된 퇴적암의 이름을 쓰시오.

(1) 자갈 → (　　)　(2) 진흙 → (　　)　(3) 모래 → (　　)

8 다음과 같은 특징이 관찰될 수 있는 암석을 〈보기〉에서 찾아 ○표 하시오.

- 크기, 종류, 색깔이 서로 다른 퇴적물이 쌓이면서 평행한 줄무늬인 층리가 나타난다.
- 과거에 살았던 생물의 유해나 흔적인 화석이 나타난다.

보기
현무암, 대리암, 화강암, 석회암, 편마암, 셰일

9 다음 (　　) 안에 알맞은 말을 고르시오.

편암이나 편마암에서 나타나는 평행한 줄무늬를 ㉠ (층리 , 엽리)라 하고, 작용한 압력 방향에 ㉡ (나란하게 , 수직으로) 생긴다.

10 표는 변성 작용을 받기 전 원래 암석과 변성암을 나타낸 것이다. ㉠~㉢에 알맞은 암석의 이름을 쓰시오.

원래 암석	변성암
화강암 ⟶	편마암
사암 ⟶	(㉠　　)
석회암 ⟶	(㉡　　)
셰일 ⟶	편암 ➡ (㉢　　)

11 그림은 암석이 순환하는 과정을 나타낸 것이다. ㉠~㉢에 알맞은 용어를 쓰시오.

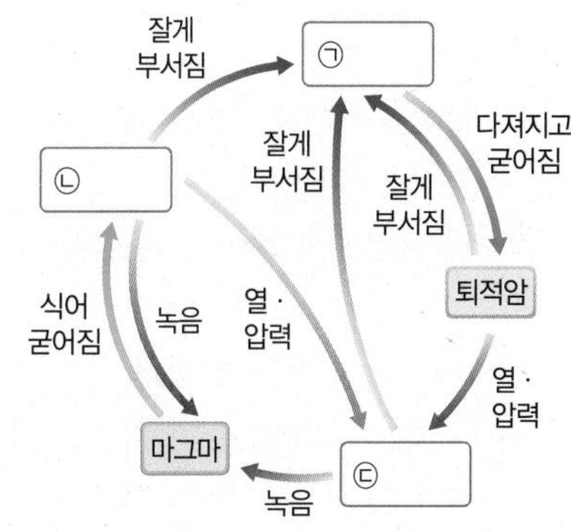

과학적 사고로!

탐구하기 • Ⓐ 암석 분류하기

목표 여러 가지 암석의 특징을 관찰하여 암석을 화성암, 퇴적암, 변성암으로 분류해 본다.

과정

❶ 현무암, 화강암, 역암, 사암, 편마암 표본을 준비하고, (가)~(마)라고 쓴 붙임딱지를 붙인다.
❷ 돋보기를 이용하여 암석의 색, 알갱이의 크기와 종류, 줄무늬 등을 관찰한다.
❸ 질문에 따라 암석을 분류한다.

[유의점]
암석의 날카로운 면에 손이 긁히지 않도록 유의한다.

결과

암석	특징
(가)	암석의 색이 어둡고, 알갱이의 크기가 작으며, 표면에 구멍이 있다.
(나)	암석의 색이 밝고, 알갱이의 크기가 크고 고르다.
(다)	알갱이의 크기가 다양하고, 큰 자갈이 많이 보인다.
(라)	크기가 작은 모래 입자로 이루어져 있다.
(마)	어두운색과 밝은색의 줄무늬가 교대로 나타난다.

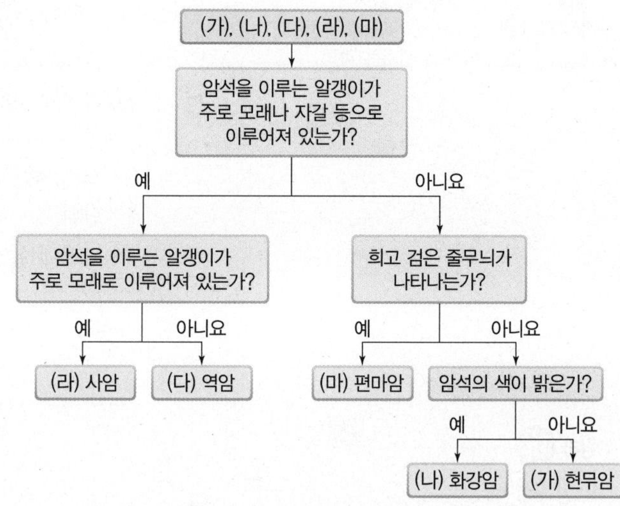

실험 Tip
암석에 나타나는 줄무늬에는 층리와 엽리가 있다. 층리는 퇴적암에, 엽리는 변성암에 나타난다.

정리

• (가)~(마)의 암석은 생성 과정에 따라 화성암, 퇴적암, 변성암으로 구분할 수 있다.

(㉠)	(㉡)	(㉢)
(가) 현무암, (나) 화강암	(다) 역암, (라) 사암	(마) 편마암

• 마그마가 식어서 만들어진 암석은 (㉣)이라고 하며, 결정의 크기와 암석의 색이 다양하다.
• 역암은 사암보다 암석을 이루는 알갱이의 크기가 ㉤(작다 , 크다).
• 편마암은 ㉥(층리 , 엽리)가 나타난다.

확인 문제

1 위 실험에 대한 설명으로 옳은 것은 ○, 옳지 않은 것은 × 로 표시하시오.

(1) '암석을 이루는 알갱이가 주로 모래나 자갈 등으로 이루어져 있는가?'라는 질문은 변성암을 구분하기 위한 질문이다. ( )
(2) 암석을 이루는 알갱이가 주로 자갈로 이루어져 있는 암석은 (라)이다. ( )
(3) 이 실험에서 희고 검은 줄무늬는 엽리를 나타낸다. ( )
(4) (나)는 (가)보다 암석의 색이 밝다. ( )
(5) (가)는 (나)보다 지하 깊은 곳에서 마그마가 식어서 만들어진 암석이다. ( )

실전 문제

2 그림은 암석을 분류하는 과정을 나타낸 것이다.

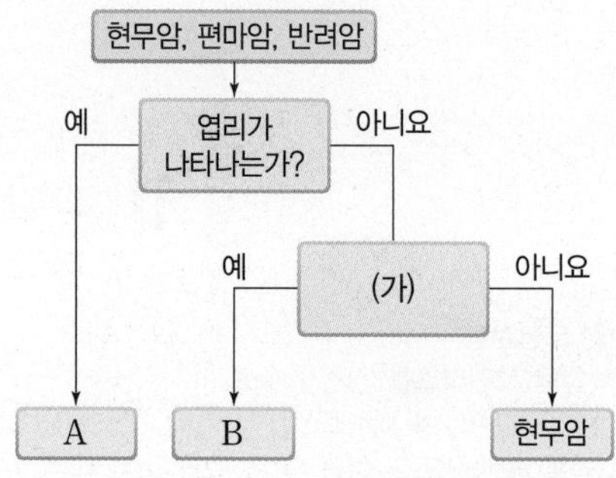

(1) 암석을 이루는 알갱이의 크기를 비교하여 (가)에 들어갈 분류 기준을 쓰시오.

(2) A, B에 해당하는 암석의 이름을 쓰시오.

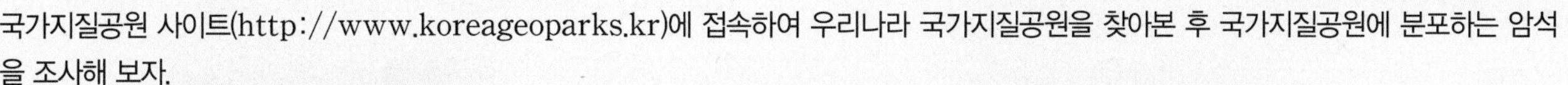

국가지질공원의 암석 조사하기

정답과 해설 5쪽

국가지질공원 사이트(http://www.koreageoparks.kr)에 접속하여 우리나라 국가지질공원을 찾아본 후 국가지질공원에 분포하는 암석을 조사해 보자.

▲ 한탄강 재인폭포(*주상 절리 절벽_현무암)

*주상 절리: 마그마나 용암이 식을 때 수축 현상에 의해 생긴 절리

▲ 한반도 지형

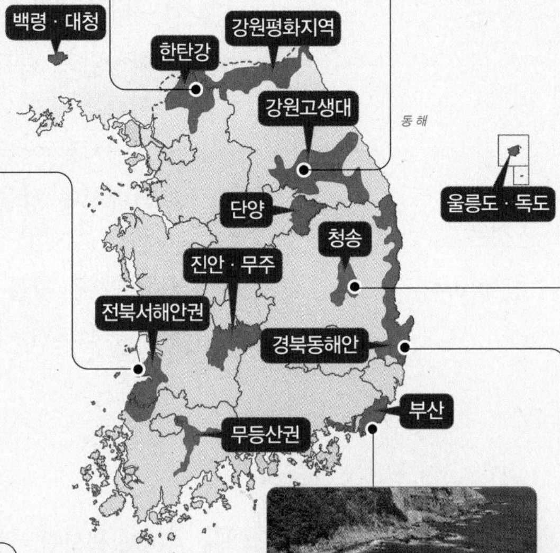

백령 · 대청
강원평화지역
한탄강
강원고생대
동해
울릉도 · 독도
단양
청송
진안 · 무주
전북서해안권
경북동해안
부산
무등산권
제주도

▲ 채석강

크기와 종류가 다른 퇴적물이 번갈아 쌓여 만들어진 퇴적층을 볼 수 있다.

▲ 청송 주왕산(화산재가 쌓이고 굳어져서 만들어진 응회암 덩어리)

▲ 용두암

- 생성 과정: 지하 깊은 곳의 마그마가 화산 활동을 통해 지표로 흘러나와 식어 암석이 되었고, 암석이 오랜 시간 동안 바람과 파도에 깎여 지금의 모습이 되었다.
- 암석의 종류: 용암이 식어서 생긴 어두운색 암석인 현무암이다.

▲ 태종대

다양한 색깔을 띠는 암석들이 줄무늬를 가진 형태로 지층을 이루고 있다.

▲ 양남 주상 절리

주로 현무암과 같은 화산암에서 형성된 육각기둥 모양의 돌기둥을 볼 수 있다.

1 그림은 전라북도 채석강에서 볼 수 있는 지층의 일부를 나타낸 것이다.

채석강에 나타나는 줄무늬의 이름과 이러한 줄무늬를 관찰할 수 있는 암석의 이름을 옳게 짝 지은 것은?

① 층리 – 셰일　　② 층리 – 화강암
③ 엽리 – 사암　　④ 엽리 – 대리암
⑤ 화석 – 역암

2 그림 (가)는 제주도의 주상 절리를, (나)는 용두암을 나타낸 것이다.

(가)　　(나)

제주도 주상 절리와 용두암을 이루는 암석의 종류는 무엇인지 쓰시오.

Ⓐ 암석의 분류

중요

01 그림은 암석의 분류 과정을 나타낸 것이다. (가)에 해당하는 분류 기준으로 옳은 것은?

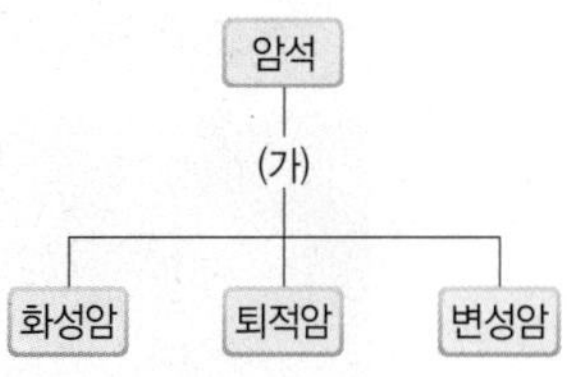

① 암석의 색
② 암석의 부피
③ 암석의 생성 과정
④ 암석을 이루는 광물의 종류
⑤ 암석을 이루는 알갱이의 크기

02 마그마가 식어서 만들어진 암석이 아닌 것은?

① 현무암 ② 화강암 ③ 편마암
④ 반려암 ⑤ 유문암

Ⓑ 화성암

03 표는 화성암을 (가)와 (나) 두 집단으로 분류한 것이다.

(가)	(나)
현무암, 유문암	반려암, 화강암

암석을 (가), (나)로 분류한 기준은?

① 암석의 색
② 암석의 생성 과정
③ 마그마의 냉각 속도
④ 암석이 받은 열과 압력
⑤ 암석을 이루는 광물의 종류

04 다음 설명에 해당하는 암석은?

- 마그마가 지하 깊은 곳에서 천천히 식어서 만들어진 암석이다.
- 어두운색 광물을 많이 포함하여 암석의 색이 어둡다.

① 셰일 ② 현무암 ③ 유문암
④ 반려암 ⑤ 화강암

[05~06] 그림은 화성암이 생성되는 장소를 나타낸 것이다.

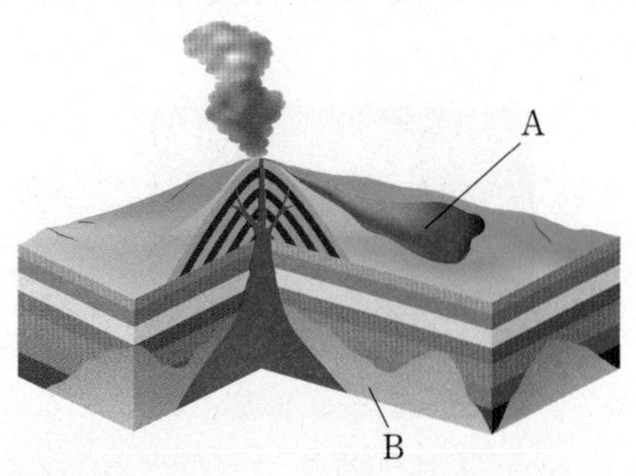

중요

05 위 그림에 대한 설명으로 옳지 않은 것은?

① 화성암은 마그마나 용암이 굳어서 만들어진 암석이다.
② A에서는 어두운색의 화성암만 생성된다.
③ A에서는 광물 결정의 크기가 작은 화산암이 생성된다.
④ B에서는 광물 결정의 크기가 큰 심성암이 생성된다.
⑤ A는 B보다 마그마의 냉각 속도가 빠르다.

06 A에서 생성되는 화성암을 〈보기〉에서 모두 고른 것은?

보기
ㄱ. 현무암 ㄴ. 반려암
ㄷ. 화강암 ㄹ. 유문암

① ㄱ, ㄴ ② ㄱ, ㄷ ③ ㄱ, ㄹ
④ ㄴ, ㄷ ⑤ ㄴ, ㄹ

중요

07 표는 화성암을 특징에 따라 분류한 것이다.

암석의 색 / 알갱이의 크기	어둡다 ←→	밝다
작다(㉠)	현무암	A
크다(㉡)	B	화강암

이에 대한 설명으로 옳지 않은 것은?

① ㉠은 화산암, ㉡은 심성암에 해당한다.
② A는 유문암이다.
③ B는 반려암이다.
④ ㉡은 ㉠보다 지하 깊은 곳에서 만들어진 암석이다.
⑤ A는 B보다 마그마가 천천히 식어서 만들어졌다.

08 그림 (가)와 (나)는 두 화성암의 표면을 돋보기로 확대한 모습을 나타낸 것이다.

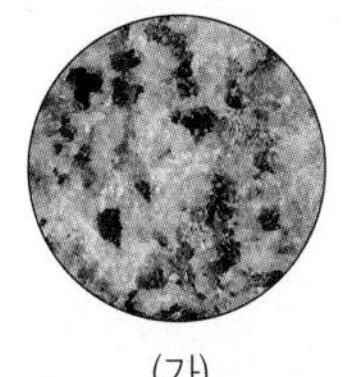
(가)

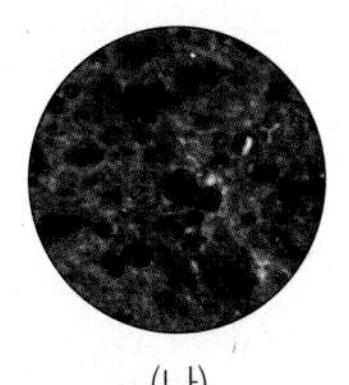
(나)

이에 대한 설명으로 옳은 것을 〈보기〉에서 모두 고른 것은?

보기
ㄱ. (가)는 현무암, (나)는 화강암이다.
ㄴ. (가)는 (나)보다 밝은색 광물의 함량이 많다.
ㄷ. (가)는 (나)보다 마그마의 냉각 속도가 느리다.
ㄹ. (가)와 (나)의 색이 다른 까닭은 암석이 생성된 깊이가 다르기 때문이다.

① ㄱ, ㄴ ② ㄱ, ㄷ ③ ㄴ, ㄷ
④ ㄴ, ㄹ ⑤ ㄷ, ㄹ

중요

09 그림은 화성암을 암석의 색과 암석을 이루는 알갱이의 크기에 따라 분류한 것이다.

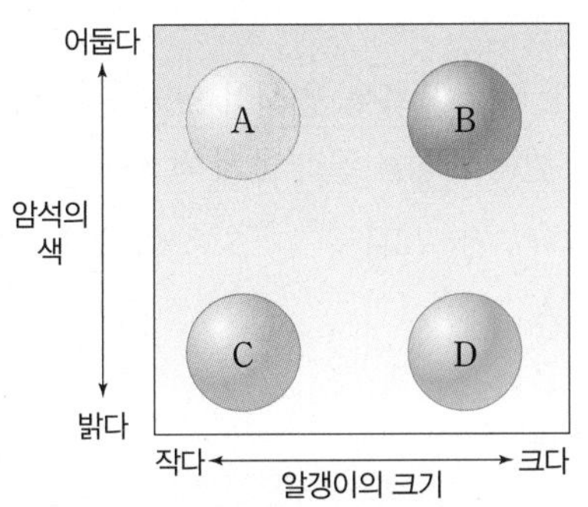

A~D에 해당하는 화성암을 옳게 짝 지은 것은?

① A-유문암 ② A-반려암
③ B-현무암 ④ C-화강암
⑤ D-화강암

10 유문암과 화강암의 공통점을 〈보기〉에서 모두 고른 것은?

보기
ㄱ. 모두 화산암이다.
ㄴ. 밝은색 광물을 많이 포함하고 있다.
ㄷ. 암석을 구성하는 광물 결정의 크기가 크다.

① ㄱ ② ㄴ ③ ㄱ, ㄷ
④ ㄴ, ㄷ ⑤ ㄱ, ㄴ, ㄷ

11 그림은 화성암의 생성 과정을 알아보기 위해 스테아르산을 녹인 후 결정을 만드는 실험 과정이다.

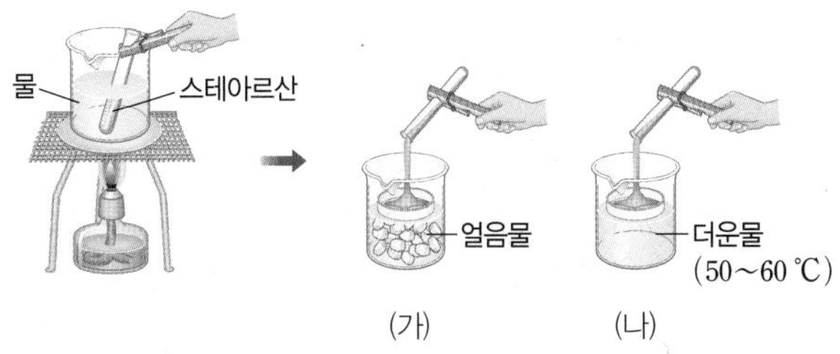

이에 대한 설명으로 옳은 것을 모두 고르면? (2개)

① (가)와 같은 원리로 심성암이 만들어진다.
② 녹인 스테아르산은 마그마에 비유할 수 있다.
③ 암석의 색은 마그마의 냉각 속도와 관련이 깊다.
④ (나)와 같은 원리는 지표나 지표 부근에서 나타난다.
⑤ (가)보다 (나)와 같은 원리로 생성된 암석의 광물 결정 크기가 더 크다.

C 퇴적암

중요

12 퇴적암에 대한 설명으로 옳은 것을 〈보기〉에서 모두 고른 것은?

보기
ㄱ. 화석이 전혀 발견되지 않는다.
ㄴ. 평행한 줄무늬인 층리가 나타난다.
ㄷ. 쌓인 퇴적물이 열과 압력에 의해 구조나 성질이 변하면서 퇴적암이 된다.

① ㄱ ② ㄴ ③ ㄱ, ㄷ
④ ㄴ, ㄷ ⑤ ㄱ, ㄴ, ㄷ

13 다음은 퇴적암의 생성 과정을 순서 없이 나타낸 것이다.

(가) 퇴적물이 운반되어 두껍게 쌓인다.
(나) 아래층의 퇴적물이 위층의 퇴적물에 눌려서 다져진다.
(다) 오랜 세월에 걸쳐 퇴적물이 점점 굳어져서 암석이 된다.
(라) 물속에 녹아 있던 광물 성분이 퇴적물을 결합시켜 굳어진다.

순서대로 옳게 나열한 것은?

① (가) → (나) → (다) → (라)
② (가) → (나) → (라) → (다)
③ (나) → (가) → (다) → (라)
④ (다) → (라) → (나) → (가)
⑤ (라) → (다) → (가) → (나)

중요

14 퇴적암과 그 암석을 구성하는 퇴적물을 옳게 짝 지은 것은?

	퇴적암	퇴적물의 종류
①	역암	석회 물질
②	사암	모래
③	셰일	소금
④	석회암	진흙
⑤	암염	자갈

15 다음과 같은 특징이 나타날 수 있는 암석은?

▲ 층리

▲ 화석

① 셰일 ② 규암 ③ 화강암
④ 현무암 ⑤ 대리암

D 변성암

중요

16 그림은 엽리가 만들어지는 과정을 나타낸 것이다. 이에 대한 설명으로 옳은 것을 〈보기〉에서 모두 고른 것은?

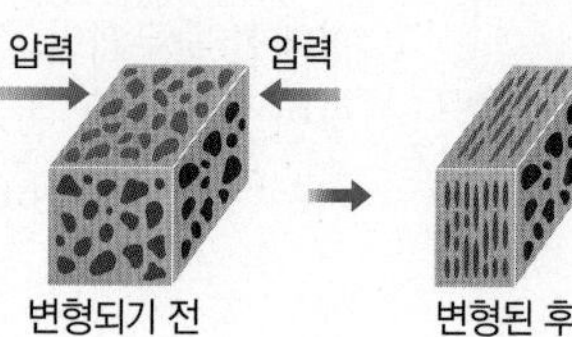

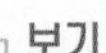
보기
ㄱ. 압력에 평행한 방향으로 엽리가 만들어진다.
ㄴ. 엽리는 퇴적암에서 볼 수 있는 줄무늬이다.
ㄷ. 편마암에는 엽리가 잘 발달되어 있다.

① ㄱ ② ㄷ ③ ㄱ, ㄴ
④ ㄴ, ㄷ ⑤ ㄱ, ㄴ, ㄷ

17 다음 설명에 해당하는 암석은?

- 높은 열과 압력을 받아 생성된다.
- 화강암이나 셰일이 변성 작용을 받아 생성된다.
- 표면에 뚜렷한 줄무늬가 나타난다.

① 규암 ② 대리암 ③ 편마암
④ 석회암 ⑤ 화강암

중요

18 표는 원래 암석과 변성암을 나타낸 것이다.

구분	원래 암석	변성암
화성암	화강암	⟶ A
퇴적암	셰일	⟶ B ⟶ C
	사암	⟶ D
	E	⟶ 대리암

A~E에 들어갈 암석을 옳게 짝 지은 것은?

① A－대리암 ② B－석회암
③ C－화강암 ④ D－규암
⑤ E－편마암

E 암석의 순환

중요

19 그림은 암석의 순환 과정을 나타낸 것이다.

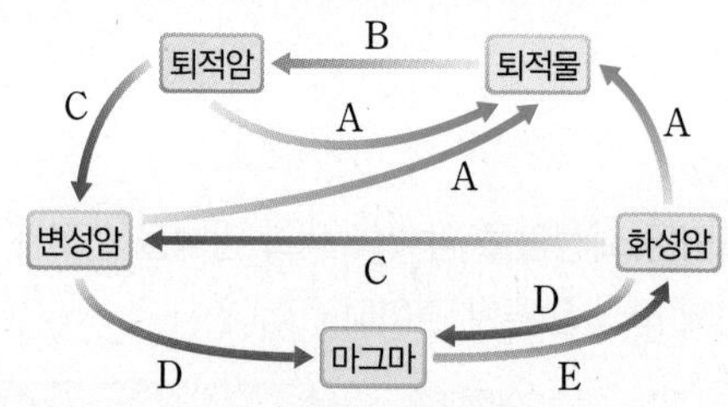

A~E 중 (가) 풍화·침식이 일어나는 과정과 (나) 열과 압력을 받는 과정을 골라 옳게 짝 지은 것은?

	(가)	(나)		(가)	(나)
①	A	C	②	A	D
③	B	A	④	C	D
⑤	D	C			

[주관식] 탐구 22쪽

20 다음 3개의 암석을 특징에 따라 분류하였다.

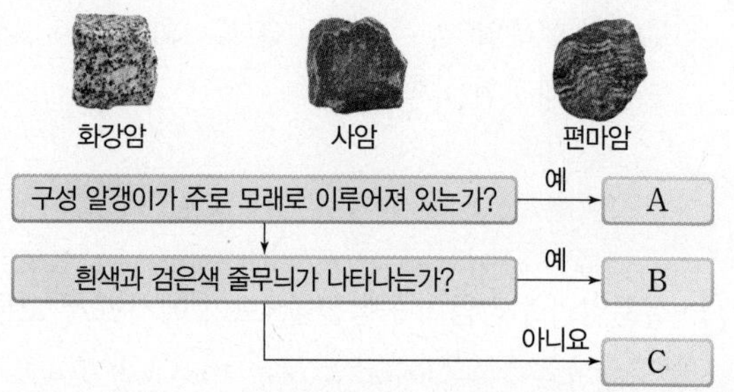

이에 대한 설명으로 옳은 것을 〈보기〉에서 모두 고르시오.

보기
ㄱ. A는 퇴적암이다.
ㄴ. A가 열과 압력을 받으면 B가 생성될 수 있다.
ㄷ. C는 마그마가 천천히 식어서 생성된다.

>>> 실력의 완성!

서술형 문제

정답과 해설 6쪽

단어 제시형

1 그림 (가)는 화성암의 생성 장소를, (나)는 화성암의 분류를 나타낸 것이다.

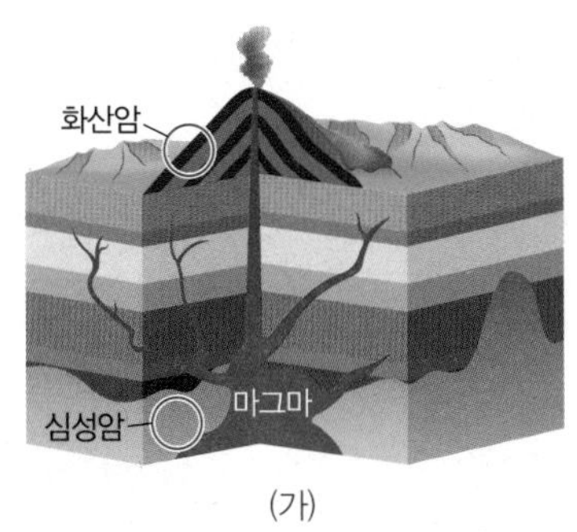

(가)

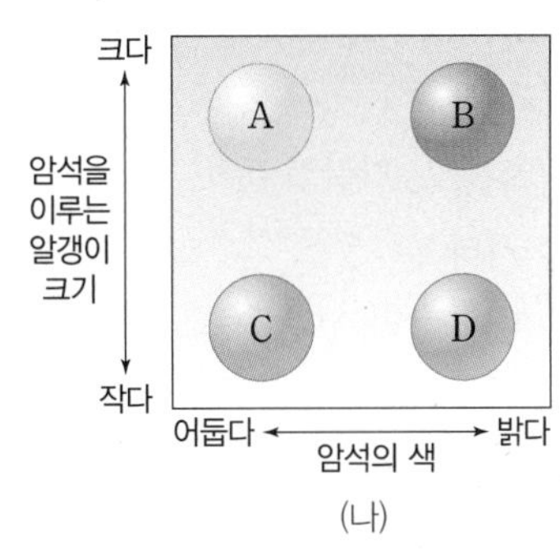

(나)

(1) (가)의 심성암과 화산암의 특징을 다음 용어를 포함하여 비교하시오.

마그마, 지하 깊은 곳, 지표 부근, 천천히, 빠르게

(2) (나)의 A~D 중 반려암에 해당하는 것을 고르고, A~D를 화산암과 심성암으로 구분하시오.

서술형

2 그림은 퇴적암이 생성되는 장소를 나타낸 것이다. 셰일, 사암, 역암 중 A, B, C에서 생성될 수 있는 퇴적암의 이름을 각각 쓰고, 해안에서 멀어질수록 퇴적암에는 어떤 특징이 나타나는지 서술하시오.

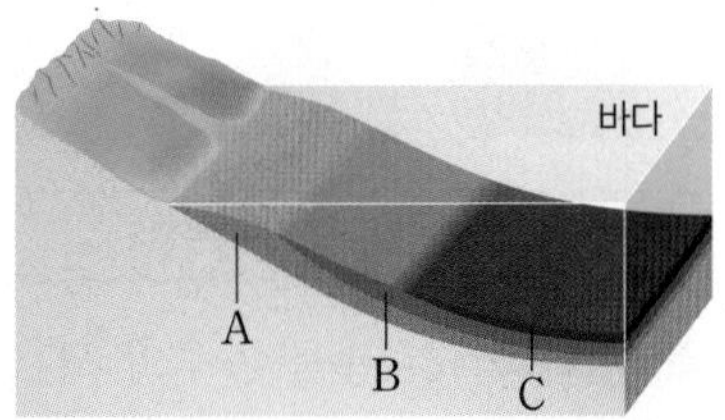

서술형

3 그림은 편마암이 생성되는 과정을 나타낸 것이다. 이러한 과정으로 나타나는 줄무늬의 이름을 쓰고, 줄무늬가 생성되는 방향을 압력과 관련지어 서술하시오.

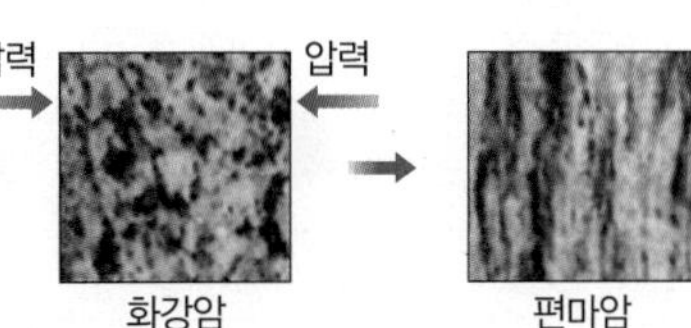

단계별 서술형

4 그림은 암석이 순환하는 과정을 나타낸 것이다.

(1) (가)와 (나) 중 층리와 엽리가 잘 만들어지는 과정을 각각 고르시오.

(2) (가)와 (나) 과정에서 일어나는 변화를 각각 서술하시오.

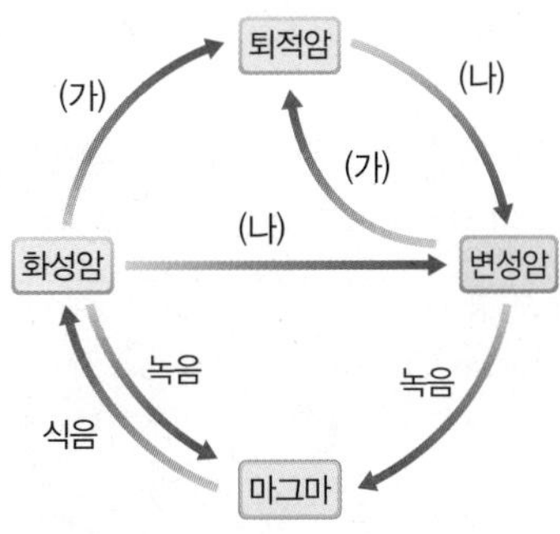

서술형 Tip

1 (1) 심성암은 화산암보다 암석을 이루는 알갱이의 크기가 더 크다.
(2) 반려암은 심성암이고 색은 어둡다.

Plus 문제 1-1

A~D 중 화강암에 해당하는 것을 고르고, 화강암의 특징을 서술하시오.

2 해안 가까운 곳에는 자갈과 같은 무거운 퇴적물이 쌓이고, 해안에서 멀어질수록 모래, 진흙과 같은 가벼운 퇴적물이 쌓인다.
→ 필수 용어: 역암, 사암, 셰일, 퇴적물

3 암석이 압력을 받아 변성 작용이 일어날 때 광물이 눌려 한쪽 방향으로 일정하게 배열되면서 줄무늬가 생긴다.
→ 필수 용어: 압력, 수직

4 (1) 층리는 퇴적암에서 나타나는 줄무늬이고, 엽리는 변성암에서 나타나는 줄무늬이다.
(2) 지표의 암석은 풍화, 침식, 운반되어 호수나 바다 밑바닥에 쌓인다. 이렇게 쌓인 퇴적물이 다져지고 굳어져서 퇴적암이 된다.

쉽고 정확하게! **개념 학습**

03 지각의 구성_광물과 토양

Ⓐ 광물

1. 광물 암석을 이루는 작은 알갱이[1] — 지금까지 발견된 광물은 약 5000여 종이다.

2. *조암 광물 암석을 이루는 주된 광물

① 주요 조암 광물: 장석, 석영, 휘석, 각섬석, 흑운모, 감람석 등[2]

② 조암 광물의 부피비: 장석 > 석영 > 휘석 > 기타 순 — 지각에서 가장 많은 광물

③ 암석의 색은 구성 광물의 종류와 비율에 따라 달라진다.

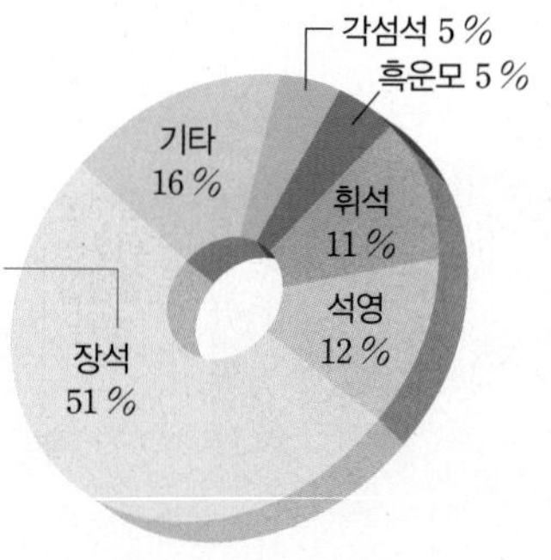

▲ 조암 광물의 부피비

[화강암을 이루는 광물]
- 화강암은 크게 석영, 장석, 흑운모로 이루어져 있다.
- 화강암은 밝은색 광물인 석영과 장석이 많이 포함되어 있어 밝은색을 띤다.

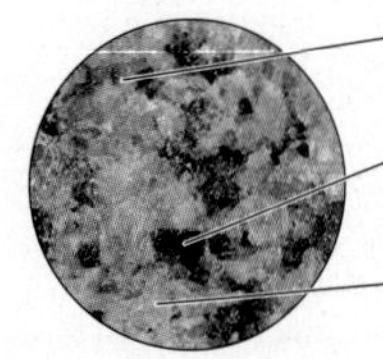

암석은 한 가지 광물로 이루어진 것도 있지만, 대부분 여러 종류의 광물로 이루어져 있다.

암석을 이루고 있는 광물의 종류에 따라 암석의 특징이 다르게 나타난다.

Ⓑ 광물의 특성 다른 광물과 구별되는 그 광물만이 나타내는 고유한 성질[3] 탐구 32쪽

1. 색 광물의 겉보기 색 — 같은 광물이라도 불순물이 섞여 있으면 색이 달라지기도 하고, 다른 광물이라도 같은 색을 띠는 경우가 있다.

구분	밝은색 광물		어두운색 광물			
광물	장석	석영[4]	휘석	각섬석	흑운모	감람석
색	흰색, 분홍색	무색	녹색, 검은색	녹색, 검은색	검은색	황록색

2. 조흔색 광물을 조흔판[5]에 긁었을 때 나타나는 광물 가루의 색으로, 겉보기 색이 비슷한 광물을 구별하는 데 이용될 수 있다.

구분	겉보기 색이 노란색인 광물			겉보기 색이 검은색인 광물		
광물	금	황동석	황철석	흑운모	자철석	적철석
조흔색	노란색	녹흑색	검은색	흰색	검은색	적갈색

3. 굳기 광물의 무르고 단단한 정도를 말한다. 굳기가 서로 다른 광물을 맞대고 긁어 보아 두 광물의 굳기를 비교한다.

> 긁히지 않는 광물의 굳기 > 긁히는 광물의 굳기

예 석영과 방해석을 서로 긁어 보면 방해석이 긁혀 표면에 흠집이 생긴다. ➡ 석영이 방해석보다 더 단단한 광물이다. ➡ 굳기: 석영 > 방해석

4. 염산 반응[6] 광물이 묽은 염산과 반응하여 흰색 거품이 발생하는 성질 예 방해석

5. 자성 광물이 철가루나 클립 등의 쇠붙이를 끌어당기는 성질 예 자철석

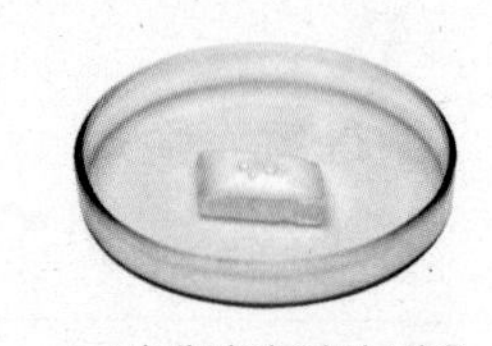
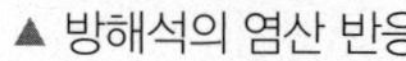
▲ 방해석의 염산 반응

▲ 자철석의 자성

개념 더하기

❶ 지각의 구성
지각은 여러 종류의 암석으로 이루어져 있고, 암석은 다양한 광물로 이루어져 있다.

> 지각 ⊃ 암석 ⊃ 광물

❷ 다양한 조암 광물의 특징
- 장석: 도자기의 원료로 쓰인다.
- 석영: 모래의 주성분이다.
- 흑운모: 얇은 판처럼 뜯어지는 특징이 있다.
- 감람석: 지각보다는 맨틀에 더 많은 광물이다.

❸ 광물의 특성이 아닌 것
광물의 무게, 부피, 질량, 크기 등은 광물의 고유한 특성이 아니므로 광물을 구별하는 기준이 될 수 없다.

❹ 석영의 이용
석영의 일부 성분은 반도체에 쓰이기도 하고, 색이 아름다운 석영은 가공되어 장신구로 쓰이기도 한다. 이처럼 광물은 기술을 만나 다양한 곳에 쓰인다.

❺ 조흔판
초벌구이한 도자기판으로 색이 희고 표면이 거칠기 때문에 광물을 대고 긁으면 광물 가루의 색이 나타난다.

❻ 염산 반응
방해석의 주성분인 탄산 칼슘이 염산과 반응하여 이산화 탄소가 발생한다.

용어 사전
***조암(지을 造, 바위 巖) 광물**
암석을 이루는 광물

핵심 Tip

- **광물**: 암석을 이루는 작은 알갱이
- **조암 광물**: 암석을 이루는 주된 광물
- 장석은 조암 광물 중 가장 많은 부피비를 차지한다.
- **조흔색**: 광물을 조흔판에 긁었을 때 나타나는 광물 가루의 색
- **굳기**: 광물의 단단하고 무른 정도
- 두 광물을 서로 긁었을 때 흠집이 생기는 광물이 더 무른 광물이다.
- 자철석은 쇠붙이를 끌어당기는 자성이 있다.
- 방해석은 묽은 염산과 반응하여 거품을 발생시킨다.

1 광물에 대한 설명으로 옳은 것은 ○, 옳지 않은 것은 ×로 표시하시오.

(1) 지각은 암석으로 이루어져 있고, 암석은 광물로 이루어져 있다. ( )

(2) 장석, 석영, 휘석, 각섬석, 흑운모, 감람석 등의 광물을 조암 광물이라고 한다. ( )

(3) 조암 광물 중 부피비가 가장 큰 광물은 석영이다. ( )

(4) 각각의 광물은 다른 광물과 구별되는 고유한 성질이 있다. ( )

(5) 밝은색 광물이 많이 포함되어 있는 암석은 어두운색을 띤다. ( )

2 다음 〈보기〉 중에서 광물을 구별할 수 있는 특성을 모두 고르시오.

> 보기
> 색, 질량, 조흔색, 굳기, 자성, 염산 반응, 부피

원리 Tip (A-1)

광물은 투명한 돌이고, 암석은 불투명한 돌일까?

광물은 암석을 이루는 알갱이이다. 즉, 광물과 암석은 투명한 정도로 구분하는 관계가 아니다. 광물 중에는 투명한 것도 있지만 불투명한 것도 있다.

3 표는 주요 조암 광물을 특징에 따라 두 집단으로 분류한 것이다. 다음 빈칸에 알맞은 광물의 특성을 쓰시오.

A	B
석영, 장석	흑운모, 각섬석, 휘석, 감람석

> A와 B 두 집단으로 분류한 기준은 ( )이다.

암기 Tip (B)

광물의 특성이 아닌 것은 광물의 양에 따라 값이 변하는 것
예 부피, 질량, 무게, 크기 등

4 그림은 겉보기 색이 노란색을 띠는 세 광물 금, 황동석, 황철석을 조흔판에 대고 긁었을 때의 모습이다. 각 광물의 조흔색을 쓰시오.

(1) 금: ( )

(2) 황동석: ( )

(3) 황철석: ( )

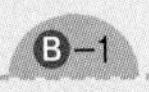

암기 Tip (B-1)

- 밝은색 광물: 장, 석
- 어두운색 광물: 휘, 각, 흑, 감 (ㅎ ㄱ ㅎ ㄱ)

5 다음은 광물의 성질을 이용한 예이다. ( ) 안에 알맞은 광물을 고르시오.

(1) 석영과 방해석을 서로 긁어 보면 (석영 , 방해석) 표면에 흠집이 생긴다.

(2) (방해석 , 자철석)에 묽은 염산을 떨어뜨렸더니 거품이 발생하였다.

(3) (방해석 , 자철석)에 클립을 갖다 대었더니 클립이 붙었다.

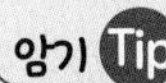 

암기 Tip (B-2)

겉보기 색이 같은 금, 황동석, 황철석을 가장 쉽게 구별하는 방법: 조흔색 비교

개념 학습

03 지각의 구성_광물과 토양

C 암석의 풍화

1. 풍화 오랜 시간에 걸쳐 암석이 잘게 부서지거나 성분이 변하는 현상이다.

① 풍화를 일으키는 주요 원인: 물, 공기, 생물 등

② 지표는 다양한 풍화를 받아 끊임없이 변하고 있다.

③ 풍화 작용: 풍화를 일으키는 모든 작용

[암석이 잘게 부서지는 풍화 작용]

물이 어는 작용에 의한 풍화	암석 틈 사이로 스며든 물이 오랜 시간 동안 얼었다 녹았다를 반복하는 과정에서 암석이 부서진다.❶ – 산비탈에 쌓인 돌무더기는 이와 같은 과정으로 생겼다.
압력 감소에 의한 풍화	땅속에 있던 암석이 지표로 드러나면 암석이 받는 압력이 작아져 암석의 표면이 얇게 떨어져 나간다.
식물에 의한 풍화	암석의 틈에 식물이 뿌리를 내리면 뿌리가 자라면서 틈을 넓혀 암석이 부서진다.

[암석의 성분이 변하는 풍화 작용]

지하수에 의한 풍화	이산화 탄소가 녹아 있는 지하수가 석회암을 녹여 석회 동굴❷이 만들어진다.
산소에 의한 풍화	공기 중의 산소가 암석의 성분을 변화시켜 암석의 표면이 붉게 변하고 표면이 약화되어 부서진다. – 공기 중에 노출되어 있는 철이 녹스는 것과 같다.
이끼에 의한 풍화	암석 표면에서 자라는 이끼가 여러 가지 성분을 배출하여 암석을 녹인다.

▲ 물이 어는 작용

▲ 식물 뿌리의 작용

▲ 지하수의 용해 작용

▲ 이끼의 작용

2. 풍화가 잘 일어나는 조건 암석의 표면적이 넓을수록 풍화가 잘 일어난다.❸

└ 기온과 강수량에 따라서도 암석의 풍화 정도가 달라진다.

D 토양

1. 토양 암석이 오랫동안 풍화 작용을 받아 잘게 부서져서 만들어진 흙❹

• 토양은 나뭇잎이나 동식물이 썩어서 만들어진 물질을 포함한다. ➡ 식물이 자라는 데 중요한 역할을 한다.

2. 토양의 생성 과정

지표에 드러난 암석이 풍화되어 암석 조각과 모래 등이 된다. ➡ 암석 조각이 더 잘게 부서져 식물이 자랄 수 있는 겉 부분의 흙이 된다. ➡ 겉 부분의 흙에서 물에 녹은 물질과 진흙 등이 아래로 내려와 쌓인다.

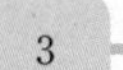

[생성 순서]

3 식물이 자랄 수 있고 생명 활동이 가장 활발한 층 (동식물이 썩어서 만들어진 물질 등이 포함되어 있어 영양분이 풍부하다.)

4 겉 부분의 흙에서 물에 녹은 물질과 진흙 등이 아래로 내려와 만들어진 층

2 암석 조각과 모래 등으로 이루어진 층

1 풍화를 받지 않은 암석

토양이 놓인 순서: (아래)암석 → 암석 조각과 모래 등 → 물에 녹은 물질과 진흙 등 → 생물이 살기에 적당한 층(위)

▲ 토양의 생성 순서

성숙한 토양의 단면은 4개의 층으로 구분된다.

비옥한 토양이 만들어지거나 한번 훼손된 토양을 원래 상태로 되돌리는 데에는 매우 오랜 시간이 걸린다. ➡ 토양의 유실과 오염을 방지하고 토양을 보전 관리해야 한다.

개념 더하기

❶ 물과 얼음의 작용에 의한 풍화

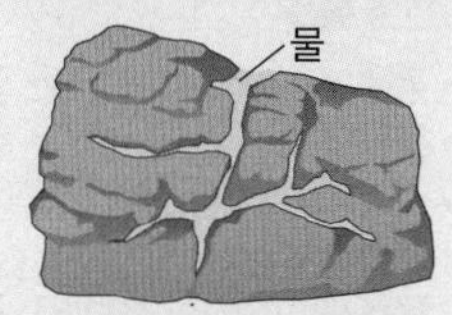

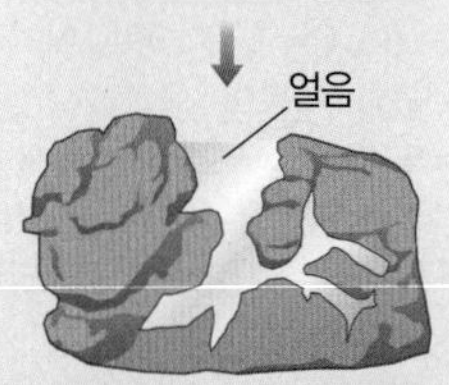

암석의 틈에 들어간 물이 얼게 되면 부피가 커지며, 이때 얼음은 마치 쐐기와 같은 작용을 하여 암석의 틈을 더욱 벌린다. 이러한 과정이 반복되면 암석은 작은 조각들로 부서진다.

❷ 석회 동굴

석회 물질이 쌓여 만들어진 퇴적암을 석회암이라고 하는데, 석회암 지대에서 빗물이 지하로 스며들면 암석이 지하수에 녹아 석회 동굴이 만들어진다.

❸ 풍화와 표면적

암석이 풍화를 받을수록 표면적은 증가하고, 암석의 표면적이 증가할수록 풍화는 더욱 빠르게 일어난다.

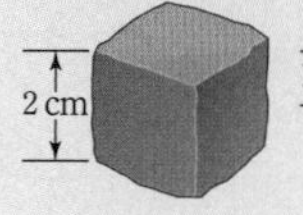

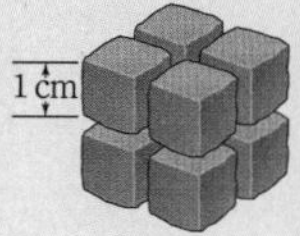

표면적: 24 cm^2 < 표면적: 48 cm^2

❹ 토양의 역할

토양은 인간을 포함한 생물에게 삶의 터전을 제공하고, 농작물에 영양분을 공급해 주며, 강이나 바다로 흘러가는 물을 깨끗하게 걸러 주기도 하는 등 생명 현상의 근원이 되는 중요한 자원이다.

핵심 Tip

- **풍화**: 오랜 시간에 걸쳐 암석이 잘게 부서지거나 성분이 변하는 현상
- **풍화의 주된 요인**: 물, 공기, 생물 등
- 암석에 스며든 물이 얼면 암석의 틈이 넓어져 암석이 부서진다.
- 암석의 틈에 식물이 뿌리를 내리면 암석이 부서진다.
- 석회암 지대를 흐르는 지하수는 암석을 녹여 석회 동굴을 만든다.
- 암석의 표면이 공기 중의 산소에 의해 약화되어 부서진다.
- **토양**: 암석이 오랫동안 풍화를 받아서 잘게 부서져서 만들어진 흙
- 토양은 식물이 자라는 데 중요한 역할을 한다.

원리 Tip C-1

암석이 산소에 의해 변하는 작용

쇠못이 공기 중에 노출되어 있으면 녹스는 것처럼, 땅 위로 드러난 암석이 공기 중의 산소와 반응하면 색이 붉게 변하고 약화된다.

적용 Tip C-2

암석의 표면적과 풍화 실험

[방법] 같은 질량의 석회암 조각과 석회암 가루에 묽은 염산을 붓고, 일정 시간이 지난 후 질량을 측정한다.

60 g → 58 g

60 g → 56.7 g

[결론] 석회암이 조각일 때보다 가루일 때의 질량이 더 많이 줄었다.
➡ 암석이 잘게 부서졌을 때 풍화가 잘 일어난다.

6 풍화에 대한 설명으로 옳은 것은 ○, 옳지 않은 것은 ×로 표시하시오.

(1) 자갈이나 모래가 빨리 굳어서 단단한 암석이 되는 현상이다. (　　)

(2) 풍화는 물이나 공기, 생물 등의 작용으로 일어난다. (　　)

(3) 암석의 틈에 스며든 물이 얼면 물의 부피가 감소하기 때문에 암석이 쪼개지지 않는다. (　　)

(4) 풍화가 계속될수록 암석은 부서져 모래나 흙 등으로 변한다. (　　)

7 풍화 작용에 대한 예로 옳은 것은 ○, 옳지 않은 것은 ×로 표시하시오.

(1) 물이 얼어 암석의 틈을 넓히는 작용 (　　)

(2) 석회암 지대에서 지하수에 의한 용해 작용 (　　)

(3) 암석이 높은 열과 압력에 의해 성질이 변하는 작용 (　　)

(4) 퇴적물이 빗물에 쓸려 내려가 쌓이는 작용 (　　)

(5) 이끼가 암석의 성분을 변화시키고 녹이는 작용 (　　)

8 다음 내용의 빈칸에 알맞은 말을 쓰시오.

> 쇠못이 녹스는 것처럼 공기 중의 (　　　)에 의해 암석의 표면이 약화되어 암석이 부서지기도 한다.

9 다음 내용의 (　　) 안에 알맞은 말을 고르시오.

> 식물이 암석의 틈에 ㉠(줄기 , 뿌리)를 내려, 이것이 자라면서 틈이 점점 벌어져 암석이 부서진다. 암석이 잘게 부서지면 표면적이 ㉡(넓어 , 좁아)지므로 풍화가 잘 일어난다.

10 다음 내용의 ㉠과 ㉡에 알맞은 말을 쓰시오.

> 암석이 오랫동안 (㉠　　　) 작용을 받으면 식물이 자랄 수 있는 흙인 (㉡　　　) 이/가 만들어진다.

11 그림은 성숙한 토양의 단면을 나타낸 것이다.

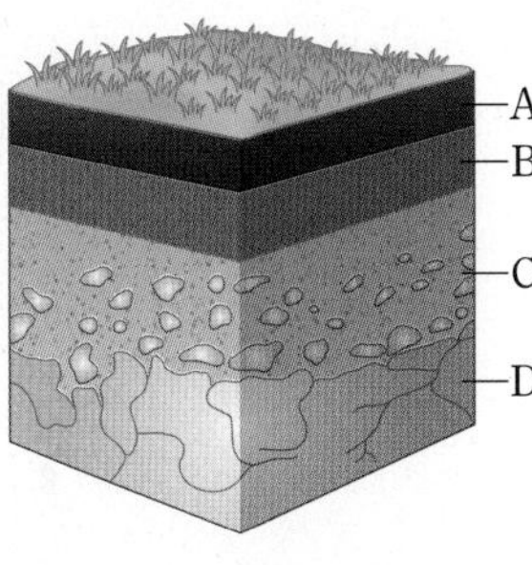

(1) A~D 중 생명 활동이 가장 활발한 층의 기호를 쓰시오.

(2) A~D 중 풍화를 가장 적게 받은 층의 기호를 쓰시오.

(3) A~D 중 암석 조각과 모래 등으로 이루어진 층의 기호를 쓰시오.

(4) A~D 중 가장 나중에 만들어진 층의 기호를 쓰시오.

정답과 해설 7쪽

과학적 사고로!

탐구하기 Ⓐ 광물의 특성 관찰하기

목표 광물의 특성을 관찰하고, 그 특성을 이용하여 광물을 구별해 본다.

과 정

❶ 석영, 방해석, 자철석, 황동석, 황철석의 색을 관찰한다.

[유의점]
묽은 염산을 사용할 때는 보안경, 실험복, 면장갑 등을 꼭 착용하고, 피부나 옷에 닿지 않도록 주의하고, 피부에 닿았을 때는 즉시 물로 씻어낸다.

❷ 석영을 제외한 광물을 조흔판에 긁었을 때 나타나는 조흔색을 관찰한다.

❸ 석영과 방해석을 서로 긁어 보고, 어떤 광물이 긁혔는지 관찰한다.

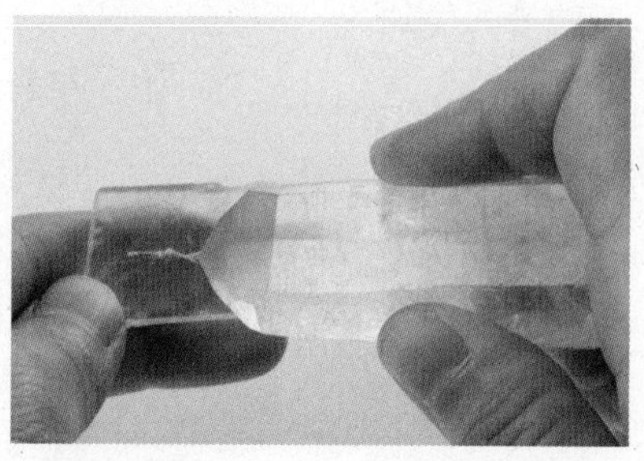

- 석영은 조흔판보다 더 단단하기 때문에 조흔판에 긁히지 않는다.
- 굳기는 석영과 방해석의 굳기만 비교한다.

❹ 각 광물을 클립에 대었을 때 나타나는 반응을 관찰한다.

❺ 각 광물에 묽은 염산을 떨어뜨린 후 나타나는 반응을 관찰한다.

결 과

- 위 과정에서 관찰한 광물의 특성은 다음 표와 같다.

특성 \ 광물	석영	방해석	자철석	황동석	황철석
색	무색투명	무색투명	검은색	노란색	노란색
조흔색	나타나지 않음	흰색	검은색	녹흑색	검은색
긁힘 여부	긁히지 않음	긁힘			
클립 붙음 여부	붙지 않음	붙지 않음	달라붙음	붙지 않음	붙지 않음
염산 반응	없음	기체 발생	없음	없음	없음

- 황동석과 황철석은 겉보기 색이 노란색으로 같지만, 조흔색은 각각 녹흑색, 검은색으로 다르다. ➡ 황동석과 황철석은 색으로 구별할 수 없지만, 조흔색으로는 황동석과 황철석을 구별할 수 있다.
- 자철석은 색과 조흔색이 모두 검은색으로 같다.
- 석영과 방해석을 서로 긁었을 때 방해석이 긁혔고 석영이 긁히지 않았다. ➡ 석영이 방해석보다 더 단단한 광물이다. ➡ 굳기: 석영>방해석
- 자철석은 자성이 있으므로 클립을 가까이 대면 달라붙는다.
- 방해석은 묽은 염산을 떨어뜨리면 기체가 발생한다.

정 리

- 광물은 각각 다른 특성을 띠고 있으며, 이러한 광물들이 모여 암석을 이룬다.
- 광물을 구별할 수 있는 특성에는 광물의 색, 조흔색, 굳기, (㉠   ), 염산 반응 등이 있다.
- 겉보기 색이 비슷한 광물은 광물 가루의 색인 (㉡   )을 이용하여 비교할 수 있다.
- 두 광물을 서로 긁었을 때 긁히지 않는 광물이 더 (㉢   ).

확인 문제

1 이 실험에 대한 설명으로 옳은 것은 ○, 옳지 않은 것은 ×로 표시하시오.

(1) 광물의 부피는 광물의 특성에 해당한다. (　　)
(2) 황동석과 황철석은 조흔색이 같다. (　　)
(3) 석영은 조흔판보다 단단해서 조흔판에 긁히지 않는다. (　　)
(4) 방해석은 석영보다 더 단단하다. (　　)
(5) 황철석은 클립을 끌어당긴다. (　　)
(6) 방해석에 묽은 염산을 떨어뜨리면 이산화 탄소 기체가 발생한다. (　　)

2 다음은 광물의 굳기를 비교한 설명이다.

> 긁히지 않는 광물은 긁히는 광물보다 단단하다.
> ➡ 굳기: 긁히지 않는 광물 > 긁히는 광물

(1) (　　) 안에 부등호를 넣어 광물의 굳기를 비교하시오.

> (가) 광물 A와 광물 B를 서로 긁었더니, 광물 A가 긁혔다. ➡ 굳기: A (　　) B
> (나) 광물 B와 광물 C를 서로 긁었더니, 광물 B가 긁혔다. ➡ 굳기: B (　　) C

(2) 위 (1)의 결과를 통해 세 광물 A, B, C의 굳기를 비교하시오.

굳기: (　　) < (　　) < (　　)

3 표는 석영과 방해석의 특성을 나타낸 것이다.

특성 \ 광물	석영	방해석
색	무색투명	무색투명
서로 긁었을 때 긁힘 여부	×	○
자성	×	×
염산 반응	×	○

두 광물을 구별할 수 있는 특성이면 ○, 구별할 수 있는 특성이 아니면 ×로 표시하시오.

(1) 색을 비교한다. (　　)
(2) 서로 긁어서 굳기를 비교한다. (　　)
(3) 클립을 대어보고 자성을 비교한다. (　　)
(4) 묽은 염산과의 반응을 관찰한다. (　　)

실전 문제

4 그림은 광물을 구별하는 과정을 나타낸 것이다.

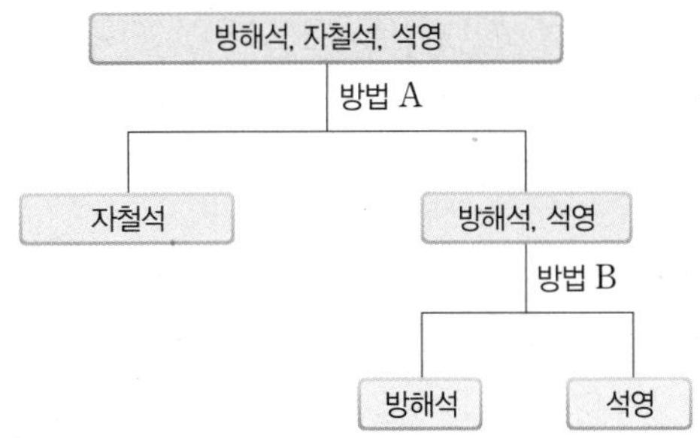

A와 B에 해당하는 방법을 옳게 짝 지은 것은?

① A－굳기
② A－염산 반응
③ B－색
④ B－자성
⑤ B－염산 반응

5 그림은 광물의 성질을 알아보기 위한 여러 가지 방법을 나타낸 것이다.

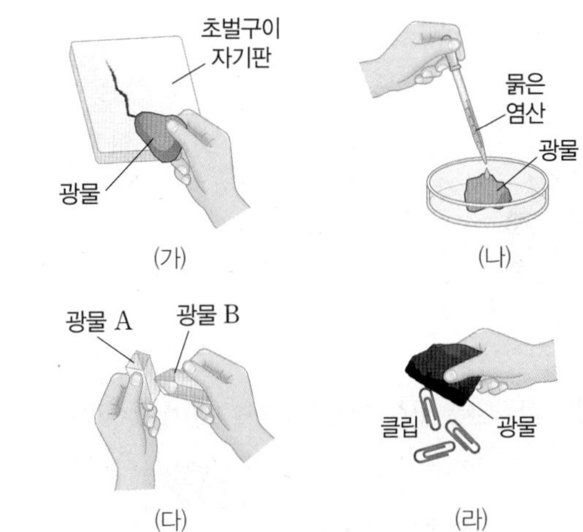

(가)~(라)에 대한 설명으로 옳은 것을 〈보기〉에서 모두 고른 것은?

> **보기**
> ㄱ. (가)－조흔색을 관찰하는 실험으로 황동석과 황철석을 구별할 수 있다.
> ㄴ. (나)－휘석에 묽은 염산을 떨어뜨렸을 때 흰색 거품이 발생한다.
> ㄷ. (다)－두 광물을 서로 긁어 보았을 때 흠집이 생기는 광물이 더 단단하다.
> ㄹ. (라)－자철석에 클립을 가까이 가져가면 달라붙는다.

① ㄱ, ㄴ　② ㄱ, ㄹ　③ ㄴ, ㄷ
④ ㄴ, ㄹ　⑤ ㄷ, ㄹ

A 광물

01 광물에 대한 설명으로 옳지 않은 것은?

① 암석을 이루는 알갱이를 광물이라고 한다.
② 지금까지 발견된 광물은 약 5000여 종이다.
③ 화강암은 감람석, 흑운모, 휘석으로 이루어져 있다.
④ 암석의 색은 구성 광물의 종류와 비율에 따라 달라진다.
⑤ 암석은 한 가지 광물로 이루어진 것도 있지만, 대부분 여러 종류의 광물로 이루어져 있다.

중요

02 그림은 암석을 구성하는 주요 광물의 부피비를 나타낸 것이다.

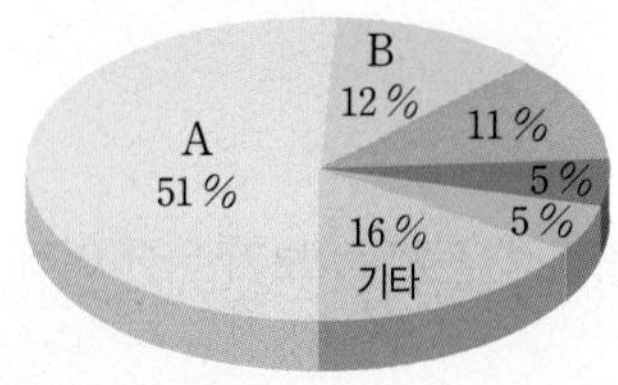

A와 B에 해당하는 광물을 옳게 짝 지은 것은?

	A	B		A	B
①	장석	석영	②	장석	휘석
③	석영	각섬석	④	석영	감람석
⑤	휘석	장석			

03 그림은 화강암을 구성하는 광물들을 나타낸 것이다.

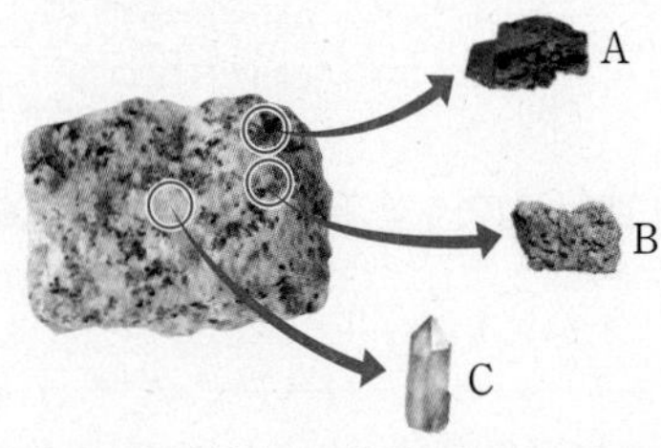

광물 A~C에 대한 설명으로 옳은 것을 〈보기〉에서 모두 고른 것은?

보기
ㄱ. A는 석영이다.
ㄴ. B는 밝은색 광물이다.
ㄷ. C는 지각에서 가장 많은 양을 차지하는 광물이다.

① ㄱ ② ㄴ ③ ㄱ, ㄷ
④ ㄴ, ㄷ ⑤ ㄱ, ㄴ, ㄷ

B 광물의 특성

중요

04 광물을 구별하는 방법으로 옳지 않은 것은?

① 광물의 질량을 측정한다.
② 광물의 겉보기 색을 확인한다.
③ 조흔판에 긁어 광물 가루의 색을 확인한다.
④ 묽은 염산을 떨어뜨려 흰색 거품이 발생하는지 확인한다.
⑤ 클립과 같은 작은 쇠붙이를 가까이 가져가서 달라붙는지 확인한다.

05 다음 설명에 해당하는 광물은?

- 밝은색 광물이다.
- 모래의 주성분이다.
- 유리와 반도체 등의 원료로 이용되고 있다.

① 석영 ② 장석 ③ 휘석
④ 감람석 ⑤ 흑운모

06 광물과 그 광물의 특징을 옳게 짝 지은 것은?

① 장석 – 도자기의 원료로 쓰인다.
② 흑운모 – 색과 조흔색이 모두 검은색이다.
③ 자철석 – 묽은 염산을 떨어뜨리면 거품이 발생한다.
④ 방해석 – 자석을 가까이 하면 달라붙는다.
⑤ 적철석 – 얇은 판처럼 뜯어지는 특징이 있다.

[주관식]

07 그림은 겉으로 보이는 색이 검은색인 세 광물 (가), (나), (다)를 조흔판에 긁었을 때 광물 가루의 색을 나타낸 것이다.

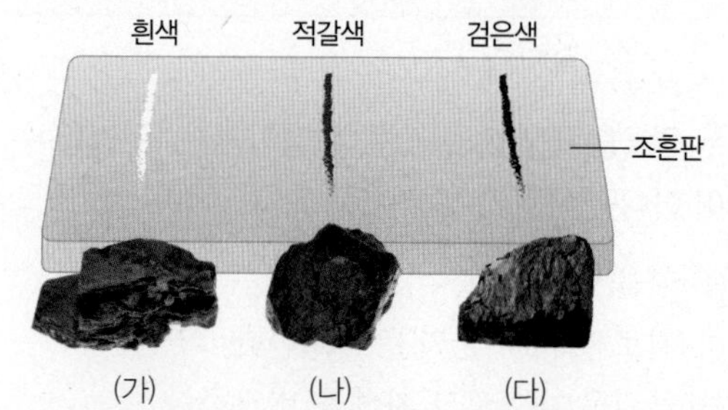

(가), (나), (다)의 광물 이름을 쓰시오.

08 다음 설명에 해당하는 광물은?

- 무색투명하다.
- 석영으로 긁어 보면 이 광물에 흠집이 생긴다.
- 자석에 가까이 가져가도 반응하지 않는다.
- 묽은 염산을 떨어뜨리면 거품이 발생한다.

① 장석 ② 흑운모 ③ 각섬석
④ 방해석 ⑤ 자철석

중요

09 민경이는 광물 A~D의 굳기를 비교하기 위해 다음과 같이 실험하였다.

- A와 B를 서로 긁었을 때 A에 흠집이 생겼다.
- B와 C를 서로 긁었을 때 B에 흠집이 생겼다.
- D를 A로 긁었더니 D가 긁혔다.
- D를 B로 긁었더니 D가 긁혔다.

A~D 중 가장 무른 것과 가장 단단한 것을 순서대로 나열한 것은?

① A, B ② A, D ③ B, C
④ D, A ⑤ D, C

10 그림은 석영, 방해석, 흑운모, 자철석을 광물의 특성에 따라 분류한 것이다.

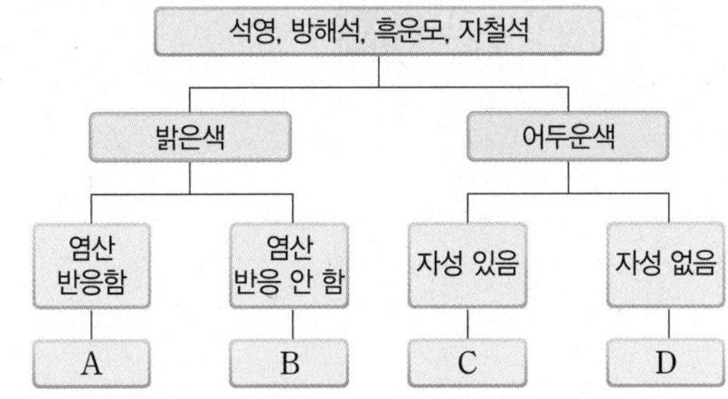

A~D에 해당하는 광물을 옳게 짝 지은 것은?

	A	B	C	D
①	석영	방해석	흑운모	자철석
②	방해석	석영	흑운모	자철석
③	방해석	석영	자철석	흑운모
④	흑운모	방해석	석영	자철석
⑤	자철석	석영	방해석	흑운모

탐구 32쪽

11 석영과 방해석을 구분하기 위한 실험 방법으로 옳은 것을 <보기>에서 모두 고른 것은?

보기

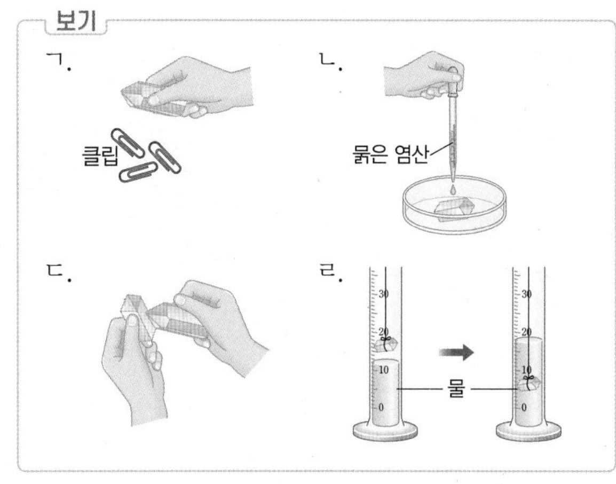

① ㄱ, ㄴ ② ㄴ, ㄷ ③ ㄷ, ㄹ
④ ㄱ, ㄴ, ㄷ ⑤ ㄴ, ㄷ, ㄹ

C 암석의 풍화

12 풍화에 대한 설명으로 옳지 <u>않은</u> 것은?

① 지표에서는 다양한 풍화가 끊임없이 일어나고 있다.
② 암석이 풍화를 계속 받으면 잘게 부서져서 흙이 된다.
③ 암석이 돌 조각, 모래, 흙 등으로 변해 가는 현상이다.
④ 물, 공기, 생물 등의 영향으로 암석이 부서지는 작용이다.
⑤ 풍화가 일어나면 거대한 바위는 매우 짧은 시간에 흙으로 변한다.

중요

13 암석의 풍화를 일으키는 주된 요인으로 옳지 <u>않은</u> 것은?

① 공기 중의 산소
② 높은 열과 압력
③ 암석에 스며든 물
④ 암석 표면의 이끼
⑤ 땅속을 흐르는 지하수

중요

14 그림은 물이 어는 작용에 의한 풍화 작용을 나타낸 것이다. 이에 대한 설명으로 옳은 것을 〈보기〉에서 모두 고른 것은?

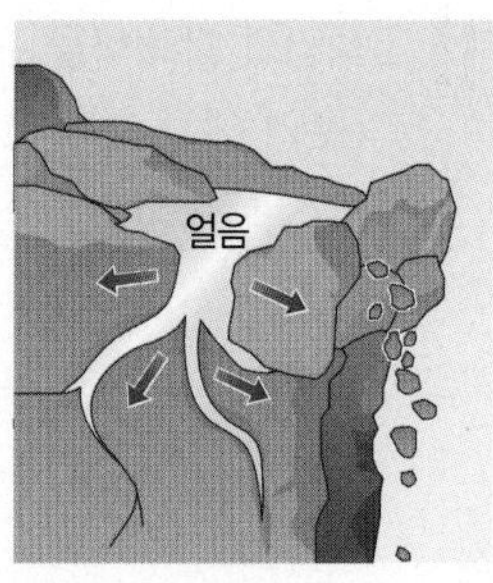

보기
ㄱ. 물이 얼면서 부피가 작아진다.
ㄴ. 기온이 낮은 지역에서 잘 일어난다.
ㄷ. 이 작용에 의해 암석의 표면적이 늘어난다.

① ㄱ ② ㄴ ③ ㄱ, ㄷ
④ ㄴ, ㄷ ⑤ ㄱ, ㄴ, ㄷ

15 그림 (가)~(다)는 풍화 작용의 예를 나타낸 것이다.

(가)

(나)

(다)

이에 대한 설명으로 옳지 않은 것은?

① (가)에서 식물의 뿌리는 암석의 틈을 벌린다.
② (나)는 암석이 녹아서 만들어진 석회 동굴이다.
③ (다)에서 이끼가 암석을 녹여 성분을 변화시킨다.
④ (나)가 형성되는 데 관계있는 지구계는 수권과 생물권이다.
⑤ (가), (나), (다)와 같이 암석이 부서지거나 성분이 변하는 것을 풍화라고 한다.

D 토양

16 토양에 대한 설명으로 옳지 않은 것은?

① 토양은 암석이 풍화되어 만들어진다.
② 토양에서 겉 부분의 흙이 가장 나중에 만들어진다.
③ 토양은 인간을 포함한 생물에게 삶의 터전을 제공한다.
④ 토양은 식물이 자라는 데 필요한 영양분을 포함하고 있다.
⑤ 성숙한 토양이 만들어지려면 수백 년 이상의 오랜 시간이 걸린다.

[17~19] 그림은 성숙한 토양의 단면을 나타낸 것이다.

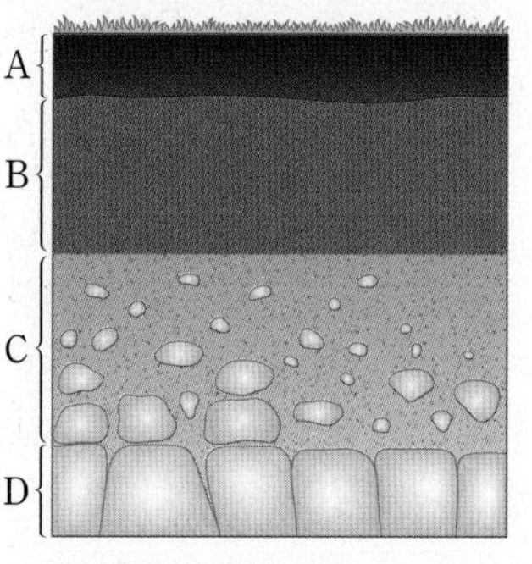

중요

17 A~D를 토양의 생성 순서에 따라 순서대로 옳게 나열한 것은?

① A → B → C → D
② A → C → D → B
③ D → A → B → C
④ D → C → A → B
⑤ D → C → B → A

중요

18 위 그림에 대한 설명으로 옳은 것을 〈보기〉에서 모두 고른 것은?

보기
ㄱ. A는 식물이 자라는 데 필요한 영양분이 많이 포함되어 있다.
ㄴ. B가 풍화 작용을 거치면 A가 만들어진다.
ㄷ. C에는 암석 조각이나 모래가 많이 포함되어 있다.
ㄹ. D는 풍화를 받지 않은 원래의 암석이다.

① ㄱ, ㄴ ② ㄱ, ㄹ ③ ㄱ, ㄴ, ㄷ
④ ㄱ, ㄷ, ㄹ ⑤ ㄴ, ㄷ, ㄹ

19 A~D 중 다음 설명에 해당하는 층은?

물에 녹은 물질이나 진흙 등이 아래로 내려와 쌓여 생성된 층으로, 풍화가 진행될수록 진흙 등의 물질이 증가한다.

① A ② B ③ C
④ D ⑤ C, D

>>> 실력의 완성! **서술형 문제**

정답과 해설 8쪽

단계별 서술형

1 그림은 금, 황동석, 황철석을 나타낸 것이다.

▲ 금

▲ 황동석

▲ 황철석

(1) 겉보기 색이 노란색인 세 광물을 쉽게 구별할 수 있는 광물의 특성을 쓰시오.

(2) 위의 (1)에서 알게 된 특성을 통해 세 광물을 한 번에 구별할 수 있는 방법을 서술하시오.

서술형

2 표는 흑운모와 방해석의 특성을 비교한 것이다.

구분	색	조흔색	염산과의 반응	자성
흑운모	검은색	흰색	×	×
방해석	무색	흰색	○	×

두 광물을 구별할 수 있는 방법을 서술하시오.

단어 제시형

3 그림은 지표에 드러난 암석이 풍화되어 암석 조각과 모래가 된 후, (가)와 (나) 과정을 거쳐 토양이 만들어지는 과정을 나타낸 것이다.

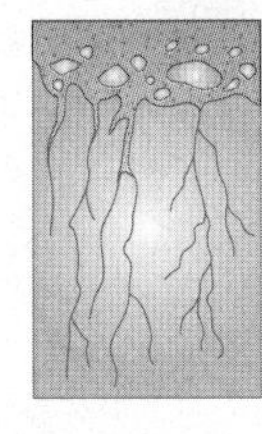
→ (가)
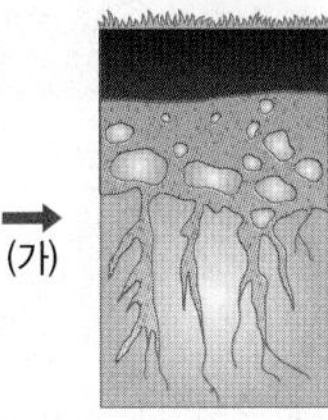
→ (나)
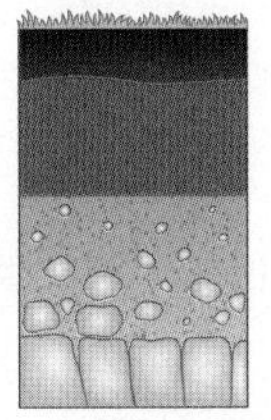

(가)와 (나) 과정에서 일어나는 변화를 다음 단어를 모두 포함하여 서술하시오.

> 암석 조각과 모래, 겉 부분의 흙, 물에 녹은 물질, 진흙

서술형 Tip

1 (1) 겉보기 색이 비슷한 광물은 조흔판에 긁었을 때 나타나는 색으로 구별할 수 있다.
(2) 세 광물의 색은 노란색으로 같지만, 광물 가루의 색은 각각 다르다.

Plus 문제 1-1

금, 황동석, 황철석의 조흔색을 각각 쓰시오.

2 두 광물의 서로 다른 특성을 이용하여 광물을 구별한다.

3 지표에서 드러난 암석이 오랫동안 풍화 작용을 받아서 토양이 만들어진다.

Plus 문제 3-1

토양의 생성 순서를 옳게 나열하시오.

> ㉠ 암석
> ㉡ 생물이 살기에 적당한 층
> ㉢ 암석 조각과 모래 등
> ㉣ 물에 녹은 물질과 진흙 등

쉽고 정확하게! 개념 학습

04 지권의 운동

Ⓐ 대륙 이동설

1. 대륙 이동설 과거에 하나로 붙어 있던 거대한 대륙인 판게아❶가 여러 대륙으로 갈라지고 이동하여 현재와 같은 분포가 되었다는 학설로, 베게너가 주장하였다.

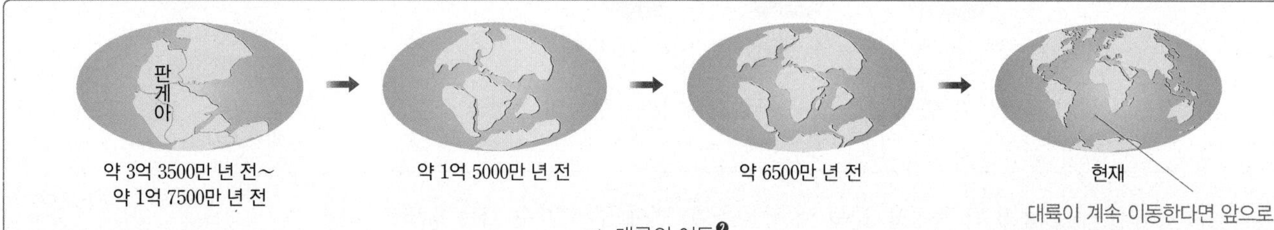

▲ 대륙의 이동❷

2. 대륙 이동설의 증거

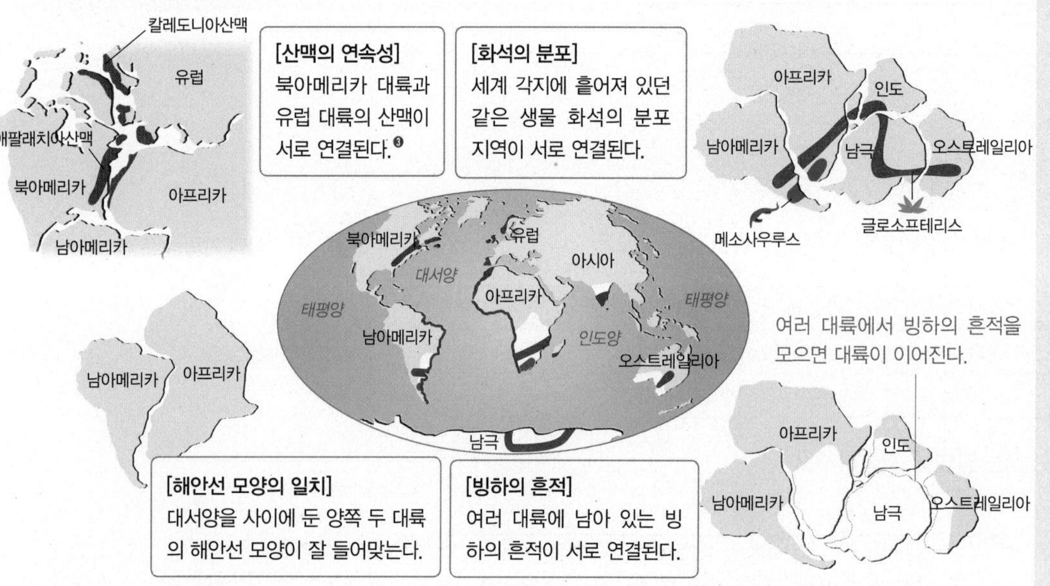

3. 대륙 이동설의 한계 거대한 대륙을 이동시키는 힘의 원동력을 설명하지 못하였다.
베게너의 대륙 이동설은 발표 당시 인정받지 못하였다.

Ⓑ 판의 이동과 경계

1. 판 지각과 맨틀의 윗부분을 포함하는 단단한 암석층

대륙판	해양판	판의 두께
대륙 지각을 포함하는 판	해양 지각을 포함하는 판	대륙판>해양판

판의 이동으로 대륙이 함께 이동한다.
깊이(km) 100 대륙 지각 판 해양 지각 맨틀
▲ 판의 구조

2. 판의 이동 판은 판 아래의 맨틀의 움직임에 따라 천천히 이동한다.❹ – 베게너의 대륙 이동설도 설명 가능하다.

3. 판의 분포와 경계 지구의 표면은 크고 작은 여러 개의 판으로 이루어져 있다.

→ 판의 이동 방향

① 판은 끊임없이 움직인다.
② 각 판이 움직이는 방향과 속도는 서로 다르다. ➡ 판의 경계에서는 판들이 서로 부딪치고, 갈라지고, 어긋나면서 *화산 활동이나 지진과 같은 *지각 변동이 일어난다.

개념 더하기

❶ 판게아
하나로 모인 거대한 대륙을 판게아라고 한다. 판게아는 '모든 땅'을 뜻하는 그리스어에서 유래된 말이다.

❷ 대륙의 이동
지질 시대 동안 대륙의 이동이 계속되다가 판게아가 형성되었고, 이후 다시 분리되어 여러 대륙으로 나누어졌다. 남아메리카 대륙과 아프리카 대륙이 멀리 떨어지면서 대서양이 만들어졌고, 인도 대륙은 남극 대륙에서 떨어져 나와서 유라시아 대륙과 충돌하였다.

판게아가 형성되는 과정에서 북아메리카 대륙이 아프리카 대륙 및 유럽 대륙과 충돌하면서 애팔래치아산맥과 칼레도니아산맥이 형성되었다. 이후 판게아가 분리되고 대서양이 형성되면서 두 산맥은 분리되었다.

❸ 산맥의 연속성
북아메리카의 애팔래치아산맥과 유럽의 칼레도니아산맥의 분포가 연속성을 가지며, 대서양 양쪽 해안에서 발견되는 암석 분포와 지질 구조가 서로 연결된다.

❹ 판의 이동
판의 평균 이동 속도는 1년에 수 cm 정도로 작다. 하지만 수천만 년이라는 긴 시간이 흐르면 대륙의 위치도 달라질 수 있다.

용어 사전
＊화산(불 火, 메 山)
화산 활동으로 만들어진 산
＊지각 변동(땅 地, 껍질 殼, 변할 變, 움직일 動)
지구 내부의 원인 때문에 생기는 지각의 움직임과 이에 따른 지각의 변형

기초를 튼튼히! **개념 잡기**

핵심 Tip

- **대륙 이동설**: 과거에 하나로 붙어 있던 거대한 대륙인 판게아가 갈라지고 이동하여 현재와 같은 대륙 분포가 되었다는 학설
- 대륙 이동설은 베게너가 주장하였다.
- **대륙 이동설의 증거**: 산맥의 분포, 화석의 분포, 해안선 모양의 일치, 빙하의 흔적
- **대륙 이동설이 당시 인정받지 못한 까닭**: 대륙을 이동시키는 힘을 설명하지 못했기 때문
- 판은 지각과 맨틀의 윗부분을 포함하는 암석층으로, 해양판과 대륙판이 있다.
- 지구의 표면은 여러 개의 판으로 이루어져 있고, 각 판은 움직인다.

적용 Tip Ⓐ-2

인도 남부 지역은 현재 열대 기후에 속하지만 과거의 빙하 흔적이 발견되는 까닭

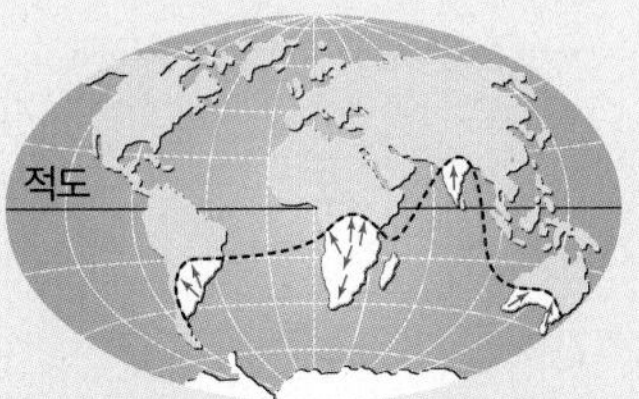

인도 대륙은 과거 극지방 가까이 있다가 적도 부근으로 이동하였으므로, 과거 남극 부근에 있었을 때 생긴 빙하의 흔적이 오늘날 발견될 수 있다.

원리 Tip Ⓑ-2

맨틀 전체에서 대류가 일어나는 모습

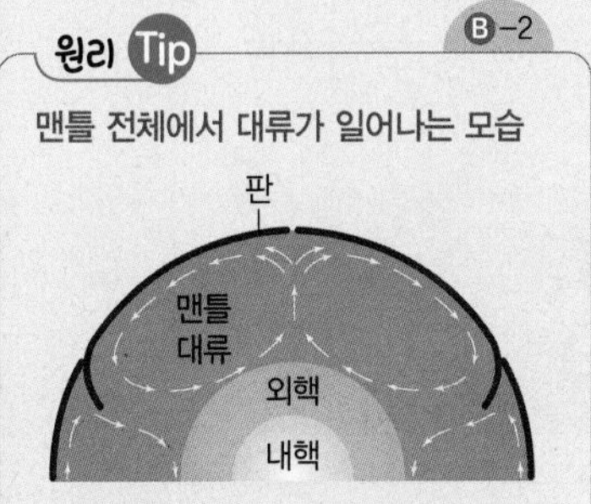

맨틀 상부와 하부의 온도 차이에 의해 맨틀 물질이 상승하는 부분과 하강하는 부분이 발생하면서 전체적으로 순환한다.
➡ 맨틀의 대류를 따라 판이 이동한다.

1 대륙 이동설에 대한 설명으로 옳은 것은 ○, 옳지 않은 것은 ×로 표시하시오.

(1) 과거에 하나로 붙어 있던 거대한 대륙이 갈라지고 이동하였다는 학설이다. ( )

(2) 베게너는 거대한 대륙을 이동시키는 힘을 설명하였다. ( )

(3) 대서양을 사이에 둔 남아메리카 대륙의 동쪽 해안선과 아프리카 대륙의 서쪽 해안선 모양이 잘 들어맞는다. ( )

2 다음 빈칸에 알맞은 말을 쓰시오.

> 약 3억 3500만 년 전~약 1억 7500만 년 전에는 지구상의 모든 대륙이 하나로 모여 있었다. 이 대륙을 ( )(이)라고 한다.

3 베게너가 제시한 대륙 이동설의 증거에 해당하는 것을 〈보기〉에서 모두 고르시오.

보기
ㄱ. 고생물 화석의 분포　　ㄴ. 빙하의 이동 흔적
ㄷ. 해안선 모양의 일치　　ㄹ. 화산대와 지진대의 일치

4 그림은 판의 구조를 나타낸 것이다. A, B, C에 해당하는 부분을 〈보기〉에서 골라 쓰시오.

보기
해양판, 대륙판, 맨틀

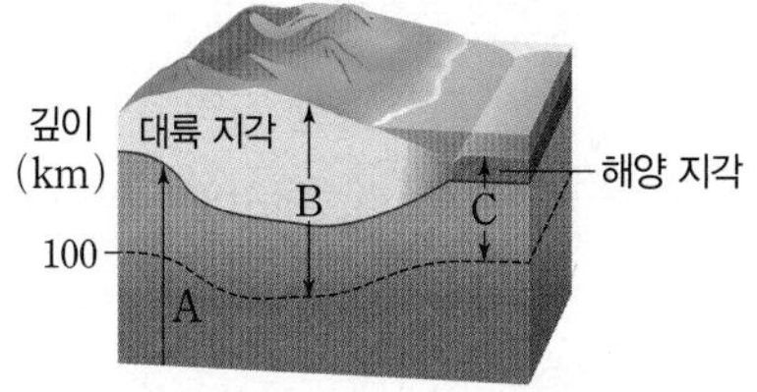

5 그림은 전 세계 판의 경계를 나타낸 것이다. ( ) 안에 알맞은 말을 고르시오.

(1) 지구의 표면은 (한 , 여러) 개의 판으로 이루어져 있다.

(2) 각각의 판은 (움직인다 , 움직이지 않는다).

(3) 각 판이 움직이는 방향과 속도는 서로 (같다 , 다르다).

(4) 판의 경계에서는 화산 활동이나 지진이 (일어난다 , 일어나지 않는다).

쉽고 정확하게! **개념 학습**

04 지권의 운동

C 화산 활동과 지진

1. 화산 활동 지하에서 생성된 마그마가 지각의 약한 틈을 뚫고 지표로 분출하는 현상

① 화산 활동이 일어날 때는 용암, 화산 가스, 크고 작은 고체 물질 등이 지표로 분출한다.
└ 화산 쇄설물

② 화산 활동이 일어날 때는 지진이 발생하기도 한다.

③ 화산 활동의 영향

피해	혜택
• 화산재로 인해 항공기 운항에 차질이 생기고, 기온이 떨어진다. • 용암으로 인해 막대한 피해가 발생한다.	• 화산으로 만들어진 지형이나 온천을 관광 자원으로 활용한다. • 지열을 난방이나 발전에 이용한다.

2. 지진 지구 내부에서 일어나는 급격한 변동으로 땅이 흔들리거나 갈라지는 현상

① 대부분의 지진은 암석이 오랫동안 큰 힘을 받아서 끊어질 때 발생하며❶, 화산이 폭발하거나 마그마가 이동할 때도 발생한다.
마그마에 포함된 기체의 압력이 증가하여 폭발한다.

② 지진의 세기: 규모와 진도로 나타낸다.❷

규모	• 지진이 발생할 때 방출되는 에너지의 양 – 아라비아 숫자로 표기 예 규모 7.0 ➡ 숫자가 클수록 강한 지진 • 지진으로 방출된 에너지의 양이 많을수록 규모가 크다.
진도	• 지진에 의해 어떤 지점에서 땅이 흔들리는 정도나 피해 정도를 나타낸 것 – 로마자로 표기 예 진도 Ⅴ • 지진이 발생한 지점으로부터 가까운 곳은 진도가 크고, 멀어질수록 진도는 작아지는 경향이 있다.

➡ 지진이 발생하면 규모는 일정하지만, 관측 지점에 따라 진도는 달라진다.

D 화산대와 지진대

1. 화산대 화산 활동이 자주 일어나는 지역

2. 지진대 지진이 자주 발생하는 지역

3. 화산대와 지진대의 분포 화산 활동과 지진이 자주 발생하는 지역은 전 세계에 고르게 분포하지 않고 특정한 지역에 띠 모양으로 분포한다.

① 태평양 가장자리, 대서양 중앙 지역, 알프스와 히말라야를 잇는 지역에서 잘 나타난다.

② 화산 활동이나 지진과 같은 지각 변동은 주로 판의 경계 부근에서 일어난다.

③ 화산대와 지진대는 판의 경계와 거의 일치한다. ➡ 판의 경계에서는 판의 이동으로 지각의 움직임이 활발하여 화산 활동이나 지진이 자주 일어나기 때문이다.

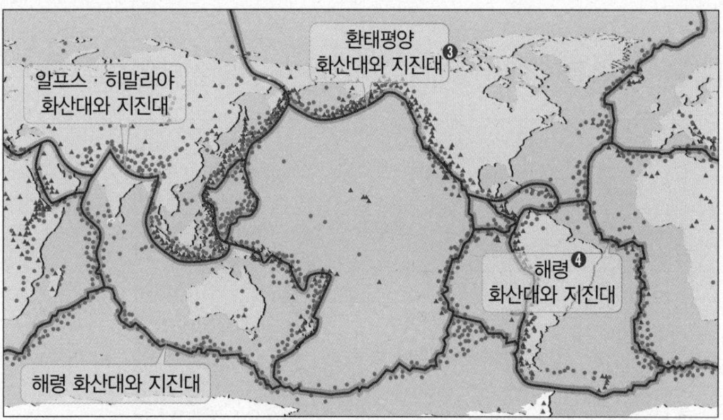

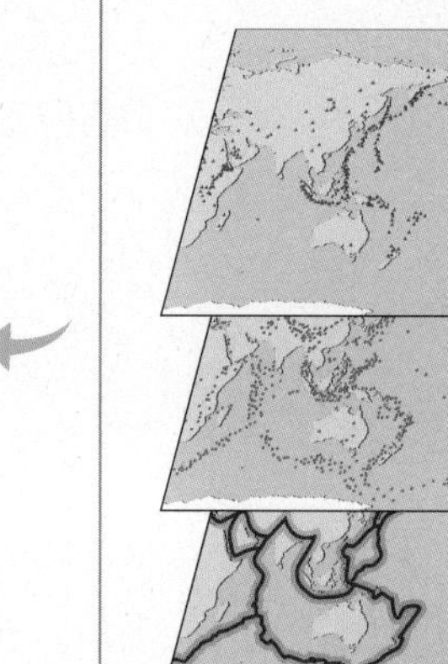

▲ 화산대, 지진대와 판의 경계

4. 우리나라 부근의 지각 변동 우리나라는 판의 안쪽에 있으므로 화산 활동이나 지진의 피해가 자주 발생하지 않는다. 하지만 우리나라와 가까운 일본은 여러 개의 판이 만나는 경계 부근에 있으므로 화산 활동이나 지진에 의한 피해가 자주 발생한다.

개념 더하기

❶ 지진 발생
지진이 발생한 지점을 진원이라 하고, 진원 바로 위 지표면의 지점을 진앙이라고 한다.

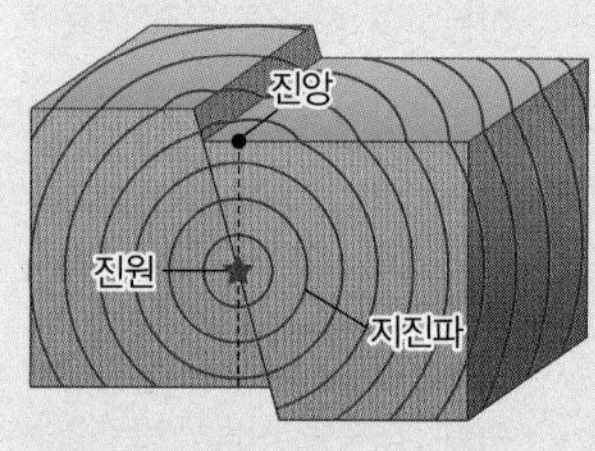

❷ 규모와 진도
같은 규모의 지진이라도 지진이 발생한 곳으로부터의 거리나 지층의 구조에 따라 진도가 다르게 나타난다.

❸ 환태평양 화산대와 지진대
태평양을 둘러싼 화산 활동과 지진이 활발한 지역으로, 화산 활동이 활발하다고 하여 '불의 고리'라고 불린다.

❹ 해령
깊은 바닷속에 높이 솟아 있는 해저 산맥으로, 해령에서는 화산 활동과 지진이 자주 발생한다.

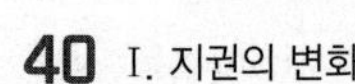

핵심 Tip

- **화산 활동**: 지하 깊은 곳에서 형성된 마그마가 지표로 분출하는 현상
- 화산 활동이 일어날 때는 용암, 화산 가스, 크고 작은 고체 물질 등이 분출한다.
- **지진**: 지구 내부에서 일어나는 급격한 변동으로 땅이 흔들리는 현상
- 지진의 세기는 진도와 규모로 나타낸다.
- 화산대와 지진대는 대체로 띠 모양으로 분포하며, 판의 경계와 거의 일치한다.
- 화산 활동과 지진이 가장 활발하게 일어나는 태평양 가장자리를 환태평양 화산대와 지진대라고 한다.

6 화산 활동과 지진에 대한 설명으로 옳은 것은 ○, 옳지 않은 것은 ×로 표시하시오.

(1) 화산 활동으로 용암, 화산 가스, 크고 작은 고체 물질 등이 분출한다. (　　)

(2) 지진으로 인해 땅이 흔들리거나 갈라지지는 않는다. (　　)

(3) 대부분의 지진은 암석이 오랫동안 큰 힘을 받아서 끊어질 때 발생한다. (　　)

(4) 화산 활동이 일어날 때는 지진이 전혀 발생하지 않는다. (　　)

(5) 화산이 폭발할 때 분출되는 화산재로 기온이 떨어질 수 있다. (　　)

7 다음은 지진의 규모와 진도에 대한 설명이다. (　　) 안에 알맞은 말을 고르시오.

(1) 지진이 발생할 때 방출되는 에너지의 양은 (규모 , 진도)라고 한다.

(2) 어떤 지점에서 땅이 흔들리는 정도나 피해 정도를 나타낸 것은 (규모 , 진도)라고 한다.

(3) 규모는 보통 (아라비아 숫자 , 로마자)로 표기한다.

(4) 진도는 지진이 발생한 지점으로부터 멀어질수록 (커지는 , 작아지는) 경향이 있다.

(5) 지진이 발생하면 ㉠(규모 , 진도)는 거리에 따라 달라질 수 있지만, ㉡(규모 , 진도)는 같다.

원리 Tip C-2

규모와 진도(2016년 9월 12일 우리나라 경주에서 규모 5.8의 지진 발생)

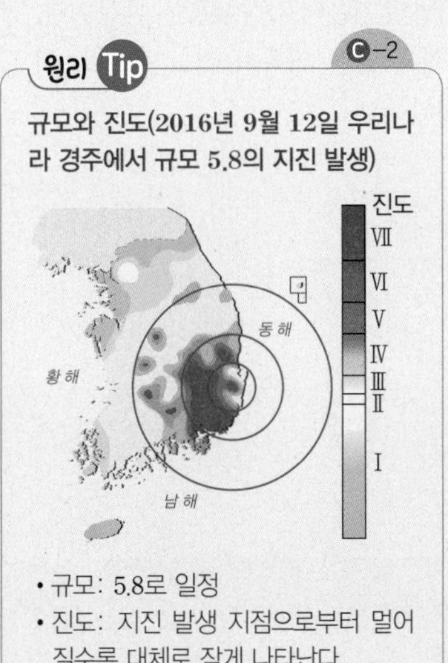

- 규모: 5.8로 일정
- 진도: 지진 발생 지점으로부터 멀어질수록 대체로 작게 나타난다.

8 그림은 전 세계 화산대와 지진대의 분포를 나타낸 것이다. 이에 대한 설명으로 옳은 것은 ○, 옳지 않은 것은 ×로 표시하시오.

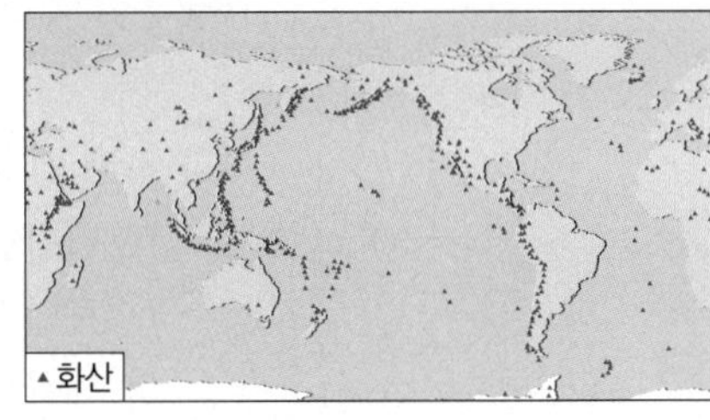

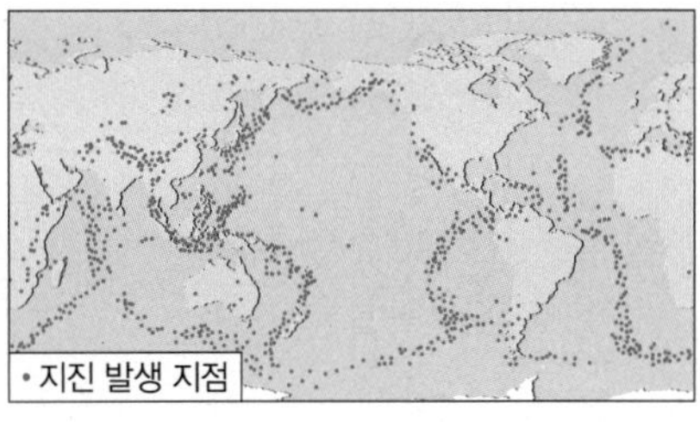

(1) 화산대는 화산 활동이 자주 일어나는 지역이다. (　　)

(2) 지진이 자주 발생하는 곳은 지진대이다. (　　)

(3) 화산대와 지진대는 전 세계에 고르게 분포한다. (　　)

(4) 지진이 발생하는 곳에는 반드시 화산 활동이 일어난다. (　　)

(5) 화산대와 지진대는 판의 경계와 멀리 떨어져 있다. (　　)

적용 Tip D-4

우리나라 주변 판의 경계와 화산 분포

▲ 화산 ➡ 판의 이동 방향

- 우리나라는 유라시아판(대륙판)에 속한다.
- 일본은 판의 경계 부근에 위치한다. ➡ 화산 활동이 자주 일어난다.

9 다음은 우리나라 부근의 화산 활동과 지진에 대한 설명이다. (　　) 안에 알맞은 말을 고르시오.

> 일본은 우리나라보다 판의 ㉠(경계 , 내부)에 더 가깝게 위치하기 때문에 우리나라보다 일본에서 화산 활동이나 지진이 ㉡(많이 , 적게) 발생한다.

A 대륙 이동설

01 대륙 이동설에 대한 설명으로 옳은 것을 〈보기〉에서 모두 고른 것은?

보기
ㄱ. 베게너가 주장하였다.
ㄴ. 대륙이 이동하면서 지구의 크기는 커졌다.
ㄷ. 과거에 판게아를 이루고 있었다.
ㄹ. 하나로 붙어 있던 대륙이 갈라지고 이동하여 현재와 같은 분포가 되었다.

① ㄱ, ㄴ ② ㄴ, ㄷ ③ ㄱ, ㄴ, ㄷ
④ ㄱ, ㄷ, ㄹ ⑤ ㄴ, ㄷ, ㄹ

중요
02 그림은 현재와 과거의 대륙 분포를 순서 없이 나타낸 것이다.

(가)

(나)

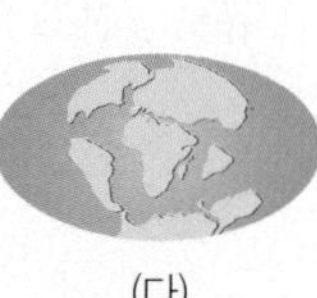
(다)

베게너의 대륙 이동설에 따라 오래된 것부터 시간 순서대로 옳게 나열한 것은?

① (가) → (나) → (다)
② (가) → (다) → (나)
③ (나) → (가) → (다)
④ (나) → (다) → (가)
⑤ (다) → (가) → (나)

중요
03 대륙 이동설의 증거로 옳지 않은 것은?

① 지진대와 화산대는 판의 경계와 대체로 일치한다.
② 북아메리카 대륙과 유럽 대륙의 산맥이 서로 연결된다.
③ 여러 대륙에 남은 빙하의 흔적이 남극 대륙을 중심으로 모인다.
④ 남아메리카 동쪽 해안선과 아프리카 서쪽 해안선 모양이 일치한다.
⑤ 세계 각지에 흩어져 있는 같은 생물의 화석 분포 지역이 서로 연결된다.

04 그림은 여러 대륙에서 발견되는 빙하의 흔적과 이동 방향을 나타낸 것이다.

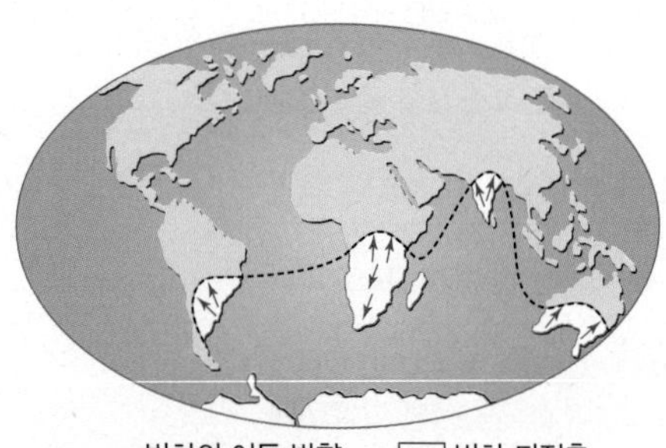

현재 기온이 높은 적도 부근 지방에서도 빙하의 흔적이 발견되는 까닭으로 옳은 것을 〈보기〉에서 모두 고른 것은?

보기
ㄱ. 과거에는 지구 전체가 빙하로 덮여 있었기 때문이다.
ㄴ. 과거에는 적도 지방의 기온이 가장 낮았기 때문이다.
ㄷ. 과거에 추운 지역에 있던 대륙이 적도 쪽으로 이동하였기 때문이다.

① ㄱ ② ㄷ ③ ㄱ, ㄴ
④ ㄴ, ㄷ ⑤ ㄱ, ㄴ, ㄷ

B 판의 이동과 경계

05 판에 대한 설명으로 옳지 않은 것은?

① 단단한 암석층이다.
② 해양판은 해양 지각을 포함한다.
③ 대륙판은 해양판보다 두껍다.
④ 판은 1년에 수 cm 정도로 느리게 이동한다.
⑤ 지구의 표면은 하나의 판으로 이루어져 있다.

06 판의 움직임에 대한 설명으로 옳은 것을 모두 고르면? (2개)

① 오랜 시간에 걸쳐 서서히 이동한다.
② 판이 이동할 때 대륙은 이동하지 않는다.
③ 여러 조각의 판이 같은 방향으로 이동한다.
④ 대륙판은 해양판보다 이동 속도가 빠르다.
⑤ 판의 이동으로 대륙의 분포가 달라진다.

[07~08] 그림은 판의 구조를 나타낸 것이다.

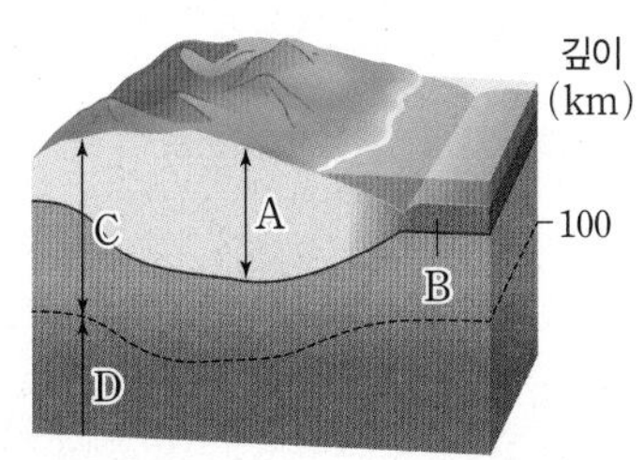

중요

07 판에 해당하는 것은?

① A ② B ③ C
④ D ⑤ C+D

08 위 그림에 대한 설명으로 옳은 것을 〈보기〉에서 모두 고른 것은?

보기
ㄱ. A는 해양 지각이다.
ㄴ. B는 대륙 지각이다.
ㄷ. C는 D의 움직임에 따라 이동한다.
ㄹ. D는 고체 상태이다.

① ㄱ, ㄴ ② ㄱ, ㄷ ③ ㄴ, ㄷ
④ ㄴ, ㄹ ⑤ ㄷ, ㄹ

중요

09 그림은 전 세계 판의 분포와 경계를 나타낸 것이다.

이에 대한 설명으로 옳지 않은 것은?

① 태평양판은 해양판이다.
② 판의 이동 방향은 모두 같다.
③ 지구의 표면은 여러 개의 판으로 이루어져 있다.
④ 판의 경계에서는 판들이 서로 부딪치고, 갈라지고, 어긋난다.
⑤ 판의 경계에서는 지각 변동이 일어난다.

C 화산 활동과 지진

중요

10 화산 활동과 지진에 대한 설명으로 옳지 않은 것은?

① 화산 활동은 마그마가 지표로 분출하는 현상이다.
② 화산 활동으로 용암, 화산 가스, 화산 쇄설물이 분출한다.
③ 화산이 폭발할 때 지진은 전혀 발생하지 않는다.
④ 지진은 암석이 오랫동안 큰 힘을 받아서 끊어질 때 발생한다.
⑤ 지진이 발생한 지점을 진원이라고 한다.

11 화산 활동의 영향에 대한 설명으로 옳은 것을 〈보기〉에서 모두 고른 것은?

보기
ㄱ. 용암이 흘러 산불이 나기도 한다.
ㄴ. 화산 지형이나 온천은 관광 자원으로 활용되기도 한다.
ㄷ. 화산재로 인해 항공기 운항에 차질이 생기고, 기온이 올라간다.
ㄹ. 화산 활동으로 발생하는 지열을 난방이나 발전에 이용하기도 한다.

① ㄱ, ㄷ ② ㄴ, ㄹ ③ ㄱ, ㄴ, ㄷ
④ ㄱ, ㄴ, ㄹ ⑤ ㄴ, ㄷ, ㄹ

12 지진의 세기에 대한 설명으로 옳은 것은?

① 진도는 지진이 발생할 때 방출된 에너지의 양을 나타낸다.
② 서로 다른 두 지진의 세기를 비교할 때는 규모를 이용한다.
③ 지진 발생 지점에서 가까운 곳은 규모가 크고, 먼 곳은 규모가 작다.
④ 진도는 지진 발생 지점으로부터의 거리에 관계없이 같다.
⑤ 규모는 로마자로 표기하고, 진도는 아라비아 숫자로 표기한다.

13 다음은 어느 신문 기사의 일부를 나타낸 것이다.

2016년 9월 경북 경주에서는 우리나라 관측 이후 최대의 규모 5.8 지진이 발생하였고, 이 지진으로 경주뿐만 아니라 여러 지역에서 진동이 느껴졌다.

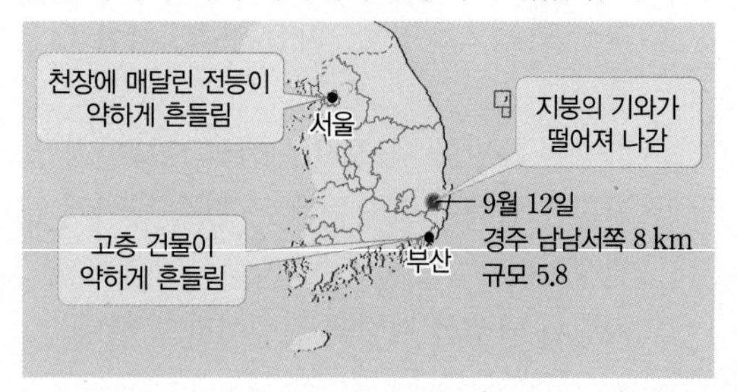

이에 대한 설명으로 옳은 것을 〈보기〉에서 모두 고른 것은?

보기
ㄱ. 지진의 규모는 서울이 경주보다 작다.
ㄴ. 지역에 따라 지진의 피해가 다른 까닭은 진원으로부터의 거리가 다르기 때문이다.
ㄷ. 서울, 경주, 부산 중 진도가 가장 크게 나타나는 지역은 서울이다.

① ㄱ ② ㄴ ③ ㄱ, ㄷ
④ ㄴ, ㄷ ⑤ ㄱ, ㄴ, ㄷ

14 지진이 발생했을 때 대처하는 방법으로 옳지 않은 것은?

① 탁자 밑으로 몸을 피한다.
② 집 안에서 작은 흔들림을 느낀 순간 가스레인지나 난로 등의 불을 끈다.
③ 건물 밖으로 나갈 때는 신속히 엘리베이터를 이용하여 대피한다.
④ 건물 밖으로 나가면 가방이나 손으로 머리를 보호하고 이동한다.
⑤ 대피 장소에 도착하면 공공 기관의 안내 방송 등 올바른 정보에 따라 행동한다.

D 화산대와 지진대

[주관식]
15 화산대와 지진대에 대한 설명으로 옳은 것을 〈보기〉에서 모두 고르시오.

보기
ㄱ. 화산대는 화산 활동이 자주 일어나는 지역이다.
ㄴ. 지진대는 지진이 자주 발생하는 지역이다.
ㄷ. 화산대와 지진대는 특정한 지역에 띠 모양으로 분포한다.

중요
16 그림은 전 세계 화산대와 지진대의 분포 및 판의 경계를 나타낸 것이다.

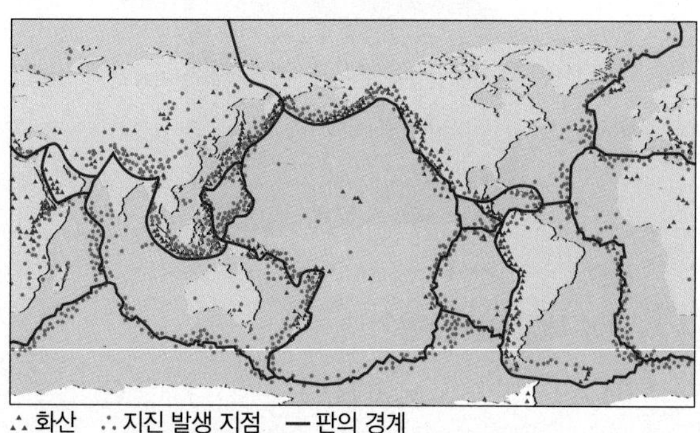

이에 대한 설명으로 옳지 않은 것을 모두 고르면? (2개)

① 화산은 태평양 주변에 가장 많이 분포한다.
② 대부분의 지진은 대륙의 중앙부에서 발생한다.
③ 화산이 분포하는 곳에서 대체로 지진이 발생한다.
④ 대서양에서 지진대는 주로 대양의 가장자리에 위치한다.
⑤ 화산대와 지진대는 판의 경계와 거의 일치한다.

17 그림은 우리나라 주변의 판의 경계 및 화산 활동과 지진 분포를 나타낸 것이다.

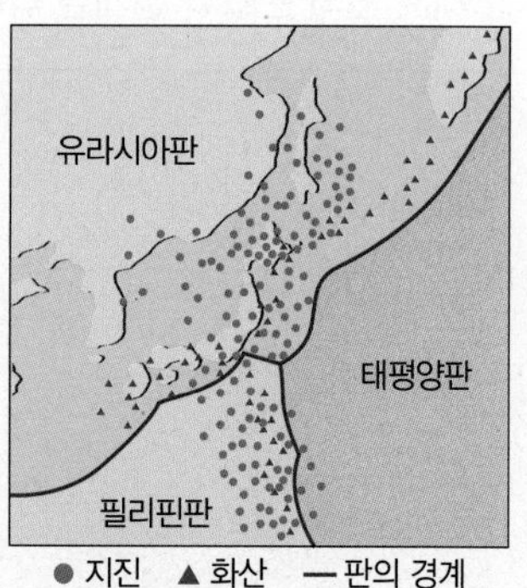

이에 대한 설명으로 옳은 것은?

① 우리나라는 태평양판에 속한다.
② 우리나라는 일본보다 판의 경계에 가까이 위치한다.
③ 화산 활동과 지진은 판의 경계와 관련이 깊다.
④ 우리나라는 일본보다 화산 활동이나 지진이 더 많이 발생한다.
⑤ 우리나라는 지진의 안전지대이므로 지진에 대비할 필요는 없다.

서술형 문제

정답과 해설 11쪽

단계별 서술형

1 베게너는 그림과 같이 과거 하나였던 대륙이 분리되고 이동하여 현재와 같은 분포가 되었다고 주장하였다.

(1) 베게너가 제시한 이 학설의 명칭과 A의 명칭을 쓰시오.

(2) 베게너의 주장이 발표 당시에 받아들여지지 못했던 까닭을 서술하시오.

서술형

2 오른쪽 그림과 같이 남아메리카 대륙의 동쪽 해안선과 아프리카 대륙의 서쪽 해안선의 모양이 거의 일치하는 까닭은 무엇인지 서술하시오.

단어 제시형

3 지진이 발생했을 때 지역에 따른 규모와 함께 지역에 따라 피해가 다르게 나타나는 까닭을 다음 단어를 모두 포함하여 서술하시오.

규모, 진도

서술형

4 그림은 전 세계의 화산대와 지진대를 나타낸 것이다.

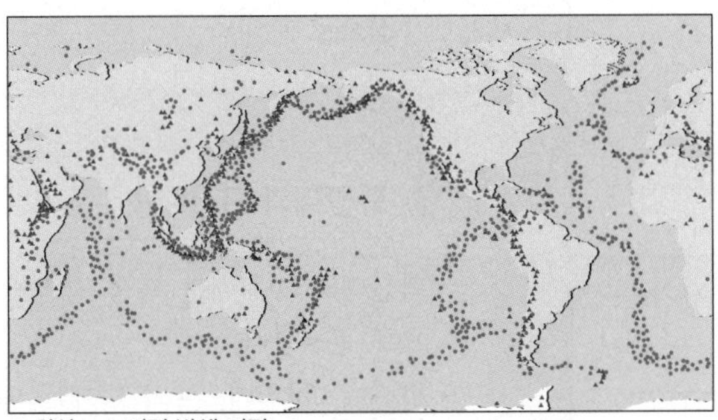

∴ 화산 ∴ 지진 발생 지점

화산대와 지진대의 분포가 거의 일치하는 까닭을 서술하시오.

서술형 Tip

1 베게너는 여러 가지 증거를 제시하여 대륙이 이동한다고 주장하였다.

Plus 문제 1-1

앞으로 대서양의 넓이는 어떻게 변할지 서술하시오.

2 베게너가 제시한 대륙 이동의 증거에는 해안선 모양의 일치, 화석의 분포, 빙하의 흔적, 산맥의 연속성이 있다.

3 규모는 지진에 의해 방출된 에너지의 양을 나타내는 값이고, 진도는 지진에 의해 어떤 지역에서 땅이 흔들리는 정도나 피해 정도를 나타낸 것이다.

4 화산대와 지진대가 판의 경계와 어떤 관련이 있는지 비교해 본다.
→ 필수 용어: 화산 활동, 지진, 판의 경계

Plus 문제 4-1

화산대와 지진대가 판의 경계와 거의 일치하는 까닭을 서술하시오.

핵심만 모아모아!

정답과 해설 12쪽

이 단원에서 학습한 내용을 확실히 이해했나요?
다음 내용을 잘 알고 있는지 확인해 보세요.

1 지구계의 구성 요소

- ❶□□: 지구의 표면과 지구 내부
- ❷□□: 지구에 있는 물
- ❸□□: 지구를 둘러싸고 있는 대기
- ❹□□□: 지구에 살고 있는 모든 생물
- ❺□□: 기권의 바깥 영역인 우주 공간

2 지권의 구조

- 지각: 지권의 겉 부분으로, 두께가 가장 얇은 층
- ❶□□: 지구 전체 부피의 약 80 %를 차지하는 층
- ❷□□□: 지각과 맨틀의 경계면
- 외핵: 깊이 약 2900~5100 km로, ❸□□ 상태의 층
- ❹□□: 고체 상태이며, 철, 니켈과 같은 무거운 물질로 이루어진 층

3 화성암

- ❶□□□은 마그마가 지표에서 빠르게 식어 생성된 암석이고, ❷□□□은 마그마가 지하 깊은 곳에서 천천히 식어 생성된 암석이다.
- 화성암의 종류

구성 알갱이의 크기 \ 암석의 색	어두운색	밝은색
작다(화산암)	❸□□□	유문암
크다(심성암)	반려암	❹□□□

4 퇴적암, 변성암

- 퇴적암의 특징: ❶□□와 화석
- 퇴적암의 종류

퇴적물	자갈	모래	진흙
퇴적암	❷□□	❸□□	셰일

- 변성암: 암석이 높은 열과 ❹□□을 받아 성질이 변하여 만들어진 암석

원래 암석	사암	석회암	셰일
변성암	규암	❺□□□	편암 → 편마암

- 암석의 ❻□□: 암석이 주변 환경 변화에 따라 끊임없이 다른 암석으로 변하는 과정

5 광물의 특성

- 색: 광물의 겉보기 색
- ❶□□□: 광물 가루의 색
- ❷□□: 광물의 단단한 정도
- 염산 반응: ❸□□□은 묽은 염산과 반응하여 거품이 발생한다.
- 자성: ❹□□□은 자석을 끌어당기는 성질이 있다.

6 암석의 풍화와 토양

- ❶□□: 암석이 오랜 시간에 걸쳐 잘게 부서지거나 성분이 변하는 현상
- 풍화의 원인: ❷□, 공기, 생물 등
- ❸□□: 암석이 풍화 작용을 받아 만들어진 흙
- 토양의 생성 과정: 지표에 드러난 암석이 ❹□□되어 암석 조각과 모래가 된다. → 더 잘게 부서져 ❺□□이 자랄 수 있는 겉 부분의 흙이 만들어진다. → 겉 부분의 흙에서 물에 녹은 물질과 진흙 등이 아래로 내려와 쌓인다.

7 대륙 이동설의 증거

- 남아메리카 대륙과 아프리카 대륙의 ❶□□□이 잘 들어맞는다.
- 멀리 떨어진 같은 생물의 ❷□□ 분포 지역이 연결된다.
- 북아메리카 대륙과 유럽 대륙의 ❸□□이 하나로 이어진다.
- 여러 대륙에 남아 있는 ❹□□의 흔적이 남극을 중심으로 모인다.

8 화산대와 지진대

- 화산대와 지진대는 특정 지역에 좁고 긴 ❶□ 모양으로 분포한다.
- 화산대, 지진대, 판의 경계는 대체로 ❷□□한다.
  ➡ 화산 활동, 지진 등의 지각 변동은 주로 판의 경계에서 발생하기 때문이다.
- 일본은 판의 ❸□□에 가까이 위치하기 때문에 우리나라보다 화산 활동과 지진이 활발하다.

[내 실력 진단하기]
각 중단원별로 어느 부분이 부족한지 진단해 보고, 부족한 단원은 다시 복습합시다.

01. 지구계와 지권의 구조	01		02		03		04		05									
02. 지각의 구성_암석	06		07		08		09		10		11		12		13		14	
	15		16		17		29											
03. 지각의 구성_광물과 토양	18		19		20		21		22		23		24		30			
04. 지권의 운동	25		26		27		28		31									

상중하

01 지구계에 대한 설명으로 옳은 것은?

① 수권의 대부분은 빙하가 차지한다.
② 지구를 구성하는 여러 요소들의 집합을 지구계라고 한다.
③ 지구계는 지권, 수권, 기권, 외권, 내권으로 이루어져 있다.
④ 외권은 지권, 수권, 기권에 걸쳐 넓은 영역에 분포한다.
⑤ 지구계를 이루는 각 구성 요소들은 서로 영향을 주고받지 않는다.

상중하

02 다음과 같은 특징을 가지는 지구계의 구성 요소는?

• 지하수를 포함한다.
• 지표의 모습을 변화시킨다.
• 여러 생물들이 살아가는 공간을 제공한다.

① 기권 ② 수권 ③ 외권
④ 지권 ⑤ 생물권

상중하

03 다음은 지구 내부 조사 방법을 나타낸 것이다.

보기
ㄱ. 시추 ㄴ. 지진파 분석
ㄷ. 운석 연구 ㄹ. 화산 분출물 조사

(가) 지구 내부 물질을 직접 확인하는 방법과 (나) 지구 내부 전체 구조를 알아내는 데 가장 효과적인 방법을 〈보기〉에서 골라 옳게 짝 지은 것은?

	(가)	(나)
①	ㄱ, ㄴ	ㄷ
②	ㄱ, ㄹ	ㄴ
③	ㄴ, ㄷ	ㄹ
④	ㄴ, ㄹ	ㄱ
⑤	ㄷ, ㄹ	ㄴ

[04~05] 그림은 지구의 내부 구조를 나타낸 것이다.

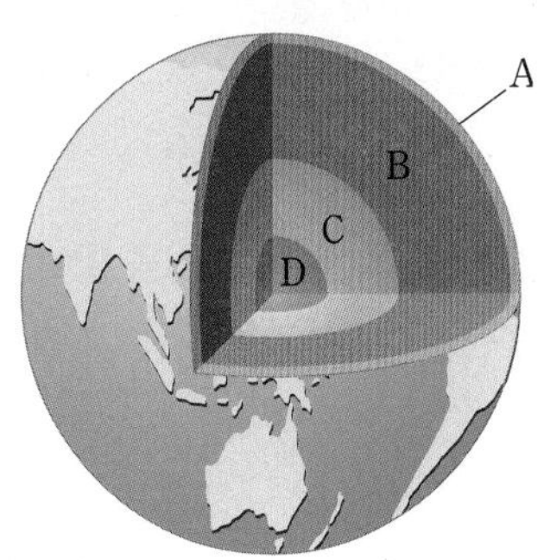

[주관식] 상중하

04 A~D 중 물질의 상태가 다른 층의 기호와 이름을 쓰시오.

상중하

05 A~D에 대한 설명으로 옳지 않은 것을 모두 고르면? (2개)

① A는 해양 지각과 대륙 지각으로 구분할 수 있다.
② B는 액체 상태로 유동성이 있다.
③ A와 B 사이의 경계면은 모호면이다.
④ C는 가장 큰 부피를 차지한다.
⑤ A에서 D로 갈수록 온도와 압력, 밀도가 커진다.

자료 분석 | 정답과 해설 12쪽

상중하

06 암석을 (가), (나), (다) 세 집단으로 분류한 기준으로 옳은 것은?

(가)	(나)	(다)
사암, 역암	화강암, 현무암	대리암, 편마암

① 암석의 색깔
② 암석의 생성 과정
③ 마그마의 냉각 속도
④ 암석을 구성하는 광물의 종류
⑤ 암석을 구성하는 알갱이의 크기

상중하

07 다음과 같이 암석을 (가)와 (나) 두 그룹으로 분류한 기준으로 옳은 것은?

> (가) 현무암, 유문암　　　(나) 반려암, 화강암

① 암석의 색
② 암석의 생성 원인
③ 마그마의 냉각 속도
④ 암석이 받은 열과 압력
⑤ 암석을 이루는 광물의 종류

[08~09] 그림은 화성암의 생성 과정을 알아보기 위해 스테아르산을 녹인 후 결정을 만드는 실험 과정과 화성암의 산출 상태를 나타낸 것이다.

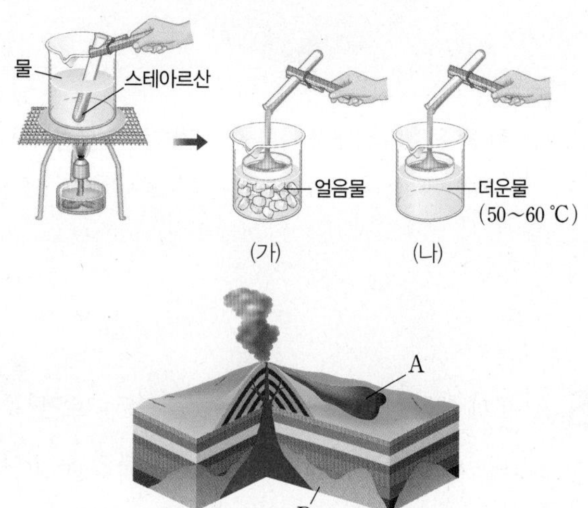

상중하

08 위 자료에 대한 설명으로 옳은 것은?

① (가)는 (나)보다 스테아르산이 천천히 식는다.
② A에서 생성된 암석은 B에서 생성된 암석보다 암석을 구성하는 알갱이의 크기가 크다.
③ B의 산출 상태는 (나)와 같은 원리로 생성된다.
④ (가)와 같은 원리로 생성되는 화성암은 B에서 만들어지는 화산암이다.
⑤ (나)와 같은 원리로 생성되는 화성암은 암석을 구성하는 알갱이의 크기가 작으며 A에서 산출된다.

자료 분석 | 정답과 해설 12쪽

[주관식] 상중하

09 그림은 어떤 화성암의 표면을 돋보기로 관찰한 것이다. (가)와 (나) 중 이 화성암이 생성되는 원리를 고르고, A와 B 중 이 암석이 산출되는 장소를 고르시오.

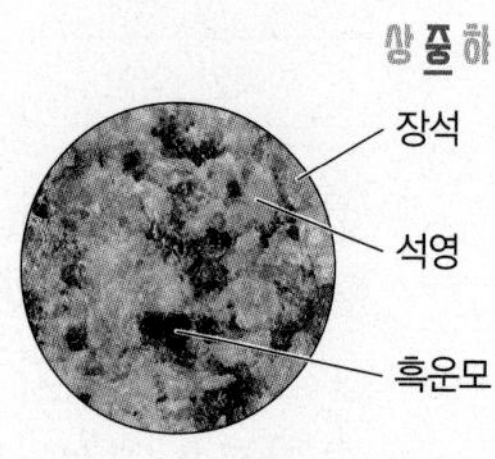

자료 분석 | 정답과 해설 13쪽

상중하

10 표는 화성암을 분류한 것이다.

구분	암석의 색: 어둡다 ←	→ 밝다
화산암	현무암	(㉠)
심성암	(㉡)	화강암

㉠과 ㉡에 해당하는 화성암의 이름을 옳게 짝 지은 것은?

	㉠	㉡		㉠	㉡
①	유문암	반려암	②	석회암	편마암
③	석회암	대리암	④	반려암	유문암
⑤	편암	편마암			

자료 분석 | 정답과 해설 13쪽

상중하

11 그림은 화성암을 광물 결정의 크기와 어두운색 광물의 부피비에 따라 분류한 것이다.

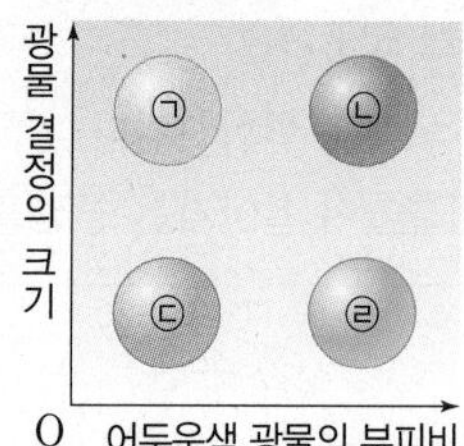

현무암과 화강암의 위치를 순서대로 옳게 나열한 것은?

① ㉠, ㉢　② ㉠, ㉣　③ ㉡, ㉢
④ ㉢, ㉡　⑤ ㉣, ㉠

자료 분석 | 정답과 해설 13쪽

[주관식] 상중하

12 다음은 퇴적암의 생성 과정을 순서 없이 나타낸 것이다.

> (가) 퇴적물이 운반되어 계속 쌓인다.
> (나) 오랜 세월에 걸쳐 퇴적물이 점점 굳어져서 퇴적암이 된다.
> (다) 새로 쌓인 퇴적물의 무게로 인해 퇴적물들이 다져진다.
> (라) 물속에 녹아 있던 여러 물질이 퇴적물을 결합시켜 단단해진다.

퇴적암의 생성 과정을 순서대로 쓰시오.

상 중 하

13 퇴적암의 특징에 대한 설명으로 옳지 않은 것은?

① 평행한 줄무늬인 층리가 나타난다.
② 지하 깊은 곳에서 높은 열과 압력을 받아 만들어진다.
③ 과거에 살았던 생물의 유해나 흔적이 발견되기도 한다.
④ 자갈이 퇴적되어 굳어져 생성된 퇴적암을 역암이라고 한다.
⑤ 셰일은 진흙이 퇴적되어 굳어져 생성된 퇴적암이다.

상 중 하

14 그림은 통식빵에 마시멜로를 끼우고 위에서 누르는 모습을 나타낸 것이다.

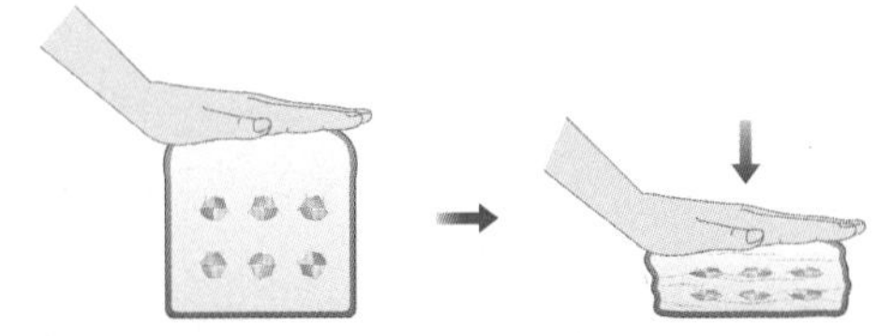

이와 같은 원리로 만들어지는 암석은?

① 사암　② 석회암　③ 현무암
④ 화강암　⑤ 편마암

상 중 하

15 그림 (가)는 석회암, (나)는 편마암을 나타낸 것이다.

(가)

(나)

이에 대한 설명으로 옳은 것을 〈보기〉에서 모두 고른 것은?

보기
ㄱ. (가)는 변성암이고, (나)는 퇴적암이다.
ㄴ. (가)는 열과 압력을 받으면 (나)로 변한다.
ㄷ. (나)의 줄무늬를 엽리라고 한다.

① ㄱ　② ㄷ　③ ㄱ, ㄴ
④ ㄱ, ㄷ　⑤ ㄴ, ㄷ

[주관식] 상 중 하

16 다음은 여러 가지 암석 표본을 관찰한 결과이다.

- A: 암석에서 자갈이 관찰된다.
- B: 암석의 색이 어둡고 구멍이 많다.
- C: 암석에 희고 검은 줄무늬가 보인다.
- D: 암석을 구성하는 알갱이가 매우 작고 층리가 보인다.

A~D에 해당하는 암석을 〈보기〉에서 골라 쓰시오.

보기
ㄱ. 현무암　ㄴ. 역암
ㄷ. 셰일　ㄹ. 편마암

상 중 하

17 그림은 암석의 순환 과정을 나타낸 것이다.

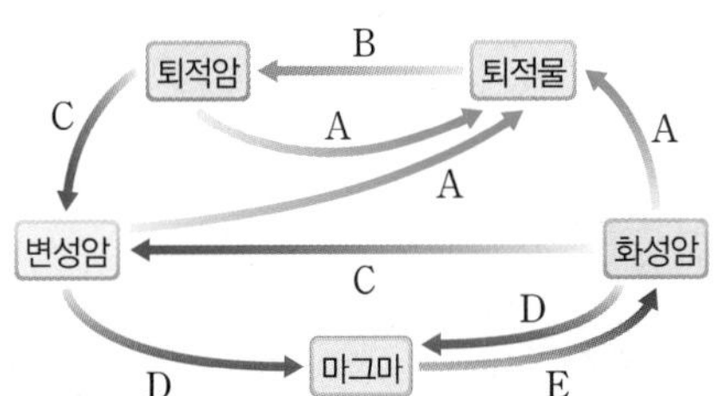

A~E에 해당하는 내용으로 옳은 것은?

① A－다져짐, 굳어짐
② B－높은 열과 압력
③ C－녹음
④ D－풍화, 침식, 운반
⑤ E－식음

자료 분석 | 정답과 해설 13쪽

상 중 하

18 표는 광물 A와 B의 특성을 나타낸 것이다.

구분	A	B
색	무색투명	무색투명
조흔색	조흔판에 긁히지 않음	흰색
서로 긁어 봄	긁히지 않음	긁힘
염산 반응	반응하지 않음	기체 발생
자성	없음	없음

A, B 두 광물을 구별할 수 있는 방법은?

① 광물의 색을 관찰한다.
② 광물의 부피를 측정해 본다.
③ 윗접시저울을 이용하여 광물의 질량을 재어 본다.
④ 쇠붙이를 가까이 대 본다.
⑤ 광물의 굳기를 비교해 본다.

상 중 하

19 그림은 석영과 방해석을 나타낸 것이다.

▲ 석영

▲ 방해석

두 광물을 뚜렷하게 구별하기 위해 이용할 수 있는 광물의 특성을 모두 고르면? (2개)

① 색 ② 부피 ③ 굳기
④ 자성 ⑤ 염산 반응

상 중 하

20 다음 설명에 해당하는 광물로 가장 적당한 것은?

- 겉보기 색은 검은색이다.
- 조흔판에 나타난 광물 가루의 색은 검은색이다.
- 쇠붙이를 끌어당기는 성질이 있다.

① 감람석 ② 흑운모 ③ 각섬석
④ 자철석 ⑤ 적철석

상 중 하

21 풍화에 대한 설명으로 옳지 않은 것은?

① 지표에서는 다양한 풍화가 끊임없이 일어나고 있다.
② 암석이 풍화를 계속 받으면 잘게 부서져서 흙이 된다.
③ 암석이 돌 조각, 모래, 흙 등으로 변해 가는 현상이다.
④ 물, 공기, 생물 등의 영향으로 암석이 부서지는 작용이다.
⑤ 풍화가 일어나면 거대한 바위는 매우 짧은 시간에 흙으로 변한다.

상 중 하

22 암석의 순환 과정에서 토양이 형성되는 것과 관련 있는 것은?

① 규암이 녹아 마그마가 되었다.
② 모래가 다져지고 굳어져 사암이 되었다.
③ 유문암이 풍화 작용을 받아 잘게 부서졌다.
④ 셰일이 높은 열과 압력을 받아 편마암이 되었다.
⑤ 마그마가 지하 깊은 곳에서 식어 화강암이 만들어졌다.

상 중 하

23 그림 (가)와 (나)는 풍화 작용의 예를 나타낸 것이다.

(가)

(나)

이에 대한 설명으로 옳은 것을 〈보기〉에서 모두 고른 것은?

보기
ㄱ. (가)는 식물의 뿌리가 성장하면서 부피가 팽창할 때 일어난다.
ㄴ. (나)는 지하수의 용해 작용으로 인해 일어난다.
ㄷ. (나)는 화강암 지대에서 잘 일어나는 풍화 작용이다.

① ㄱ ② ㄷ ③ ㄱ, ㄴ
④ ㄱ, ㄷ ⑤ ㄴ, ㄷ

상 중 하

24 그림은 토양이 생성되는 과정을 순서 없이 나타낸 것이다.

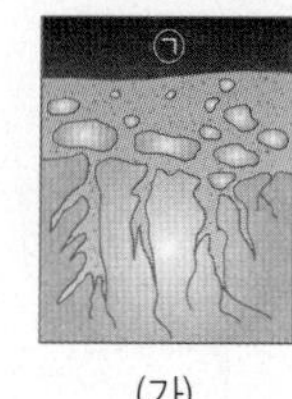

(가)

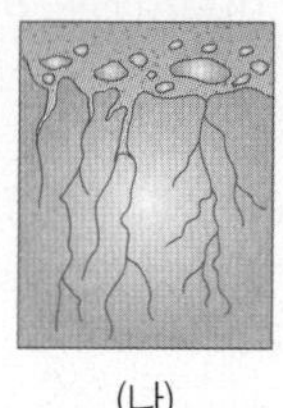
(나)

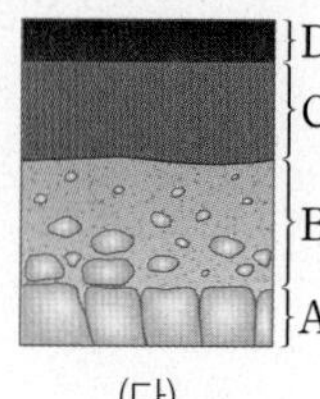

(다)

이에 대한 설명으로 옳지 않은 것은?

① (나) → (가) → (다) 순으로 생성된다.
② B는 A가 풍화되어 만들어진 층이다.
③ D는 생명 활동이 가장 활발한 층이다.
④ A~D 중 가장 나중에 만들어진 층은 D이다.
⑤ ㉠은 A~D 중 D와 같은 층이다.

자료 분석 | 정답과 해설 14쪽

상 중 하

25 판에 대한 설명으로 옳지 않은 것은?

① 지각과 맨틀의 윗부분을 포함한다.
② 판은 모두 같은 방향으로 이동한다.
③ 1년에 수 cm 정도로 느리게 이동한다.
④ 대륙 지각을 포함하는 판을 대륙판이라고 한다.
⑤ 지구의 표면은 크고 작은 여러 개의 판으로 이루어져 있다.

상 **중** 하

26 다음은 독일의 과학자 베게너가 주장한 학설이다.

오래전에 대륙들이 한 덩어리를 형성하고 있었다가 서서히 분리되고 이동하여 현재와 같은 모습을 이루게 되었다.

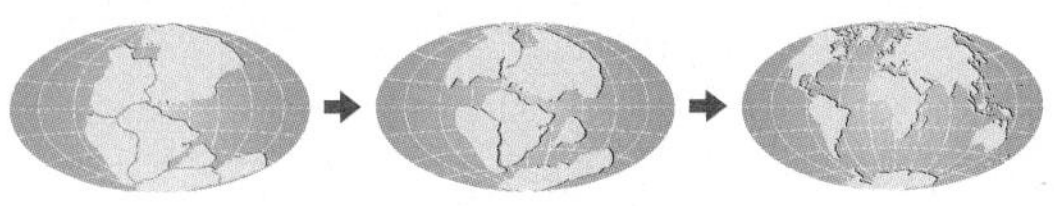

이와 같은 학설의 증거가 될 수 있는 것을 〈보기〉에서 모두 고른 것은?

보기
ㄱ. 지구에서 발견되는 운석 구덩이
ㄴ. 멀리 떨어진 두 대륙 해안선의 일치
ㄷ. 여러 대륙에서 같은 종의 화석 발견
ㄹ. 적도 근처의 대륙에서 발견되는 빙하의 흔적

① ㄱ, ㄴ ② ㄱ, ㄹ ③ ㄴ, ㄷ
④ ㄱ, ㄴ, ㄷ ⑤ ㄴ, ㄷ, ㄹ

상 중 **하**

27 베게너가 주장한 대륙 이동설은 발표 당시에 대부분의 과학자들로부터 인정받지 못했는데, 그 까닭은?

① 대륙은 매우 넓게 분포하고 있기 때문에
② 화산 활동과 지진이 계속해서 발생하기 때문에
③ 대륙을 이동시키는 원동력을 찾지 못했기 때문에
④ 대륙과 해양은 분리되어 있다고 생각했기 때문에
⑤ 떨어진 대륙에 분포하는 화석을 발견하지 못했기 때문에

상 **중** 하

28 화산 활동과 지진에 대한 설명으로 옳은 것을 〈보기〉에서 모두 고른 것은?

보기
ㄱ. 화산 활동과 지진이 자주 발생하는 지역은 전 세계에 고르게 분포한다.
ㄴ. 지진이 자주 발생하는 지역을 지진대라고 한다.
ㄷ. 화산 활동은 주로 판의 중앙부에서 일어난다.
ㄹ. 태평양 가장자리는 화산 활동과 지진이 가장 활발한 지역이다.

① ㄱ, ㄴ ② ㄱ, ㄷ ③ ㄴ, ㄷ
④ ㄴ, ㄹ ⑤ ㄷ, ㄹ

서술형 문제

상 중 **하**

29 화강암은 밝은색을, 현무암은 어두운색을 띠는 까닭을 서술하시오.

상 **중** 하

30 그림은 몇 가지 광물을 분류하는 과정을 나타낸 것이다.

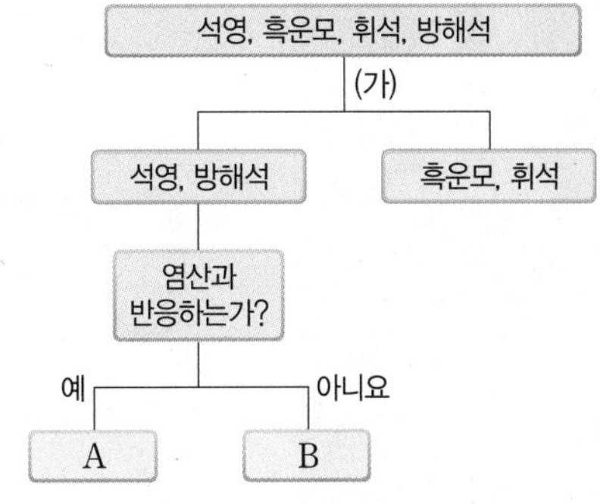

(1) (가)에 적절한 광물의 분류 기준을 서술하시오.

(2) A와 B에 해당하는 광물의 이름을 쓰시오.

(3) 염산 반응 외에 A와 B 두 광물을 구별할 수 있는 특성에는 무엇이 있는지 한 가지만 서술하시오.

자료 분석 | 정답과 해설 14쪽

상 중 하

31 그림은 전 세계에서 화산 활동과 지진이 활발하게 일어나는 지역을 판의 경계와 함께 나타낸 것이다.

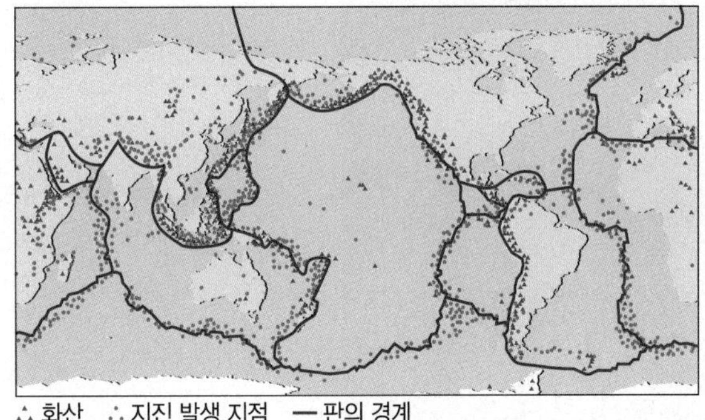

(1) 태평양 가장자리에서 화산 활동과 지진이 매우 활발하게 일어나는 곳을 무엇이라고 하는지 쓰시오.

(2) 화산 활동과 지진이 일어나는 지역이 고르게 분포하는 것이 아니라 특정한 지역에 집중적으로 나타나는 까닭을 서술하시오.

자료 분석 | 정답과 해설 14쪽

Ⅱ 여러 가지 힘

제목으로 미리보기

01 중력과 탄성력

초등학교 때 무게와 질량에 대해 배우면서 중력에 대해 들어본 적이 있습니다. 초등학교 때는 무게와 질량을 구분하지 않았지만 이번 단원을 통해 무게가 중력의 크기임을 알고 무게와 질량을 구분할 수 있어야 하며, 일상생활에서 물체의 탄성을 이용하는 예를 알아본답니다.

02 마찰력과 부력

이 단원에서는 물질세계에 존재하는 여러 가지 힘 중에서 마찰력과 부력을 이해하고, 이 힘의 특징과 힘이 작용하여 나타나는 현상에 대해 흥미와 호기심을 갖도록 합니다. 빗면의 기울기를 이용하여 물체의 마찰력을 비교할 수 있어야 하며, 액체 속에서 물체의 부력을 측정할 수 있어야 합니다.

그림을 떠올려!

이 단원을 학습하기 전에, 이전에 배운 내용 중 꼭 알아야 할 개념들을 그림과 함께 떠올려 봅시다.

1 | 물체의 무게와 용수철이 늘어난 길이 사이의 관계

>>> 초등학교 4학년 물체의 무게

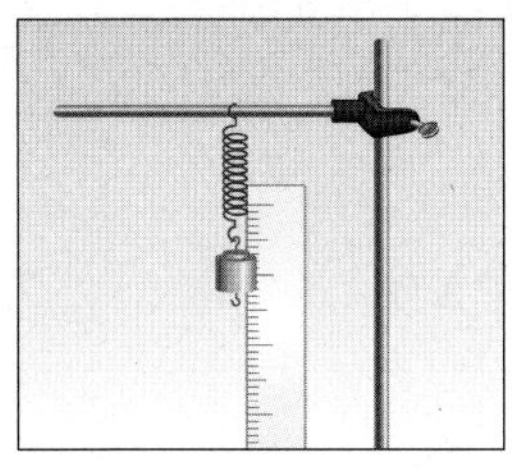
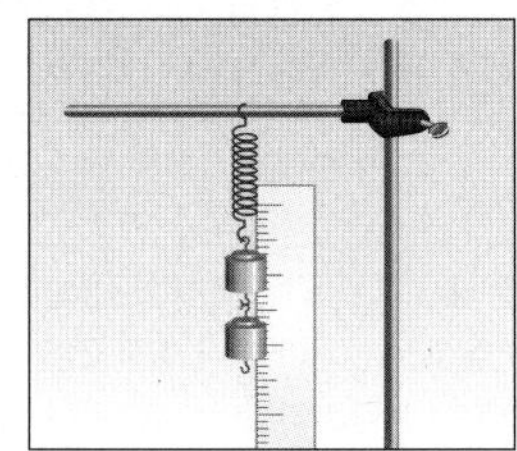
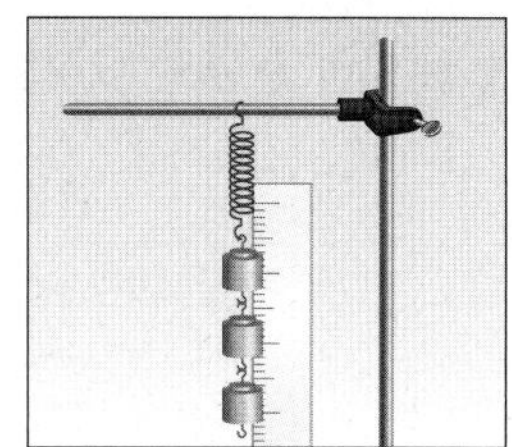

- (❶): 용수철과 같이 탄성을 가진 물체에 힘이 작용하여 모양이 변했을 때 원래 모양으로 되돌아가려는 힘
- 용수철에 매단 물체의 무게가 (❷)수록 용수철이 많이 늘어난다. ➡ 용수철에 매단 물체의 무게가 일정하게 늘어나면 용수철의 길이도 일정하게 늘어난다.

2 | 물체의 무게

>>> 초등학교 4학년 물체의 무게

- (❸): 지구가 물체를 끌어당기는 힘의 크기
- 가벼운 물체보다 무거운 물체를 들고 있을 때 힘이 더 드는 까닭은 지구가 가벼운 물체보다 무거운 물체를 더 (❹) 끌어당기기 때문이다.

3 | 양팔저울과 윗접시저울로 무게 비교하기

>>> 초등학교 4학년 물체의 무게

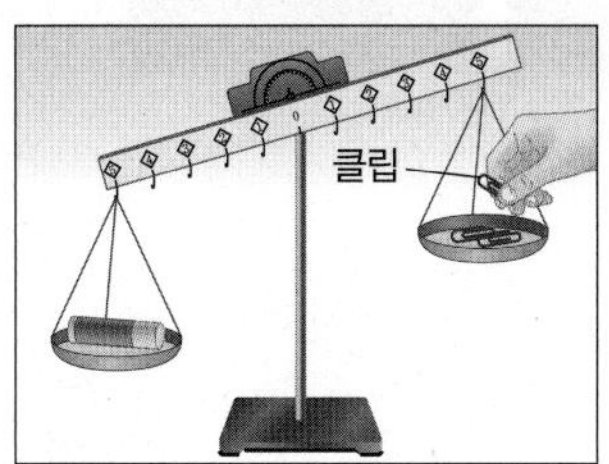

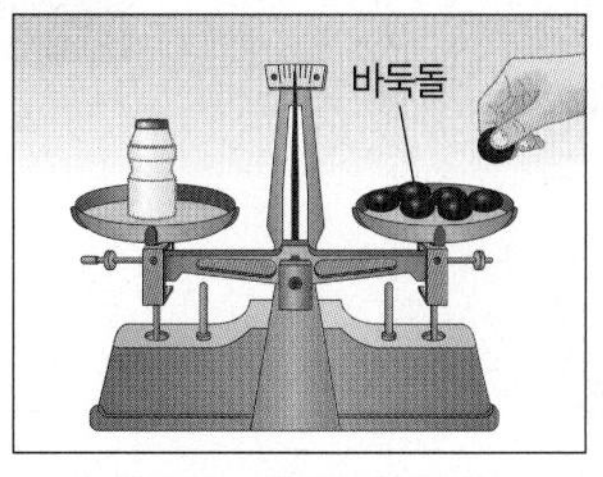

- 양팔저울: (❺)의 원리를 이용해 만든 저울
- 왼쪽 저울 접시에는 무게를 측정하려는 물체를 올려놓고, 오른쪽 저울 접시에는 무게가 일정한 클립이나 동전을 올리면서 수평을 맞춘다. ➡ 오른쪽 저울 접시에 올린 클립이나 동전의 수가 많을수록 (❻) 물체이다.

- 윗접시저울: (❼)의 원리를 이용해 만든 저울
- 왼쪽 저울 접시에는 무게를 측정하려는 물체를 올려놓고, 오른쪽 저울 접시에는 바둑돌을 올리면서 수평을 맞춘다. ➡ 저울이 수평이 되었을 때 바둑돌의 무게를 모두 합한 것이 (❽)와 같다.

정답 ❶ 탄성력 ❷ 무거울 ❸ 무게 ❹ 세게 ❺ 수평잡기 ❻ 무거운 ❼ 수평잡기 ❽ 물체의 무게

쉽고 정확하게! **개념 학습**

01 중력과 탄성력

Ⓐ 힘

1. 과학에서의 힘 어떤 물체를 밀거나 당길 때 힘이 작용한다고 한다.❶

2. 힘 물체의 모양이나 운동 상태를 변하게 하는 원인❷

① **힘의 단위:** N(뉴턴) – 1 N은 질량이 약 100 g인 물체를 들어 올릴 때 느껴지는 무게와 같다.

② **힘이 작용하여 나타나는 변화:** 물체의 모양이나 운동 상태가 변한다. ➡ 물체에 작용하는 힘의 크기가 클수록 물체의 모양이나 운동 상태의 변화가 크다.

모양 변화	운동 상태 변화	모양과 운동 상태 동시 변화
• 철사를 구부릴 때 • 밀가루를 반죽할 때 • 고무줄이나 용수철을 잡아당겨 늘일 때	• 굴러가던 공이 정지할 때 • 사과가 나무에서 떨어질 때 • 정지해 있는 수레를 밀거나 끌어당겨 이동시킬 때	• 야구공을 방망이로 칠 때 • 축구공을 발로 세게 찰 때 • 배구공을 손으로 세게 칠 때 • 골프공을 골프채로 세게 칠 때

3. 힘의 표시 힘의 크기, 힘의 방향, 힘의 작용점을 화살표로 나타낸다.❸

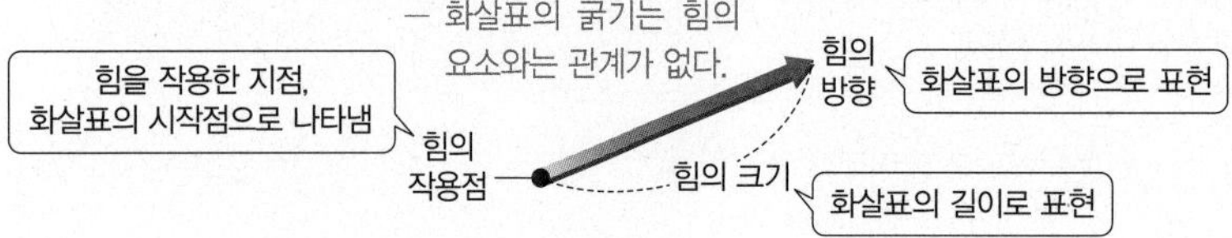

Ⓑ 중력

1. 중력 지구와 같은 천체가 물체를 당기는 힘 – 천체(지구)와 물체 사이에는 서로 당기는 힘이 작용하기 때문에 중력이 나타난다.

(천체: 우주에 존재하는 모든 물체로 항성, 행성, 위성, 혜성 등을 통틀어 이르는 말이다.)

① **중력의 방향:** 지구 중심 방향(=*연직 아래 방향)

② **중력의 크기**

- 물체의 질량이 클수록 중력의 크기가 크다.
- 지구 중심에 가까울수록 중력의 크기가 크다.

③ **달에서의 중력:** 지구에서의 중력의 $\frac{1}{6}$이다. – 모든 천체에서는 중력이 작용하며, 천체마다 중력의 크기가 다르다.

▲ 중력의 방향

2. 중력에 의해 나타나는 현상 – 우리가 살아가는 데 필요한 공기와 물이 중력에 의해 지구에 존재할 수 있다.

① 고드름이 아래로 자란다.

② 달이 지구 주위를 공전한다.

③ 스카이다이버가 아래로 떨어진다.

④ 물체가 무겁거나 가볍다고 느낀다.

⑤ 폭포의 물이 높은 곳에서 낮은 곳으로 떨어진다.

▲ 고드름

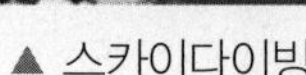
▲ 스카이다이빙

▲ 폭포

Ⓒ 무게와 질량

구분	무게	질량
정의	물체에 작용하는 중력의 크기	물체의 고유한 양
단위	N(뉴턴) – 힘의 단위와 같다.	g(그램), kg(킬로그램) – 1000 g=1 kg
측정 도구	용수철저울, 가정용저울	양팔저울, 윗접시저울
특징	측정 장소에 따라 달라진다.	측정 장소에 따라 달라지지 않는다.
관계	• 무게는 질량에 *비례한다. • 지구에서의 무게(N)=9.8×질량(kg) • 질량이 1 kg인 물체의 지구에서의 무게는 약 9.8 N이다.	

개념 더하기

❶ 과학에서의 힘의 작용이 아닌 경우

- 정신적인 활동은 과학에서의 힘의 작용이 아니다. 예 책상에 앉아서 공부하기가 힘이 든다. 생각하는 힘이 필요하다. 등
- 물질의 성질이나 상태가 변하는 것은 과학에서의 힘의 작용에 의한 현상이 아니다. 예 물이 끓는다. 못이 녹슨다. 얼음이 녹는다. 등

❷ 운동 상태

움직이는 물체의 빠르기와 운동 방향을 운동 상태라고 한다. 빠르기와 운동 방향 중 한 가지만 변해도 운동 상태가 변했다고 한다.

❸ 힘의 작용점이 다를 때 힘의 효과

힘의 크기와 방향이 같아도 힘의 작용점이 다르면 힘의 효과가 다르게 나타난다.

- 가운데를 밀었을 때: 물체가 밀려난다.

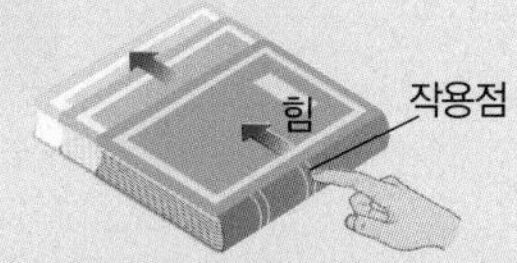

- 가장자리를 밀었을 때: 물체가 회전한다.

용어 사전

***연직(납 鉛, 곧을 直) 방향**
추에 실을 매달아 늘어뜨릴 때 실이 나타내는 방향으로, 지표면과 수직을 이루는 방향이다.

***비례(견줄 比, 법식 例)**
어떤 수나 양이 증가하는 만큼 그와 관계 있는 다른 수나 양이 증가하는 것

정답과 해설 15쪽 ›››

핵심 Tip

- **힘**: 물체의 모양이나 운동 상태를 변하게 하는 원인
- **중력**: 지구와 같은 천체가 물체를 당기는 힘
- **무게**: 물체에 작용하는 중력의 크기로, 측정 장소에 따라 변한다.
- **질량**: 물체의 고유한 양으로, 측정 장소에 따라 변하지 않는다.

1 물체에 힘이 작용할 때 모양만 변하는 것은 '모양', 운동 상태만 변하는 것은 '운동', 모양과 운동 상태가 동시에 변하는 것은 '동시'라고 쓰시오.

(1) 고무풍선을 손으로 누른다. (　　　)
(2) 운동장에서 굴러가던 공이 정지하였다. (　　　)
(3) 정지해 있던 골프공을 골프채로 힘껏 쳤다. (　　　)
(4) 빗면을 따라 내려가는 수레의 속력이 점점 빨라진다. (　　　)

2 힘에 대한 설명으로 옳은 것은 ○, 옳지 않은 것은 ×로 표시하시오.

(1) 힘의 단위는 kg(킬로그램)을 사용한다. (　　　)
(2) 힘은 화살표로 나타내는데 화살표의 길이가 길수록 힘의 크기가 크다. (　　　)
(3) 물체에 힘이 작용할 때 물체의 운동 상태는 변하지 않지만 모양은 반드시 변한다. (　　　)

적용 Tip B-1

중력의 방향
물체의 위치에 관계없이 물체에는 항상 지구 중심 방향으로 중력이 작용한다.

3 그림과 같이 지표면 근처에서 물체를 가만히 놓을 때 물체가 떨어지는 방향은?

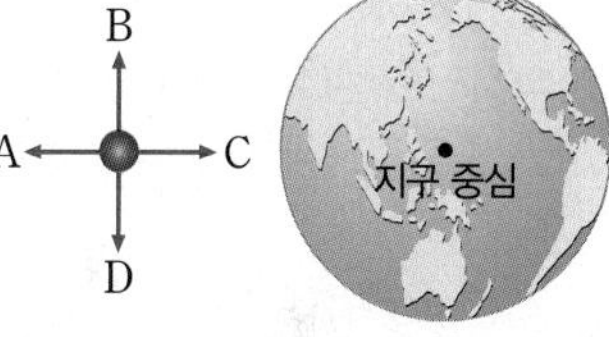

① A　　② B　　③ C
④ D　　⑤ 제자리에서 회전한다.

4 다음은 중력에 대한 설명이다. (　　) 안에 알맞은 말을 고르시오.

(1) 중력은 지구와 같은 천체가 물체를 (당기는 , 밀어내는) 힘이다.
(2) 중력의 방향은 (연직 아래 , 연직 위) 방향이다.
(3) 물체에 작용하는 중력의 크기를 (무게 , 질량)(이)라고 한다.
(4) 중력의 크기는 물체의 질량이 ㉠ (작을수록 , 클수록) 크며, 지구 중심에 ㉡ (가까울수록 , 멀수록) 크다.

원리 Tip C-1

무게와 질량

- 질량은 언제 어디서나 변하지 않는 일정한 양이다.
- 무게는 물체에 작용하는 중력의 크기와 같은데 행성마다 중력의 크기가 다르므로 행성마다 무게도 다르다.
- 질량이 큰 물체에 작용하는 중력의 크기가 크므로 질량이 큰 물체는 무게도 크다.

5 무게에 대한 설명이면 '무게', 질량에 대한 설명이면 '질량'이라고 쓰시오.

(1) 단위로 N(뉴턴)을 사용한다. (　　　)
(2) 측정 장소에 따라 값이 변한다. (　　　)
(3) 측정 장소에 관계없이 값이 일정하다. (　　　)
(4) 윗접시저울이나 양팔저울로 측정한다. (　　　)

쉽고 정확하게!

개념 학습

01 중력과 탄성력

D 지구와 달에서의 무게와 질량 Beyond 특강 59쪽

1. **무게** 달에서의 중력은 지구에서 중력의 $\frac{1}{6}$이므로 달에서 물체의 무게는 지구에서 물체의 무게의 $\frac{1}{6}$이다.

2. **질량** 질량은 물체의 고유한 양이므로 지구와 달에서 물체의 질량은 같다.

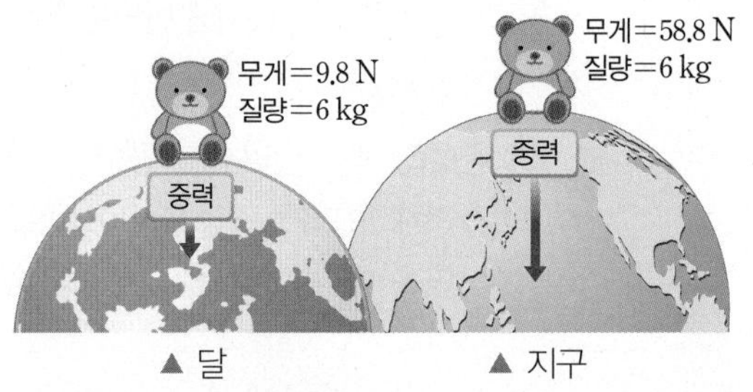

▲ 달 ▲ 지구

[우주 정거장에서 질량과 무게 비교하기]

- 무중력 상태인 우주 정거장에서 쇠공과 고무공을 동시에 입으로 불면 질량이 작은 고무공이 질량이 큰 쇠공보다 더 빨리 밀려난다.
  ➡ 질량이 다른 물체에 같은 크기의 힘을 가하면 질량이 작은 물체가 더 빨리 밀려나므로 물체의 질량을 비교할 수 있다.
- 무중력 상태에서는 중력을 거의 느낄 수 없으므로 모든 물체의 무게가 0이다. ➡ 물체의 무게를 비교할 수 없다.

E 탄성력

1. **탄성력** *변형된 물체가 원래 모양으로 되돌아가려는 힘

① 탄성: 변형된 물체가 원래 모양으로 되돌아가려는 성질 – 고무줄, 용수철과 같이 탄성을 가진 물체를 탄성체라고 한다.

② 탄성력의 방향: 변형된 탄성체가 원래 모양으로 되돌아가려는 방향 ➡ 탄성체를 변형시킨 힘의 방향과 반대 방향, 탄성체가 변형된 방향과 반대 방향❶

③ 탄성력의 크기: 탄성체가 변형된 길이가 클수록 탄성력의 크기가 크다. ➡ 탄성체를 변형시킨 힘의 크기는 탄성력의 크기와 같다. – 탄성체에 작용한 힘의 크기가 클수록 탄성력의 크기가 크다.

용수철을 눌렀을 때	용수철을 당겼을 때	
용수철을 왼쪽으로 5 N의 힘으로 누른 경우 누르는 힘 / 탄성력	용수철을 오른쪽으로 5 N의 힘으로 당긴 경우 당기는 힘 / 탄성력	용수철을 오른쪽으로 10 N의 힘으로 당긴 경우 당기는 힘 / 탄성력
• 탄성력의 방향: 오른쪽 • 탄성력의 크기: 5 N	• 탄성력의 방향: 왼쪽 • 탄성력의 크기: 5 N	• 탄성력의 방향: 왼쪽 • 탄성력의 크기: 10 N

2. **용수철을 이용한 물체의 무게 측정❷❸** 탐구 58쪽

- 용수철에 매단 추의 개수가 2개, 3개, …로 증가하면 추의 무게가 2배, 3배, …로 증가한다. ➡ 용수철을 당기는 힘의 크기가 2배, 3배, …로 증가하므로 용수철이 늘어난 길이가 2배, 3배, …로 증가한다.
- 용수철이 늘어난 길이는 용수철에 매단 추의 개수, 즉 추의 무게에 비례한다. 따라서 용수철이 늘어난 길이를 측정하여 물체의 무게를 알 수 있다.

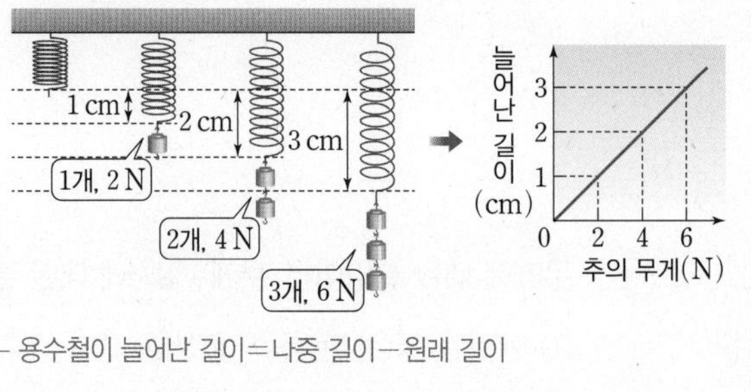

└ 용수철이 늘어난 길이=나중 길이−원래 길이

3. **탄성력의 이용** 자전거 안장의 용수철, 트램펄린, 장대높이뛰기, 양궁, 테니스, 농구, 체조, 펜싱, 가정용저울, 볼펜, 컴퓨터 자판, 스테이플러, 머리끈 등

개념 더하기

❶ **용수철의 양쪽에서 힘을 가할 때 탄성력의 방향**

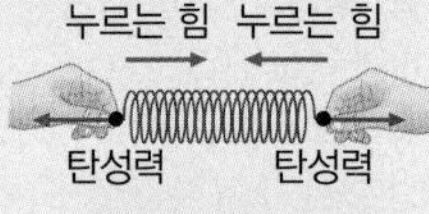

용수철의 원래 길이

당기는 힘 당기는 힘

탄성력 탄성력

용수철을 안쪽으로 누를 때는 바깥쪽으로 탄성력이 작용하고, 용수철을 바깥쪽으로 당길 때는 안쪽으로 탄성력이 작용한다.

❷ **용수철이 늘어난 길이로 물체의 무게를 측정할 수 있는 까닭**

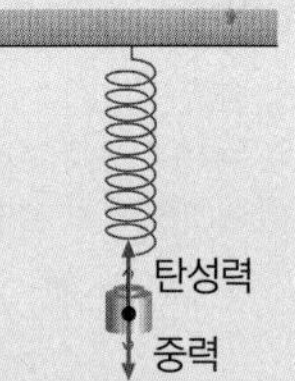

용수철에 물체를 매달면 위쪽으로는 탄성력이, 아래쪽으로는 중력이 작용한다. 이때 물체에 작용하는 중력(=물체의 무게)과 탄성력의 크기가 같으면 용수철이 더 이상 늘어나지 않고 정지한다. 탄성력의 크기는 용수철이 늘어난 길이에 비례하므로 용수철이 늘어난 길이를 이용해 물체의 무게를 측정할 수 있다.

❸ **용수철이 늘어난 길이에 비례하는 것**

- 추의 개수
- 추의 무게
- 추에 작용하는 중력
- 용수철을 잡아당긴 힘
- 용수철의 탄성력

용어 사전

*변형(변할 變, 모양 形)
물체의 모양이나 형태가 달라지는 것

핵심 Tip

- 달에서의 질량은 지구에서와 같지만 달에서의 무게는 지구에서의 $\frac{1}{6}$이다.
- 무중력 상태에서는 모든 물체의 무게가 0이다.
- **탄성력**: 탄성을 가진 변형된 물체가 원래 상태로 되돌아가려는 힘
- 용수철이 늘어난 길이는 물체의 무게에 비례하므로 용수철을 이용해서 물체의 무게를 측정할 수 있다.

6 그림과 같이 지구에서 어떤 물체의 질량을 윗접시저울로 측정하였더니 3 kg의 추와 수평을 이루었다.

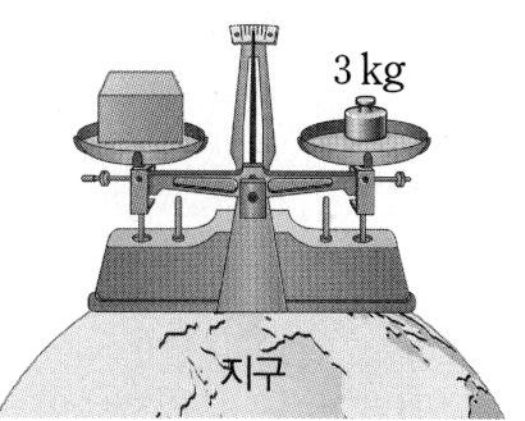

(1) 이 물체의 지구에서의 무게는 몇 N인지 구하시오.
(2) 이 물체의 달에서의 질량은 몇 kg인지 구하시오.
(3) 이 물체의 달에서의 무게는 몇 N인지 구하시오.

7 그림과 같이 무중력 상태인 우주 정거장에서 두 공 A, B를 동시에 입으로 불었더니 A가 더 빨리 밀려났다. A, B 중 질량이 더 작은 공을 고르시오.

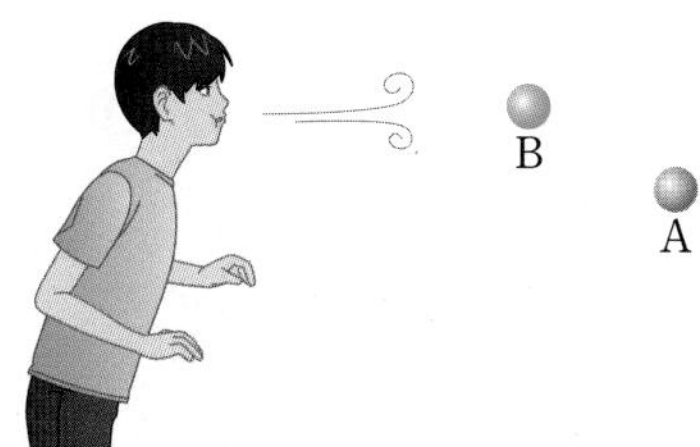

8 다음과 같이 용수철에 힘이 작용할 때 용수철에 작용하는 탄성력의 방향을 화살표로 나타내시오.

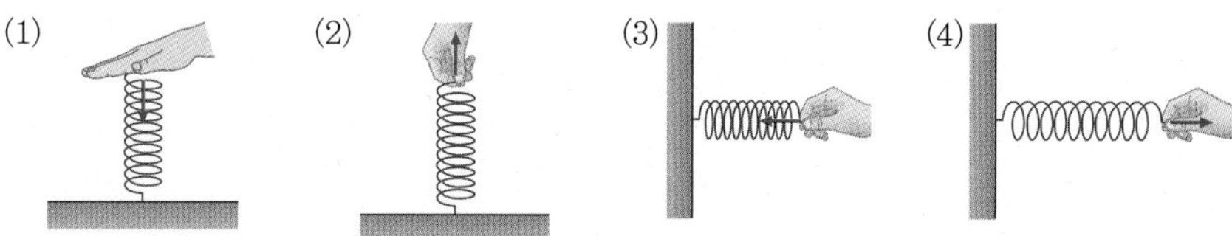

9 탄성력에 대한 설명으로 옳은 것은 ○, 옳지 않은 것은 ×로 표시하시오.

(1) 변형된 물체가 원래 상태로 되돌아가려는 힘이다. ( )
(2) 장대높이뛰기는 장대의 탄성력을 이용하는 운동 경기이다. ( )
(3) 탄성력은 탄성체가 변형된 방향과 같은 방향으로 작용한다. ( )
(4) 탄성력의 크기는 탄성체에 작용하는 힘의 크기가 커질수록 작아진다. ( )

적용 Tip Ⓔ-3

탄성력을 이용한 운동 경기

- 장대높이뛰기: 장대의 탄성력을 이용해 바를 뛰어넘는다.
- 양궁: 활시위의 탄성력을 이용해 화살을 멀리 날린다.
- 테니스: 공과 라켓 그물의 탄성력을 이용해 공을 원하는 방향으로 보낸다.
- 농구: 농구공의 탄성력을 이용해 공을 바닥에 튕긴다.
- 체조: 구름판의 탄성력을 이용해 높이 뛰어오른다.
- 펜싱: 펜싱 검이 휘어져도 탄성력에 의해 원래 모양으로 되돌아온다.

10 그림은 용수철에 매단 추의 개수에 따라 용수철이 늘어난 모습을 나타낸 것이다. 추 1개의 무게는 5 N이다.

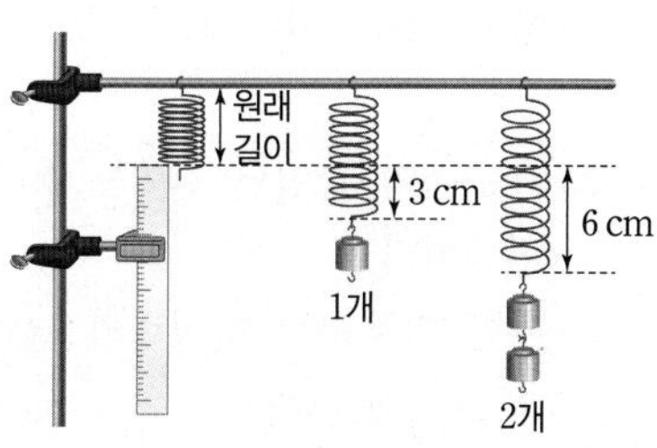

(1) 추 1개를 매달았을 때 용수철에 작용하는 탄성력의 크기는 몇 N인지 구하시오.
(2) 용수철에 추 3개를 매달았을 때 용수철이 늘어난 길이는 몇 cm인지 구하시오.
(3) 용수철이 늘어난 길이가 15 cm가 되려면 추를 몇 개 매달아야 하는지 구하시오.

과학적 사고로!

탐구하기 ● Ⓐ 용수철을 이용한 물체의 무게 측정

정답과 해설 15쪽

목표 용수철을 이용하여 물체의 무게를 측정하는 원리를 알아본다.

과정

[유의점]
- 용수철이 늘어난 길이는 용수철의 흔들림이 완전히 멈춘 다음 측정한다.
- 눈금을 읽기 편하게 용수철 끝에 이쑤시개를 붙일 수도 있다.

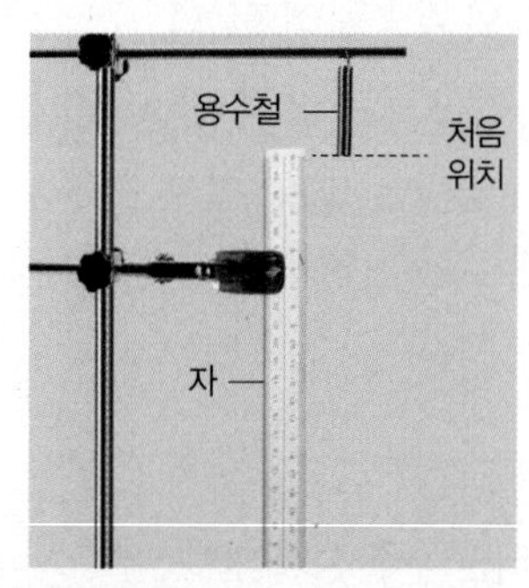

❶ 스탠드에 용수철과 자를 설치하고 용수철의 끝부분이 자의 눈금 0과 일치하도록 한다.

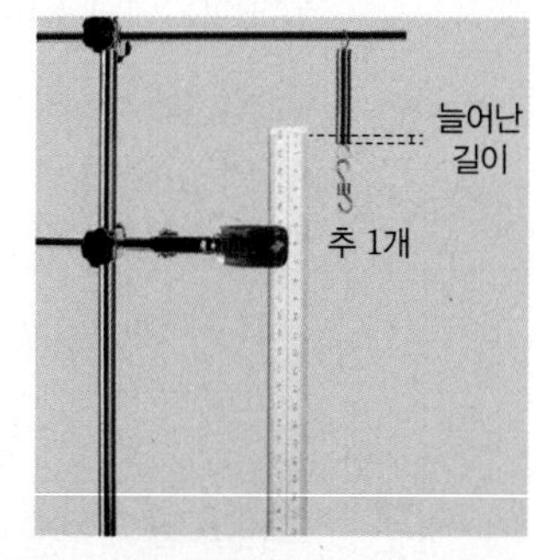

❷ 용수철에 무게가 0.5 N인 추를 1개씩 늘려가면서 매달고 용수철이 늘어난 길이를 측정한다.

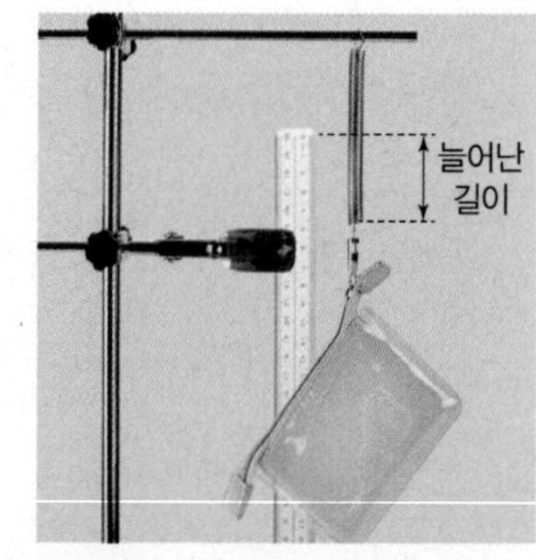

❸ 용수철에 무게를 측정하고 싶은 물체를 매달고 용수철이 늘어난 길이를 측정한다.

결과

- 과정 ❷에서 측정한 추의 무게에 따른 용수철이 늘어난 길이를 표와 그래프로 나타내면 다음과 같다.

추의 개수(개)	추 전체의 무게(N)	용수철이 늘어난 길이(cm)
1	0.5	3
2	1.0	6
3	1.5	9
4	2	12
5	2.5	15

늘어난 길이(cm): 15, 12, 9, 6, 3
추의 무게(N): 0, 0.5, 1, 1.5, 2, 2.5

용수철이 늘어난 길이는 추의 무게에 비례하므로 그래프가 직선으로 나타나는 것이다.

- 과정 ❸에서 용수철에 물체를 매달았을 때 용수철이 늘어난 길이: 18 cm

➡ 0.5 N : 3 cm $=x$: 18 cm이므로 용수철에 매단 물체의 무게는 $x=3$ N이다.

정리

- 용수철이 늘어난 길이는 용수철에 매단 추의 개수, 즉 매단 추의 무게에 (㉠)한다.
- 용수철이 늘어난 길이는 용수철에 매단 물체의 무게에 비례하여 증가하므로 용수철이 늘어난 길이를 측정하면 비례식을 이용하여 용수철에 매단 물체의 (㉡)를 알 수 있다.

확인 문제

1 위 실험에 대한 설명으로 옳은 것은 ○, 옳지 않은 것은 × 로 표시하시오.

(1) 용수철을 늘어나게 하는 힘은 추에 작용하는 중력이다. ( )

(2) 용수철이 늘어난 길이는 용수철에 매단 추의 개수에 비례한다. ( )

(3) 추에 작용하는 탄성력의 크기는 추에 작용하는 중력의 크기와 같다. ( )

(4) 용수철에 매단 추의 무게가 2배가 되면 용수철의 전체 길이도 2배가 된다. ( )

실전 문제

2 그림과 같이 용수철에 무게가 10 N인 추를 매달았더니 용수철이 5 cm 늘어났다.

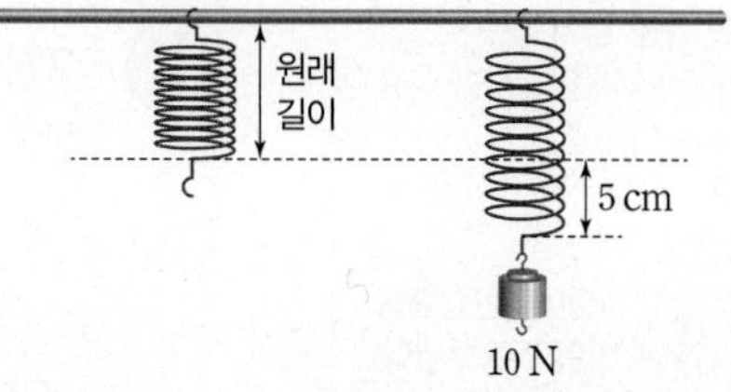

이 용수철에 무게가 25 N인 물체를 매달았을 때 용수철이 늘어난 길이는?

① 5 cm ② 7.5 cm ③ 10 cm
④ 12.5 cm ⑤ 25 cm

Beyond 특강 측정 장소에 따른 물체의 질량과 무게 구하는 방법

정답과 해설 15쪽

[지구에서의 질량을 제시했을 때 지구와 달에서의 질량과 무게]

① 지구에서의 무게는 지구에서의 질량에 9.8을 곱하여 구한다.
② 달에서의 질량은 지구에서의 질량과 같다.
③ 달에서의 무게는 지구에서의 무게에 $\frac{1}{6}$을 곱하여 구한다.

[지구에서의 무게를 제시했을 때 지구와 달에서의 질량과 무게]

① 지구에서의 질량은 지구에서의 무게를 9.8로 나누어 구한다.
② 달에서의 질량은 지구에서의 질량과 같다.
③ 달에서의 무게는 지구에서의 무게에 $\frac{1}{6}$을 곱하여 구한다.

1 그림과 같이 지구에서 윗접시저울로 어떤 물체의 질량을 측정하였더니 6 kg이었다.

(1) 지구에서의 무게는 몇 N인지 구하시오.
(2) 달에서의 질량은 몇 kg인지 구하시오.
(3) 달에서의 무게는 몇 N인지 구하시오.

2 그림과 같이 지구에서 용수철저울로 어떤 물체의 무게를 측정하였더니 58.8 N이었다.

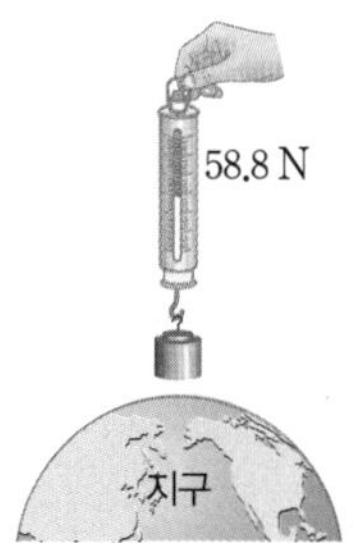

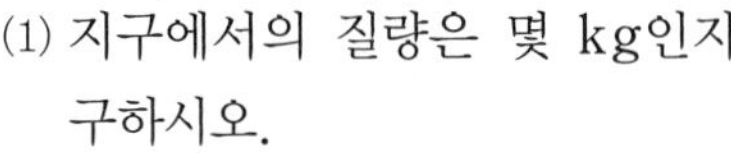
(1) 지구에서의 질량은 몇 kg인지 구하시오.
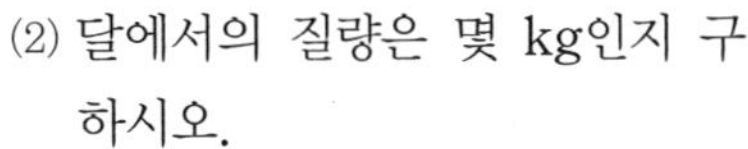
(2) 달에서의 질량은 몇 kg인지 구하시오.
(3) 달에서의 무게는 몇 N인지 구하시오.

[달에서의 질량을 제시했을 때 지구와 달에서의 질량과 무게]

① 달에서의 무게는 달에서의 질량에 $9.8 \times \frac{1}{6}$을 곱하여 구한다.
② 지구에서의 질량은 달에서의 질량과 같다.
③ 지구에서의 무게는 질량에 9.8을 곱하여 구한다.

[달에서의 무게를 제시했을 때 지구와 달에서의 질량과 무게]

① 지구에서의 무게는 달에서의 무게에 6을 곱하여 구한다.
② 지구와 달에서의 질량은 지구에서의 무게를 9.8로 나누어 구한다.

3 그림과 같이 달에서 어떤 물체의 질량을 측정하였더니 6 kg이었다.

(1) 달에서의 무게는 몇 N인지 구하시오.
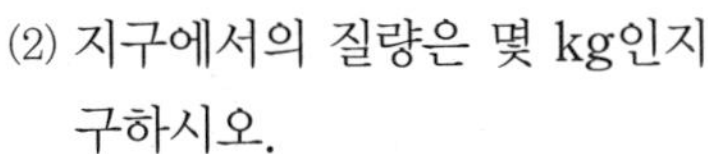
(2) 지구에서의 질량은 몇 kg인지 구하시오.
(3) 지구에서의 무게는 몇 N인지 구하시오.

4 그림과 같이 달에서 어떤 물체의 무게를 측정하였더니 9.8 N이었다.

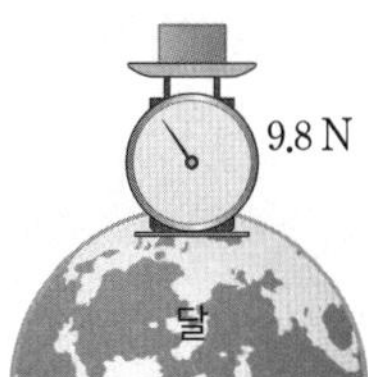

(1) 지구에서의 무게는 몇 N인지 구하시오.
(2) 지구에서의 질량은 몇 kg인지 구하시오.

[지구에서의 질량이나 무게를 제시했을 때 우주 정거장에서의 질량과 무게]

① 우주 정거장에서의 질량은 지구에서의 질량과 같다.
② 우주 정거장은 중력이 거의 작용하지 않으므로 지구에서의 질량이나 무게에 관계없이 무게가 0이다.

5 지구에서 어떤 물체의 질량을 측정하였더니 20 kg이었다.

(1) 우주 정거장에서의 질량은 몇 kg인지 구하시오.
(2) 우주 정거장에서의 무게는 몇 N인지 구하시오.

》》 실력을 키워! 

내신 잡기

A 힘

중요

01 힘에 대한 설명으로 옳은 것을 〈보기〉에서 모두 고른 것은?

보기
ㄱ. 물체의 질량을 변화시킨다.
ㄴ. 단위로 N(뉴턴)을 사용한다.
ㄷ. 힘을 화살표로 나타낼 때 힘의 크기는 화살표의 굵기로 나타낸다.

① ㄱ　② ㄴ　③ ㄷ
④ ㄱ, ㄷ　⑤ ㄴ, ㄷ

02 힘이 작용하여 물체의 모양과 운동 상태가 동시에 변한 경우는?

① 손가락으로 풍선을 눌렀다.
② 양쪽에서 용수철을 잡아당겼다.
③ 운동장에서 굴러가던 공이 정지했다.
④ 날아오는 야구공을 방망이로 세게 쳤다.
⑤ 빗면 위에 가만히 놓은 수레가 굴러간다.

03 그림과 같이 화살표를 이용하여 힘을 나타냈다.

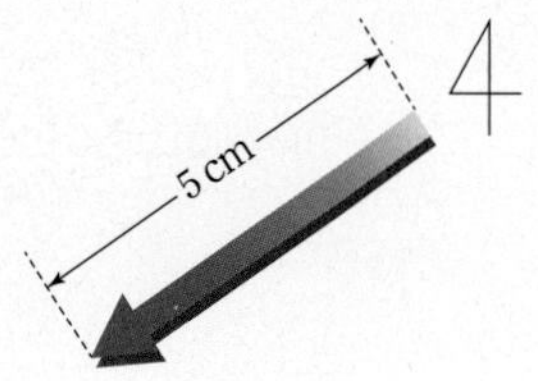

이 힘에 대한 설명으로 옳은 것은? (단, 1 cm는 1 N의 힘을 의미한다.)

① 크기가 5 N인 힘이 북동쪽으로 작용한다.
② 크기가 10 N인 힘이 북동쪽으로 작용한다.
③ 크기가 5 N인 힘이 남서쪽으로 작용한다.
④ 크기가 10 N인 힘이 남서쪽으로 작용한다.
⑤ 크기가 계속 변하는 힘이 남서쪽으로 작용한다.

B 중력

04 중력에 대한 설명으로 옳은 것은?

① 물체가 지구를 당기는 힘이다.
② 지구 외의 다른 천체에서는 중력이 작용하지 않는다.
③ 달에서의 중력의 크기가 지구에서 중력의 크기보다 크다.
④ 물체의 질량이 클수록 물체에 작용하는 중력의 크기가 크다.
⑤ 지구에서 물체에 작용하는 중력의 방향은 지표면과 나란한 방향이다.

중요

05 그림과 같이 지구 중심으로부터 같은 거리만큼 떨어진 곳에 두 물체 (가), (나)를 가만히 놓았다.

두 물체에 작용하는 중력의 방향을 옳게 짝 지은 것은?

	(가)	(나)		(가)	(나)
①	A	A	②	A	C
③	B	B	④	C	A
⑤	D	D			

[주관식]

06 다음은 어떤 힘에 의한 현상인지 쓰시오.

• 사과가 땅으로 떨어진다.
• 지구에 대기가 존재한다.
• 달이 지구 주위를 공전한다.
• 겨울철 고드름이 아래쪽으로 자란다.

C 무게와 질량 D 지구와 달에서의 무게와 질량

07 무게와 질량에 대한 설명으로 옳지 않은 것은?

① 무게는 질량에 비례한다.
② 무게는 장소에 따라 크기가 변한다.
③ 질량은 물체에 작용하는 중력의 크기이다.
④ 무게는 용수철저울이나 가정용저울로 측정한다.
⑤ 동일한 물체의 달에서의 무게는 지구에서의 무게보다 작다.

중요
08 그림은 지구에서 무게가 147 N인 물체 A와 달에서 무게가 147 N인 물체 B를 나타낸 것이다.

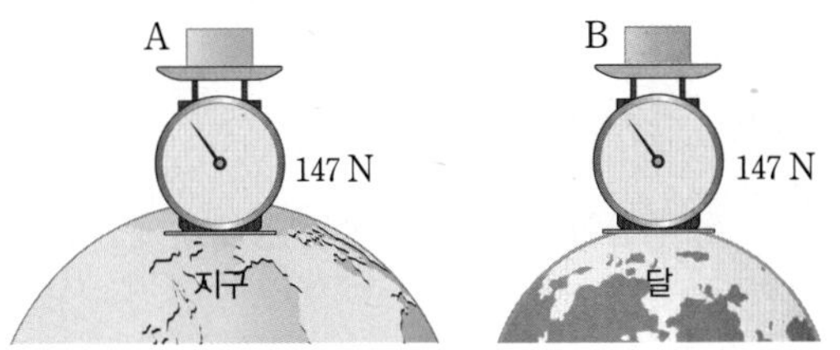

이에 대한 설명으로 옳은 것을 〈보기〉에서 모두 고른 것은?

보기
ㄱ. A와 B의 질량은 같다.
ㄴ. A의 달에서의 무게는 882 N이다.
ㄷ. B의 지구에서의 무게는 882 N이다.

① ㄱ ② ㄴ ③ ㄷ
④ ㄱ, ㄷ ⑤ ㄴ, ㄷ

[주관식]
09 달에서 일어날 수 있는 현상으로 옳은 것을 〈보기〉에서 모두 고르시오.

보기
ㄱ. 역도 선수의 기록이 지구에서보다 좋아진다.
ㄴ. 멀리뛰기 선수의 기록이 지구에서보다 나빠진다.
ㄷ. 장대높이뛰기 선수의 기록이 지구에서보다 좋아진다.
ㄹ. 빗면 위에 공을 가만히 놓으면 공이 아래에서 위로 올라간다.

[10~11] 표는 여러 천체에서 중력의 크기를 상대적으로 나타낸 것이다.

천체	금성	지구	화성	목성	달
중력	0.91	1.00	0.38	2.54	0.17

10 지구에서 질량이 10 kg인 물체의 질량이 가장 크게 측정되는 천체는?

① 금성 ② 화성 ③ 목성
④ 달 ⑤ 모두 같다.

중요
11 지구에서 무게가 60 N인 물체의 무게가 가장 크게 측정되는 천체는?

① 금성 ② 화성 ③ 목성
④ 달 ⑤ 모두 같다.

E 탄성력

중요
12 그림과 같이 한쪽 끝을 고정시킨 용수철을 (가)에서는 5 N의 힘으로 누르고, (나)에서는 5 N의 힘으로 잡아당긴다.

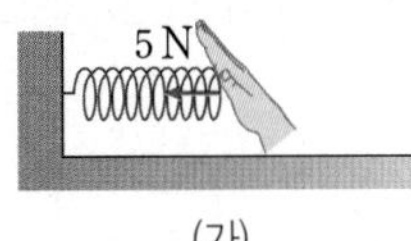

(가)

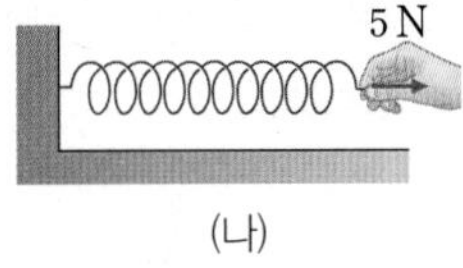

(나)

(가)와 (나)에서의 탄성력의 크기와 방향을 옳게 짝 지은 것은?

	(가)	(나)
①	왼쪽으로 5 N	오른쪽으로 5 N
②	왼쪽으로 10 N	오른쪽으로 10 N
③	오른쪽으로 5 N	왼쪽으로 5 N
④	오른쪽으로 5 N	오른쪽으로 5 N
⑤	오른쪽으로 10 N	왼쪽으로 10 N

【주관식】

13 그림과 같이 서로 다른 종류의 용수철에 질량이 다른 추를 매달았더니 용수철이 늘어났다.

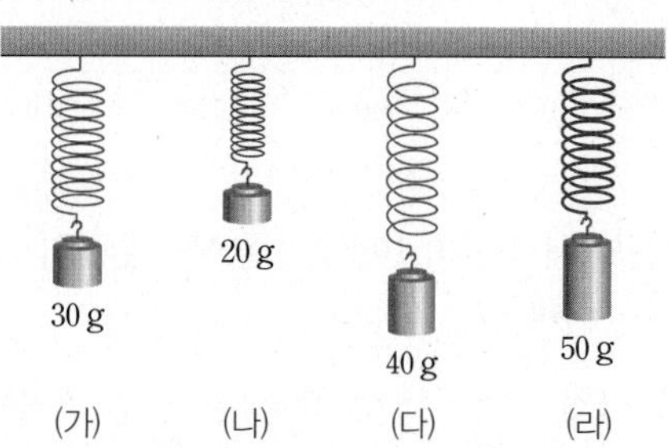

(가)~(라) 중 용수철에 작용하는 탄성력의 크기가 가장 큰 경우를 고르시오.

【주관식】

14 그림 (가)는 집게로 얇은 종이 뭉치를 집을 때의 모습을, (나)는 집게로 두꺼운 종이 뭉치를 집을 때의 모습을 나타낸 것이다. 집게는 (나)에서 더 많이 변형되었다.

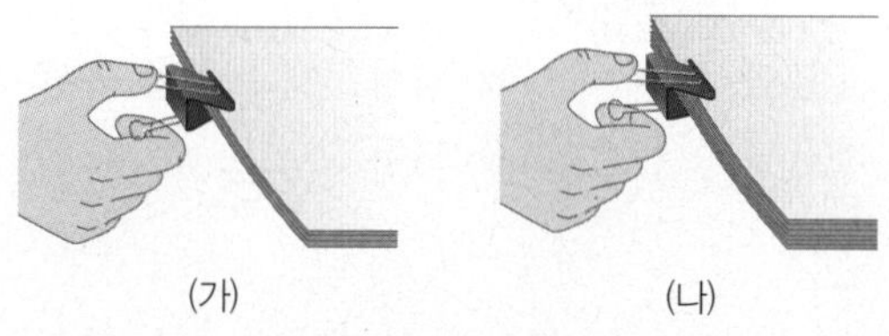

이에 대한 설명의 빈칸에 알맞은 말을 쓰시오.

> 집게가 더 많이 변형된 (나)의 경우 집게로 종이 뭉치를 집을 때 더 큰 힘이 필요하다. 이를 통해 탄성체의 변형 정도가 클수록 탄성력의 크기가 (　　　)는 것을 알 수 있다.

15 그림과 같이 한쪽 끝이 벽에 고정된 고무줄을 천천히 잡아당겼다.

이때 탄성력의 크기 변화에 대한 설명으로 옳은 것은?

① 일정하다.
② 점점 커진다.
③ 점점 작아진다.
④ 커지다가 작아진다.
⑤ 작아지다가 커진다.

[16~17] 그림 (가)와 같이 용수철에 무게가 4 N인 추를 1개, 2개, 3개, ……로 증가시키면서 매달고 용수철이 늘어난 길이를 측정하였더니, 그 결과가 (나)와 같았다.

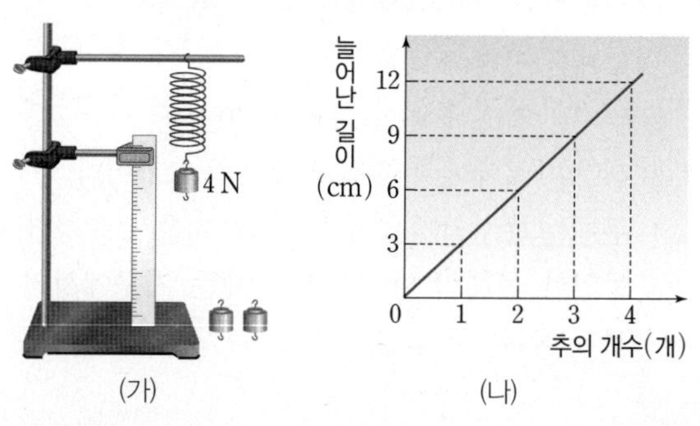

탐구 58쪽

16 이에 대한 설명으로 옳은 것은?

① 추에 작용하는 중력의 방향은 탄성력의 방향과 같다.
② 용수철이 늘어난 길이가 길수록 탄성력의 크기가 작다.
③ 추에 작용하는 탄성력에 의해 용수철이 아래로 늘어난다.
④ 이와 같은 원리를 이용하여 물체의 무게를 측정할 수 있다.
⑤ 용수철이 늘어난 길이는 용수철에 매단 추의 무게에 반비례한다.

중요 탐구 58쪽

17 이 용수철에 필통을 매달았더니 용수철이 15 cm 늘어났다. 이때 필통에 작용하는 탄성력의 크기는?

① 0　② 4 N　③ 15 N
④ 20 N　⑤ 60 N

18 원래 길이가 10 cm인 용수철에 질량이 5 kg인 추를 매달았더니 용수철의 전체 길이가 12 cm가 되었다. 용수철에 질량이 15 kg인 추를 매달았을 때, 용수철의 전체 길이는?

① 10 cm　② 12 cm　③ 15 cm
④ 16 cm　⑤ 25 cm

>>> 실력의 완성! **서술형 문제**

정답과 해설 16쪽

단어 제시형

1 그림과 같이 지구에서 양팔저울에 매달았을 때 0.5 kg의 추와 수평을 이루는 물체가 있다. 이 물체를 달에 가져가 양팔저울에 매달았을 때 몇 kg의 추와 수평을 이루는지 다음 단어를 모두 포함하여 서술하시오. (단, 양팔저울의 중심점으로부터 물체까지의 거리와 추까지의 거리는 같다.)

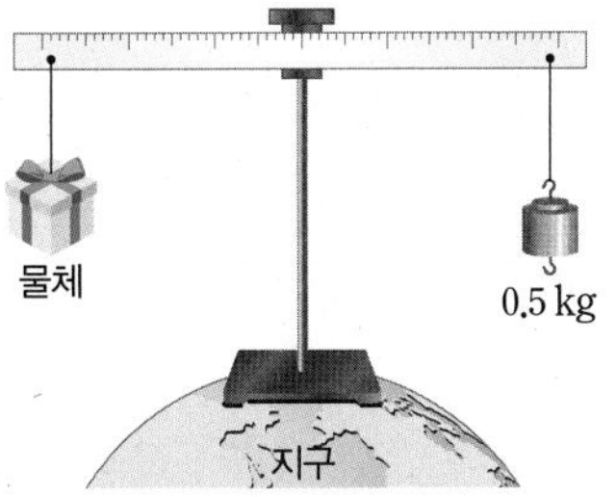

양팔저울, 질량, 측정, 측정 장소

서술형

2 그림과 같이 중력이 작용하지 않는 우주 정거장에 질량을 모르는 두 물체가 놓여 있다. 두 물체의 질량을 비교할 수 있는 방법을 서술하시오.

단계별 서술형

3 그림과 같이 한쪽 끝을 바닥에 고정시킨 용수철 위에 탁구공을 올려놓고 손으로 눌렀다.

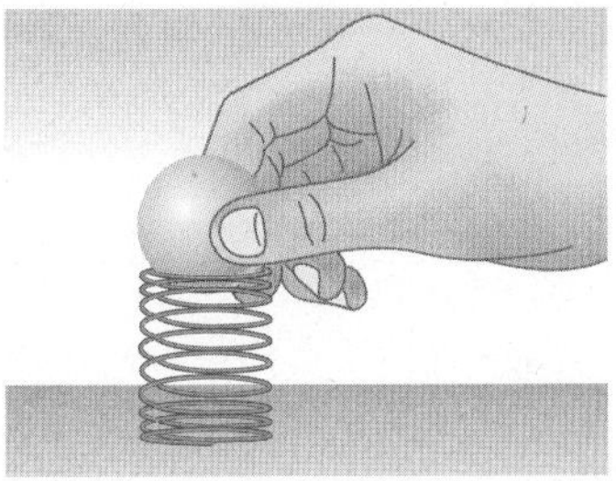

(1) 탁구공에 작용하는 탄성력의 방향을 손으로 누르는 힘과 관련지어 서술하시오.

(2) 손으로 눌렀다가 놓았을 때 용수철이 압축된 정도에 따른 탁구공의 움직임을 작용하는 힘과 관련지어 서술하시오.

자료 분석 | 정답과 해설 17쪽

서술형 Tip

1 질량과 무게를 측정하는 도구에는 어떤 것이 있는지 떠올리고, 질량과 무게 중 측정 장소에 따라 변하거나 변하지 않는 양은 무엇인지 구분한다.

2 중력이 작용하지 않을 때 질량과 무게는 어떻게 되는지 떠올린다.
→ 필수 용어: 동시에, 같은 힘, 밀려나는

Plus 문제 2-1

우주 정거장에서 두 물체의 무게를 비교하시오.

3 (1) 탄성력은 탄성체에 작용하는 힘의 방향과 반대 방향으로 작용한다.
(2) 탄성력의 크기는 탄성체가 변형된 정도에 비례한다.
→ 필수 용어: 압축, 높이

쉽고 정확하게!

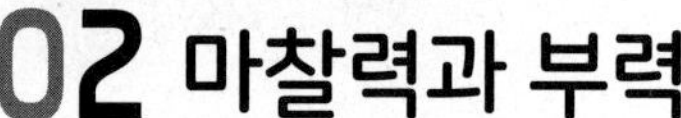

02 마찰력과 부력

Ⓐ 마찰력

1. 마찰력 두 물체의 *접촉면에서 물체의 운동을 방해하는 힘

2. 마찰력의 방향 물체의 운동을 방해하는 방향 ➡ 물체가 운동하거나 운동하려는 방향과 반대 방향❶

힘이 작용해도 물체가 정지해 있을 때	물체가 운동할 때
정지 / 미는 힘의 방향 / 마찰력의 방향	미끄러지는 방향 / 마찰력의 방향
물체에 작용한 힘의 방향과 반대 방향으로 마찰력이 작용하여 물체가 계속 정지해 있다.	물체의 운동 방향과 반대 방향으로 마찰력이 작용하여 물체의 운동을 방해한다.

3. 마찰력의 크기❷❸ 탐구 68쪽

① 접촉면의 거칠기와 마찰력의 크기: 접촉면이 거칠수록 마찰력이 크다.

예 대리석 바닥보다 아스팔트 바닥에서 상자를 밀 때 더 큰 힘이 든다. 눈 위에서 썰매를 탈 때는 잘 미끄러지지만 흙 위에서 썰매를 탈 때는 잘 미끄러지지 않는다. 등

[접촉면의 거칠기와 마찰력의 크기]

- 접촉면이 매끄러운 유리판과 접촉면이 거친 사포판 위에 동일한 나무 도막을 올려놓고 서서히 들어 올린다.
- 나무 도막이 미끄러지기 시작할 때 빗면의 각도는 사포판에서가 더 크다. ➡ 사포판에서의 마찰력의 크기가 더 크다는 것을 알 수 있다.

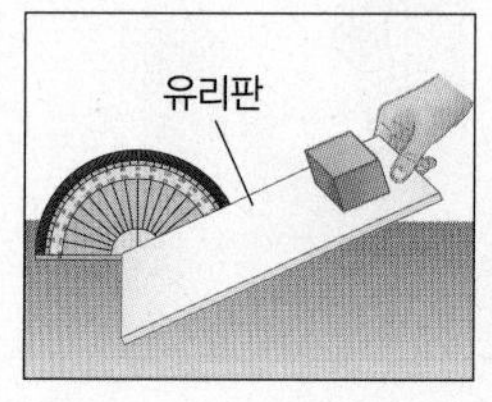

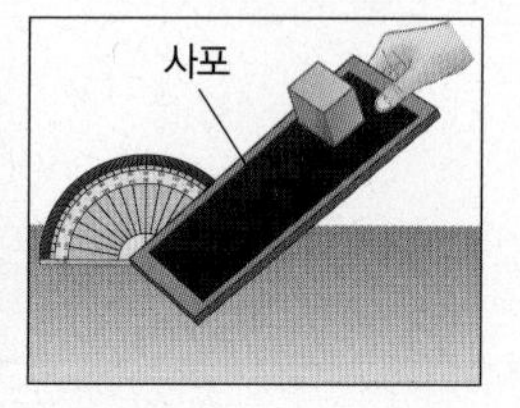

② 물체의 무게와 마찰력의 크기: 물체의 무게가 무거울수록 마찰력이 크다.

예 상자 1개를 밀 때보다 상자 2개를 밀 때 더 큰 힘이 든다. 빈 수레보다 짐을 가득 실은 수레를 밀 때 더 큰 힘이 든다. 등

[물체의 무게와 마찰력의 크기]

- 나무판 위에 무게가 다른 나무 도막을 올려놓고 용수철저울로 서서히 끌어당긴다.
- 무거운 나무 도막을 끌어당길 때 용수철저울의 눈금이 더 크다. ➡ 무거운 나무 도막에 작용하는 마찰력의 크기가 더 크다는 것을 알 수 있다.

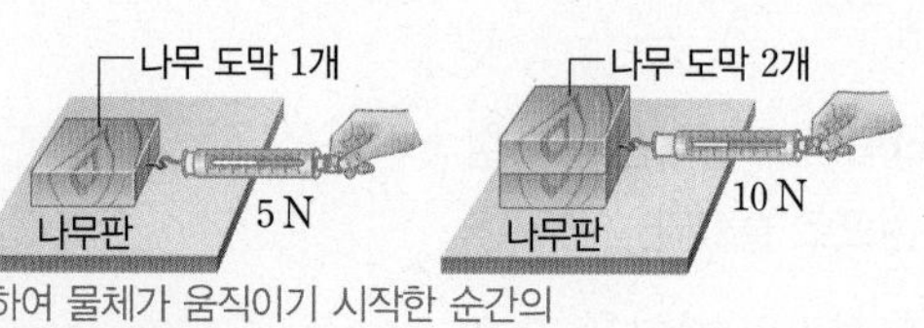

힘이 작용하여 물체가 움직이기 시작한 순간의 용수철저울 눈금이 마찰력의 크기와 같다.

4. 마찰력의 이용

미끄러짐을 예방할 때 마찰력을 크게 하며, 접촉면을 거칠게 만든다.

물체를 쉽게 움직이게 할 때 마찰력을 작게 하며, 접촉면을 매끄럽게 만든다.

마찰력을 크게 하는 경우	마찰력을 작게 하는 경우
• 아기의 양말 바닥에 고무를 붙인다. • 체조 선수가 손에 횟가루를 묻힌다. • 등산화 바닥을 울퉁불퉁하게 만든다. • 계단 끝에 미끄럼 방지 패드를 설치한다. • 눈이 온 도로나 빙판길에 모래를 뿌린다. • 현악기를 연주할 때 활에 송진을 바른다. • 볼펜 손잡이에 고무를 붙이거나 홈을 만든다. • 눈이 온 도로를 달리는 자동차 바퀴에 체인을 감는다.	• 스키 바닥에 왁스를 바른다. • 창문에 작은 바퀴를 설치한다. • 자전거 체인에 윤활유를 칠한다. • 수영장의 미끄럼틀에 물을 흐르게 한다. • 기계의 회전하는 부분에 *베어링을 넣는다. • 봅슬레이 바닥의 날을 매끄럽게 다듬는다. • 자기부상열차를 선로 위에 살짝 띄워 빠르게 달리게 한다.

개념 더하기

❶ 빗면 위의 물체에 작용하는 마찰력의 방향

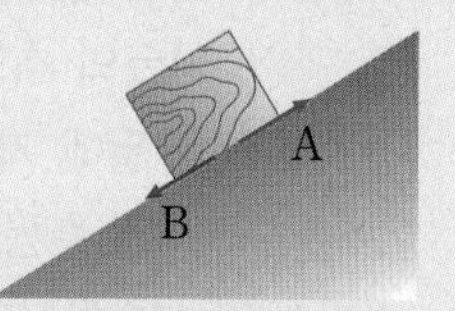

- 물체가 빗면 위에 정지해 있는 경우: A 방향
- 물체가 빗면을 따라 내려가는 경우: A 방향
- 물체를 빗면을 따라 밀어 올리는 경우: B 방향

❷ 정지해 있는 물체에 작용하는 마찰력의 크기

힘이 작용해도 물체가 정지해 있을 때 마찰력의 크기는 물체에 작용한 힘의 크기와 같다.

예 물체에 5 N의 힘이 작용할 때 물체가 움직이지 않았다면, 이때 물체에 작용하는 마찰력의 크기는 5 N이다.

❸ 접촉면의 넓이와 마찰력의 크기

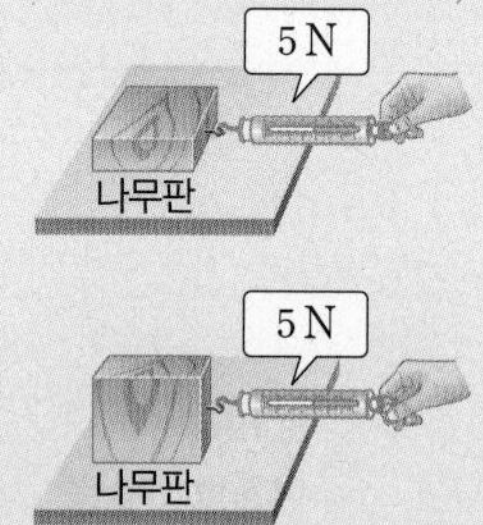

나무판 위에서 동일한 나무 도막을 접촉면의 넓이를 달리하여 용수철저울로 서서히 끌어당길 때 나무 도막이 움직이는 순간 용수철저울의 눈금은 같다. 이처럼 접촉면의 넓이와 마찰력의 크기는 관계가 없다.

용어 사전

***접촉면**(이을 接, 닿을 觸, 낯 面) 맞붙어서 닿는 면

***베어링** 바퀴의 접촉면 사이에 넣는 구 형태의 기계 장치로, 마찰력을 작게 만들어 바퀴가 회전하기 쉽게 한다.

정답과 해설 17쪽 »

핵심 Tip

- **마찰력**: 두 물체의 접촉면에서 물체의 운동을 방해하는 힘
- **마찰력의 방향**: 물체가 운동하거나 운동하려는 방향과 반대 방향
- **마찰력의 크기**: 접촉면이 거칠수록 크고, 물체의 무게가 무거울수록 크다.
- **마찰력의 이용**: 마찰력을 크게 하여 이용하는 경우와 마찰력을 작게 하여 이용하는 경우가 있다.

1 마찰력에 대한 설명으로 옳은 것은 ○, 옳지 않은 것은 ×로 표시하시오.

(1) 두 물체의 접촉면에서 물체의 운동을 방해하는 힘이다. ( )

(2) 힘이 작용해도 정지해 있는 물체에는 마찰력이 작용하지 않는다. ( )

(3) 운동하는 물체에는 운동 방향과 같은 방향으로 마찰력이 작용한다. ( )

2 다음과 같은 경우 물체에 작용하는 마찰력의 방향을 A~D 중에서 고르시오.

(1) 수평면에 정지해 있는 물체를 밀 때

미는 힘 D 정지 A C B

(2) 수평면에서 물체가 운동할 때

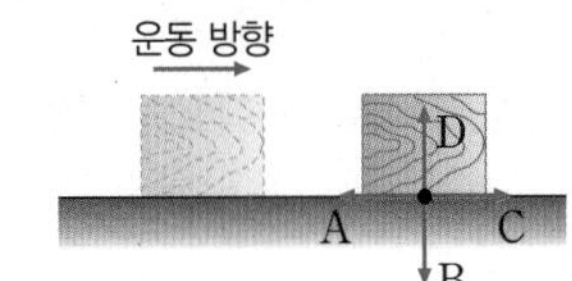

(3) 물체가 빗면에 정지해 있을 때

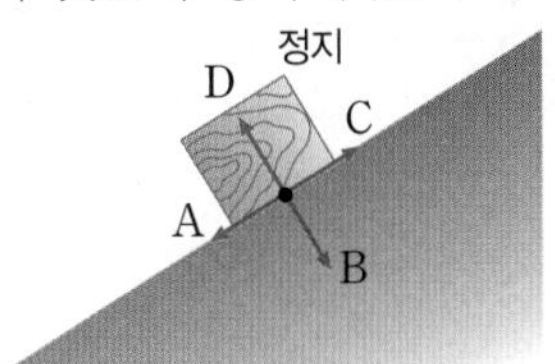

(4) 물체가 빗면을 따라 내려올 때

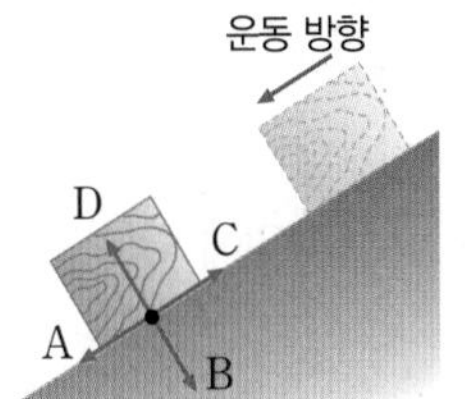

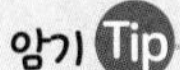

Ⓐ-3

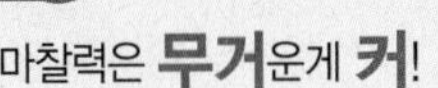

마찰력은 **무거**운게 **커**!
거칠수록 / 울수록 ...

→ 마찰력은 물체가 무거울수록, 접촉면이 거칠수록 크다.

3 마찰력의 크기에 대한 설명이다. ( ) 안에 알맞은 말을 고르시오.

(1) 접촉면이 거칠수록 마찰력의 크기가 (작다 , 크다).

(2) 물체의 무게가 무거울수록 마찰력의 크기가 (작다 , 크다).

(3) 물체에 힘이 작용해도 물체가 정지해 있을 때 마찰력의 크기는 작용한 힘의 크기와/보다 (작다 , 같다 , 크다).

4 그림과 같이 무게가 30 N인 물체를 10 N의 힘으로 끌어당겼더니 물체가 움직이지 않았다. 이때 물체에 작용하는 마찰력의 크기는 몇 N인지 구하시오.

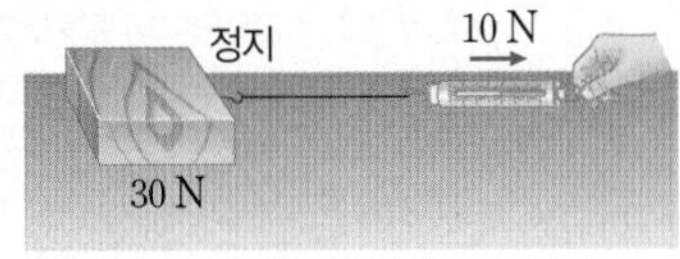

적용 Tip Ⓐ-4

마찰력이 커야 편리한 경우
- 사람이 걸을 때
- 암벽 등반을 할 때
- 바이올린이나 첼로와 같은 현악기를 켤 때

마찰력이 작아야 편리한 경우
- 미끄럼틀을 탈 때
- 창문을 열고 닫을 때
- 스키나 스케이트를 탈 때

5 마찰력을 크게 하여 이용하는 경우에는 '크게', 마찰력을 작게 하여 이용하는 경우에는 '작게'라고 쓰시오.

(1) 창문에 작은 바퀴를 설치한다. ( )

(2) 눈이 온 도로에 모래를 뿌린다. ( )

(3) 자전거 체인에 윤활유를 뿌린다. ( )

(4) 계단 끝에 미끄럼 방지 패드를 부착한다. ( )

(5) 등산화 바닥에 울퉁불퉁한 무늬를 만든다. ( )

개념 학습

02 마찰력과 부력

B 부력

1. **부력** 액체나 기체가 그 속에 있는 물체를 위쪽으로 밀어 올리는 힘

2. **부력의 방향** 중력과 반대 방향❶ – 물체를 밀어 올리는 방향인 위쪽

예 물 위에 뜬 물체에는 위쪽으로 물에 의한 부력이 작용한다. 공기 중에 떠 있는 열기구에는 위쪽으로 공기에 의한 부력이 작용한다. 등

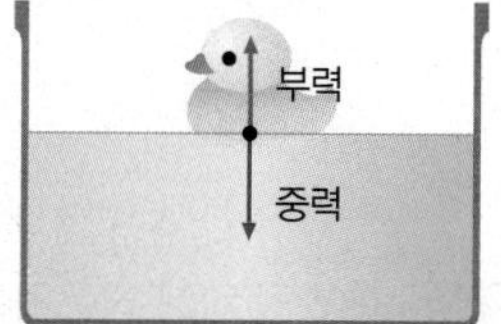

▲ 부력과 중력의 방향

3. **부력의 크기** 탐구 69쪽

① 부력의 크기를 측정하는 방법: 물체를 물속에 넣으면 물체는 중력과 반대 방향으로 부력을 받으므로 무게가 감소한다. ➡ 물체가 물속에 잠겼을 때 받는 부력의 크기는 물체가 물에 잠기기 전후 무게의 차와 같다.❷

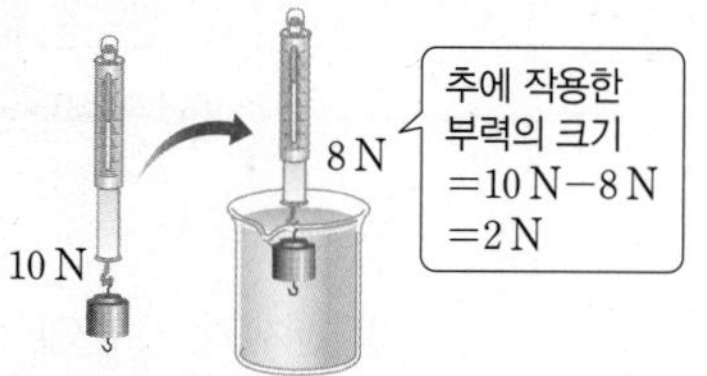

부력의 크기=공기 중에서 물체의 무게−물속에서 물체의 무게

② 물에 잠긴 부피에 따른 부력의 크기: 물에 잠긴 물체의 부피가 클수록 물체에 작용하는 부력의 크기가 크다.

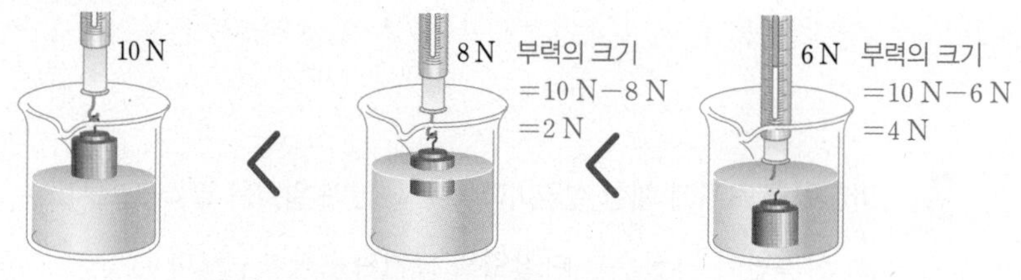

▲ 물에 잠긴 부피에 따른 부력의 크기 비교

③ 물체에 작용하는 부력과 중력: 물체에 작용하는 부력의 크기가 중력의 크기보다 크면 물체가 위로 떠오르고, 부력의 크기가 중력의 크기보다 작으면 아래로 가라앉는다.

Beyond 특강 70쪽

[물체가 뜨고 가라앉는 까닭]
- 같은 무게의 알루미늄박을 각각 공 모양과 배 모양으로 만들어 수조에 담긴 물 위에 띄운다.
- 공 모양은 부피가 작아 중력이 부력보다 크므로 아래로 가라앉는다.
- 배 모양은 부피가 커서 부력이 중력보다 크므로 물 위에 뜬다.

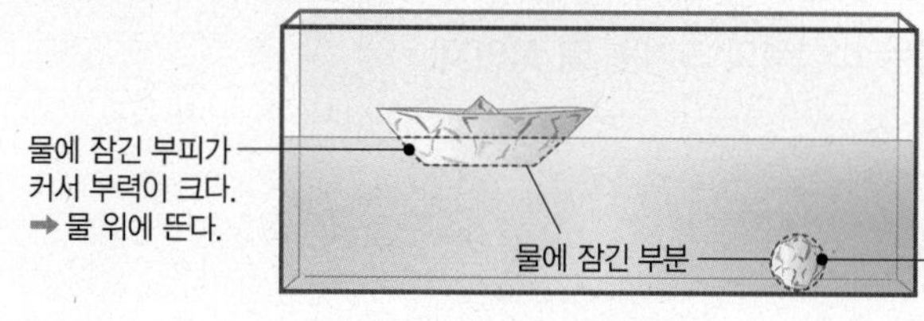

4. **부력의 이용**

액체 속에서 받는 부력	기체 속에서 받는 부력
• 구명조끼나 튜브를 이용해 물 위에 쉽게 뜬다. • *잠수함이 부력과 중력을 이용해 물 위에 뜨거나 가라앉는다.❸ • 화물을 가득 실은 무거운 화물선이 물의 부력을 받아 물 위에 뜬다.	• *풍등이 공기의 부력을 받아 위로 올라간다. • 공기보다 가벼운 헬륨을 채운 비행선이 공기의 부력을 받아 위로 올라간다. • 열기구 속 공기를 가열하여 부피를 크게 하면 공기의 부력을 받아 위로 올라간다.

개념 더하기

❶ 부력의 방향

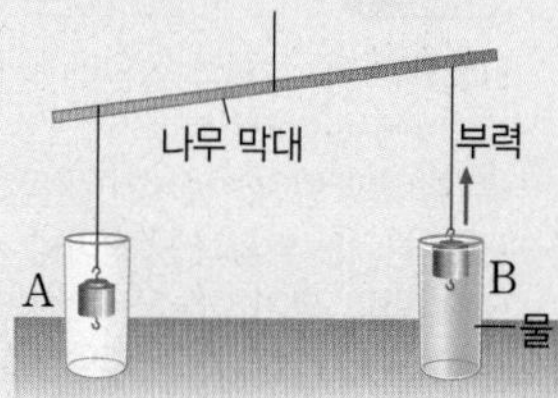

나무 막대 양쪽에 동일한 추 A, B를 매달아 균형을 맞춘 다음 B가 들어 있는 컵에만 물을 부으면 B가 부력을 받기 때문에 막대가 A 쪽으로 기울어진다.

❷ 부력의 크기를 측정하는 다른 방법

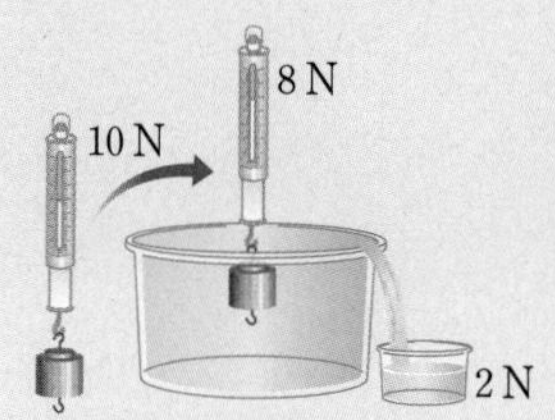

물이 가득 든 수조에 물체를 넣었을 때 넘친 물의 무게는 물체에 작용하는 부력의 크기와 같다.
➡ 부력의 크기=넘친 물의 무게

❸ 잠수함의 원리

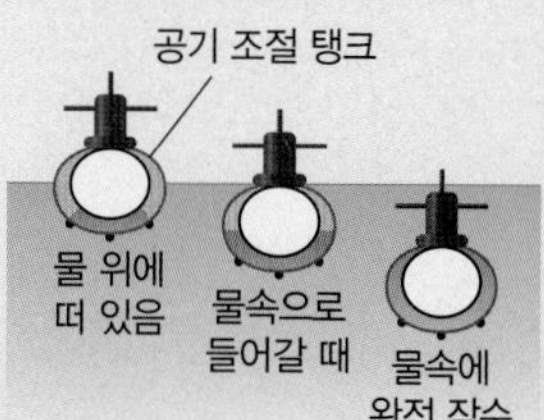

물속에 잠긴 잠수함의 부피는 일정하므로 잠수함에 작용하는 부력의 크기도 일정하다. 그러나 잠수함의 공기 조절 탱크에 물을 채우면 잠수함의 무게가 증가하여 아래로 가라앉고, 물을 빼내면 잠수함의 무게가 감소하여 위로 뜬다. 이처럼 잠수함은 공기 조절 탱크 속 물의 무게를 조절하면서 물속을 오르내린다.

용어 사전

***잠수함(잠길 潛, 물 水, 큰 배 艦)** 물속을 다니면서 전투를 수행하는 전투 함정

***풍등(바람 風, 등 燈)** 열기구의 원리를 이용하여 공중으로 띄우는 등

핵심 Tip

- **부력**: 액체나 기체가 그 속에 있는 물체를 위쪽으로 밀어 올리는 힘
- **부력의 방향**: 중력과 반대 방향
- 부력의 크기=공기 중에서 물체의 무게−물속에서 물체의 무게
- 물에 잠긴 물체의 부피가 클수록 물체에 작용하는 부력의 크기가 크다.

6 부력에 대한 설명으로 옳은 것은 ○, 옳지 않은 것은 ×로 표시하시오.

(1) 부력은 중력과 반대 방향으로 작용한다. ( )

(2) 액체나 기체가 그 속에 있는 물체를 아래로 당기는 힘이다. ( )

(3) 물체를 물속에 넣으면 부력이 작용하여 물체가 가벼워진다. ( )

7 그림은 나무 도막이 물 위에 떠 있는 모습을 나타낸 것이다.

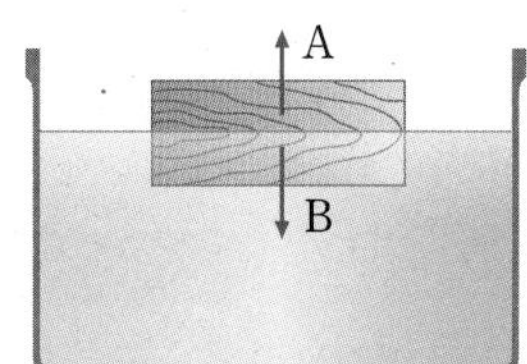

(1) 나무 도막에 작용하는 중력의 방향을 A, B 중에서 고르시오.

(2) 나무 도막에 작용하는 부력의 방향을 A, B 중에서 고르시오.

8 그림과 같이 공기 중에서 측정했을 때 무게가 10 N인 추를 물이 담긴 비커에 완전히 넣었더니 용수철저울의 눈금이 7 N을 가리켰다. 이때 추가 받는 부력의 크기는 몇 N인지 구하시오.

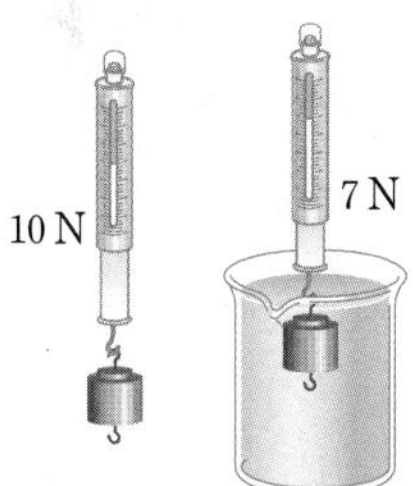

원리 Tip Ⓑ-3

화물을 가득 실은 화물선이 가라앉지 않는 까닭

화물을 가득 실은 화물선은 빈 화물선보다 무거워서 물속에 더 많이 잠긴다. 따라서 물속에 잠긴 부피도 커져 화물선에 작용하는 부력도 커진다. 화물선에 작용하는 부력의 크기가 화물선의 무게와 같아지면 화물선은 더 이상 물속에 잠기지 않는다.

9 다음은 같은 무게의 알루미늄박을 각각 공 모양과 배 모양으로 만들어 수조에 담긴 물 위에 띄울 때 나타나는 현상에 대한 설명이다. ( ) 안에 알맞은 말을 고르시오.

> 공 모양인 A는 배 모양인 B보다 부피가 작으므로 A에 작용하는 부력이 B에 작용하는 부력보다 ㉠(작다 , 크다). 따라서 A는 ㉡(가라앉 , 뜨)고, B는 ㉢(가라앉는 , 뜬)다.

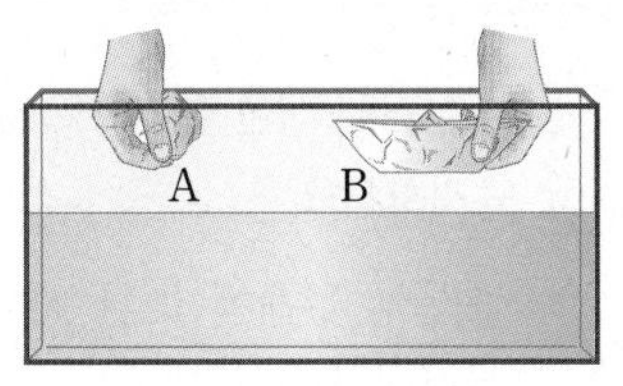

10 부력에 의한 현상으로 옳은 것은 ○, 옳지 않은 것은 ×로 표시하시오.

(1) 열기구가 하늘 위로 올라간다. ( )

(2) 운동장에서 굴러가던 공이 멈춘다. ( )

(3) 화물을 가득 실은 화물선이 물 위에 떠 있다. ( )

(4) 용수철을 잡아당겼다가 놓았더니 원래 모양으로 되돌아간다. ( )

탐구하기 Ⓐ 마찰력의 크기 비교

정답과 해설 17쪽

목표 빗면의 기울기를 이용하여 접촉면의 거칠기에 따른 마찰력의 크기를 비교해 본다.

과정

[유의점]
빗면이 흔들리지 않도록 천천히 들어 올린다.

❶ 정육면체 나무 도막의 서로 다른 면에 사포와 아크릴을 각각 붙인다.
❷ 빗면 위에 나무 면을 아래로 하여 나무 도막을 올려놓고, 빗면의 기울기를 증가시키면서 나무 도막이 미끄러지는 순간 빗면과 수평면 사이의 각도를 측정한다. 이 과정을 3회 반복하여 평균 각도를 구한다.
❸ 빗면 위에 사포 면을 아래로 하여 나무 도막을 올려놓고 과정 ❷를 반복한다.
❹ 빗면 위에 아크릴 면을 아래로 하여 나무 도막을 올려놓고 과정 ❷를 반복한다.

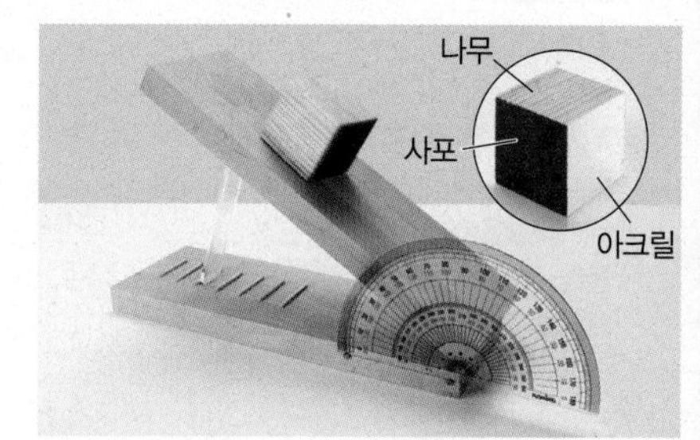

결과

구분	거친 정도	평균 각도
나무 면	조금 거친 편이다.	27.5°
사포 면	매우 거칠다.	43.2°
아크릴 면	매끄럽다.	14.5°

실험 Tip

빗면 위에 놓인 물체에 작용하는 마찰력

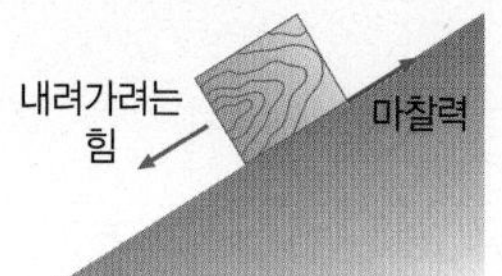

빗면 위에 물체를 놓고 빗면의 기울기를 점점 크게 하면 어느 순간 물체가 미끄러져 내려간다. 이는 빗면의 기울기가 클수록 미끄러져 내려가려는 힘이 커져 결국 물체에 작용하는 마찰력보다 커지기 때문이다. 따라서 물체에 작용하는 마찰력이 크면 물체가 미끄러져 내려가는 순간의 빗면의 기울기가 크다.

Plus 탐구

[과정]
❶ 크기와 재질이 같은 2개의 나무 도막의 한쪽 면에 사포를 붙인 후, 각각 나무 면과 사포 면이 바닥을 향하게 나무판 위에 놓는다.
❷ 나무판 한쪽을 천천히 들어 올리면서 두 나무 도막이 미끄러지기 시작할 때의 빗면의 기울기를 비교한다.

[결과]
나무 면이 바닥을 향한 나무 도막이 먼저 미끄러지기 시작한다. ➡ 미끄러지기 시작한 순간의 기울기는 사포 면이 바닥을 향한 경우가 나무 면이 바닥을 향한 경우보다 크다.

정리

- 두 물체 사이의 접촉면이 (㉠)수록 나무 도막이 미끄러지기 시작하는 순간 빗면의 기울기가 크다.
- 나무 도막이 미끄러지기 시작하는 순간 빗면의 기울기가 클수록 마찰력이 크다. ➡ 두 물체 사이의 접촉면이 거칠수록 마찰력이 (㉡).

확인 문제

1 위 실험에 대한 설명으로 옳은 것은 ○, 옳지 않은 것은 × 로 표시하시오.

(1) 물체의 무게에 따른 마찰력의 크기에 대해 알아보는 실험이다. ( )
(2) 나무 도막이 빗면에서 미끄러지기 전까지는 나무 도막에 마찰력이 작용하지 않는다. ( )
(3) 나무 도막의 질량이 같아도 접촉면의 거칠기가 다르면 나무 도막에 작용하는 마찰력의 크기는 다르다. ( )
(4) 나무 도막에 작용하는 마찰력의 크기가 클수록 미끄러지기 시작하는 순간 빗면과 수평면 사이의 각도가 크다. ( )

실전 문제

2 그림 (가)~(다)와 같이 동일한 나무 도막을 각각 유리판, 나무판, 사포판 위에 올려놓고 판을 서서히 기울이면서 나무 도막이 미끄러지기 시작할 때 빗면의 각도를 측정하였다.

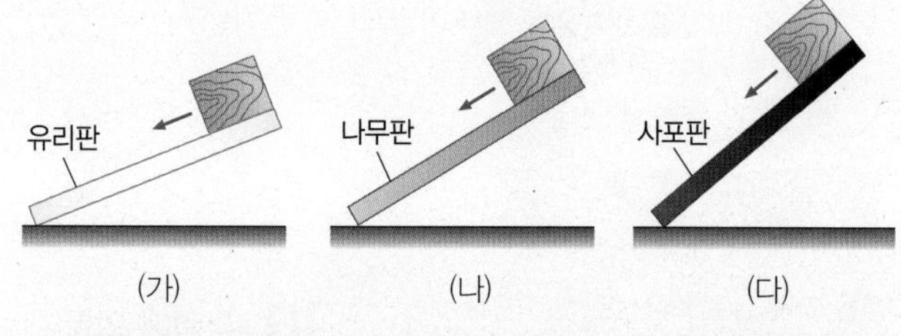

구분	유리판	나무판	사포판
각도	16°	25°	50°

(가)~(다) 중 나무 도막에 작용하는 마찰력이 가장 큰 경우를 고르시오.

탐구하기 • Ⓑ 부력의 크기 측정

정답과 해설 17쪽

목표 물속에 있는 물체에 작용하는 부력의 크기를 측정해 본다.

과정

[유의점]
용수철저울의 눈금을 읽을 때 눈금과 눈의 위치가 수평이어야 한다.

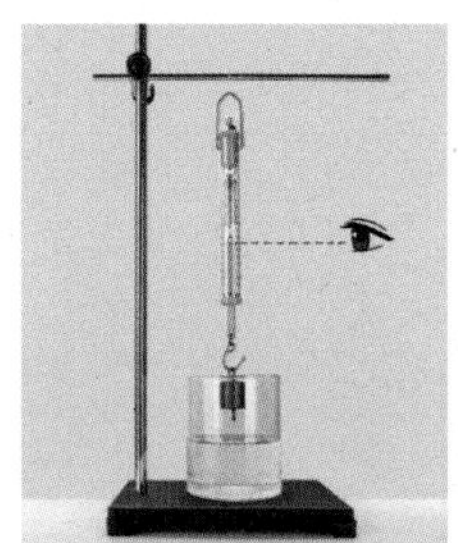

❶ 용수철저울에 추를 매달아 추가 물에 잠기기 전 무게를 측정한다.

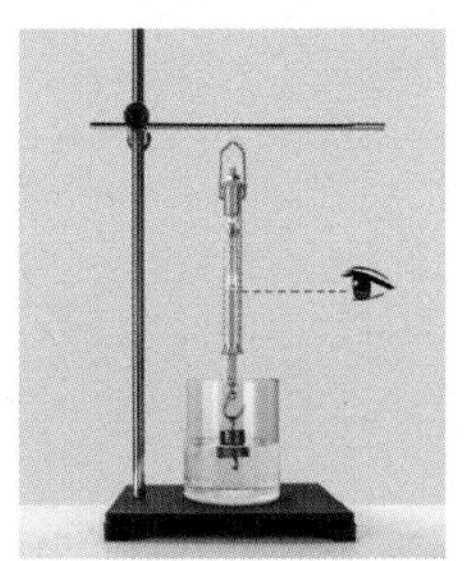

❷ 용수철저울에 매달린 추를 물속에 절반 정도 잠기게 하고 무게를 측정한다.

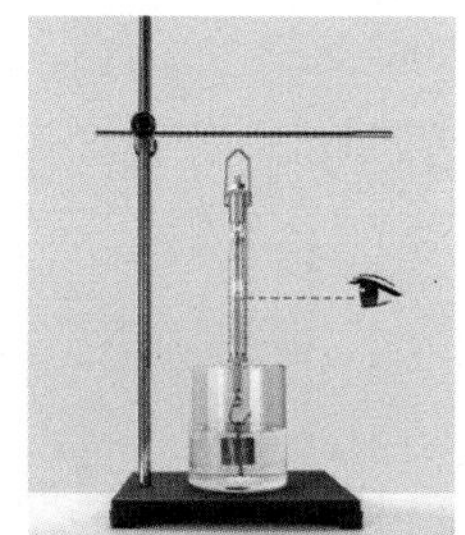

❸ 용수철저울에 매달린 추를 물속에 완전히 잠기게 하고 무게를 측정한다.

결과

공기 중에서의 무게	절반 정도 잠겼을 때 무게	완전히 잠겼을 때 무게
2.0 N	1.8 N	1.6 N

➡ 절반 정도 잠겼을 때 추에 작용하는 부력의 크기는 2.0 N−1.8 N=0.2 N이고, 완전히 잠겼을 때 추에 작용하는 부력의 크기는 2.0 N−1.6 N=0.4 N이다.

Plus 탐구

[과정]

❶ 용수철저울을 스탠드에 매단 후 질량이 100 g인 추 2개를 매달아 무게를 측정한다.

❷ 추를 물속에 완전히 잠기게 한 후 용수철저울의 눈금을 측정한다.

❸ 추와 같은 무게가 되도록 쇠구슬을 채운 플라스틱 컵을 용수철저울에 매달에 물속에 $\frac{3}{4}$ 정도 잠기게 한 후 용수철저울의 눈금을 측정한다.

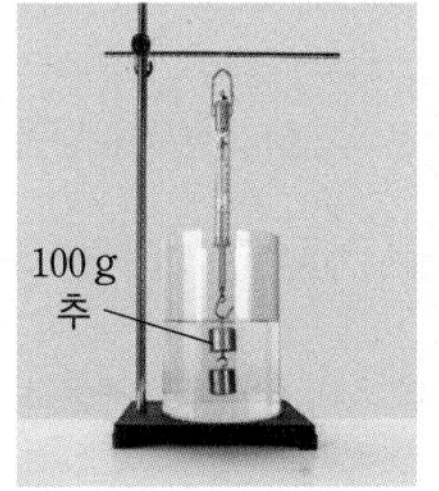

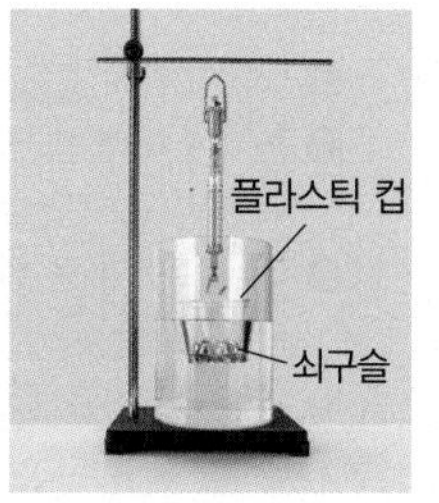

[결과]

구분	추	쇠구슬을 담은 컵
물에 넣기 전 용수철저울의 눈금	2.0 N	2.0 N
물에 넣은 후 용수철저울의 눈금	1.6 N	0.5 N
물체에 작용하는 부력의 크기	0.4 N	1.5 N

물에 넣기 전후 용수철저울의 감소한 눈금과 같다.

정리

• 추가 물속에 잠기면 중력과 반대 방향으로 (㉠   )을 받아 용수철저울의 눈금이 감소한다. ➡ 감소한 용수철저울의 눈금은 추가 받은 (㉡   )의 크기를 의미한다.

• 추가 물속에 절반 정도 잠겼을 때보다 완전히 잠겼을 때 용수철저울의 눈금이 더 많이 감소한다. ➡ 물속에 잠긴 추의 부피가 클수록 작용하는 부력도 (㉢   )기 때문이다.

확인 문제

1 위 실험에 대한 설명으로 옳은 것은 ○, 옳지 않은 것은 ×로 표시하시오.

(1) 추에 작용한 부력은 중력과 반대 방향이다. (   )

(2) 과정 ❷와 과정 ❸에서 추가 받는 부력의 크기는 같다. (   )

(3) 물속에서 추에 작용하는 부력의 크기만큼 추의 무게가 감소한다. (   )

실전 문제

2 그림과 같이 무게가 200 N인 물체를 용수철저울에 매달고 물이 든 비커에 완전히 잠기게 하였더니 용수철저울의 눈금이 150 N을 가리켰다. 물체가 물속에서 받는 부력의 크기는 몇 N인지 구하시오.

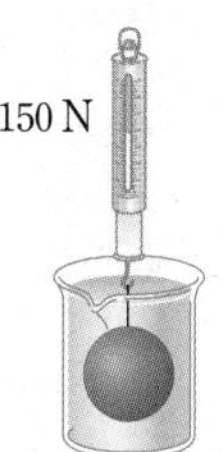

물체가 뜨고 가라앉는 까닭 쉽게 이해하기

정답과 해설 18쪽

무거운 물체라고 해서 물속에 넣었을 때 무조건 가라앉는 것은 아니다. 물체에 작용하는 부력과 중력의 크기에 따라 물체가 뜨거나 가라앉는 것이다.

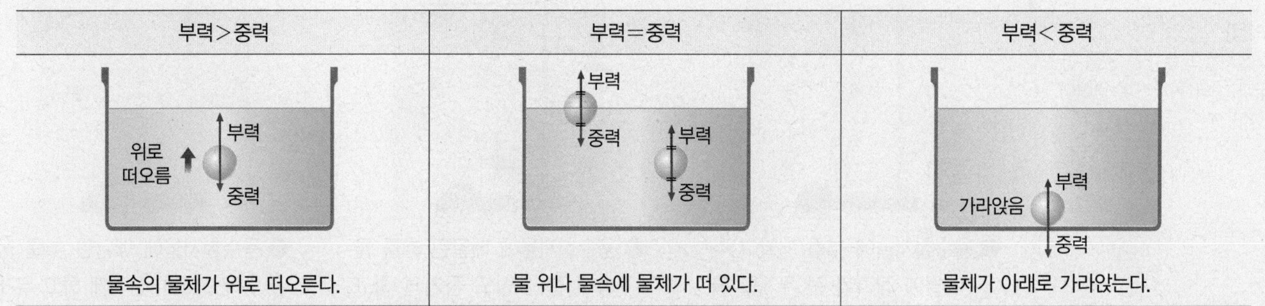

➡ 부력과 중력의 크기를 비교해야 물체가 뜰지 가라앉을지 알 수 있다.

1 그림과 같이 무게가 5 N인 나무 도막이 물 위에 떠 있다. 나무 도막에 작용하는 부력의 크기는 몇 N인지 구하시오.

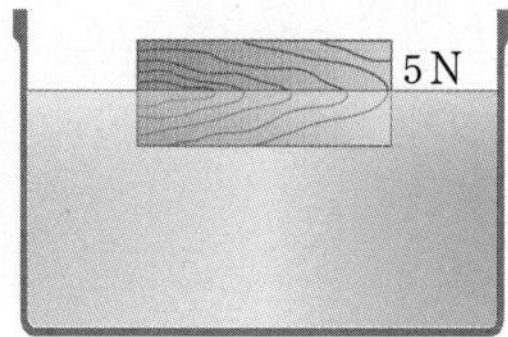

해결 단계

❶ 나무 도막에 작용하는 중력의 크기는 (　　　)이다.
❷ 중력은 아래 방향으로 작용하고 부력은 중력과 (　　　) 방향인 위 방향으로 작용한다.
❸ 나무 도막이 물 위에 떠 있으므로 나무 도막에 작용하는 중력과 부력의 크기는 (　　　).
❹ 부력의 크기는 물체의 무게, 즉 물체에 작용하는 중력의 크기와 같은 (　　　)이다.

2 그림과 같이 부피가 같은 두 물체 A, B를 물속에 넣었더니 A는 가라앉았고 B는 물에 반쯤 잠긴 상태로 있었다. A, B에 작용하는 부력의 크기와 중력의 크기를 비교하시오.

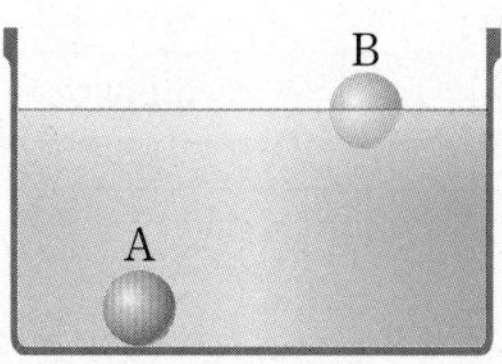

자료 분석 | 정답과 해설 18쪽

해결 단계 부력의 크기 비교

❶ 물속에 잠긴 물체의 부피가 (　　　)수록 부력의 크기가 크다.
❷ 물에 완전히 잠긴 A에 작용하는 부력의 크기가 물에 반쯤 잠긴 B에 작용하는 부력의 크기보다 (　　　).

해결 단계 중력의 크기 비교

❸ 물에 반쯤 잠긴 상태로 있는 B에 작용하는 부력과 중력의 크기는 (　　　).
❹ 가라앉아 있는 A에 작용하는 중력의 크기는 A에 작용하는 부력의 크기보다 (　　　).
❺ A에 작용하는 중력의 크기가 B에 작용하는 중력의 크기보다 (　　　).

3 그림과 같이 부피가 같은 물체 A~C를 물속에 넣었더니 A는 가라앉았고, B는 물속에 잠겨 중간에 떠 있으며, C는 반쯤 잠긴 채 물 위에 떠 있었다.

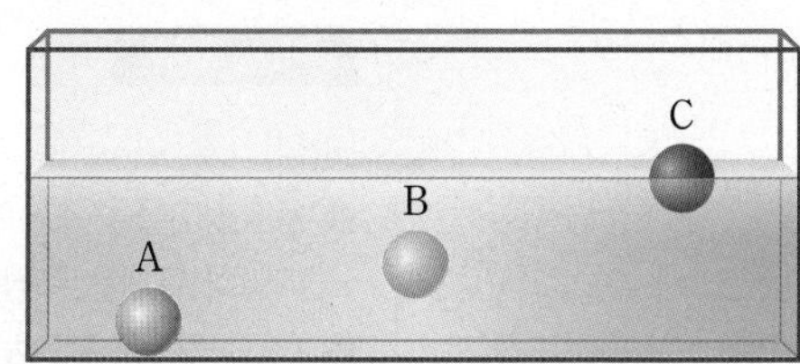

이에 대한 설명으로 옳지 <u>않은</u> 것은?

① A와 B가 받는 부력의 크기는 같다.
② A와 B가 받는 중력의 크기는 같다.
③ B에 작용하는 부력의 크기와 중력의 크기는 같다.
④ C에 작용하는 부력의 크기와 중력의 크기는 같다.
⑤ C에 작용하는 부력의 크기가 가장 작다.

4 그림은 바다 속의 잠수함이 위로 떠오르기 위해 공기 조절 탱크에서 물을 밖으로 내보내고 있는 모습을 나타낸 것이다. 잠수함에 작용하는 부력과 중력의 크기 변화를 옳게 짝 지은 것은?

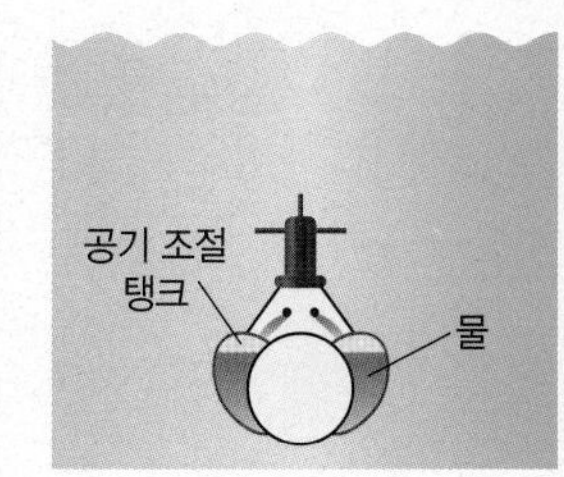

	부력의 크기	중력의 크기
①	감소	감소
②	감소	증가
③	일정	감소
④	일정	증가
⑤	증가	일정

Ⓐ 마찰력

01 마찰력에 대한 설명으로 옳지 않은 것은?

① 두 물체의 접촉면 사이에서 작용한다.
② 접촉면이 거칠수록 마찰력이 크게 작용한다.
③ 질량이 큰 물체일수록 마찰력이 크게 작용한다.
④ 물체의 부피가 클수록 마찰력이 크게 작용한다.
⑤ 운동하는 물체에 작용하는 마찰력의 방향은 물체의 운동 방향과 반대 방향이다.

02 그림 (가), (나)와 같이 물체가 화살표 방향으로 운동하고 있다.

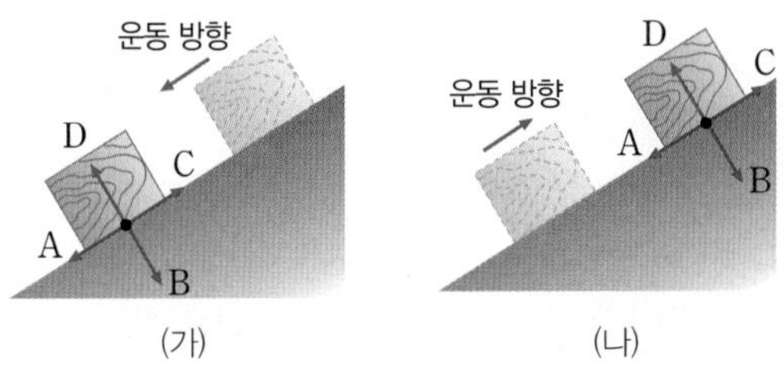

(가) (나)

(가)와 (나)에서 물체에 작용하는 마찰력의 방향을 A~D 중에서 고르시오.

03 그림과 같이 책상 위에 무게가 20 N인 물체를 올려놓고 10 N의 힘으로 물체를 오른쪽으로 끌어당겼으나 물체가 움직이지 않았다.

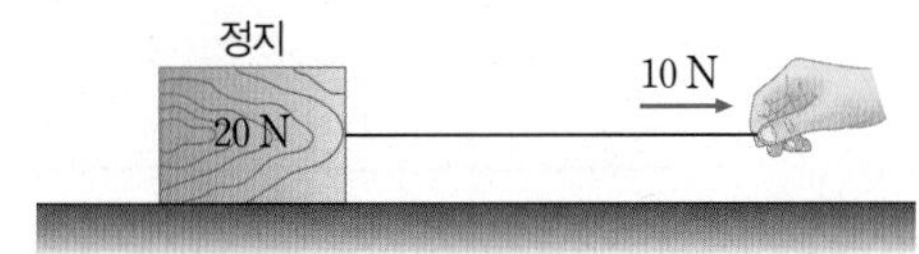

이때 물체에 작용하는 마찰력의 방향과 크기는?

① 왼쪽으로 10 N
② 왼쪽으로 20 N
③ 오른쪽으로 10 N
④ 오른쪽으로 20 N
⑤ 작용하지 않는다.

중요
04 나무 도막에 연결된 용수철저울을 천천히 끌어당기면서 나무 도막이 움직이는 순간 용수철저울의 눈금을 측정하였다. 용수철저울의 눈금이 가장 큰 경우는? (단, 나무 도막은 모두 동일하다.)

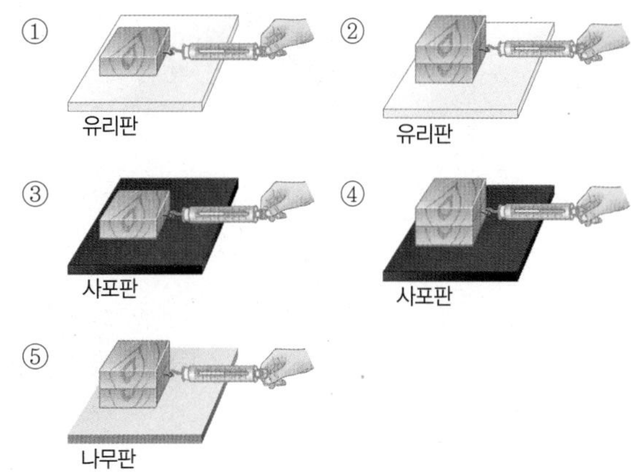

중요 【주관식】
05 그림과 같이 무게가 같고 바닥의 재질이 다른 신발 A~C를 나무판 위에 올려놓고 나무판의 한쪽을 서서히 들어 올렸더니 B–A–C 순으로 신발이 미끄러졌다.

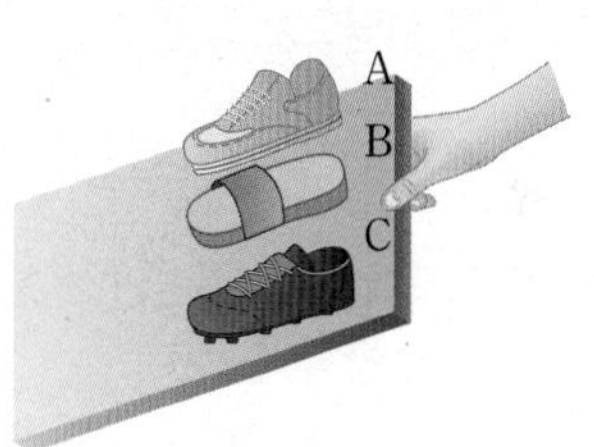

A~C 중 마찰력이 가장 큰 신발을 고르시오.

【주관식】
06 그림 (가)~(다)와 같이 유리판 또는 고무판 위에 놓인 나무 도막을 용수철저울에 연결하여 당기면서 나무 도막이 움직이는 순간 용수철저울의 눈금을 측정하였다.

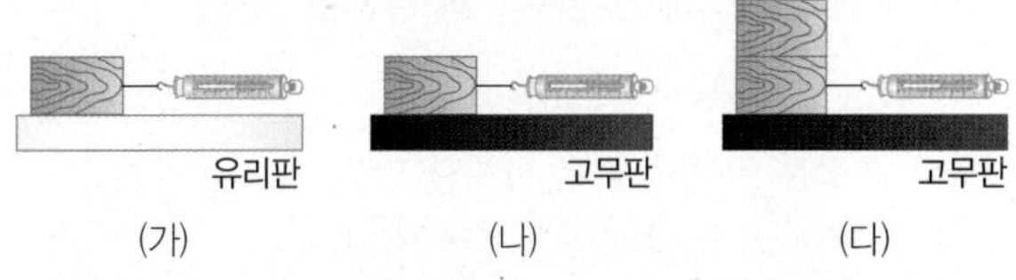

(가) (나) (다)

(가)~(다)에서 용수철저울 눈금의 크기를 등호나 부등호를 이용해 비교하시오. (단, 나무 도막은 동일하다.)

[07~08] 그림과 같이 나무판, 사포판, 아크릴판 위에 동일한 나무 도막을 올려놓고 판을 서서히 들어 올리면서 나무 도막이 미끄러져 내려가는 순간 빗면과 수평면이 이루는 각도를 측정하였다.

구분	나무판	사포판	아크릴판
각도	25°	52°	12°

중요 탐구 68쪽

07 나무판, 사포판, 아크릴판에서 나무 도막에 작용하는 마찰력의 크기를 옳게 비교한 것은?

① 나무판=사포판=아크릴판
② 나무판>아크릴판>사포판
③ 사포판>나무판=아크릴판
④ 사포판>나무판>아크릴판
⑤ 아크릴판>나무판>사포판

자료 분석 | 정답과 해설 18쪽

중요 탐구 68쪽

08 이 실험에 대한 설명으로 옳은 것을 〈보기〉에서 모두 고른 것은?

보기
ㄱ. 마찰력의 크기가 접촉면의 거칠기에 따라 어떻게 달라지는지 알 수 있다.
ㄴ. 마찰력은 나무 도막이 미끄러져 내려가는 방향과 반대 방향으로 작용한다.
ㄷ. 마찰력이 작을수록 나무 도막이 미끄러지기 시작하는 순간 빗면과 수평면이 이루는 각도가 크다.

① ㄱ ② ㄷ ③ ㄱ, ㄴ
④ ㄴ, ㄷ ⑤ ㄱ, ㄴ, ㄷ

09 마찰력을 크게 한 경우의 예로 옳은 것은?

① 스키 바닥에 왁스를 바른다.
② 창문 아래에 작은 바퀴를 단다.
③ 자전거 체인에 윤활유를 뿌린다.
④ 아기 양말 바닥에 고무를 붙인다.
⑤ 수영장에서 물 미끄럼틀에 물을 계속 흘려보낸다.

B 부력

10 부력에 대한 설명으로 옳은 것은?

① 부력은 물속에서만 작용하는 힘이다.
② 물체에 작용하는 부력의 방향은 중력의 방향과 같다.
③ 물속에 가라앉아 있는 물체에는 부력이 작용하지 않는다.
④ 물에 떠 있는 물체에 작용하는 부력과 중력의 크기는 같다.
⑤ 물속에 잠긴 물체의 질량이 클수록 물체에 작용하는 부력의 크기가 크다.

11 부력이 작용하지 않는 물체를 고르면?

① 바다 속의 잠수함
② 수영장에 떠 있는 튜브
③ 하늘 위로 올라가는 헬륨 풍선
④ 우주 정거장 안을 떠다니는 물병
⑤ 물이 든 수조 안에 가라앉아 있는 쇠구슬

중요

12 그림은 물이 든 수조 가운데 떠 있는 비누의 모습을 나타낸 것이다.

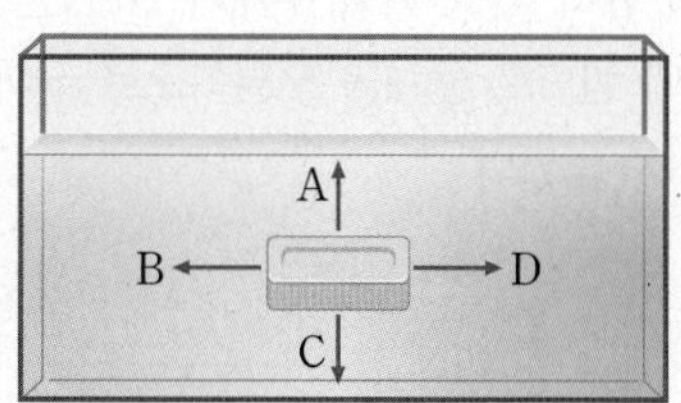

비누에 작용하는 중력과 부력의 방향을 옳게 짝 지은 것은?

	중력의 방향	부력의 방향
①	A	A
②	A	C
③	B	D
④	C	A
⑤	C	C

[13~14] 그림 (가)~(다)와 같이 무게가 2 N인 추를 용수철저울에 매달아 물에 잠긴 정도를 달리하면서 무게를 측정하였다.

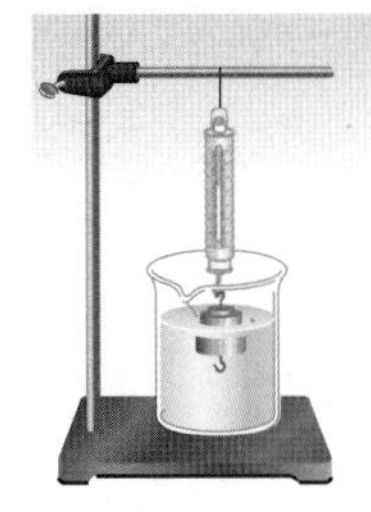
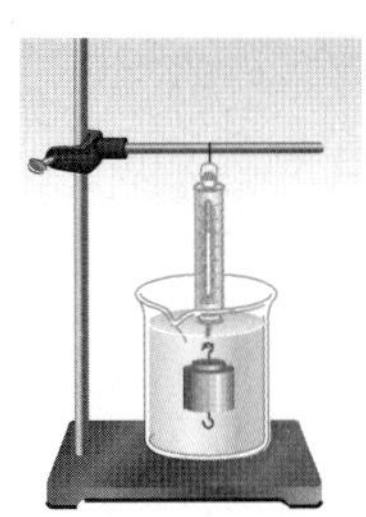

(가) 잠기기 전 (나) 반만 잠겼을 때 (다) 완전히 잠겼을 때

【주관식】 탐구 69쪽

13 (가)~(다)에서 용수철저울이 측정한 무게를 등호나 부등호로 비교하시오.

자료 분석 | 정답과 해설 19쪽

중요 탐구 69쪽

14 이 실험에 대한 설명으로 옳은 것을 〈보기〉에서 모두 고른 것은?

보기

ㄱ. (나)에서 용수철저울의 눈금은 2 N보다 작다.
ㄴ. (다)에서 용수철저울의 눈금이 1.2 N이라면 추에 작용한 부력의 크기는 0.4 N이다.
ㄷ. (다)와 같이 추가 물속에 완전히 잠기면 추에 작용하는 중력의 크기는 0이 된다.

① ㄱ ② ㄴ ③ ㄷ
④ ㄱ, ㄴ ⑤ ㄴ, ㄷ

15 그림과 같이 화물선에 화물을 실을수록 화물선이 점점 물속에 잠긴다.

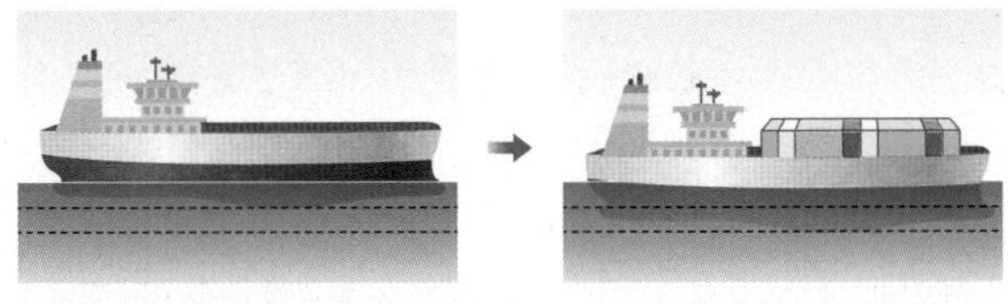

이때 화물선에 작용하는 중력과 부력에 대한 설명으로 옳은 것을 모두 고르면? (2개)

① 중력과 부력의 방향은 같다.
② 중력과 부력의 방향은 반대이다.
③ 중력과 부력의 크기 모두 증가한다.
④ 중력의 크기는 증가하고, 부력의 크기는 감소한다.
⑤ 중력의 크기는 증가하고, 부력의 크기는 일정하다.

【주관식】

16 그림과 같이 물이 가득 찬 비커에 용수철저울을 매단 추를 넣고 넘친 물을 다른 용기에 받았다. 표는 물에 넣기 전후 추의 무게와 넘친 물의 무게를 나타낸 것이다.

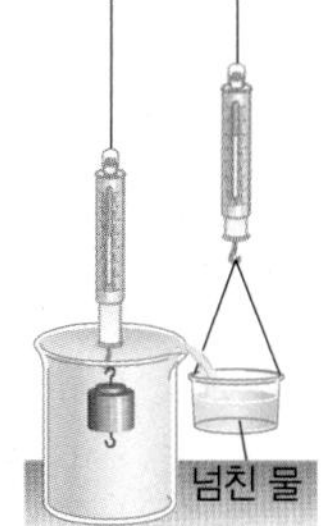

물에 넣기 전 추의 무게	15 N
물속에 잠긴 추의 무게	10 N
넘친 물의 무게	5 N

물속에 잠긴 추에 작용하는 부력의 크기는 몇 N인지 구하시오.

중요

17 질량과 부피가 각각 다음과 같은 물체들을 물속에 완전히 잠기게 하였을 때, 물체에 작용하는 부력의 크기가 가장 큰 물체는?

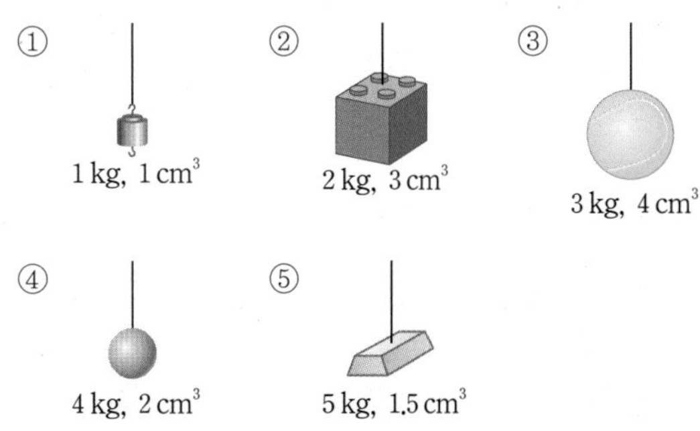

18 그림은 부피가 다른 왕관 A, B가 양팔저울에 매달려 공기 중에서 수평을 이루고 있는 모습을 나타낸 것이다. 수조에 물을 넣어 두 왕관이 물에 완전히 잠기게 하였을 때에 대한 설명으로 옳은 것은? (단, 부피는 B가 A보다 크다.)

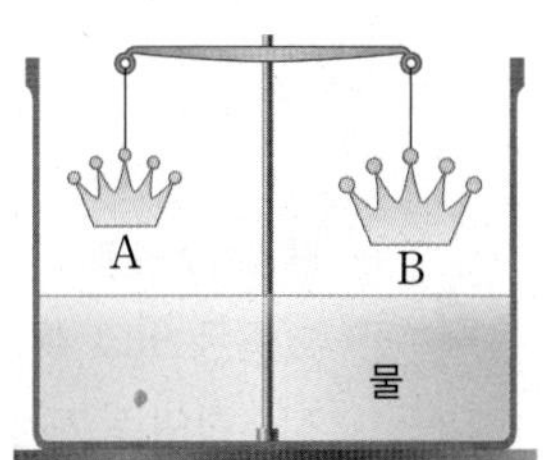

① 양팔저울은 A 쪽으로 기운다.
② 양팔저울은 B 쪽으로 기운다.
③ A와 B에 작용하는 부력의 크기는 같다.
④ 양팔저울은 계속해서 수평을 이루고 있다.
⑤ A는 아래쪽으로, B는 위쪽으로 부력을 받는다.

자료 분석 | 정답과 해설 19쪽

서술형 문제

정답과 해설 19쪽

서술형

1 그림과 같이 나무판 위에 나무 도막을 올려놓고 나무판의 한쪽 끝을 천천히 들어 올리면서 나무 도막이 미끄러지기 시작할 때 나무판의 기울기를 측정하였다. 나무판의 기울기와 마찰력의 크기 사이의 관계를 서술하시오.

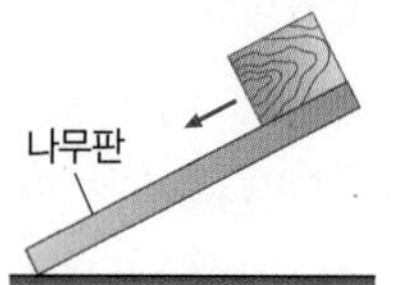

단어 제시형

2 그림 (가)~(라)와 같이 동일한 나무 도막을 나무판과 유리판 위에 올려놓고 용수철저울에 연결하여 천천히 끌어당겼다. 나무 도막이 움직이는 순간 용수철저울의 눈금을 측정하였더니 (나)>(가)=(라)>(다)와 같았다.

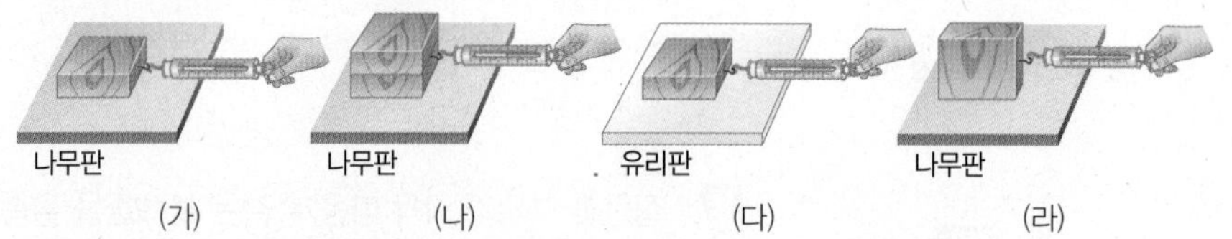

이로부터 알 수 있는 사실을 다음 단어를 모두 포함하여 서술하시오.

마찰력의 크기, 물체의 무게, 접촉면의 거칠기, 접촉면의 넓이

자료 분석 | 정답과 해설 19쪽

서술형

3 그림과 같이 무게가 같은 왕관과 금덩어리를 물속에 완전히 잠기게 넣었더니 양팔저울이 금덩어리 쪽으로 기울었다. 왕관과 금덩어리 중 부피가 더 큰 것을 고르고, 그렇게 생각한 까닭을 서술하시오.

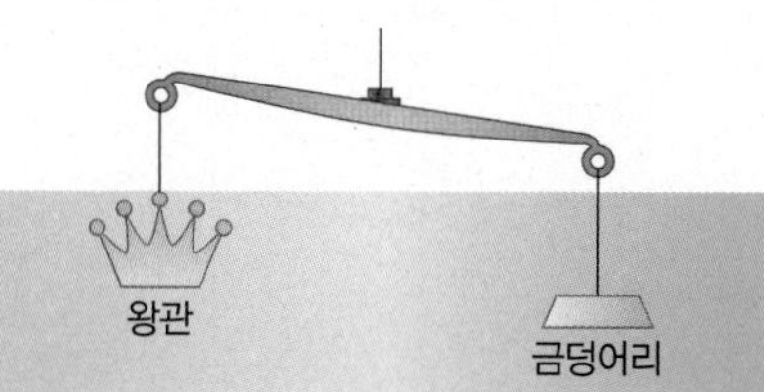

단계별 서술형

4 그림은 바다 속에 있는 잠수함의 모습을 나타낸 것이다. 잠수함의 공기 조절 탱크에는 물이 드나들 수 있다.

(1) 잠수함이 물 위로 올라가기 위한 방법을 서술하시오.

(2) (1)과 같이 답한 까닭을 중력과 부력의 크기와 관련지어 서술하시오.

서술형 Tip

1 마찰력은 운동을 방해하는 힘이므로 나무판 위에 올려놓은 물체가 미끄러지지 않도록 한다.
→ 필수 용어: 기울기, 마찰력의 크기

2 (가)와 (나)를 비교하면 물체의 무게와 마찰력의 크기, (가)와 (다)를 비교하면 접촉면의 거칠기와 마찰력의 크기, (가)와 (라)를 비교하면 접촉면의 넓이와 마찰력의 크기의 관계를 알 수 있다.

Plus 문제 2-1

이 실험으로부터 알 수 있는 마찰력의 크기에 영향을 주는 두 가지 요인을 쓰시오.

3 양팔저울의 양쪽에 놓인 물체의 무게가 같으면 양팔저울은 수평을 이룬다. 반면 양쪽에 놓인 물체의 무게가 다를 때는 무거운 물체 쪽으로 기울어진다.
→ 필수 용어: 물속에 잠긴 부피, 부력

4 (1) 공기 조절 탱크에서 물을 밖으로 내보내거나 물을 들어오게 하여 잠수함의 무게를 조절할 수 있다.
(2) 물속에 잠긴 잠수함의 부피는 변하지 않는다.
→ 필수 용어: 부피, 부력의 크기, 일정, 중력의 크기, 감소

핵심만 모아모아! **단원 정리하기** 》》 정답과 해설 20쪽

이 단원에서 학습한 내용을 확실히 이해했나요? 다음 내용을 잘 알고 있는지 확인해 보세요.

1 힘

- 힘: 물체의 ❶□□이나 운동 상태를 변하게 하는 원인
- 힘의 단위: ❷□(뉴턴)
- 힘이 작용하여 나타나는 변화: 물체의 모양이나 ❸□□ □□가 변한다.
- 힘의 표시: 힘의 크기, 힘의 방향, 힘의 작용점을 ❹□□□로 나타낸다.

2 중력

- 중력: 지구와 같은 천체가 물체를 ❶□□□ 힘
- 중력의 방향: 지구 ❷□□ 방향(=연직 아래 방향)
- 중력의 크기: 물체의 질량이 ❸□□□, 지구 중심에 ❹□□□□□ 중력의 크기가 크다.
- 중력에 의해 나타나는 현상: 고드름이 아래로 자란다. 달이 지구 주위를 공전한다. 스카이다이버가 아래로 떨어진다. 물체가 무겁거나 가볍다고 느낀다. 등

3 무게와 질량

- 무게: 물체에 작용하는 ❶□□의 크기
  - 단위: N(뉴턴)
  - 측정 도구: 용수철저울, 가정용저울
  - 측정 장소에 따라 달라진다.
- 질량: 물체의 고유한 양
  - 단위: g(그램), kg(킬로그램)
  - 측정 도구: ❷□□저울, 윗접시저울
  - 측정 장소에 따라 달라지지 않는다.
- 무게는 질량에 ❸□□한다.

  ➡ 지구에서의 무게(N)=9.8×질량(kg)
- 지구와 달에서의 무게와 질량
  - 무게: 달에서의 중력은 지구에서 중력의 $\frac{1}{6}$이므로 달에서 물체의 무게는 지구에서 물체의 무게의 ❹□이다.
  - 질량: 질량은 장소에 따라 변하지 않는 고유한 양이므로 지구와 달에서 물체의 질량은 같다.
- 우주 정거장에서 물체의 무게: 우주 정거장은 무중력 상태이므로 모든 물체의 무게가 ❺□이다.

4 탄성력

- 탄성력: 변형된 물체가 원래 모양으로 되돌아가려는 힘
- 탄성력의 방향: 탄성체를 변형시킨 힘의 방향과 ❶□□ 방향=탄성체가 변형된 방향과 ❷□□ 방향
- 탄성력의 크기: 탄성체가 변형된 길이가 클수록 탄성력의 크기가 ❸□□. ➡ 탄성체를 변형시킨 힘의 크기는 탄성력의 크기와 ❹□□.
- 용수철은 용수철에 매단 물체의 무게에 비례하여 늘어나므로 용수철이 늘어난 길이를 측정하여 물체의 무게를 알 수 있다.
- 탄성력의 이용: 자전거 안장의 용수철, 장대높이뛰기, 체조, 펜싱, 컴퓨터 자판, 스테이플러, 머리끈 등

5 마찰력

- 마찰력: 두 물체의 ❶□□□에서 물체의 운동을 방해하는 힘
- 마찰력의 방향: 물체의 운동을 방해하는 방향 ➡ 물체가 운동하거나 운동하려는 방향과 ❷□□ 방향
- 마찰력의 크기: 접촉면이 ❸□□수록, 물체의 무게가 무거울수록 마찰력이 크다.
- 마찰력을 ❹□□ 하여 이용하는 경우: 아기의 양말 바닥에 고무를 붙인다. 눈이 온 도로나 빙판길에 모래를 뿌린다. 등
- 마찰력을 ❺□□ 하여 이용하는 경우: 창문에 작은 바퀴를 설치한다. 수영장의 미끄럼틀에 물을 흐르게 한다. 등

6 부력

- 부력: ❶□□나 기체가 그 속에 있는 물체를 위쪽으로 밀어 올리는 힘
- 부력의 방향: 중력과 ❷□□ 방향
- 부력의 크기: 물에 잠긴 물체의 ❸□□가 클수록 물체에 작용하는 부력의 크기가 크다.

  ➡ 부력의 크기=공기 중에서 물체의 무게－❹□□에서 물체의 무게
- 부력의 이용: 구명조끼나 튜브를 이용해 물 위에 쉽게 뜬다. 비행선이 공기의 부력을 받아 위로 올라간다. 등

실전에 도전!

단원 평가하기

[내 실력 진단하기]

각 중단원별로 어느 부분이 부족한지 진단해 보고, 부족한 단원은 다시 복습합시다.

단원																
01. 중력과 탄성력	01		02		03		04		05		06		07		08	
	09		10		11		12		22		23					
02. 마찰력과 부력	13		14		15		16		17		18		19		20	
	21		24													

상 중 **하**

01 물체에 힘이 작용한 경우가 아닌 것은?

① 얼음이 녹고 있다.
② 골프채로 힘껏 친 골프공이 날아간다.
③ 빗면 위의 물체가 미끄러져 내려온다.
④ 손가락으로 누른 고무풍선이 찌그러졌다.
⑤ 나무에서 떨어진 사과의 속력이 점점 빨라졌다.

상 **중** 하

02 그림은 정지해 있는 축구공을 발로 힘껏 찰 때 축구공에 작용하는 힘을 화살표로 나타낸 것이다. 이에 대한 설명으로 옳은 것을 〈보기〉에서 모두 고른 것은?

보기
ㄱ. 축구공의 모양과 운동 상태가 동시에 변한다.
ㄴ. 화살표의 방향은 축구공에 작용한 힘의 방향을 나타낸다.
ㄷ. 화살표의 길이가 길수록 축구공에 작용하는 힘의 크기가 큰 것이다.

① ㄱ　　② ㄷ　　③ ㄱ, ㄴ
④ ㄴ, ㄷ　　⑤ ㄱ, ㄴ, ㄷ

[주관식] 상 중 **하**

03 다음은 어떤 힘에 의해 나타나는 현상들이다.

- 지구에 대기가 존재한다.
- 폭포의 물이 높은 곳에서 낮은 곳으로 떨어진다.
- 용수철에 물체를 매달면 용수철이 아래쪽으로 늘어난다.

이 힘이 작용하는 방향을 쓰시오.

상 **중** 하

04 그림은 A에서 연직 위로 던져 올린 공이 B를 거쳐 최고점 C에 도달한 모습을 나타낸 것이다. A, B, C 지점에서 공에 작용하는 중력의 방향을 옳게 짝 지은 것은?

C
B
운동 방향
A

	A	B	C
①	↑	↑	↑
②	↑	↑	작용하지 않음
③	→	→	→
④	↓	↓	↓
⑤	↓	↓	작용하지 않음

상 중 **하**

05 무게를 측정할 수 있는 저울끼리 옳게 짝 지은 것은?

① 양팔저울, 용수철저울
② 양팔저울, 가정용저울
③ 윗접시저울, 양팔저울
④ 윗접시저울, 가정용저울
⑤ 용수철저울, 가정용저울

[주관식] **상** 중 하

06 다음은 중력의 크기와 지구 반지름에 대한 설명이다.

- 중력의 크기는 지구 중심에 가까울수록 크다.
- 지구는 적도 지방의 반지름이 극지방의 반지름보다 큰 타원체이다.

같은 사람이 (가)~(다)의 장소에서 측정한 몸무게를 등호나 부등호를 이용해 비교하시오.

(가) 극지방의 평지
(나) 적도 지방의 산꼭대기
(다) 적도 지방의 평지

상중하

07 그림과 같이 지구에서 어떤 물체를 용수철저울에 매달았더니 저울의 눈금이 294 N을 가리켰다.

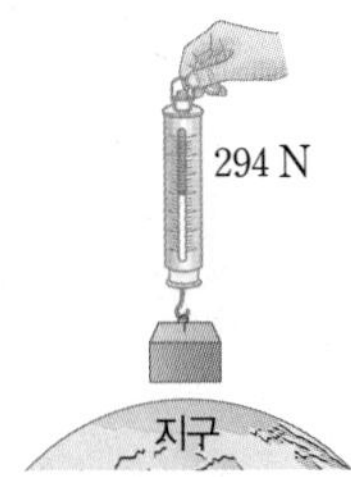

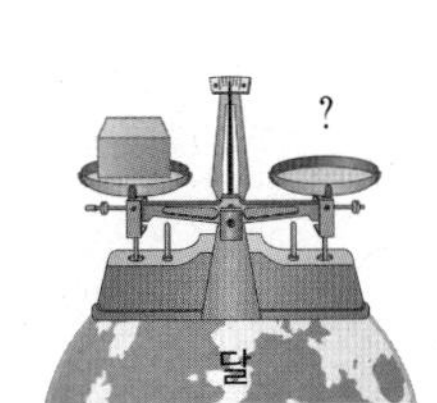

이 물체를 달에 가져가서 윗접시저울에 올려놓았을 때, 물체와 수평을 이루는 추의 질량은?

① 5 kg ② 30 kg ③ 49 kg
④ 180 kg ⑤ 294 kg

[주관식] 상중하

08 표는 행성 A, B, C에서 측정한 같은 물체의 질량과 무게를 나타낸 것이다.

행성	A	B	C
질량(kg)	30	30	30
무게(N)	294	49	441

A~C 중 물체에 작용하는 중력의 크기가 가장 큰 행성을 쓰시오.

상중하

09 그림은 동일한 용수철 A, B를 이용해 만든 수평 상태의 시소에 두 사람이 탔을 때 시소가 왼쪽으로 기울어진 모습을 나타낸 것이다.

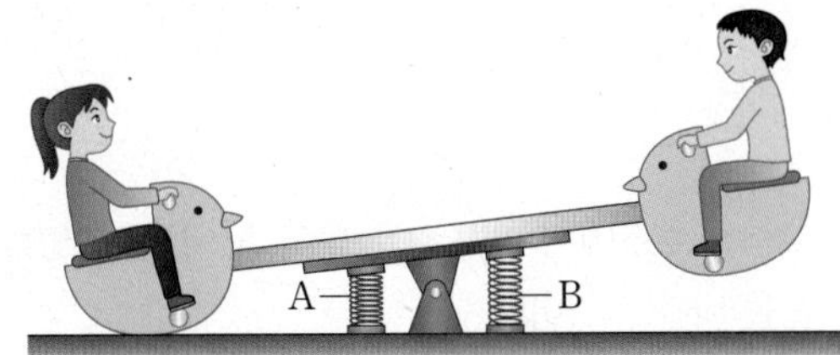

이에 대한 설명으로 옳은 것을 〈보기〉에서 모두 고른 것은?

보기
ㄱ. 시소에 탄 두 사람의 질량은 같다.
ㄴ. A에 작용하는 탄성력의 방향은 위쪽이다.
ㄷ. A에는 탄성력이 작용하고, B에는 탄성력이 작용하지 않는다.

① ㄱ ② ㄴ ③ ㄷ
④ ㄱ, ㄴ ⑤ ㄴ, ㄷ

자료 분석 | 정답과 해설 21쪽

상중하

10 그림과 같이 지구에서 무게가 30 N인 물체를 매달았더니 6 cm가 늘어나는 용수철이 있다.

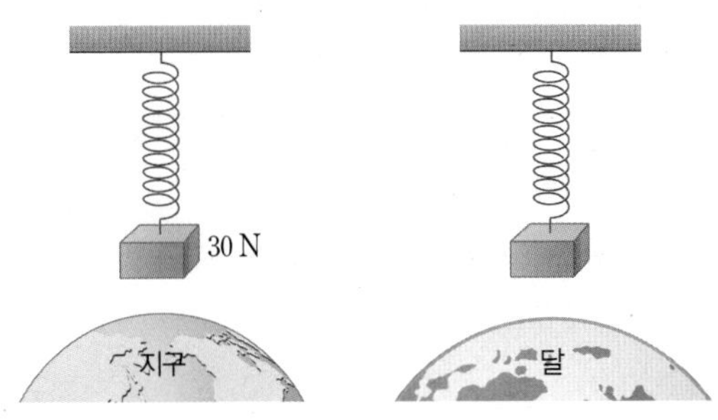

달에 가서 이 용수철에 물체를 매달았을 때 용수철이 늘어난 길이는? (단, 용수철의 무게는 무시하며, 지구와 달에서 용수철의 성질은 변하지 않는다.)

① 1 cm ② 3 cm ③ 6 cm
④ 12 cm ⑤ 36 cm

상중하

11 용수철을 이용하여 물체의 무게를 측정할 수 있는 까닭은?

① 용수철을 쉽게 구할 수 있기 때문이다.
② 용수철이 늘어난 길이가 용수철에 작용한 힘의 크기에 비례하기 때문이다.
③ 용수철이 늘어난 길이가 용수철에 매단 물체의 무게에 반비례하기 때문이다.
④ 용수철은 변형되었을 때 원래 상태로 되돌아가려는 탄성을 가지고 있기 때문이다.
⑤ 용수철은 작용하는 힘의 방향에 따라 늘어날 수도 있고 압축될 수도 있기 때문이다.

[주관식] 상중하

12 표는 용수철에 매단 추의 무게에 따라 용수철이 늘어난 길이를 나타낸 것이다.

추의 무게(N)	1	2	3	4
늘어난 길이(cm)	1.5	3	4.5	6

이 용수철을 손으로 당겨 9 cm 늘였을 때 손에 작용하는 탄성력의 크기는 몇 N인지 구하시오.

[주관식] 상중하

13 그림과 같이 오른쪽으로 미끄러지면서 운동하는 물체가 있다.

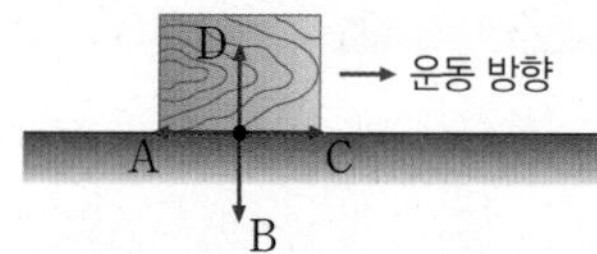

이 물체에 작용하는 중력과 마찰력의 방향을 A~D 중에서 각각 고르시오.

상중하

14 그림과 같이 책상 위에 올려놓은 무게가 10 N인 물체를 5 N의 힘으로 당겼더니 물체가 움직이기 시작했다. 이때 물체에 작용하는 마찰력을 화살표로 옳게 나타낸 것은? (단, 1 cm는 5 N의 힘을 나타낸다.)

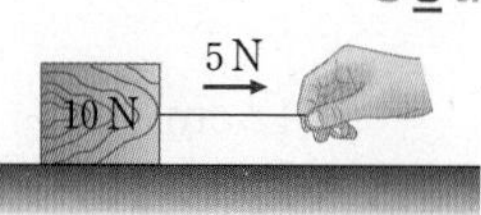

① 1 cm (→)
② 1 cm (←)
③ 작용하지 않음
④ 2 cm (→)
⑤ 2 cm (←)

상중하

15 그림 (가), (나)와 같이 각각 나무 도막 1개, 2개를 나무판 위에 올려놓고 나무판의 한쪽을 동시에 서서히 들어 올렸더니 (가)의 나무 도막이 먼저 미끄러졌다.

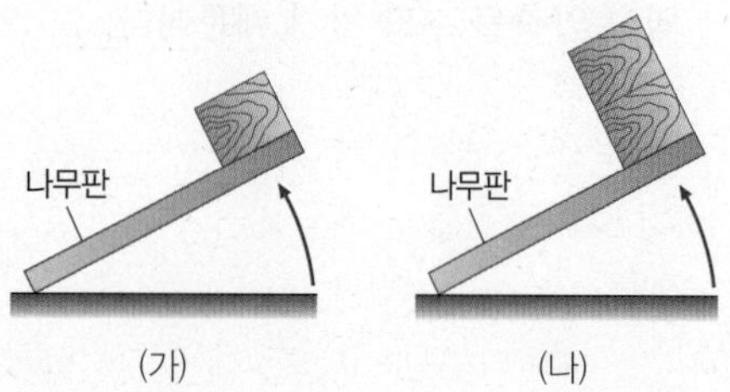

이로부터로 알 수 있는 사실은? (단, 나무 도막은 모두 동일하다.)

① 접촉면이 거칠수록 마찰력의 크기가 크다.
② 물체의 무게와 마찰력의 크기는 관계가 없다.
③ 접촉면의 거칠기와 마찰력의 크기는 관계가 없다.
④ 물체의 무게가 무거울수록 마찰력의 크기가 크다.
⑤ 접촉면의 넓이가 넓을수록 마찰력의 크기가 크다.

자료 분석 | 정답과 해설 21쪽

상중하

16 그림과 같이 한쪽 면에 사포를 붙인 동일한 나무 도막 A, B를 각각 나무 면과 사포 면이 아래를 향하게 나무판 위에 올려놓고 나무판의 한쪽을 서서히 들어 올렸다. 이에 대한 설명으로 옳지 않은 것을 모두 고르면? (2개)

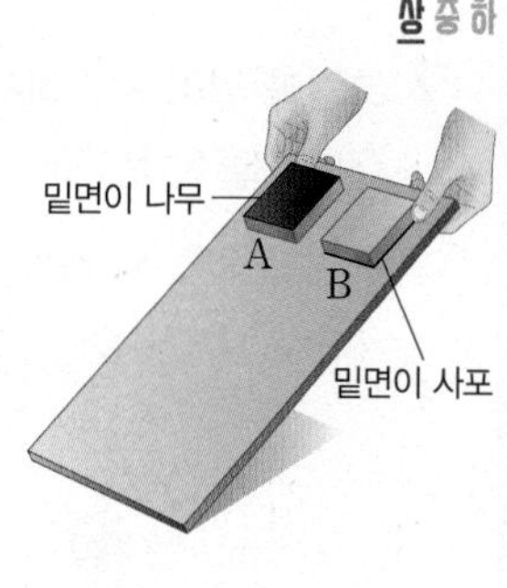

① A가 먼저 미끄러진다.
② A와 B에 작용하는 마찰력의 방향은 반대이다.
③ 이 실험을 통해 물체의 무게와 마찰력의 크기 관계를 알 수 있다.
④ 이 실험을 통해 접촉면의 거칠기와 마찰력의 크기 관계를 알 수 있다.
⑤ 미끄러지는 순간 나무판의 기울기가 클수록 나무 도막에 작용하는 마찰력이 큰 것이다.

상중하

17 그림과 같이 자전거를 타기 전 체인에 윤활유를 뿌리는 까닭으로 옳은 것은?

① 접촉면을 거칠게 하여 마찰력을 크게 하기 위해
② 접촉면을 거칠게 하여 마찰력을 작게 하기 위해
③ 접촉면을 매끄럽게 하여 마찰력을 작게 하기 위해
④ 접촉면을 매끄럽게 하여 마찰력을 크게 하기 위해
⑤ 접촉면의 넓이를 감소시켜 마찰력을 작게 하기 위해

상중하

18 그림은 수조에 부피가 같은 물체 A~D를 넣었을 때의 모습을 나타낸 것이다.

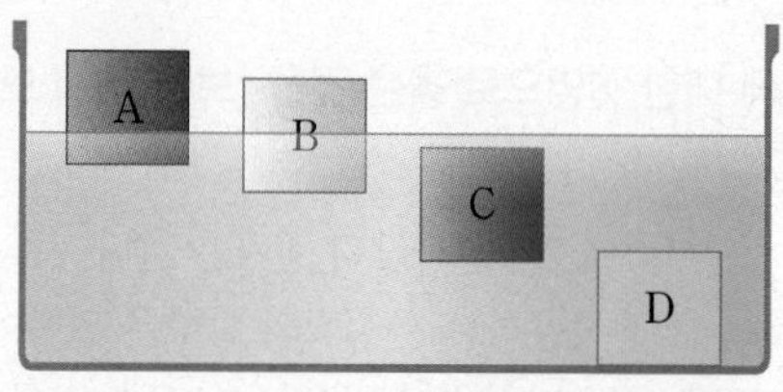

A~D가 받는 부력의 크기를 옳게 비교한 것은?

① A=B=C=D
② A>B>C>D
③ A>B>C=D
④ C=D>A>B
⑤ C=D>B>A

자료 분석 | 정답과 해설 21쪽

서술형 문제

상중하

19 그림과 같이 스타이로폼 구가 연결된 용수철을 비커의 바닥에 붙이고 비커에 물을 가득 채웠더니 용수철이 늘어났다. 스타이로폼 구에 작용하는 힘에 대한 설명으로 옳은 것을 〈보기〉에서 모두 고른 것은?

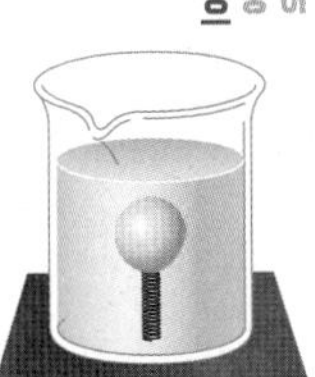

보기
ㄱ. 위쪽으로 부력이 작용한다.
ㄴ. 아래쪽으로 중력이 작용한다.
ㄷ. 위쪽으로 탄성력이 작용한다.

① ㄱ ② ㄴ ③ ㄷ
④ ㄱ, ㄴ ⑤ ㄴ, ㄷ

자료 분석 | 정답과 해설 21쪽

상중하

20 그림 (가)는 뚜껑이 닫힌 빈 플라스틱 병을 손으로 눌러 물에 반만 잠기게 한 것이고, (나)는 물에 완전히 잠기게 한 것이다.

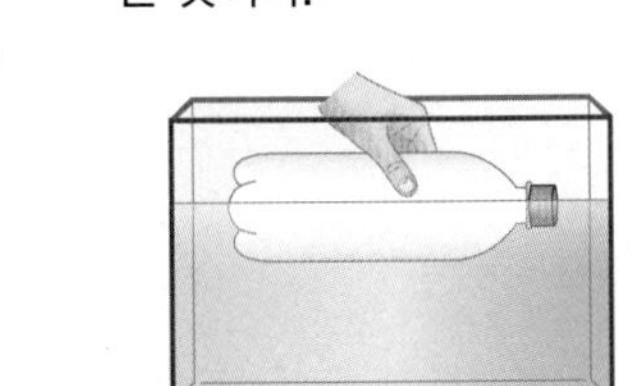
(가)

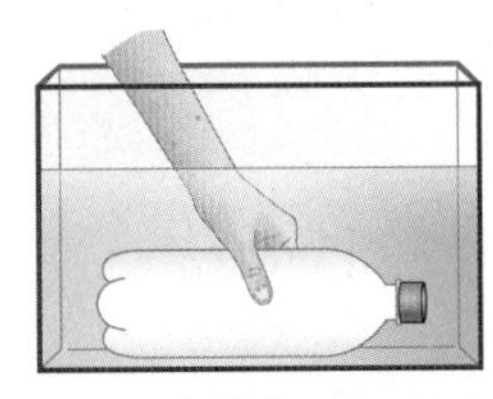
(나)

이에 대한 설명으로 옳은 것을 〈보기〉에서 모두 고른 것은?

보기
ㄱ. 손이 받는 힘은 (가)에서보다 (나)에서 더 크다.
ㄴ. (가), (나) 모두 플라스틱 병에는 부력이 작용한다.
ㄷ. (나)에서 플라스틱 병을 누르고 있는 손을 떼면 플라스틱 병은 가라앉아 있다.

① ㄱ ② ㄷ ③ ㄱ, ㄴ
④ ㄴ, ㄷ ⑤ ㄱ, ㄴ, ㄷ

상중하

21 주어진 현상과 관련된 힘을 연결한 것으로 옳은 것은?

① 나무에서 사과가 떨어진다. – 탄성력
② 장대를 이용해 높이 뛰어오른다. – 부력
③ 열기구가 하늘 위로 올라가고 있다. – 마찰력
④ 수영장에서 튜브를 타고 물 위에 뜬다. – 부력
⑤ 컬링경기에서 빙판 위를 미끄러지던 스톤이 멈춘다. – 중력

상중하

22 그림과 같이 상인 A는 가정용저울을 이용해 고도가 낮은 도시에서 금을 산 후 산꼭대기 오지 마을에 가서 팔고, 상인 B는 윗접시저울을 이용해 고도가 낮은 도시에서 금을 산 후 산꼭대기 오지 마을에 가서 팔았다.

▲ 고도가 낮은 도시

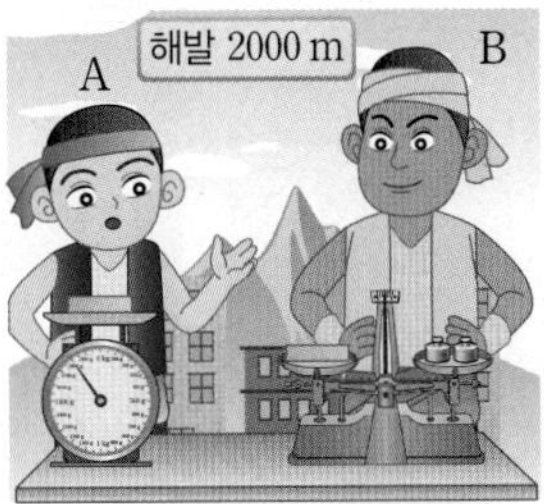

▲ 산꼭대기 오지 마을

(1) A와 B가 저울을 이용해 측정한 물리량은 무엇인지 각각 쓰시오.

(2) A, B 중 오지 마을에서 금을 팔 때 손해를 본 사람이 있는지 쓰고, 그 까닭을 서술하시오.

상중하

23 그림과 같이 용수철에 질량이 5 kg인 추를 매달았더니 용수철이 늘어났다.

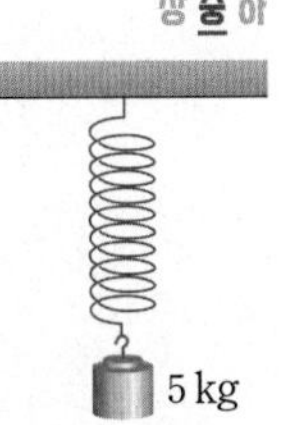

(1) 추에 작용하는 중력의 방향과 크기를 서술하시오.

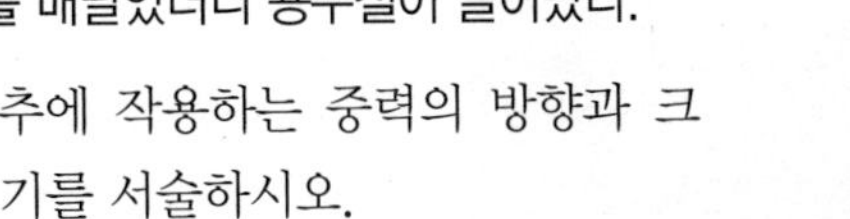

(2) 추에 작용하는 탄성력의 방향과 크기를 서술하시오.

자료 분석 | 정답과 해설 22쪽

상중하

24 그림과 같이 같은 무게의 고무찰흙을 각각 공 모양 A와 배 모양 B로 만들어 수조에 담긴 물 위에 띄우면 A는 가라앉지만 B는 물 위에 뜬다. 그 까닭을 다음 단어를 모두 포함하여 서술하시오.

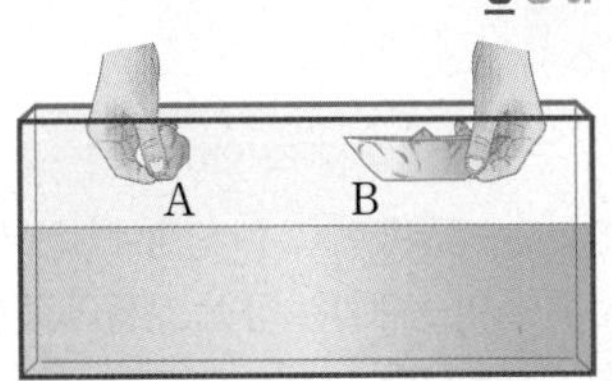

중력의 크기, 부력의 크기

자료 분석 | 정답과 해설 22쪽

생물의 다양성

제목으로 미리보기

01 생물 다양성

82~89쪽

'생물'의 사전적 의미는 생명을 가지고 스스로 생활 현상을 유지하는 생명체예요. 이 단원에서는 지구에 살고 있는 생물의 종류, 생물들이 살아가는 장소, 생물의 특성 등이 얼마나 다양한지에 대해 알아봅니다.

02 생물의 분류

90~99쪽

'분류'는 일정한 기준에 따라 물체나 생물을 비슷한 종류의 무리로 나누는 거예요. 이 단원에서는 생물 분류란 무엇이고, 어떤 기준으로 생물을 분류하며, 생물을 분류한 결과는 어떠한지 알아봅니다.

03 생물 다양성 보전

100~107쪽

'생물 다양성'은 어떤 지역에 살고 있는 생물의 다양한 정도이며, '보전'이란 온전하게 잘 지키거나 유지한다는 뜻이에요. 이 단원에서는 생물 다양성의 중요성을 알고, 생물 다양성 보전을 위한 대책을 알아봅니다.

기억하기

이 단원을 학습하기 전에, 이전에 배운 내용 중 꼭 알아야 할 개념들을 그림과 함께 떠올려 봅시다.

1 | 곰팡이, 버섯, 짚신벌레, 해캄, 세균

>>> 초등학교 5학년 다양한 생물과 우리 생활

▲ 버섯(표고버섯)

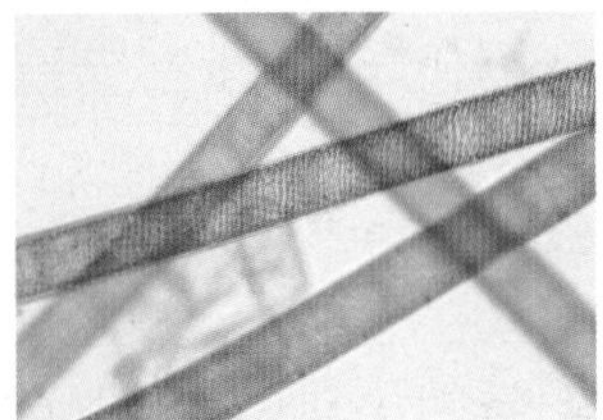
▲ 해캄

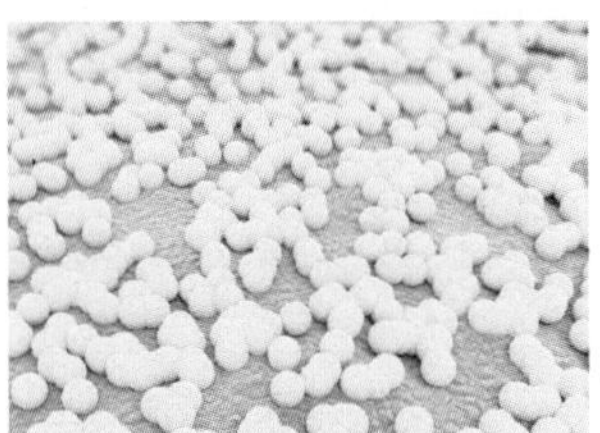
▲ 포도상 구균

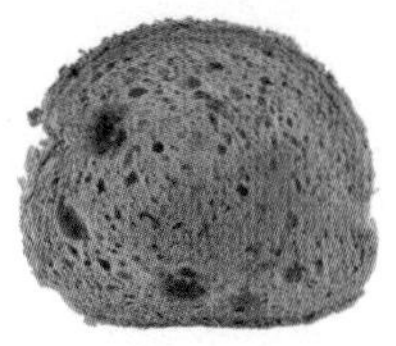
▲ 빵에 자란 곰팡이

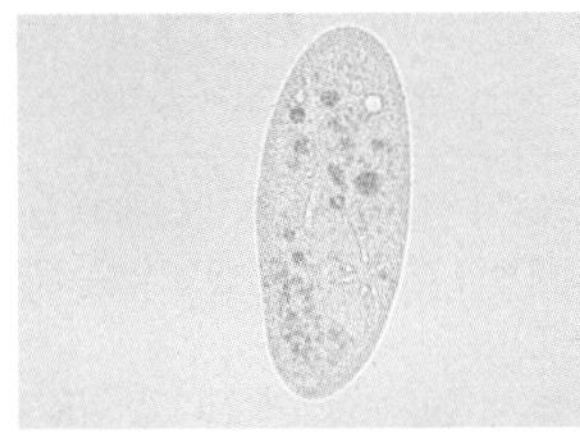
▲ 짚신벌레

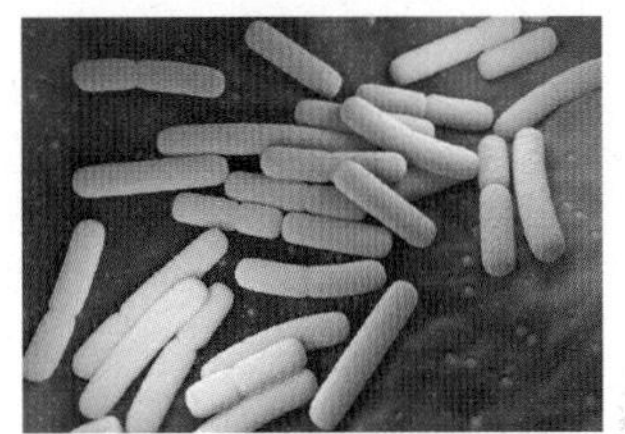
▲ 대장균

• (❶): 곰팡이와 버섯 같은 생물로, 보통 거미줄처럼 가늘고 긴 모양의 균사로 이루어져 있고 포자로 번식

• (❷): 동물이나 식물, 균류로 분류되지 않으며 생김새가 단순한 생물

• (❸): 균류나 원생생물보다 크기가 더 작고 생김새가 단순한 생물

2 | 생태계를 구성하는 생물의 먹이 관계

>>> 초등학교 5학년 생물과 환경

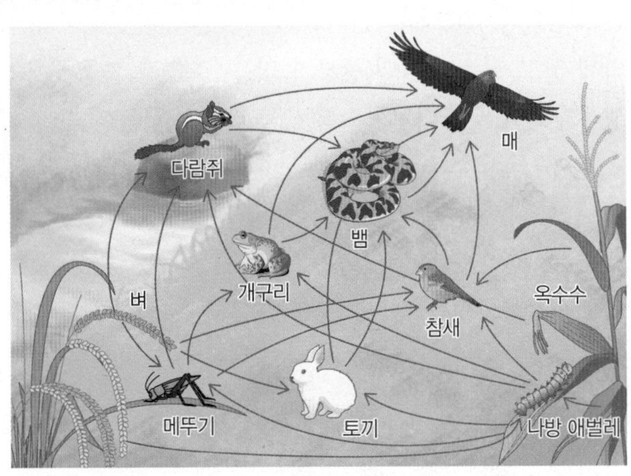

• (❹): 생태계에서 생물의 먹이 관계가 사슬처럼 연결되어 있는 것
• (❺): 생태계에서 여러 개의 먹이 사슬이 얽혀 그물처럼 연결되어 있는 것
➡ 어느 한 종류의 먹이가 부족해져도 다른 먹이를 먹고 살 수 있으므로 (❻)보다 (❼)이 더 유리한 먹이 관계

정답 ❶ 균류 ❷ 원생생물 ❸ 세균 ❹ 먹이 사슬 ❺ 먹이 그물 ❻ 먹이 사슬 ❼ 먹이 그물

01 생물 다양성

Ⓐ 생물 다양성

1. 생물 다양성 어떤 지역에 살고 있는 생물의 다양한 정도 ➡ 생물 종류의 다양한 정도❶, 같은 종류의 생물 사이에서 나타나는 특성(유전자❷)의 다양한 정도, 생태계❸의 다양한 정도를 모두 포함한다.

① 생물 다양성의 의미

생물 종류의 다양한 정도	일정한 지역에 얼마나 많은 종류의 생물이 살고 있는지를 나타낸다. ➡ 생물의 종류가 많을수록 생물 다양성이 높다. 예 1가지 작물을 재배하는 논보다 여러 종류의 생물이 살고 있는 습지❹가 생물 다양성이 더 높다.
같은 종류의 생물 사이에서 나타나는 특성(유전자)의 다양한 정도	같은 종류의 생물 사이에서 특성이 다양하게 나타나는 것이며, 특성이 다양하게 나타날수록 생물 다양성이 높다. ➡ 특성이 다양할수록 급격한 환경 변화나 전염병에도 살아남는 것이 있어서 멸종할 가능성이 작아진다. 예 • 무당벌레마다 크기, 색, 점의 수나 모양 등이 다양하게 나타난다. • 그로 미셸❺이라는 품종의 바나나는 전염병으로 모두 사라졌다.
생태계의 다양한 정도	어떤 지역에 얼마나 다양한 생태계가 존재하는지를 나타낸다. 지구에는 숲, 초원, 바다 등 다양한 생태계가 있다. ➡ 생태계의 종류에 따라 살고 있는 생물이 다르므로, 생태계가 다양할수록 생물 다양성이 높다. 예 • 아마존과 같은 열대 우림에는 식물이 무성하게 자라고, 이를 터전으로 수많은 종류의 생물이 살고 있다. 사람의 필요에 따라 만들어진 논이나 밭도 생태계에 속한다. • 사막에는 건조한 환경에 적응한 생물이 살고 있다.

▲ 생물 종류의 다양한 정도

▲ 같은 종류의 생물 사이에서 나타나는 특성의 다양한 정도

▲ 생태계의 다양한 정도

② 생물 다양성의 결정 기준: 일정한 지역에 살고 있는 생물의 종류가 많을수록, 같은 종류에 속하는 생물의 특성이 다양할수록, 생태계의 종류가 다양할수록 생물 다양성이 높다.

2. 두 지역의 생물 다양성 비교 생물의 종류가 많고, 각 종류의 생물이 고르게 분포할수록 생물 다양성이 높다.
└ 생물의 수가 많은 것보다 생물의 종류가 많을 때 생물 다양성이 높다.

(가) 지역			(나) 지역		
	식물의 종류	5종류		식물의 종류	3종류
	식물의 총 수	10그루		식물의 총 수	10그루
	각 식물의 분포 정도	여러 종류의 식물이 고르게 분포함		각 식물의 분포 정도	한 종류의 식물이 대부분을 차지함

➡ (가) 지역은 (나) 지역보다 더 많은 종류의 식물이 고르게 분포한다. ➡ 생물 다양성은 (가) 지역이 (나) 지역보다 더 높다.

개념 더하기

❶ 지구에 살고 있는 생물의 종류
세계 생물 다양성 정보 기구(GBIF)에 따르면 2017년까지 발견된 생물의 종류는 약 172만 종이고, 새로운 종이 계속 발견되고 있다.
과학자들은 지구에 살고 있는 생물의 종 수를 1000만 종 이상으로 예상한다.

❷ 유전자
생물의 생김새와 특징에 대한 정보를 담고 있는 것으로 부모로부터 자손에게 전해진다.

❸ 생태계
생물이 일정한 장소에서 빛, 온도 등과 같은 환경 및 서로 다른 생물과 영향을 주고받으며 살아가는 체계
예 숲, 초원, 갯벌, 바다, 사막, 열대 우림, 습지 등
갯벌은 육지와 바다를 이어 주는 곳으로, 두 생태계의 자원을 이용하는 다양한 생물이 살고 있다.

❹ 습지
육지와 물을 이어 주는 곳으로, 다양한 종류의 생물이 서식하고 있다. 우포늪과 같은 자연 습지는 다른 생태계보다 많은 종류의 생물이 살고 있다.

▲ 우포늪

❺ 그로 미셸 바나나의 멸종
1950년대까지 많이 재배되었던 그로 미셸이라는 품종의 바나나는 곰팡이 때문에 생긴 전염병(파나마병)으로 모두 사라졌다. 만약 그로 미셸 바나나마다 특성이 달랐고, 그중에 곰팡이 전염병에 강한 것이 있었다면 이 바나나는 멸종되지 않았을 것이다.

정답과 해설 23쪽 ⟫

핵심 Tip

- **생물 다양성**: 어떤 지역에 살고 있는 생물의 다양한 정도
- 생물 다양성은 생물 종류의 다양한 정도, 같은 종류의 생물 사이에서 나타나는 특성의 다양한 정도, 생태계의 다양한 정도를 모두 포함한다.
- 생물의 종류가 많고, 각 종류의 생물이 고르게 분포할수록 생물 다양성이 높다.

1 다음은 생물 다양성에 대한 설명이다. ㉠~㉢에 알맞은 말을 쓰시오.

> 생물 다양성은 어떤 지역에 살고 있는 (㉠)의 다양한 정도이다. 생물 종류의 다양한 정도, 같은 종류의 생물 사이에서 나타나는 (㉡)의 다양한 정도, (㉢)의 다양한 정도를 모두 포함한다.

2 생물 다양성의 의미에 대한 설명으로 옳은 것은 ○, 옳지 않은 것은 ×로 표시하시오.

(1) 생물의 특성이 다양할수록 멸종할 가능성이 작아진다. ( )

(2) 지구상에는 숲, 초원, 바다, 사막의 네 종류의 생태계가 있다. ( )

(3) 같은 종류의 생물들은 특성이 모두 같을수록 생물 다양성이 높다. ( )

(4) 생태계의 종류에 따라 살고 있는 생물이 다르므로, 생태계가 다양할수록 생물 다양성이 높다. ( )

(5) 생물 종류의 다양한 정도는 일정한 지역에 얼마나 많은 종류의 생물이 살고 있는지를 나타낸다. ( )

암기 Tip 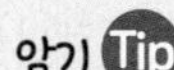 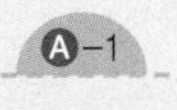 A-1

생물 다양성 높다. ➡ 생물 종류 다양, 같은 종류 생물의 특성 다양, 생태계 다양

3 다음은 생물 다양성의 결정 기준에 대한 설명이다. ( ) 안에 알맞은 말을 고르시오.

> 일정한 지역에 살고 있는 생물의 종류가 ㉠ (적을수록 , 많을수록), 같은 종류에 속하는 생물의 특성이 ㉡ (같을수록 , 다양할수록), 생태계의 종류가 ㉢ (같을수록 , 다양할수록) 생물 다양성이 높다.

4 그림은 (가)와 (나) 두 지역에 살고 있는 식물의 종류와 수를 나타낸 것이다.

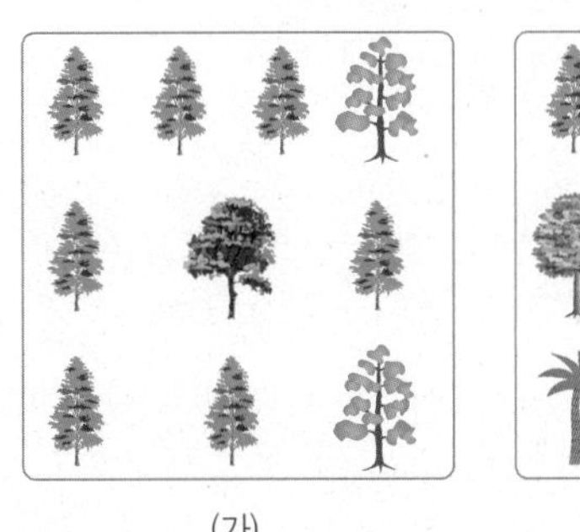

(가)

(나)

(1) (가) 지역과 (나) 지역에 살고 있는 식물의 종류 수를 각각 쓰시오.

(2) (가) 지역과 (나) 지역에 살고 있는 식물의 총 수를 각각 쓰시오.

(3) (가) 지역과 (나) 지역 중 생물 다양성이 높은 지역의 기호를 쓰시오.

적용 Tip 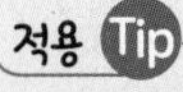 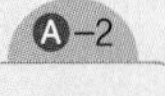 A-2

그림을 이용한 두 지역의 생물 다양성 비교

- 두 지역의 생물 종류 수를 세어 본다.
- 총 생물 수를 세어 본다.
- 각 생물 종류의 분포 정도를 비교한다.

➡ 더 많은 생물이 고르게 분포하는 지역의 생물 다양성이 더 높다.

쉽고 정확하게!

개념 학습

01 생물 다양성

Ⓑ 환경과 생물 다양성

1. *변이❶ 같은 종류의 생물 사이에서 나타나는 특성의 차이 ― 환경이나 유전적인 영향으로 다양한 변이가 나타난다.

① 변이는 생물의 생존에 영향을 줄 수 있다. ➡ 변이가 다양할수록 생물 다양성이 높고 생물의 생존에 유리하다.

② 환경이 달라지면 생존에 유리한 변이도 달라진다.❷ ➡ 같은 종류였던 생물이 다양한 환경에 적응하는 과정에서 각 환경에 유리한 변이를 가진 생물만 살아남아 자손을 남긴다.

2. *환경과 생물 다양성 생물은 빛, 온도, 물, 먹이 등의 환경에 적응❸하여 살아간다.

➡ 같은 종류의 생물이 오랜 시간 동안 서로 다른 환경에서 살아가면 서로 다른 생김새와 특성을 지닌 무리로 나누어질 수 있다.❹

온도에 따른 여우의 생김새	물살의 세기에 따른 소라 껍데기의 모양
   ▲ 북극여우 ▲ 사막여우	  ▲ 물살이 센 곳의 소라 ▲ 물살이 약한 곳의 소라
• 북극여우: 귀가 작고 몸집이 커서 열의 손실을 줄일 수 있다. ➡ 낮은 기온에 적응한 결과 • 사막여우: 귀가 크고 몸집이 작아 몸의 열을 방출하기 쉽다. ➡ 높은 기온에 적응한 결과	• 물살이 센 곳의 소라: 껍데기에 뿔이 발달하여 물에 쉽게 떠내려가지 않는다. • 물살이 약한 곳의 소라: 껍데기에 뿔이 없다.
사는 곳에 따른 눈잣나무의 모습	**계절에 따른 호랑나비의 몸집과 색**
  ▲ 높은 산 위의 눈잣나무 ▲ 평지의 눈잣나무	  ▲ 봄에 태어난 호랑나비 ▲ 여름에 태어난 호랑나비
• 높은 산 위의 눈잣나무: 바람이 세게 불어 땅에 붙어서 옆으로 누워 자란다. • 평지의 눈잣나무: 바람이 약하게 불어 위로 곧게 자란다.	• 봄에 태어난 호랑나비: 몸의 크기가 작고 색깔이 연하다. • 여름에 태어난 호랑나비: 몸의 크기가 크고 색깔이 진하다.

3. 생물의 종류가 다양해지는 과정

한 종류의 생물 무리에 다양한 변이가 있다. ➡ 무리에서 환경에 알맞은 변이를 가진 생물이 더 많이 살아남아 자손을 남겨 자신의 특징을 전달한다. ➡ 이 과정이 오랜 세월 동안 반복되면 원래의 생물과 다른 특성을 지닌 생물이 나타날 수 있다. ➡ 생물 다양성이 높아진다.

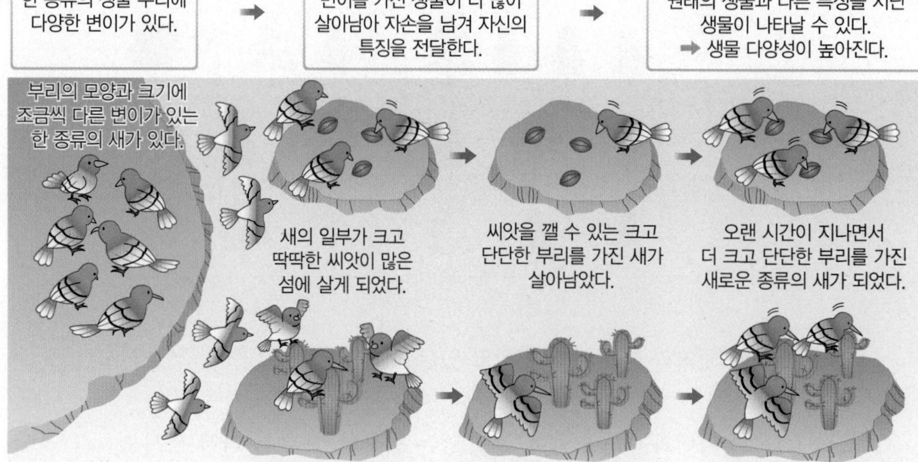

개념 더하기

❶ 변이의 예
• 사람은 저마다 생김새가 다르다.
• 무당벌레의 겉 날개의 색깔과 무늬는 다양하다.
• 코스모스의 꽃잎 색은 여러 가지이다.
• 바지락의 껍데기 무늬는 서로 조금씩 다르다.
• 얼룩말은 줄무늬의 색과 간격이 서로 조금씩 다르다.

❷ 변이와 생물의 생존
무당벌레 중에서 몸 색깔이 주변 환경과 비슷한 것은 그렇지 않은 것보다 천적의 눈에 잘 띄지 않아 살아남을 가능성이 크다. 살아남은 무당벌레는 자손을 남기며, 그 과정에서 자신이 가진 특성을 자손에게 전달한다.

❸ 적응
환경에 따라 생물의 구조와 기능, 생활 습성 등이 변하는 현상이다.

❹ 산천어와 송어의 비교

▲ 산천어

▲ 송어

강에서 사는 산천어와 바다와 민물을 오가며 사는 송어는 같은 생물이지만 사는 곳에 따라 생김새가 다르다.

용어 사전

***변이(변할 變, 다를 異)**
같은 종류의 생물 사이에서 나타나는 특성의 차이

***환경(고리 環, 지경 境)**
인간이나 동식물 등의 생존이나 생활에 영향을 미치는 자연적 조건이나 상태

- **변이**: 같은 종류의 생물 사이에서 나타나는 특성의 차이
- **환경과 생물 다양성**: 생물은 빛, 온도, 물, 먹이 등의 환경에 적응하여 살아간다.
- **생물의 종류가 다양해지는 과정**: 한 종류의 생물 무리에 다양한 변이가 있다. → 환경에 알맞은 변이를 가진 생물이 더 많이 살아남고 자손을 남긴다. → 오랜 세월 동안 반복되면 원래의 생물과 다른 특성을 가진 생물이 나타날 수 있다.

원리 Tip Ⓑ-3

목이 짧은 종류만 있던 갈라파고스땅거북에서 목이 긴 종류가 나타나는 과정

▲ 목이 짧은 갈라파고스땅거북

▲ 목이 긴 갈라파고스땅거북

❶ 무리는 목이 짧았지만, 목이 조금 더 긴 변이를 가진 거북도 있었다.
❷ 거북들은 환경이 다른 섬에 살게 되었는데, 목이 긴 거북이 키가 큰 선인장이 있는 환경에서 살기에 유리하였다.
❸ 목이 긴 거북이 목이 짧은 거북보다 많이 살아남아 자손을 남기는 과정이 오랫동안 반복되어 목이 긴 종류의 거북이 나타났다.

5 그림은 코스모스의 꽃잎 색이 다양한 것을 나타낸 것이다. 이와 같이 같은 종류의 생물 사이에서 나타나는 특성의 차이를 무엇이라고 하는지 쓰시오.

6 다음은 북극여우와 사막여우의 생김새에 대한 특성을 설명한 것이다. (　　) 안에 알맞은 말을 고르시오.

> 북극여우는 귀가 작고 몸집이 커서 열의 손실을 줄일 수 있다. 이는 ㉠ (낮은 , 높은) 기온에 적응한 결과이다. 사막여우는 귀가 크고 몸집이 작아 몸의 열을 방출하기 쉽다. 이는 ㉡ (낮은 , 높은) 기온에 적응한 결과이다.

▲ 북극여우

▲ 사막여우

7 환경과 생물 다양성에 대한 설명으로 옳은 것은 ○, 옳지 않은 것은 ×로 표시하시오.

(1) 생물은 빛, 온도, 물, 먹이 등의 환경에 적응하여 살아간다. (　　)
(2) 물살이 센 곳에 사는 소라는 껍데기에 뿔이 발달되어 있다. (　　)
(3) 바람이 세게 부는 높은 산 위에 사는 눈잣나무는 위로 곧게 자란다. (　　)
(4) 같은 종류의 생물은 오랜 시간 동안 다른 환경에서 살아도 모든 특성이 같다. (　　)
(5) 여름에 태어난 호랑나비는 봄에 태어난 호랑나비에 비해 몸의 크기가 크고 색깔이 연하다. (　　)

8 그림은 생물의 종류가 다양해지는 과정을 순서 없이 나타낸 것이다.

부리의 모양과 크기에 조금씩 다른 변이가 있는 한 종류의 새가 있다.

(가)

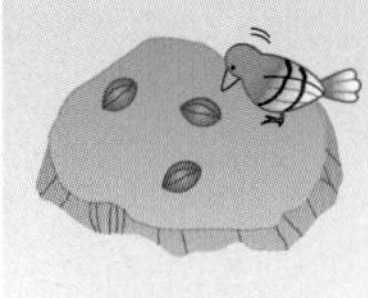

씨앗을 깰 수 있는 크고 단단한 부리를 가진 새가 살아남았다.

(나)

오랜 시간이 지나면서 더 크고 단단한 부리를 가진 새로운 종류의 새가 되었다.

(다)

새의 일부가 크고 딱딱한 씨앗이 많은 섬에 살게 되었다.

(라)

생물의 종류가 다양해지는 과정을 (가)부터 순서대로 나타내시오.

A 생물 다양성

01 생물 다양성에 대한 설명으로 옳지 않은 것은?

① 생태계의 다양한 정도가 포함된다.
② 생물 종류의 다양한 정도가 포함된다.
③ 어떤 지역에 살고 있는 생물의 다양한 정도이다.
④ 여러 가지 생태계에 살고 있는 생물의 종류는 모두 같다.
⑤ 같은 종류의 생물 사이에서 나타나는 특성의 다양한 정도가 포함된다.

[02~03] 그림은 생물 다양성의 의미를 나타낸 것이다.

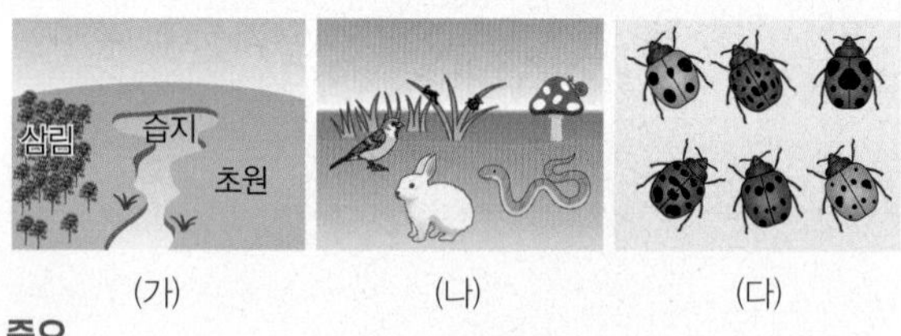

(가) (나) (다)

중요
02 (가)~(다)는 생물 다양성의 의미 중 각각 어떤 다양한 정도를 나타낸 것인지 옳게 짝 지은 것은?

	(가)	(나)	(다)
①	생물 종류	특성(유전자)	생태계
②	생물 종류	생태계	특성(유전자)
③	특성(유전자)	생물 종류	생태계
④	생태계	특성(유전자)	생물 종류
⑤	생태계	생물 종류	특성(유전자)

03 (다)에 대한 설명으로 옳은 것을 〈보기〉에서 모두 고른 것은?

보기
ㄱ. 지구에는 다양한 생태계가 있다.
ㄴ. 특성이 다양할수록 급격한 환경 변화에 멸종 가능성이 작아진다.
ㄷ. 일정한 지역에 얼마나 많은 종류의 생물이 살고 있는지를 나타낸다.

① ㄱ ② ㄴ ③ ㄷ
④ ㄱ, ㄴ ⑤ ㄴ, ㄷ

04 그림은 육지와 물을 이어 주는 곳으로, 여러 종류의 식물, 조개, 곤충, 물고기 등이 어우러져 살아가고 있다. 이 생태계의 종류에 해당하는 것은?

① 사막 ② 바다 ③ 초원
④ 습지 ⑤ 열대 우림

05 그림은 논과 갯벌을 나타낸 것이다.

▲ 논

▲ 갯벌

이에 대한 설명으로 옳은 것을 〈보기〉에서 모두 고른 것은?

보기
ㄱ. 논은 생태계의 종류에 포함되지 않는다.
ㄴ. 논보다 갯벌의 생물 다양성이 더 높다.
ㄷ. 벼를 재배하는 논에는 갯벌보다 많은 종류의 생물이 살고 있다.

① ㄱ ② ㄴ ③ ㄱ, ㄴ
④ ㄱ, ㄷ ⑤ ㄴ, ㄷ

06 다음은 어떤 바나나 품종의 멸종에 대한 설명이다.

1950년대까지 많이 재배되었던 그로 미셸이라는 품종의 바나나는 곰팡이 때문에 생긴 전염병(파나마병)으로 모두 사라졌다. 만약 그로 미셸 바나나마다 특성이 달랐고, 그중에 곰팡이 전염병에 강한 것이 있었다면 이 바나나는 멸종되지 않았을 것이다.

이를 통해 알 수 있는 사실로 옳은 것은?

① 생물의 종류가 다양하면 멸종할 가능성이 높다.
② 생태계의 종류가 다양하면 생물 다양성이 높다.
③ 한 종류의 감자만 심은 밭은 생물 다양성이 높다.
④ 같은 종류에 속하는 생물의 특성이 다양하면 멸종할 가능성이 작아진다.
⑤ 한 품종의 농작물만 재배하면 급격한 환경 변화에도 피해를 입지 않을 수 있다.

07 지구상에 살고 있는 생물에 대한 설명으로 옳지 않은 것은?

① 한 종류의 생물에서도 다양한 특성이 나타난다.
② 아마존보다 북극에 많은 종류의 생물이 살고 있다.
③ 사막에는 건조한 환경에 적응한 생물이 살고 있다.
④ 최근에도 새로운 종류의 생물이 계속 발견되고 있다.
⑤ 과학자들은 지구에 살고 있는 생물의 종 수를 1000만 종 이상으로 예상한다.

중요 【주관식】

08 생물 다양성의 결정 기준에 대한 설명으로 옳은 것을 〈보기〉에서 모두 고르시오.

보기
ㄱ. 생태계의 종류가 다양할수록 생물 다양성이 높다.
ㄴ. 같은 종류에 속하는 생물의 특성이 다양할수록 생물 다양성이 낮다.
ㄷ. 일정한 지역에 살고 있는 생물의 종류가 많을수록 생물 다양성이 높다.

중요

09 그림은 (가)와 (나) 두 지역에 살고 있는 생물의 종류와 수를 조사한 결과를 나타낸 것이다.

(가)

(나)

이에 대한 설명으로 옳은 것을 모두 고르면? (2개)

① (가) 지역이 (나) 지역보다 생물 다양성이 높다.
② (가)와 (나) 지역에 살고 있는 생물의 수는 같다.
③ (가)와 (나) 지역에 살고 있는 생물의 종류는 같다.
④ (가) 지역에는 한 생물이 대부분을 차지하여 분포한다.
⑤ (가) 지역보다 (나) 지역에 여러 종의 생물이 고르게 분포한다.

B 환경과 생물 다양성

중요

10 변이에 대한 설명으로 옳지 않은 것은?

① 변이가 다양할수록 생물 다양성이 높다.
② 환경이 달라지면 생존에 유리한 변이도 달라진다.
③ 변이가 다양할수록 생물이 생존하는 데 불리하다.
④ 환경이나 유전적인 영향으로 다양한 변이가 나타난다.
⑤ 같은 종류의 생물 사이에서 나타나는 특성의 차이이다.

11 생물의 변이에 대한 예로 옳지 않은 것은?

① 고양이의 털 무늬가 다양하다.
② 개와 고양이의 생김새가 다양하다.
③ 바지락의 껍데기 무늬가 서로 조금씩 다르다.
④ 무당벌레의 겉 날개의 색깔과 무늬는 다양하다.
⑤ 사람의 눈동자 색은 검은색, 갈색, 파란색 등으로 다양하게 나타난다.

12 그림은 얼룩말에서 볼 수 있는 줄무늬를 나타낸 것이다.

이에 대한 설명으로 옳은 것을 모두 고르면? (2개)

① 생태계의 다양함을 나타낸다.
② 생물 종류의 다양함을 나타낸다.
③ 얼룩말의 줄무늬가 다양할수록 생물 다양성이 낮다.
④ 얼룩말의 줄무늬가 조금씩 다른 것은 변이의 예에 해당한다.
⑤ 얼룩말의 줄무늬가 다양할수록 얼룩말의 생존에 유리하다.

【주관식】

13 다음은 생물 다양성에 대한 설명이다. 빈칸에 공통적으로 들어갈 말을 쓰시오.

> 생물은 빛, 온도, 물, 먹이 등의 (　　　)에 적응하여 살아간다. 같은 종류의 생물이 오랜 시간 동안 서로 다른 (　　　)에서 살아가면 서로 다른 생김새와 특성을 지닌 무리로 나누어질 수 있다.

중요

14 그림은 북극여우와 사막여우를 나타낸 것이다.

▲ 북극여우

▲ 사막여우

이에 대한 설명으로 옳은 것을 〈보기〉에서 모두 고른 것은?

> 보기
> ㄱ. 두 여우의 생김새가 다른 까닭은 온도 때문이다.
> ㄴ. 북극여우는 귀가 작고 몸집이 커서 열을 방출하기에 유리하다.
> ㄷ. 두 여우가 다른 환경에 적응하는 과정을 통해 생물 다양성이 높아진 것이다.

① ㄱ　② ㄴ　③ ㄱ, ㄴ　④ ㄱ, ㄷ　⑤ ㄴ, ㄷ

15 생물이 환경에 적응하면서 생물 다양성이 높아진 예에 대한 설명으로 옳지 않은 것은?

① 평지의 눈잣나무는 위로 곧게 자란다.
② 높은 산 위의 눈잣나무는 땅에 붙어서 옆으로 누워 자란다.
③ 물살이 약한 곳의 소라는 껍데기에 뿔이 없다.
④ 물살이 센 곳의 소라는 껍데기에 뿔이 발달되어 있다.
⑤ 눈잣나무의 모습은 계절의 변화에 따라 다르게 나타난다.

중요

16 다음은 생물의 종류가 다양해지는 과정을 순서 없이 나타낸 것이다.

> (가) 생물 다양성이 높아진다.
> (나) 한 종류의 무리에 다양한 변이가 있다.
> (다) 살아남은 생물이 자손을 남겨 자신의 특징을 전달한다.
> (라) 무리에서 환경에 알맞은 변이를 가진 생물이 더 많이 살아남는다.
> (마) 이 과정이 오랜 세월 동안 반복되면 원래의 생물과 다른 특성을 지닌 생물이 나타날 수 있다.

순서대로 옳게 나타낸 것은?

① (가) → (나) → (라) → (다) → (마)
② (나) → (다) → (라) → (마) → (가)
③ (나) → (라) → (다) → (마) → (가)
④ (라) → (다) → (가) → (나) → (마)
⑤ (라) → (다) → (마) → (나) → (가)

17 그림은 갈라파고스제도의 여러 섬에 사는 새인 핀치를 나타낸 것이다. 핀치의 부리 모양과 크기는 원래 비슷했지만 현재 여러 가지 모양으로 다양하게 변했다.

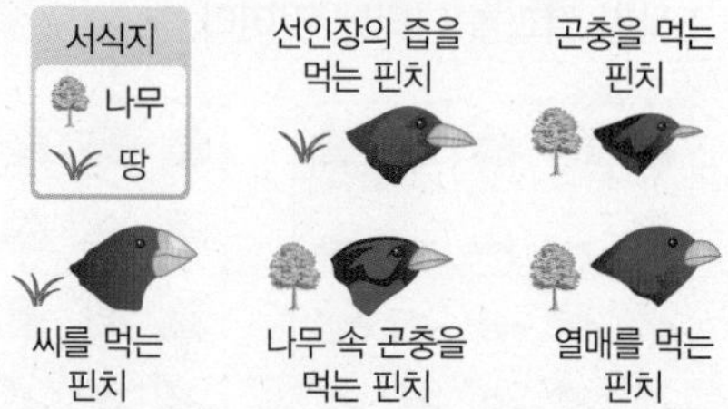

이에 대한 설명으로 옳은 것을 〈보기〉에서 모두 고른 것은?

> 보기
> ㄱ. 핀치는 다양한 환경에 적응하며 살아왔다.
> ㄴ. 원래 핀치의 부리 모양과 크기에는 다양한 변이가 있었다.
> ㄷ. 서식지에 따라 먹이 종류가 다르기 때문에 각 환경에 알맞은 부리를 가진 핀치가 살아남았다.

① ㄴ　② ㄷ　③ ㄱ, ㄴ　④ ㄱ, ㄷ　⑤ ㄱ, ㄴ, ㄷ

서술형 문제

정답과 해설 24쪽

서술형

1 그림은 밭과 갯벌을 나타낸 것이다. 밭과 갯벌 중 생물 다양성이 더 높은 지역을 쓰고, 그렇게 생각한 까닭을 서술하시오.

▲ 밭

▲ 갯벌

단계별 서술형

2 그림은 (가)와 (나) 두 지역에 서식하는 나무의 종류와 수를 나타낸 것이다.

(가)

(나)

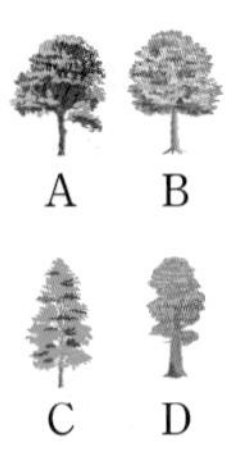

(1) (가)와 (나) 지역에 서식하는 나무의 종류 수를 표에 나타내시오.

구분	A	B	C	D
(가)	㉠	㉡	㉢	㉣
(나)	㉤	㉥	㉦	㉧

(2) (가)와 (나) 지역 중 생물 다양성이 더 높은 지역을 쓰고, 그렇게 생각한 까닭을 서술하시오.

단어 제시형

3 다음은 목이 짧은 종류만 있던 갈라파고스땅거북에서 목이 긴 종류가 나타나는 과정이다.

> (가) 무리는 목이 짧았지만, 목이 조금 더 긴 변이를 가진 거북도 있었다.
> (나) 거북들은 환경이 다른 섬에 살게 되었는데, 목이 긴 거북이 키가 큰 선인장이 있는 환경에서 살기에 유리하였다.
> (다) ______

(다)에 들어갈 내용을 다음 단어를 모두 포함하여 서술하시오.

> 목이 긴 거북, 목이 짧은 거북, 자손, 반복

서술형 Tip

1 밭에 자라거나 살고 있는 생물과 갯벌에 살고 있는 생물을 비교하여 서술한다.
→ 필수 용어: 생물, 종류

2 (1) (가) 지역과 (나) 지역의 나무 A~D를 각각 세어 본다.
(2) 생물 다양성을 결정하는 기준을 생각한다.
→ 필수 용어: 종류 수, 고르게 분포

3 생물의 종류가 다양해지는 과정을 제시된 단어를 모두 포함하여 서술한다.

Plus 문제 3-1

변이를 무엇이라고 하는지 서술하시오.

02 생물의 분류

Ⓐ 생물의 분류 방법과 분류 체계

1. 생물의 분류 방법

① **생물 *분류**: 다양한 생물을 일정한 기준에 따라 종류별로 무리 지어 나누는 것

② **생물 분류의 방법**: 사람의 편의에 따라 생물을 분류할 수 있지만, 과학에서는 생물을 고유의 특징을 기준으로 분류한다.

구분	사람의 편의에 따른 분류(인위 분류)	생물 고유의 특징에 따른 분류(자연 분류)
특징	사람의 이용 목적이나 서식지에 따라 분류하는 방법 ➡ 분류하는 사람에 따라 결과가 달라질 수 있으며, 생물이 가진 고유의 특징을 제대로 나타내지 못한다.	생물이 가진 고유한 특징(생김새, 속 구조, 번식 방법, 유전적 특징 등)에 따라 생물을 분류하는 방법
예	약용 식물과 식용 식물(이용 목적), 육상 동물과 수중 동물(서식지)	꽃이 피는 식물과 꽃이 피지 않는 식물, 새끼를 낳는 동물과 새끼를 낳지 않는 동물

③ **생물 분류의 목적**: 생물을 체계적으로 연구할 수 있어 생물 다양성을 이해하는 데 도움이 된다.

- 생물 사이의 멀고 가까운 관계❶를 알 수 있다.
- 같은 무리에 속하는 생물의 특징을 미루어 짐작할 수 있다.
- 새로 발견한 생물이 어떤 생물 무리에 속하는지 찾거나 결정하는 데 도움이 된다.
- 생물을 연구하는 다른 학문 분야에 기초 자료를 제공할 수도 있다.

④ **생물 분류의 과정**: 생물의 특징 관찰하기 → 생물의 공통점과 차이점 찾기 → 분류 기준 정하기 → 비슷한 생물끼리 무리를 지어 나누기

2. 생물의 분류 체계❷

① **생물의 분류 단계❸**: 생물을 공통적인 특징으로 묶어 단계적으로 나타낸 것❹

종 < 속 < 과 < 목 < 강 < 문 < 계

- 종이 가장 작은 단계이고, 계가 가장 큰 단계이다.
- 계에서 종으로 갈수록 생물은 점점 더 세부적으로 나누어진다.

▲ 들고양이의 분류 단계

② **종**: 생물을 분류하는 가장 작은 단계 ➡ 자연 상태에서 짝짓기를 하여 생식 능력이 있는 자손을 낳을 수 있는 생물 무리

[같은 종인 것과 다른 종인 것의 구분 예]

- 암말과 수탕나귀 사이에서 태어난 노새는 생식 능력이 없다. ➡ 말과 당나귀는 다른 종
- 암호랑이와 수사자 사이에서 태어난 라이거는 생식 능력이 없다. ➡ 호랑이와 사자는 다른 종
- 불테리어와 불도그 사이에서 태어난 보스턴테리어는 생식 능력이 있다. ➡ 불테리어와 불도그는 같은 종

개념 더하기

❶ 생물 사이의 멀고 가까운 관계
생물을 분류하면 두 생물이 얼마나 멀고 가까운지를 알 수 있다. 일반적으로 두 생물 사이에 공통점이 많을수록 두 생물이 가까운 관계에 있다고 할 수 있다.
예 고래는 사는 환경이 비슷한 상어보다 호흡 방법이 같은 사람과 더 가까운 관계이다.

❷ 생물 분류의 체계를 세운 린네
스웨덴의 식물학자로서 현대 분류학의 기본 방향을 제시하였다.
식물과 동물의 이름을 쓸 때 속명과 종소명으로 이루어진 이명법을 사용할 것을 최초로 제안하였다.

❸ 생물의 분류 단계
비슷한 특징을 지닌 종을 묶어 속으로 분류하고, 비슷한 속을 묶어 과로 분류한다. 이러한 방법으로 목, 강, 문, 계로 분류한다.
➡ 같은 종에 속하면 같은 속에 속하고, 같은 속에 속하면 같은 과에 속한다. 낮은 분류 단계에 같이 속해 있는 생물일수록 가까운 관계이다.

❹ 사람의 분류 단계
사람은 사람종 < 사람속 < 사람과 < 영장목 < 포유강 < 척삭동물문 < 동물계에 속한다.

용어 사전
＊분류(나눌 分, 무리 類)
일정한 기준에 따라 종류별로 무리 지어 나누는 것

정답과 해설 25쪽 ⟫

1 생물의 분류 방법 중 사람의 편의에 따른 분류는 '편의', 생물 고유의 특징에 따른 분류는 '고유'라고 쓰시오.

(1) 약용 식물과 식용 식물로 분류하였다. ( )
(2) 꽃이 피는 식물과 꽃이 피지 않는 식물로 분류하였다. ( )
(3) 육지에서 사는 동물과 물속에서 사는 동물로 분류하였다. ( )
(4) 새끼를 낳는 동물과 새끼를 낳지 않는 동물로 분류하였다. ( )
(5) 광합성을 하는 생물과 광합성을 하지 않는 생물로 분류하였다. ( )

2 생물 분류에 대한 설명으로 옳은 것은 ○, 옳지 않은 것은 ×로 표시하시오.

(1) 생물 분류를 통해서는 생물 다양성을 이해할 수 없다. ( )
(2) 과학에서 가장 중요한 생물 분류 기준은 사람의 이용 목적이다. ( )
(3) 생물 분류를 통해 생물 사이의 멀고 가까운 관계를 알 수 있다. ( )
(4) 사람의 편의에 따른 분류는 분류하는 사람에 따라 결과가 달라질 수 있다. ( )
(5) 생물 분류를 통해 같은 무리에 속하는 생물의 특징을 미루어 짐작할 수 있다. ( )

3 그림은 생물의 분류 단계를 나타낸 것이다. A~E에 해당하는 분류 단계를 쓰시오.

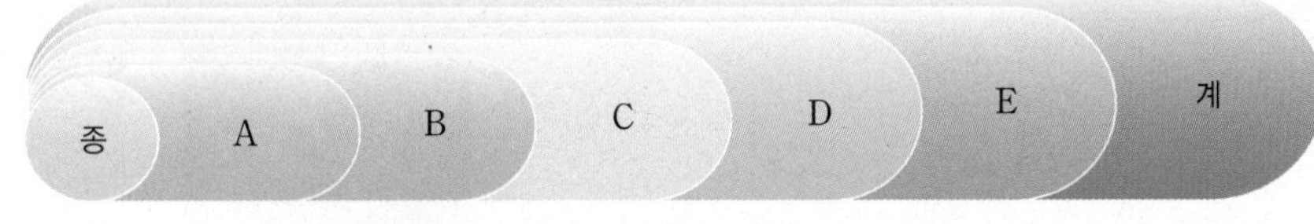

4 다음은 종에 대한 설명이다. ( ) 안에 알맞은 말을 고르시오.

> 종은 생물을 분류하는 가장 ㉠(작은 , 큰) 단계이며, 자연 상태에서 짝짓기를 하여 생식 능력이 ㉡(있는 , 없는) 자손을 낳을 수 있는 생물 무리이다. 예를 들어 암말과 수탕나귀 사이에서 태어난 노새는 생식 능력이 ㉢(있으므로 , 없으므로) 말과 당나귀는 ㉣(같은 , 다른) 종이다.

핵심 Tip
- **생물 분류**: 다양한 생물을 일정한 기준에 따라 종류별로 무리 지어 나누는 것
- 사람의 편의에 따라 생물을 분류할 수 있지만, 과학에서는 생물을 고유의 특징을 기준으로 분류한다.
- **생물의 분류 단계**: 종<속<과<목<강<문<계
- **종**: 생물을 분류하는 가장 작은 단계로, 자연 상태에서 짝짓기를 하여 생식 능력이 있는 자손을 낳을 수 있는 생물 무리

암기 Tip Ⓐ-2

종<속<과<목<강<문<계
종속되는 과목은 강문계야.

적용 Tip Ⓐ-2

생물 사이의 멀고 가까운 관계 판단

과 고양잇과	고양이, 검은발고양이, 호랑이
속 고양이속	(고양이, 검은발고양이)
종 고양이	(고양이)

- 고양이와 검은발고양이는 같은 속에 속한다.
- 고양이와 호랑이는 다른 속이며, 같은 과에 속한다.

➡ 고양이는 호랑이보다 검은발고양이와 더 가까운 관계이다.

02 생물의 분류

B 생물의 5계

1. 계 수준에서의 생물 분류 기준 세포 안에 핵막으로 둘러싸인 뚜렷한 핵이 있는지의 여부, 세포벽❶의 유무, 단세포 생물인지 다세포 생물❷인지의 여부(세포 수), 광합성 여부, 기관❸의 발달 정도

18세기에 스웨덴의 린네는 생물을 생김새에 따라 동물계와 식물계로 분류하였다. 이후 과학이 발달하면서 생물의 분류 체계는 계속 변해 왔다.

2. 생물의 5계❹ 원핵생물계, 원생생물계, 식물계, 균계, 동물계로 분류한다. Beyond 특강 94쪽

구분	특징	생물의 예
원핵생물계	• 핵막이 없어 핵이 뚜렷하게 구분되지 않는 세포로 이루어진 생물 무리 • 세균이라고도 한다. • 세포에 세포벽이 있으며, 단세포 생물이다. • 대부분 광합성을 하지 않지만, 남세균처럼 광합성을 하여 스스로 양분을 만드는 생물도 있다. 크기가 매우 작아 현미경을 사용하여 관찰할 수 있다.	대장균, 폐렴균, 젖산균, 포도상 구균
원생생물계	• 핵막으로 둘러싸인 뚜렷한 핵이 있는 세포로 이루어진 생물 중 식물계, 균계, 동물계에 속하지 않는 생물 무리 • 대부분 단세포 생물이지만, 다세포 생물도 있다. ➡ 기관이 발달하지 않았다. • 먹이를 섭취하는 생물도 있고, 광합성을 하는 생물도 있다. • 대부분 물속에서 생활한다. 미역, 김, 다시마는 광합성을 하는 다세포 생물이다.	아메바, 짚신벌레, 미역, 해캄
식물계	• 핵막으로 둘러싸인 뚜렷한 핵이 있는 세포로 이루어진 생물 무리 • 광합성을 하여 스스로 양분을 만든다. • 세포벽이 있으며, 다세포 생물이다. • 뿌리, 줄기, 잎과 같은 기관이 발달해 있다. • 움직이지 않고 한 곳에 뿌리를 내리고 생활한다. ➡ 대부분 육지에서 산다. 세포에 광합성이 일어나는 부위인 엽록체가 있다.	소나무, 고사리, 민들레, 이끼
균계	• 핵막으로 둘러싸인 뚜렷한 핵이 있는 세포로 이루어진 생물 무리 • 광합성을 하지 못하고 대부분 죽은 생물을 분해하여 양분을 얻는다. • 세포벽이 있으며, 대부분 다세포 생물이다. • 대부분 몸이 균사❺로 이루어져 있다. • 축축하고 어두운 곳에서 살며, 운동성이 없다. 효모는 단세포 생물이다.	표고버섯, 푸른곰팡이, 검은빵곰팡이, 효모
동물계	• 핵막으로 둘러싸인 뚜렷한 핵이 있는 세포로 이루어진 생물 무리 • 다른 생물을 먹이로 섭취하여 양분을 얻는다. • 세포벽이 없으며, 다세포 생물이다. • 대부분 운동 기관이 있어 이동할 수 있다. • 먹이에 따라 다양한 곳에서 산다.	새, 호랑이, 개구리, 해파리

개념 더하기

❶ 세포벽
세포에서 세포막 바깥을 둘러싼 단단한 벽으로, 세포를 보호하며 세포의 모양을 유지한다.

❷ 단세포 생물과 다세포 생물
• **단세포 생물**: 몸이 1개의 세포로 이루어져 있다.
• **다세포 생물**: 몸이 여러 개의 세포로 이루어져 있다.

❸ 기관
일정한 모양과 기능을 나타내는 생물체의 부분이다. 식물의 기관에는 뿌리, 줄기, 잎, 꽃, 열매가 있고, 동물의 기관에는 심장, 뇌, 간, 소장 등이 있다.

❹ 계 수준에서의 생물 분류

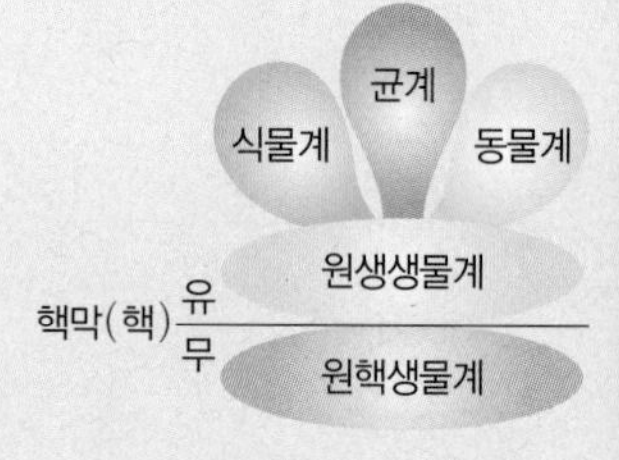

❺ 균사
곰팡이를 비롯한 균계의 몸을 이루는 가느다란 실 모양의 세포이다. 다른 생물로부터 양분을 흡수하는 작용을 한다.

정답과 해설 25쪽 》》

핵심 Tip

- **원핵생물계**: 핵막이 없어 핵이 뚜렷하게 구분되지 않는 세포로 이루어진 생물 무리, 세균이라고도 한다.
- **원생생물계, 식물계, 균계, 동물계**: 핵막으로 둘러싸인 뚜렷한 핵이 있는 세포로 이루어진 생물 무리
- 식물계: 세포벽이 있고, 광합성을 하여 스스로 양분을 만든다.
- 동물계: 대부분 운동성이 있다.

5 다음은 계 수준에서의 생물 분류 기준에 대한 설명이다. ㉠, ㉡에 알맞은 말을 쓰시오.

> 계 수준에서의 생물 분류 기준에는 세포 안에 핵막으로 둘러싸인 뚜렷한 (㉠)이/가 있는지의 여부, 세포벽의 유무, 단세포 생물인지 (㉡) 생물인지의 여부, 기관의 발달 정도 등이 있다.

6 그림은 생물을 5계로 분류한 모습을 나타낸 것이다.

(1) ㉠~㉢에 해당하는 계를 각각 쓰시오.

(2) ㉠과 나머지 계를 분류하는 기준인 A는 무엇인지 쓰시오.

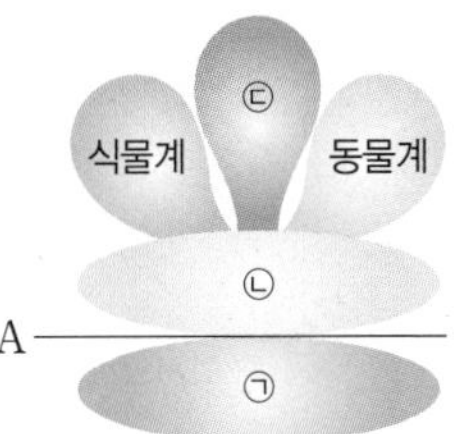

적용 Tip B-1

여러 가지 기준으로 각 생물 무리 구분하기

- 원핵생물계와 나머지 생물 무리는 핵막(핵)의 유무로 구분한다.
- 식물계는 광합성, 동물계는 운동성으로 구분한다.
- 원핵생물계, 균계, 식물계는 모두 세포벽이 있지만, 동물계는 세포벽이 없다.

7 생물은 원핵생물계, 원생생물계, 식물계, 균계, 동물계로 분류한다. 다음 특징을 가지는 계를 각각 쓰시오.

(1) 광합성을 하며, 뿌리, 줄기, 잎과 같은 기관이 발달해 있다. ( )

(2) 광합성을 하지 못하고, 대부분 죽은 생물을 분해하여 양분을 얻는다. ( )

(3) 대부분 단세포 생물이지만, 기관이 발달하지 않은 다세포 생물도 있다. ( )

(4) 핵막이 없어 핵이 뚜렷하게 구분되지 않는 세포로 이루어진 생물 무리이다. ( )

(5) 세포벽이 없으며, 운동성이 있고, 다른 생물을 먹이로 섭취하여 양분을 얻는다. ( )

원리 Tip B-2

파리지옥

파리지옥은 곤충을 유인하고 분해하여 양분을 흡수하지만 곤충에게서 얻는 양분에만 의존하지 않고 엽록체가 있어 스스로 양분을 만들기 때문에 식물계에 속한다.

8 그림은 여러 가지 생물들을 나타낸 것이다. 이 생물들이 속하는 계를 쓰시오.

▲ 표고버섯

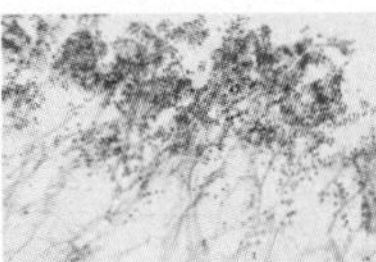
▲ 푸른곰팡이

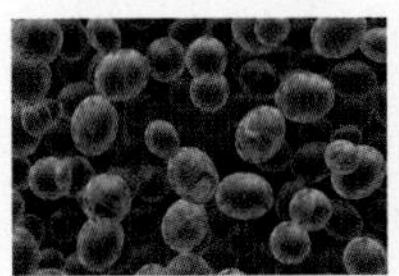
▲ 효모

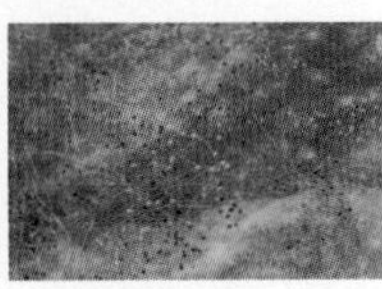
▲ 검은빵곰팡이

ⓐ **[5계 분류 체계 정리하기]**

생물을 5계로 분류한 기준에 따라 각 계의 특징을 정리하고, 5계를 정리한 그림을 통해 각 계에 속하는 생물의 예를 정리한다.

구분	핵막으로 둘러싸인 뚜렷한 핵	세포벽	단세포, 다세포	광합성	운동성
원핵생물계	없다.	있다.	단세포		
원생생물계	있다.		단세포, 다세포		
식물계	있다.	있다.	다세포	한다.	없다.
균계	있다.	있다.	대부분 다세포	못한다.	없다.
동물계	있다.	없다.	다세포	못한다.	대부분 있다.

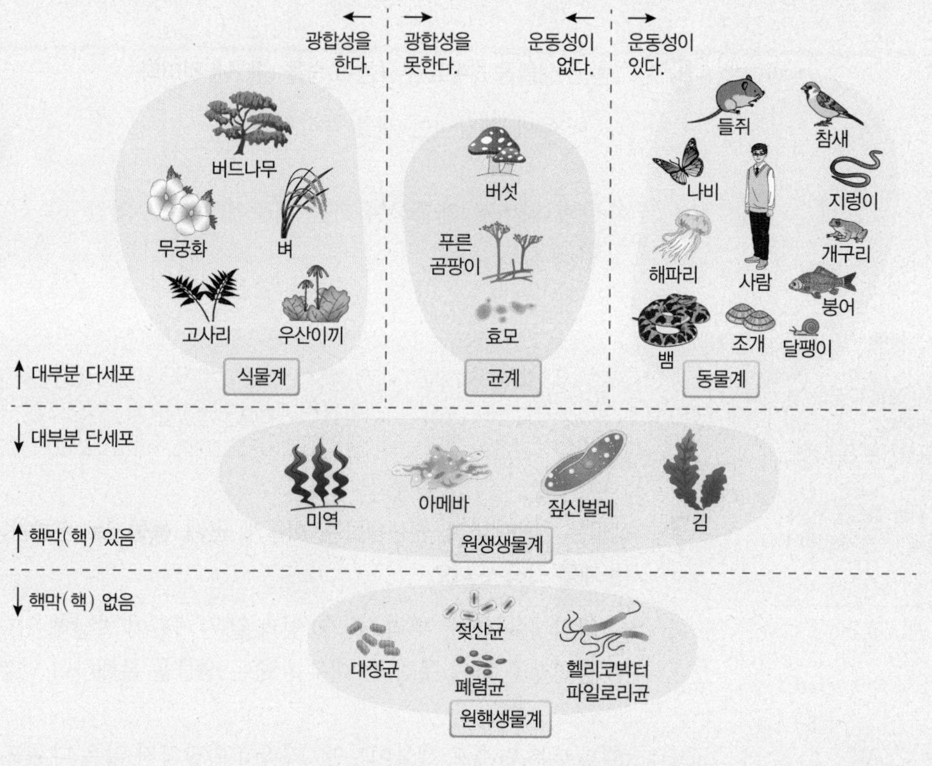

1 원핵생물계와 나머지 원생생물계, 식물계, 균계, 동물계를 분류하는 기준으로 옳은 것은?

① 세포벽의 유무
② 운동성의 여부
③ 기관의 발달 정도
④ 단세포 생물인지 다세포 생물인지의 여부
⑤ 세포에 핵막으로 둘러싸인 뚜렷한 핵이 있는지의 여부

2 생물을 다음과 같이 (가)와 (나) 두 무리로 분류하였다.

(가)	(나)
아메바, 버섯, 개구리	버드나무, 고사리, 벼

(가)와 (나) 무리로 분류한 기준으로 옳은 것은?

① 세포벽의 유무
② 운동성의 여부
③ 광합성의 여부
④ 단세포 생물인지 다세포 생물인지의 여부
⑤ 세포에 핵막으로 둘러싸인 뚜렷한 핵이 있는지의 여부

ⓑ [여러 가지 생물을 계 수준에서 분류하기]

그림은 생물을 원핵생물계, 원생생물계, 식물계, 균계, 동물계로 분류하는 과정을 나타낸 것이다.

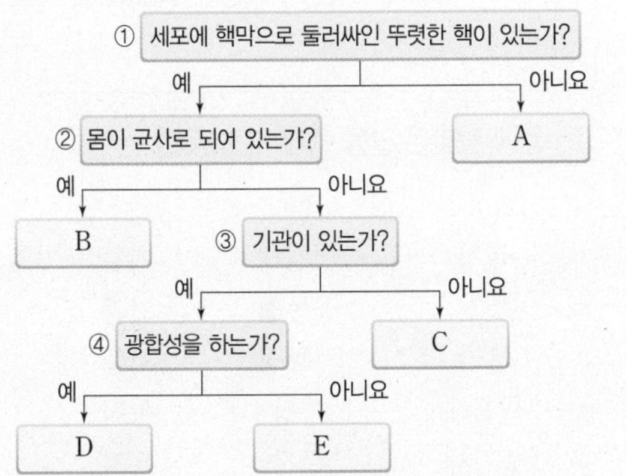

위 분류 기준을 참고하여 다음 생물들이 각각 어떤 계에 속하는지 알 수 있다.

(가) 소나무 (나) 짚신벌레 (다) 푸른곰팡이 (라) 이끼 (마) 대장균 (바) 표고버섯 (사) 호랑이 (아) 아메바 (자) 개구리 (차) 민들레 (카) 젖산균 (타) 해파리

[1~4] 위 분류 과정의 분류 기준 ①~④에 따라 생물 (가)~(타)를 분류하시오.

1 분류 기준 ①로 위 생물을 두 무리로 분류하시오.

세포에 핵막으로 둘러싸인 뚜렷한 핵이 있는 생물	세포에 핵막으로 둘러싸인 뚜렷한 핵이 없는 생물

2 분류 기준 ②로 위 생물을 두 무리로 분류하시오.

몸이 균사로 되어 있는 생물	몸이 균사로 되어 있지 않은 생물

3 분류 기준 ③으로 위 생물을 두 무리로 분류하시오.

기관이 있는 생물	기관이 없는 생물

4 분류 기준 ④로 위 생물을 두 무리로 분류하시오.

광합성을 하는 생물	광합성을 하지 못하는 생물

5 A~E에 해당하는 계를 각각 쓰시오.

6 다음 〈보기〉는 여러 가지 분류 기준을 나타낸 것이다.

보기
ㄱ. 세포벽의 유무
ㄴ. 운동성의 여부
ㄷ. 광합성의 여부
ㄹ. 양분을 얻는 방법
ㅁ. 몸이 균사로 되어 있는지의 여부
ㅂ. 단세포 생물인지 다세포 생물인지의 여부
ㅅ. 세포에 핵막으로 둘러싸인 뚜렷한 핵이 있는지의 여부

(사)와 (차)가 속하는 계를 나누는 분류 기준을 〈보기〉에서 모두 고르시오.

Ⓐ 생물의 분류 방법과 분류 체계

중요

01 생물 분류에 대한 설명으로 옳지 않은 것은?

① 생물의 유전적 특징은 생물 고유의 특징이다.
② 과학에서는 생물을 고유의 특징에 따라 분류한다.
③ 사람의 이용 목적에 따라 생물을 분류하면 결과가 항상 같다.
④ 생물의 생김새, 속 구조, 번식 방법에 따라 생물을 분류할 수 있다.
⑤ 다양한 생물을 일정한 기준에 따라 종류별로 무리 지어 나누는 것이다.

02 생물 고유의 특징에 따라 생물을 분류한 예로 옳지 않은 것을 모두 고르면? (2개)

① 약용 식물과 식용 식물
② 척추가 있는 동물과 척추가 없는 동물
③ 육지에 사는 동물과 물속에 사는 동물
④ 꽃이 피는 식물과 꽃이 피지 않는 식물
⑤ 새끼를 낳는 동물과 새끼를 낳지 않는 동물

03 생물 분류의 목적에 대한 설명으로 옳은 것을 〈보기〉에서 모두 고른 것은?

보기
ㄱ. 생물 사이의 멀고 가까운 관계를 알 수 있다.
ㄴ. 같은 무리에 속하는 생물의 특징을 미루어 짐작할 수 있다.
ㄷ. 새로 발견한 생물이 속하는 생물 무리를 찾는 데 도움이 되지는 않는다.

① ㄱ ② ㄴ ③ ㄷ
④ ㄱ, ㄴ ⑤ ㄴ, ㄷ

04 다음은 생물 분류의 과정을 나타낸 것이다.

생물의 (㉠) 관찰하기 → 생물의 (㉡)와/과 차이점 찾기 → 분류 (㉢) 정하기 → 비슷한 생물끼리 무리 지어 나누기

㉠~㉢에 알맞은 말을 옳게 짝 지은 것은?

	㉠	㉡	㉢
①	특징	생김새	기준
②	특징	공통점	기준
③	무리	공통점	기준
④	생김새	특징	목적
⑤	생김새	목적	특징

05 그림은 생물의 분류 단계를 나타낸 것이다.

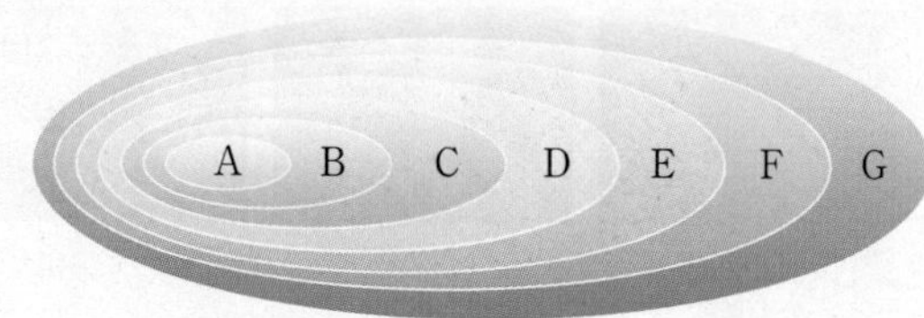

A~G에 해당하는 분류 단계를 작은 것에서 큰 것 순서로 옳게 나열한 것은?

	A	B	C	D	E	F	G
①	계 →	문 →	강 →	목 →	과 →	속 →	종
②	계 →	문 →	목 →	과 →	강 →	속 →	종
③	과 →	속 →	종 →	계 →	문 →	강 →	목
④	종 →	목 →	과 →	속 →	계 →	문 →	강
⑤	종 →	속 →	과 →	목 →	강 →	문 →	계

[주관식]

06 다음은 어떤 생물 분류 단계에 대한 설명이다.

- 생물을 분류하는 가장 작은 단계이다.
- 자연 상태에서 짝짓기를 하여 생식 능력이 있는 자손을 낳을 수 있는 생물 무리이다.

이에 해당하는 분류 단계를 쓰시오.

07 생물의 분류 단계에 대한 설명으로 옳지 않은 것은?

① 여러 과가 모여 목을 이룬다.
② 여러 종이 모여 속을 이룬다.
③ 가장 높은 분류 단계는 계이다.
④ 비슷한 속을 묶어 과로 분류한다.
⑤ 높은 분류 단계에 같이 속해 있는 생물일수록 가까운 관계이다.

중요

08 다음은 여러 가지 동물들이 자연 상태에서 짝짓기를 한 결과를 나타낸 것이다.

> • 암말과 수탕나귀 사이에서 태어난 노새는 생식 능력이 없다.
> • 암호랑이와 수사자 사이에서 태어난 라이거는 생식 능력이 없다.
> • 불테리어와 불도그 사이에서 태어난 보스턴테리어는 생식 능력이 있다.

같은 종에 해당하는 동물끼리 옳게 짝 지은 것을 모두 고르면? (2개)

① 암말, 노새 ② 수탕나귀, 노새
③ 불테리어, 불도그 ④ 암호랑이, 수사자
⑤ 불도그, 보스턴테리어

【주관식】

09 그림은 호랑이의 분류 단계를 나타낸 것이다.

호랑이와 같은 강에 속하지 않는 생물을 모두 쓰시오.

B 생물의 5계

10 계 수준에서의 생물 분류 기준으로 옳지 않은 것은?

① 세포벽의 유무
② 광합성의 여부
③ 운동성의 유무
④ 꽃이 피는지의 여부
⑤ 세포에 핵막으로 둘러싸인 뚜렷한 핵이 있는지의 여부

중요 【주관식】

11 다음 설명에 해당하는 계를 쓰시오.

> • 핵막이 없어 핵이 뚜렷하게 구분되지 않는 세포로 이루어진 생물 무리이다.
> • 세포에 세포벽이 있으며, 단세포 생물이다.
> • 대부분 광합성을 하지 않지만, 광합성을 하여 스스로 양분을 만드는 생물도 있다.

12 그림은 여러 가지 생물들을 나타낸 것이다.

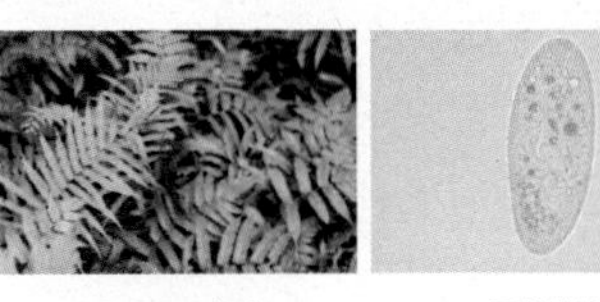
▲ 고사리

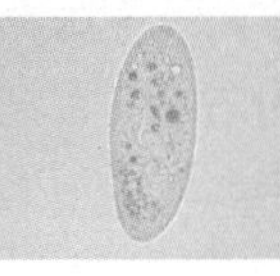
▲ 짚신벌레

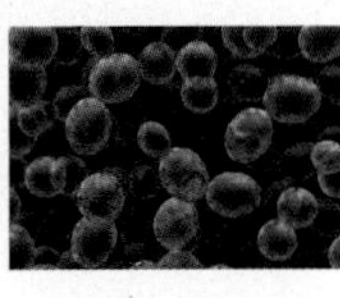
▲ 효모

위 생물들이 속하는 계를 각각 옳게 짝 지은 것은?

	고사리	짚신벌레	효모
①	균계	식물계	원생생물계
②	식물계	균계	원생생물계
③	식물계	원생생물계	균계
④	원생생물계	동물계	식물계
⑤	원핵생물계	원생생물계	균계

중요

13 그림은 생물을 5계로 분류한 모습을 나타낸 것이다. 이에 대한 설명으로 옳은 것을 〈보기〉에서 모두 고른 것은?

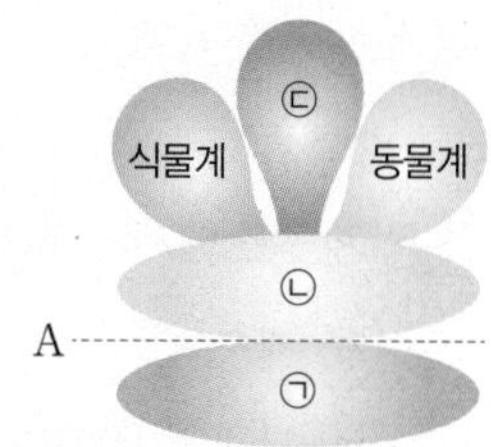

보기
ㄱ. 분류 기준 A는 핵막(핵)의 유무이다.
ㄴ. ㉠은 원핵생물계, ㉡은 원생생물계이다.
ㄷ. ㉢에 속하는 생물에는 곰팡이, 효모, 해캄 등이 있다.

① ㄱ ② ㄷ ③ ㄱ, ㄴ
④ ㄱ, ㄷ ⑤ ㄴ, ㄷ

14 다음은 여러 생물을 (가)와 (나) 두 무리로 분류한 것이다.

(가)

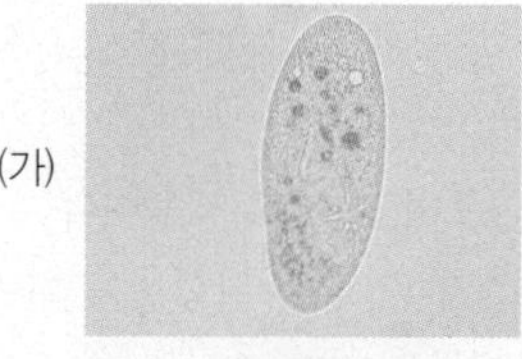
▲ 짚신벌레

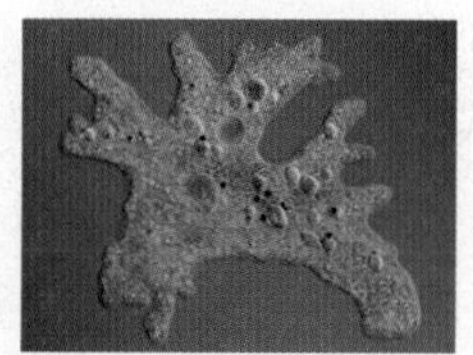
▲ 아메바

(나)

▲ 민들레

▲ 고양이

생물을 (가)와 (나)로 분류한 기준으로 옳은 것은?

① 운동성이 있는가?
② 균사로 이루어져 있는가?
③ 기관이 발달되어 있는가?
④ 광합성을 하여 양분을 만드는가?
⑤ 세포에 핵막으로 둘러싸인 뚜렷한 핵이 있는가?

15 동물계와 식물계를 분류하는 기준으로 옳은 것을 모두 고르면? (2개)

① 세포 수 ② 균사의 유무 ③ 운동성 여부
④ 광합성 여부 ⑤ 핵막(핵)의 유무

16 그림은 표고버섯과 푸른곰팡이를 나타낸 것이다.

▲ 표고버섯

▲ 푸른곰팡이

표고버섯과 푸른곰팡이의 공통적인 특징으로 옳지 않은 것은?

① 균계에 속한다.
② 균사로 이루어져 있다.
③ 엽록체가 있어 광합성을 한다.
④ 세포에 핵막으로 둘러싸인 뚜렷한 핵이 있다.
⑤ 여러 개의 세포로 이루어진 다세포 생물이다.

[주관식]

17 그림은 어떤 생물의 생물 카드를 나타낸 것이다.

?	핵막(핵)	☑ 있다. ☐ 없다.
	세포 수	☐ 1개 ☑ 여러 개
	광합성	☐ 한다. ☑ 못한다.
	운동성	☑ 있다. ☐ 없다.
	특징	기관이 발달하였다.

이 생물은 어떤 계에 속하는지 쓰시오.

중요

18 그림은 대장균, 푸른곰팡이, 고사리의 공통점과 차이점을 나타낸 것이다.

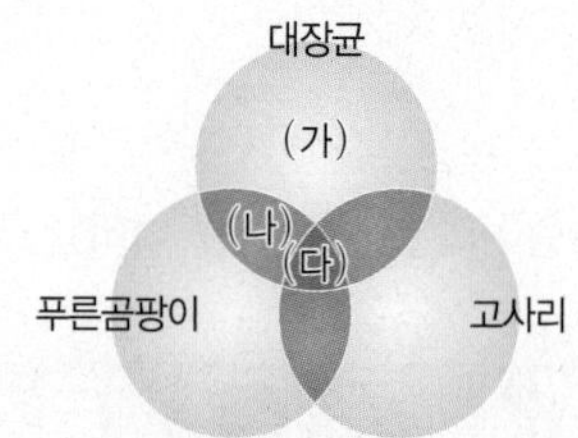

이에 대한 설명으로 옳은 것을 〈보기〉에서 모두 고른 것은?

보기
ㄱ. '단세포 생물이다.'는 (가)에 해당한다.
ㄴ. '광합성을 한다.'는 (나)에 해당한다.
ㄷ. '운동성이 있다.'는 (다)에 해당한다.

① ㄱ ② ㄷ ③ ㄱ, ㄴ
④ ㄱ, ㄷ ⑤ ㄴ, ㄷ

서술형 문제

정답과 해설 27쪽

서술형

1 다음은 암말과 수탕나귀가 자연 상태에서 짝짓기를 한 결과를 나타낸 것이다.

암말과 수탕나귀 사이에서 태어난 노새는 생식 능력이 없다.

말과 당나귀가 다른 종인 까닭을 위 내용을 참고하여 서술하시오.

단계별 서술형

2 그림은 짚신벌레, 젖산균, 우산이끼, 해파리, 누룩곰팡이를 제시된 분류 기준에 따라 분류하는 과정을 나타낸 것이다.

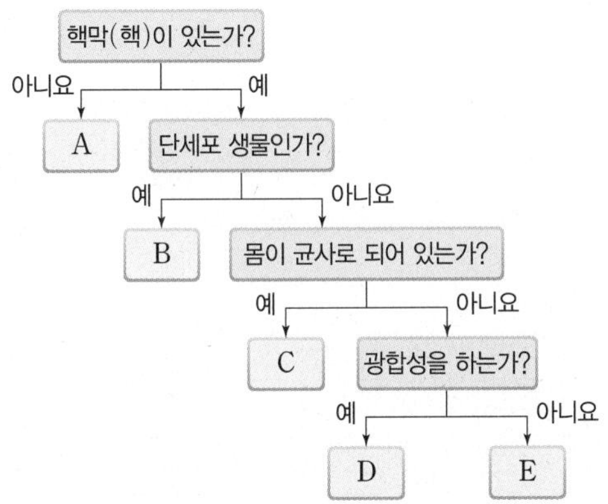

(1) A~E에 해당하는 생물을 각각 쓰시오.

(2) 제시된 분류 기준 외에 D와 E의 차이점을 2가지씩 서술하시오.

단어 제시형

3 그림은 여러 가지 생물들을 나타낸 것이다.

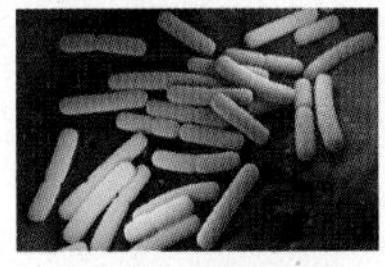
▲ 대장균

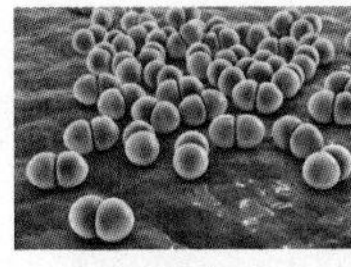
▲ 폐렴균

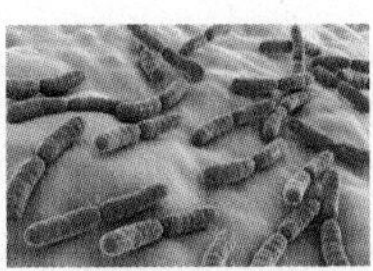
▲ 젖산균

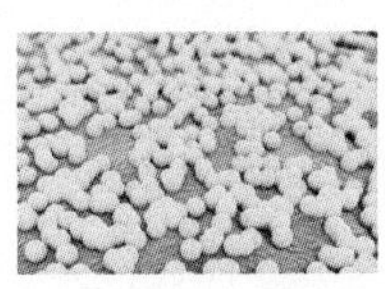
▲ 포도상 구균

위 생물들이 속하는 계를 쓰고, 이 계의 특징을 다음 단어를 모두 포함하여 서술하시오.

핵막, 핵, 세포벽, 세포 수

서술형 Tip

1 제시된 내용을 파악하고, 종의 개념을 이용하여 까닭을 서술한다.
→ 필수 용어: 짝짓기, 생식 능력, 자손

2 (1) 분류 기준에 따라 A~E에 해당하는 생물을 찾는다.
(2) 식물계에 속하는 우산이끼(D)와 동물계에 속하는 해파리(E)의 차이점을 서술한다.
→ 필수 용어: 세포벽, 운동성

3 생물들이 속하는 계를 쓰고, 계의 특징을 핵막(핵)의 유무, 세포벽의 유무, 단세포 생물인지 다세포 생물인지를 고려하여 서술한다.

Plus 문제 3-1

원핵생물계와 나머지 원생생물계, 식물계, 균계, 동물계를 분류하는 기준을 서술하시오.

03 생물 다양성 보전

Ⓐ 생물 다양성의 중요성

1. 생태계 평형 유지

① **생태계 평형**: 생태계를 이루는 생물의 종류와 수가 크게 변하지 않고 안정된 상태를 유지하는 것

② **생태계 평형 유지**: 생물 다양성이 높으면 생물이 *멸종될 위험이 줄어들어 생태계는 안정적으로 유지될 수 있다. ➡ 생태계를 구성하는 생물의 종류가 많아 먹이 사슬❶이 복잡하게 얽혀 있을 때 생태계 평형이 잘 유지된다.

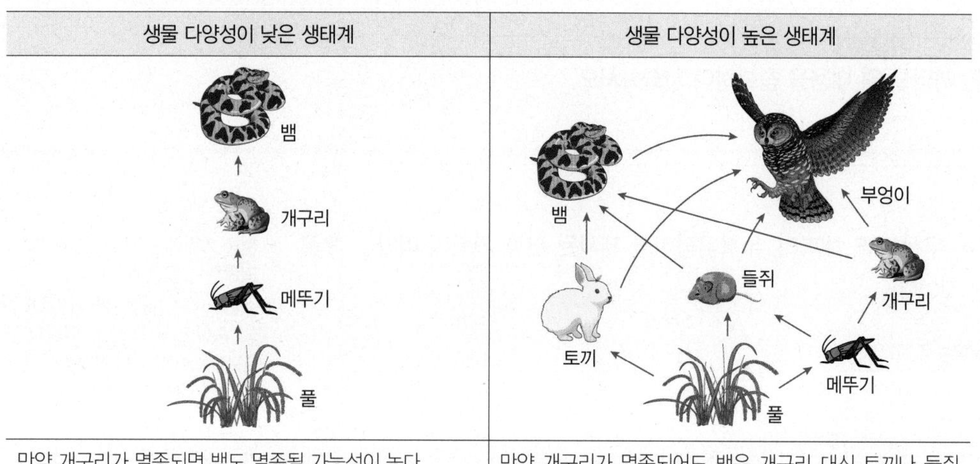

생물 다양성이 낮은 생태계	생물 다양성이 높은 생태계
만약 개구리가 멸종되면 뱀도 멸종될 가능성이 높다.	만약 개구리가 멸종되어도 뱀은 개구리 대신 토끼나 들쥐를 잡아먹을 수 있으므로 멸종될 가능성이 낮다.

2. 인간에게 필요한 생물 자원❷ 제공

주목은 항암제의 원료로, 푸른곰팡이는 항생제인 페니실린의 원료로, 버드나무는 진통 해열제의 원료로 사용된다.

구분	식량	옷감 재료	가구나 집의 재료	의약품 원료
생활에 필요한 다양한 재료를 제공❸	생태계의 생물로부터 식량, 옷감 재료, 목재, 의약품의 원료 등 생존에 필요한 자원을 얻는다.			
	벼, 보리, 밀 등	목화, 누에고치	목재	주목, 푸른곰팡이, 버드나무
산업용 재료나 아이디어 제공	생물의 생김새나 생활 모습을 보고 아이디어를 얻어 유용한 도구를 발명하기도 한다.			
	▲ 도꼬마리와 신발의 벨크로❹		▲ 잠자리와 소형 비행기	
관광 자원으로 이용	생물 다양성이 보전된 건강하고 다양한 생태계는 우리에게 휴식과 안정을 제공한다.		▲ 산	▲ 수목원

질병에 저항력을 가진 생물의 유전자를 새로운 농작물 개발에 활용하는 것과 같이 생물은 미래에 필요한 유전 자원을 제공한다.

3. 지구 환경의 유지와 보전

① 울창한 숲은 대기의 이산화 탄소를 흡수하고, 생물에게 필요한 산소를 공급하며, 동물에게 서식처를 제공하기도 한다.

② 버섯, 곰팡이, 세균 등은 죽은 동식물의 사체나 배설물을 분해하여 토양을 비옥하게 만든다.

개념 더하기

❶ 먹이 사슬과 먹이 그물
- **먹이 사슬**: 생태계를 구성하는 생물 사이에 먹고 먹히는 순서가 사슬처럼 연결되어 있는 것
- **먹이 그물**: 먹이 사슬이 그물처럼 복잡하게 얽혀 있는 것

❷ 생물 자원
인간이 생활에 이용하는 자원 중 생물에서 유래한 것

❸ 생물에서 얻은 재료
흔히 플라스틱이라고 하는 합성수지도 생물에서 얻은 재료라고 할 수 있다. 합성수지의 원료인 석탄이나 석유는 생물의 사체가 변하여 만들어진 것이기 때문이다.

❹ 벨크로와 소형 비행기 발명
옷에 붙어 잘 떨어지지 않는 도꼬마리를 보고 신발의 벨크로를 발명하였고, 잠자리의 나는 모습을 보고 소형 비행기를 창안하였다.

용어 사전
***멸종(멸망할 滅, 씨 種)**
생태계에서 특정 생물종이 사라지는 것

핵심 Tip

- 생물 다양성의 중요성: 생태계 평형 유지, 인간에게 필요한 생물 자원 제공, 지구 환경의 유지와 보전
- 생태계 평형: 생태계를 이루는 생물의 종류와 수가 크게 변하지 않고 안정된 상태를 유지하는 것
- 생물 다양성이 낮은 생태계는 생태계 평형 유지가 어렵고, 생물 다양성이 높은 생태계는 생태계 평형이 잘 유지된다.
- 생물 자원은 생활에 필요한 다양한 재료를 제공, 산업용 재료나 아이디어 제공, 관광 자원으로 이용된다.

1 생태계 평형 유지에 대한 설명으로 옳은 것은 ○, 옳지 않은 것은 ×로 표시하시오.

(1) 생물 다양성이 낮은 생태계는 생태계 평형이 잘 유지된다. ( )

(2) 생물 다양성이 높은 생태계에서 한 생물이 멸종되면 다른 생물도 멸종될 가능성이 높다. ( )

(3) 생태계를 구성하는 생물의 종류가 많아 먹이 사슬이 복잡하게 얽혀 있을 때 생태계 평형이 잘 유지된다. ( )

(4) 생태계를 이루는 생물의 종류와 수가 크게 변하지 않고 안정된 상태를 유지하는 것을 생태계 평형이라고 한다. ( )

2 그림은 생태계 (가)와 (나)의 먹이 사슬을 나타낸 것이다.

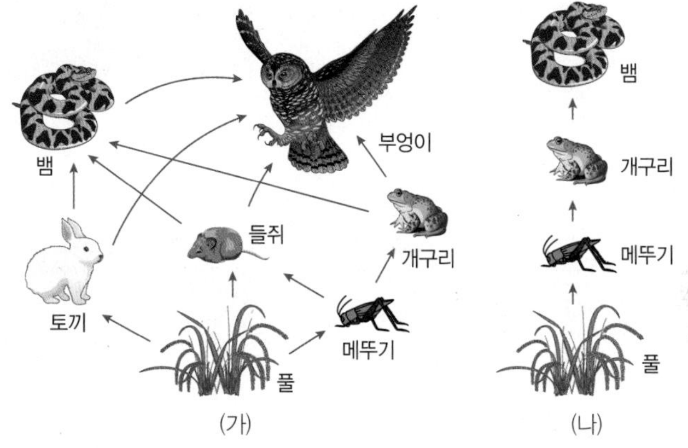

(1) (가)와 (나) 중 생물 다양성이 높은 생태계를 쓰시오.

(2) (가)와 (나) 중 메뚜기가 멸종될 경우 생태계 평형이 유지되기 어려운 생태계를 쓰시오.

암기 Tip  A-1

- 생물 다양성 낮은 생태계 ➡ 생태계 평형 유지 어려움
- 생물 다양성 높은 생태계 ➡ 생태계 평형 유지

3 생물 자원의 이용과 관련된 생물의 예를 옳게 연결하시오.

(1) 옷감의 재료 •	• ㉠ 벼, 보리, 밀
(2) 식량을 제공 •	• ㉡ 목화, 누에고치
(3) 의약품의 원료 •	• ㉢ 주목, 푸른곰팡이
(4) 관광 자원으로 이용 •	• ㉣ 도꼬마리, 잠자리
(5) 산업용 재료나 아이디어 제공 •	• ㉤ 산, 바다, 수목원

적용 Tip  A-1

생물 다양성이 낮은 생태계와 생물 다양성이 높은 생태계

- 생물 다양성이 낮은 생태계: 먹이 사슬이 단순하기 때문에 어떤 생물종이 갑자기 사라지면 그 생물을 먹고 살아가는 다른 생물도 함께 사라질 수 있다.
- 생물 다양성이 높은 생태계: 먹이 사슬이 복잡하기 때문에 어떤 생물종이 사라져도 이를 대신하여 먹이가 될 수 있는 다른 생물이 많이 있다.

4 다음은 지구 환경의 유지와 보전에 대한 설명이다. ( ) 안에 알맞은 말을 고르시오.

> 울창한 숲은 대기의 ㉠ (산소 , 이산화 탄소)를 흡수하고, 생물에게 필요한 ㉡ (산소 , 이산화 탄소)를 공급하며, 동물에게 서식처를 제공하기도 한다. 버섯, 곰팡이, 세균 등은 죽은 동식물의 사체나 배설물을 분해하여 토양을 비옥하게 만든다.

Ⓑ 생물 다양성의 보전

1. 생물 다양성의 감소 원인과 대책

생물 다양성을 감소시키는 주된 원인은 과도한 인간의 활동이다. ─ 생물 다양성의 감소 원인에 기후 변화가 포함되기도 한다.

구분	감소 원인	대책
서식지 파괴 (서식지: 생물이 살고 있는 곳으로, 땅, 강, 바다, 연못 등이다.)	• 생물 다양성을 감소시키는 가장 심각한 원인 • 인간이 자연을 개발하는 과정에서 숲의 나무를 베거나 습지를 없애면 서식지를 잃은 생물은 사라지게 된다.	• 지나친 개발 자제 • 서식지 보전 • 보호 구역 지정 • 생태 통로❶ 설치
불법 *포획과 *남획	무분별한 채집과 사냥으로 야생 동식물의 개체 수가 급격히 줄어들어 생물 다양성이 감소된다. 과도한 사냥과 밀렵으로 코뿔소, 코끼리, 고래와 같은 동물의 개체 수가 줄어들고 있다.	• 관련 법률 강화 • 멸종 위기 생물 지정
외래종❷ 유입	• 사람들이 외래종을 의도적으로 옮기거나 우연히 옮긴 것이다. • 외래종은 천적이 없어 과도하게 번식하여 원래 그 지역에 살던 토종 생물의 생존을 위협하고 먹이 사슬에 변화를 일으켜 생태계 평형을 파괴할 수 있다.	• 외래종의 무분별한 유입 방지 • 외래종의 꾸준한 감시와 퇴치
환경 오염	환경이 오염되어 서식지의 환경이 변하고 생물들의 생존이 어려워져 멸종 위기에 처한 생물이 생긴다.	• 쓰레기 배출량 줄이기 • 환경 정화 시설 설치

2. 생물 다양성 보전을 위한 활동

<table>
<tr><td>개인적 활동</td><td colspan="2">• 쓰레기 줄이기
• 환경 정화 활동하기
• 모피로 만든 제품 사지 않기
• 옥상 정원과 같은 생물의 서식지 만들기
• 쓰레기 분리 배출하기
• 친환경 농산물 이용하기
• 희귀한 동물을 애완용으로 기르지 않기</td></tr>
<tr><td>사회적 활동</td><td colspan="2">• 생태 수업
• 외래종 제거하기
• 토종 얼룩소 키우기
• 생물 다양성의 중요성 알리기
• 우리 밀 살리기
• 비오톱 설치하기 (비오톱: 곤충이나 야생 동물이 서식할 수 있도록 만든 작은 규모의 생태계)
• 환경 단체의 생태 모니터링
• 생물 다양성 보전을 위한 법률 제정 건의</td></tr>
<tr><td>국가적 활동</td><td colspan="2">• 종자 은행❸ 설립
• 환경 영향 평가 시행
• 멸종 위기종❹ 관리 및 복원 사업 시행
• 야생 생물 보호 및 관리에 관한 법률 제정
• 국립 공원 지정
• 생태계를 고려한 개발
▲ 종자 은행 ▲ 국립 공원</td></tr>
<tr><td rowspan="3">국제적 활동</td><td colspan="2">• 유네스코(UNESCO)와 같은 국제 기관은 생태계의 보전, 지구 온난화 등에 대한 국제적 협력이 필요한 사업들을 추진한다.
• 여러 나라가 함께 다양한 국제 *협약을 체결하고 실행한다.</td></tr>
<tr><td>생물 다양성 협약</td><td>• 지구에 사는 생물의 멸종을 막기 위해 동식물 및 천연자원을 보전하기 위한 협약
• 생물 다양성의 보전과 지속 가능한 이용, 이용으로 인해 얻어지는 이익의 공정한 분배를 목적으로 채택된 협약</td></tr>
<tr><td>람사르 협약</td><td>국제적으로 중요한 습지 보호에 관한 협약</td></tr>
</table>

개념 더하기

❶ 생태 통로

도로 건설 등에 의해 끊어진 생태계를 연결하여 야생 동식물의 이동을 돕기 위한 구조물이다.

❷ 외래종

원래 살고 있던 지역을 벗어나 새로운 지역으로 들어가 자리를 잡고 사는 생물이다.

예 뉴트리아, 배스, 황소개구리, 붉은귀거북, 가시박

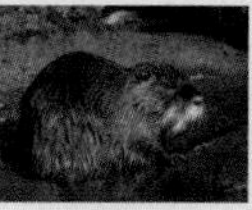
▲ 뉴트리아

▲ 배스

▲ 황소개구리

▲ 가시박

❸ 종자 은행

우리나라 고유의 우수한 종자를 보관하고 배양하여 보급하는 역할을 한다. 우리나라의 종자 은행은 농촌진흥청의 농업 유전자원 센터, 국립수목원, 국립 백두대간 수목원 등에 있다.

❹ 멸종 위기종

과거에는 번성했지만 오늘날 수가 많이 줄어 멸종 위기에 처해 있는 생물종

예 반달가슴곰, 수리부엉이, 넓적부리도요, 두루미, 맹꽁이, 장수풍뎅이, 나도풍란, 광릉요강꽃

용어 사전

***포획(잡을 捕, 얻을 獲)** 짐승이나 물고기를 잡음

***남획(넘칠 濫, 얻을 獲)** 동물을 함부로 마구 잡음

***협약(화합할 協, 맺을 約)** 국가와 국가 사이에 문서를 교환하여 계약을 맺는 것

핵심 Tip

- 생물 다양성의 감소 원인과 대책: 서식지 파괴를 막기 위해 지나친 개발 자제와 생태 통로 설치, 불법 포획과 남획을 막기 위해 관련 법률 강화, 외래종 유입을 막기 위해 외래종의 무분별한 유입 방지, 환경 오염을 막기 위해 쓰레기 배출량 줄이기
  ➡ 서식지 파괴는 생물 다양성을 감소시키는 가장 심각한 원인
- 생물 다양성 보전을 위한 활동: 개인적 활동, 사회적 활동, 국가적 활동, 국제적 활동

5 다음은 생물 다양성의 감소 원인을 나타낸 것이다.

환경 오염, 서식지 파괴, 외래종 유입, 불법 포획과 남획

제시된 설명에 해당하는 생물 다양성의 감소 원인을 각각 쓰시오.

(1) 무분별한 채집과 사냥으로 야생 동식물의 개체 수가 급격히 줄어든다. (　　　　)

(2) 인간이 자연을 개발하는 과정에서 생물이 서식지를 잃게 되는 것이다. (　　　　)

(3) 사람들이 의도적이거나 우연히 옮겨와 천적이 없는 생물이 원래 그 지역에 살던 토종 생물을 위협하는 것이다. (　　　　)

(4) 환경이 오염되어 서식지의 환경이 변하고 생물들의 생존이 어려워지는 것이다. (　　　　)

암기 Tip B-1

생물 다양성의 감소 원인
➡ 서식지 파괴, 불법 포획과 남획, 외래종 유입, 환경 오염

6 그림은 도로 건설 등에 의해 끊어진 생태계를 연결하여 야생 동식물의 이동을 돕기 위한 구조물을 나타낸 것이다. 이 구조물을 무엇이라고 하는지 쓰시오.

원리 Tip B-2

생물 다양성 보전을 위한 활동
개인적·사회적·국가적·국제적 활동으로 나눌 수 있지만 모두의 협력이 잘 이루어져야 생물 다양성을 효과적으로 보전할 수 있다.

7 그림은 여러 가지 생물들을 나타낸 것이다.

▲ 뉴트리아

▲ 배스

▲ 황소개구리

▲ 가시박

위 생물들은 원래 살고 있던 지역을 벗어나 새로운 지역으로 들어가 자리를 잡고 사는 생물이다. 이 생물을 무엇이라고 하는지 쓰시오.

원리 Tip B-2

그 외의 국제 협약
- CITES: 멸종 위기에 처한 야생 동식물종의 국제 거래에 대한 협약
- 사막화 방지 협약: 사막화, 토지 황폐화 현상을 겪고 있는 개발 도상국을 재정적·기술적으로 지원하여 사막화를 방지하기 위한 협약
- 기후 변화 협약: 지구 온난화 방지를 위해 온실 기체 배출을 억제하는 것을 목적으로 하는 환경 협약

8 다음은 생물 다양성 보전을 위한 여러 가지 활동을 나타낸 것이다. 개인적 활동은 '인', 국가적 활동은 '국'을 쓰시오.

(1) 국립 공원 지정하기 (　　)
(2) 쓰레기 분리 배출하기 (　　)
(3) 종자 은행 설립하기 (　　)
(4) 친환경 농산물 이용하기 (　　)
(5) 희귀한 동물을 애완용으로 기르지 않기 (　　)
(6) 야생 동물 보호 및 관리에 관한 법률 제정하기 (　　)

A 생물 다양성의 중요성

중요

01 생물 다양성과 생태계 평형에 대한 설명으로 옳지 않은 것은?

① 생물 다양성이 높으면 생물이 멸종될 위험이 줄어든다.
② 생물 다양성이 높으면 생태계가 안정적으로 유지될 수 있다.
③ 생물 다양성은 생태계의 평형을 유지하는 데 중요한 요인이다.
④ 생태계를 구성하는 먹이 사슬이 복잡하면 생태계 평형이 잘 유지된다.
⑤ 생물 다양성이 높은 생태계에서 한 생물이 멸종되면 다른 생물도 멸종될 가능성이 높다.

02 생태계에 대한 설명으로 옳은 것을 〈보기〉에서 모두 고른 것은?

보기
ㄱ. 먹이 그물이 복잡할수록 안정적으로 유지된다.
ㄴ. 생태계에 살고 있는 생물들은 인간에게 영향을 주지 않는다.
ㄷ. 살고 있는 생물의 종류가 다양하고 수가 많아야 생태계가 안정된다.

① ㄱ ② ㄴ ③ ㄷ
④ ㄱ, ㄷ ⑤ ㄴ, ㄷ

03 다음은 어떤 생태계의 먹이 사슬을 나타낸 것이다.

풀 → 메뚜기 → 참새 → 부엉이

이 생태계에서 참새의 수가 눈에 띄게 감소할 경우 단기적으로 메뚜기와 부엉이의 수는 각각 어떻게 변하는지 옳게 짝 지은 것은?

	메뚜기	부엉이		메뚜기	부엉이
①	증가	증가	②	증가	감소
③	감소	증가	④	감소	감소
⑤	변화 없음	변화 없음			

중요

04 그림은 생태계 (가)와 (나)의 먹이 사슬을 나타낸 것이다.

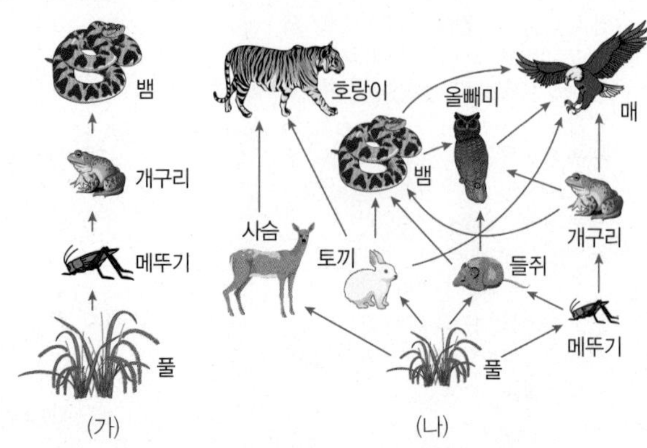

생태계 (가)와 (나)에 대한 설명으로 옳은 것을 모두 고르면? (2개)

① (가)보다 (나)의 생물 다양성이 높다.
② (나)보다 (가)가 안정적으로 유지될 수 있다.
③ 개구리가 사라지면 (가)와 (나)에서 모두 뱀이 사라진다.
④ (가)에서 개구리가 사라지면 메뚜기의 수는 계속 증가한다.
⑤ (나)에서 개구리가 사라져도 매는 다른 생물을 먹이로 살아갈 수 있다.

05 생물 다양성의 중요성에 대한 설명으로 옳지 않은 것은?

① 인간에게 필요한 자원을 제공한다.
② 동물이 살아갈 수 있는 서식처를 제공한다.
③ 생물 다양성이 높으면 생태계의 평형을 유지할 수 있다.
④ 숲은 대기의 산소를 흡수하고, 생물에게 필요한 이산화 탄소를 공급한다.
⑤ 곰팡이나 세균 등은 토양을 비옥하게 만들어 식물이 잘 자랄 수 있게 한다.

[주관식]

06 그림은 인간이 생활에 이용하는 자원 중 생물에서 유래한 것의 예를 나타낸 것이다.

▲ 보리

▲ 목화

▲ 수목원

이를 무엇이라고 하는지 쓰시오.

07 생태계에서 인간에게 필요한 자원이 제공되는 경우에 대한 설명으로 옳은 것을 〈보기〉에서 모두 고른 것은?

보기
ㄱ. 관광 자원으로 이용된다.
ㄴ. 생활에 필요한 다양한 재료를 제공한다.
ㄷ. 생활에 많이 쓰이는 플라스틱의 재료를 얻을 수 있다.

① ㄱ ② ㄷ ③ ㄱ, ㄴ
④ ㄴ, ㄷ ⑤ ㄱ, ㄴ, ㄷ

08 생물 자원이 이용되는 예로 옳지 않은 것은?

① 벼 – 식량으로 이용
② 누에고치 – 옷감의 재료로 이용
③ 목재 – 가구나 집의 재료로 이용
④ 주목 – 항생제인 페니실린의 원료로 이용
⑤ 잠자리 – 소형 비행기를 개발하는 데 아이디어를 제공

09 그림은 도꼬마리와 신발의 벨크로를 나타낸 것이다.

▲ 도꼬마리

▲ 신발의 벨크로

이에 대한 설명으로 옳은 것을 모두 고르면? (2개)

① 인간에서 필요한 의약품의 원료로 이용된다.
② 인간에게 휴식과 안정을 제공할 관광 자원으로 이용된다.
③ 생물의 생김새나 생활 모습을 보고 아이디어를 얻을 수 있다.
④ 생물로부터 식량이나 옷감 재료 등 생존에 필요한 자원을 얻는다.
⑤ 옷에 붙어 잘 떨어지지 않는 도꼬마리를 보고 벨크로를 발명하였다.

B 생물 다양성의 보전

10 생물 다양성을 보전해야 하는 까닭으로 옳은 것을 〈보기〉에서 모두 고른 것은?

보기
ㄱ. 생태계를 안정적으로 유지하기 위해서이다.
ㄴ. 생물의 종류를 인간이 인위적으로 제한하기 위해서이다.
ㄷ. 생태계에서 인간에게 필요한 여러 가지 자원을 얻기 위해서이다.

① ㄱ ② ㄴ ③ ㄱ, ㄴ
④ ㄱ, ㄷ ⑤ ㄴ, ㄷ

중요
11 생물 다양성의 감소 원인으로 옳지 않은 것은?

① 환경 오염
② 외래종 유입
③ 서식지 파괴
④ 불법 포획과 남획
⑤ 환경 정화 시설 설치하기

12 그림은 파괴된 열대 우림의 모습을 나타낸 것이다.

이에 대한 설명으로 옳지 않은 것은?

① 생물 다양성을 감소시키는 가장 심각한 원인이다.
② 지나친 개발을 자제하여 서식지 파괴를 막아야 한다.
③ 생물 다양성을 증가시키는 주요 원인은 인간의 활동이다.
④ 열대 우림에서 살아가던 생물은 서식지를 잃고 사라진다.
⑤ 인간이 열대 우림을 개발하는 과정에서 나무를 베거나 습지를 없애는 것이다.

【주관식】

13 그림은 생태 통로를 나타낸 것이다.

생태 통로를 설치하는 것과 관계 깊은 생물 다양성 감소 원인을 쓰시오.

중요

14 그림은 여러 가지 생물들을 나타낸 것이다.

▲ 뉴트리아

▲ 황소개구리

▲ 배스

이에 대한 설명으로 옳은 것을 〈보기〉에서 모두 고른 것은?

보기
ㄱ. 복원 사업으로 개체 수가 증가하고 있다.
ㄴ. 생물 다양성을 감소시키는 원인이 되는 생물이다.
ㄷ. 원래 살고 있던 지역을 벗어나 새로운 지역으로 들어가 자리를 잡고 사는 생물이다.

① ㄱ ② ㄷ ③ ㄱ, ㄴ
④ ㄱ, ㄷ ⑤ ㄴ, ㄷ

15 불법 포획과 남획에 대한 대책으로 옳은 것은?

① 비오톱을 설치하기
② 쓰레기 배출량을 줄이기
③ 지나친 개발을 자제하기
④ 멸종 위기 생물 지정하기
⑤ 외래종의 무분별한 유입 방지

16 생물 다양성을 보전하기 위한 노력으로 가장 옳은 것은?

① 갯벌을 메워 농경지로 만든다.
② 천적이 없는 생물들을 외국에서 들여온다.
③ 희귀한 동물을 애완 동물로 삼아 잘 돌본다.
④ 생물들의 보호를 위해 서식지를 분리하고 도로를 만든다.
⑤ 도시 개발 사업을 시행하기 전에 환경 영향 평가를 시행한다.

중요 【주관식】

17 생물 다양성 보전을 위한 국가적 활동으로 옳은 것을 〈보기〉에서 모두 고르시오.

보기
ㄱ. 우리 밀 살리기
ㄴ. 외래종 제거하기
ㄷ. 국립 공원 지정하기
ㄹ. 종자 은행 설립하기
ㅁ. 환경 단체의 생태 모니터링
ㅂ. 국제 협약 체결 및 실행하기
ㅅ. 멸종 위기종 관리 및 복원 사업 시행하기
ㅇ. 생물 다양성 보전을 위한 법률 제정 건의하기

【주관식】

18 다음 설명에 해당하는 국제 협약을 쓰시오.

- 지구에 사는 생물의 멸종을 막기 위해 동식물 및 천연자원을 보전하기 위한 협약
- 생물 다양성의 보전과 지속 가능한 이용, 이용으로 인해 얻어지는 이익의 공정한 분배를 목적으로 채택된 협약

서술형 문제

정답과 해설 29쪽

단계별 서술형

1 그림은 생태계 (가)와 (나)의 먹이 사슬을 나타낸 것이다.

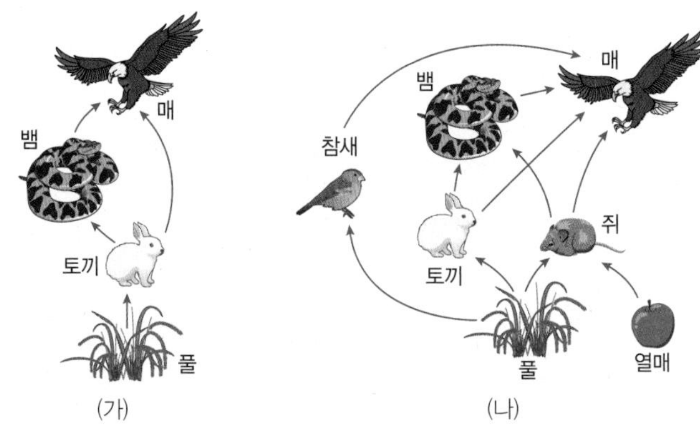

(1) (가)에서 토끼가 사라졌을 때 수가 급격히 감소하는 생물을 모두 쓰시오.

(2) (가)와 (나) 중 안정적으로 유지되는 생태계를 쓰시오.

(3) (2)과 같이 생각한 까닭을 서술하시오.

단어 제시형

2 그림은 어떤 지역에서 숲을 가로질러 도시를 만든 모습을 나타낸 것이다. 도시를 만든 결과 숲에 살고 있던 생물의 서식지가 사라지게 되고 생물의 수도 감소하였다. 이와 관계있는 생물 다양성의 감소 원인을 쓰고, 이를 보완하기 위한 대책을 다음 단어를 모두 포함하여 서술하시오.

연결, 이동, 구조물

서술형

3 생물 다양성을 보전하기 위해 개인적으로 할 수 있는 활동을 2가지만 서술하시오.

서술형 Tip

1 (1) 생태계 내에서 토끼를 먹이로 하는 생물을 찾는다.
(2) 생태계가 안정적으로 유지되기 위한 조건을 확인한다.
→ 필수 용어: 생물의 종류, 먹이 사슬

2 내용과 관계된 생물 다양성의 감소 원인과 이를 보완하기 위한 대책을 제시된 단어를 모두 포함하여 서술한다.

Plus 문제 2-1
생물 다양성의 감소 원인을 4가지만 쓰시오.

3 생물 다양성 보전을 위한 개인적 활동을 생각한다.
→ 필수 용어: 쓰레기 줄이기, 환경 정화 활동, 친환경 농산물, 모피 제품, 희귀한 동물, 옥상 정원

이 단원에서 학습한 내용을 확실히 이해했나요?
다음 내용을 잘 알고 있는지 확인해 보세요.

1 생물 다양성

- ❶□□ □□□: 어떤 지역에 살고 있는 생물의 다양한 정도 ➡ 생물 ❷□□의 다양한 정도, 같은 종류의 생물 사이에서 나타나는 특성의 다양한 정도, ❸□□□의 다양한 정도를 모두 포함한다.
- 생물 다양성의 결정 기준: 일정한 지역에 살고 있는 생물의 종류가 많을수록, 같은 종류에 속하는 생물의 특성이 다양할수록, 생태계의 종류가 다양할수록 생물 다양성이 ❹□□.
- 두 지역의 생물 다양성 비교: 생물의 종류가 ❺□□, 각 종류의 생물이 고르게 분포할수록 생물 다양성이 ❻□□.

2 환경과 생물 다양성

- ❶□□: 같은 종류의 생물 사이에서 나타나는 특성의 차이 ➡ ❶□□가 다양할수록 생물 다양성이 높고 생물의 생존에 유리하다. 환경이 달라지면 생존에 유리한 ❶□□도 달라진다.
- 생물의 종류가 다양해지는 과정: 한 종류의 생물 무리에 다양한 ❷□□가 있다. ➡ 무리에서 ❸□□에 알맞은 변이를 가진 생물이 더 많이 살아남아 자손을 남겨 자신의 특징을 전달한다. ➡ 이 과정이 오랜 세월 동안 반복되면 원래의 생물과 다른 특성을 지닌 생물이 나타날 수 있다.

3 생물의 분류 방법

- ❶□□ □□: 다양한 생물을 일정한 기준에 따라 종류별로 무리 지어 나누는 것
- 생물 분류의 방법: 사람의 편의에 따라 생물을 분류할 수 있지만 과학에서는 생물을 고유의 ❷□□을 기준으로 분류한다.

4 생물의 분류 체계

- 생물의 분류 단계: 종 < 속 < 과 < 목 < 강 < 문 < ❶□
- ❷□: 생물을 분류하는 가장 작은 단계 ➡ 자연 상태에서 짝짓기를 하여 ❸□□ 능력이 있는 자손을 낳을 수 있는 생물 무리

5 생물의 5계 분류

- ❶□□□□□: 핵막이 없어 핵이 뚜렷하게 구분되지 않는 세포로 이루어진 생물 무리, 세포에 세포벽이 있는 단세포 생물
- ❷□□□□□: 핵막으로 구분된 뚜렷한 핵이 있는 세포로 이루어진 생물 중 식물계, 균계, 동물계에 속하지 않는 생물 무리, 대부분 단세포 생물
- ❸□□□: 핵막으로 구분된 뚜렷한 핵이 있는 세포로 이루어진 생물 무리, 광합성을 하고, 세포벽이 있으며, 운동성이 없는 다세포 생물
- ❹□□: 핵막으로 구분된 뚜렷한 핵이 있는 세포로 이루어진 생물 무리, 광합성을 하지 못하고, 세포벽이 있으며, 운동성이 없고, 대부분 몸이 균사로 이루어진 생물로, 대부분 다세포 생물
- ❺□□□: 핵막으로 구분된 뚜렷한 핵이 있는 세포로 이루어진 생물 무리, 광합성을 하지 못하고, 세포벽이 없으며, 운동성이 있는 다세포 생물

6 생물 다양성의 중요성

- ❶□□□ □□ 유지: 생물 다양성이 높으면 생물이 멸종될 위험이 줄어들어 생태계는 안정적으로 유지될 수 있다.
- 인간에게 필요한 ❷□□ □□ 제공: 생활에 필요한 다양한 재료 및 산업용 재료나 아이디어를 제공하고, 관광 자원으로 이용된다.
- 지구 환경의 유지와 보전

7 생물 다양성의 보전

- 생물 다양성의 감소 원인과 대책
  - ❶□□□ 파괴: 지나친 개발 자제, ❶□□□ 보전, 보호 구역 지정, 생태 통로 설치
  - 불법 포획과 ❷□□: 관련 법률 강화, 멸종 위기 생물 지정
  - 외래종 유입: 외래종의 무분별한 유입 방지, 외래종의 꾸준한 감시와 퇴치
  - 환경 오염: 쓰레기 배출량 줄이기, 환경 정화 시설 설치
- 생물 다양성 보전을 위한 활동: 개인적 · 사회적 · 국가적 · 국제적 활동

[내 실력 진단하기]
각 중단원별로 어느 부분이 부족한지 진단해 보고, 부족한 단원은 다시 복습합시다.

중단원														
01. 생물 다양성	01		02		03		04		05		06		22	
02. 생물의 분류	07		08		09		10		11		12		13	
	14		15		23									
03. 생물 다양성 보전	16		17		18		19		20		21		24	

상 **중** 하

01 생물 다양성에 대한 설명으로 옳은 것을 〈보기〉에서 모두 고른 것은?

보기
ㄱ. 어떤 지역에 살고 있는 생물의 다양한 정도이다.
ㄴ. 생물 종류의 다양한 정도와 생태계의 다양한 정도가 해당된다.
ㄷ. 같은 종류의 생물 사이에서 나타나는 특성이 다양한 정도는 포함되지 않는다.

① ㄱ ② ㄴ ③ ㄷ
④ ㄱ, ㄴ ⑤ ㄴ, ㄷ

상 중 **하**

02 생물 다양성이 가장 낮은 생태계로 옳은 것은?

① 밭 ② 갯벌 ③ 호수
④ 바다 ⑤ 열대 우림

상 **중** 하

03 그림은 (가)와 (나) 두 지역에 살고 있는 생물의 종류와 수를 조사한 결과를 나타낸 것이다.

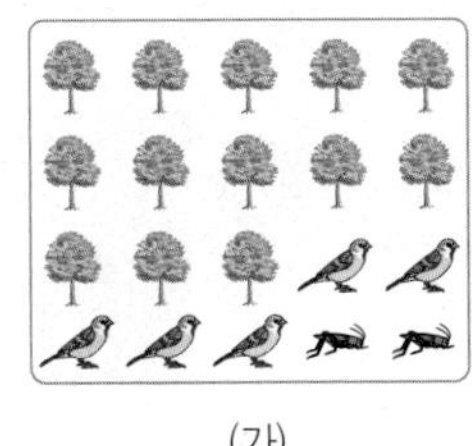
(가)

(나)

이에 대한 설명으로 옳지 <u>않은</u> 것은?

① (가)보다 (나)의 생물 다양성이 높다.
② (가)와 (나)에서 생물의 총 수는 같다.
③ (가)에는 한 종의 생물이 대부분을 차지한다.
④ 생물의 종류 수는 (가)에서 3, (나)에서 4이다.
⑤ (나)보다 (가)가 여러 가지 생물이 고르게 분포한다.

상 중 **하**

04 생물의 변이에 대한 예에 해당하지 <u>않는</u> 것은?

① 거미는 4쌍의 다리를 가진다.
② 사람은 저마다 생김새가 다르다.
③ 코스모스의 꽃잎 색은 여러 가지이다.
④ 무당벌레의 겉 날개의 색깔과 무늬는 다양하다.
⑤ 얼룩말은 줄무늬 색깔과 간격이 조금씩 다르다.

상 **중** 하

05 그림은 소라 껍데기의 모양을 나타낸 것이다.

(가)

(나)

이에 대한 설명으로 옳은 것을 〈보기〉에서 모두 고른 것은?

보기
ㄱ. 뿔이 있는 (가)는 물살이 센 곳의 소라이다.
ㄴ. 뿔이 없는 (나)는 물살이 약한 곳의 소라이다.
ㄷ. 소라가 다른 환경에 적응하는 과정을 통해 생물 다양성이 낮아진 것이다.

① ㄱ ② ㄴ ③ ㄷ
④ ㄱ, ㄴ ⑤ ㄴ, ㄷ

상 **중** 하

06 변이와 생물의 종류가 다양해지는 과정을 설명한 내용으로 옳지 <u>않은</u> 것을 모두 고르면? (2개)

① 자손에게 전달되는 변이가 있다.
② 한 종류의 생물 무리에는 한 종류의 변이가 있다.
③ 환경에 알맞은 변이를 가진 생물이 더 많이 살아남는다.
④ 생물의 변이는 여러 세대를 거쳐서 자손에게 전달될 수 있다.
⑤ 같은 종류의 생물은 서로 다른 환경에서 오랫동안 떨어져서 생활해도 모두 같은 특성을 갖는다.

상 중 하

07 생물 고유의 특징에 따른 분류에 속하지 않는 것은?

① 척추가 있는 동물과 척추가 없는 동물
② 땅 위에 사는 동물과 물속에 사는 동물
③ 꽃이 피는 식물과 꽃이 피지 않는 식물
④ 새끼를 낳는 동물과 새끼를 낳지 않는 동물
⑤ 광합성을 하는 생물과 광합성을 하지 않는 생물

상 중 하

08 표는 호랑이, 고양이, 개의 분류 단계를 나타낸 것이다.

분류 단계	고양이	호랑이	개
계	㉠	동물계	동물계
문	척삭동물문	척삭동물문	척삭동물문
강	포유강	포유강	㉡
목	식육목	식육목	식육목
과	고양잇과	고양잇과	갯과
속	고양이속	표범속	개속
종	고양이	호랑이	개

이에 대한 설명으로 옳지 않은 것은?

① ㉠은 동물계이다.
② ㉡은 파충강이다.
③ 계는 생물을 분류하는 가장 큰 단계이다.
④ 같은 속에 속하는 동물은 같은 과에 속한다.
⑤ 같은 과에 속하는 동물은 같은 목에 속한다.

자료 분석 | 정답과 해설 31쪽

[주관식] 상 중 하

09 생물의 분류 단계 중 종에 대한 설명으로 옳은 것을 〈보기〉에서 모두 고르시오.

보기
ㄱ. 생물을 분류하는 가장 작은 단계이다.
ㄴ. 서식지와 먹이가 비슷하면 같은 종이다.
ㄷ. 자연 상태에서 짝짓기를 하여 생식 능력이 있는 자손을 낳을 수 있는 생물 무리이다.

[10~11] 그림은 생물을 5계로 분류한 것이다.

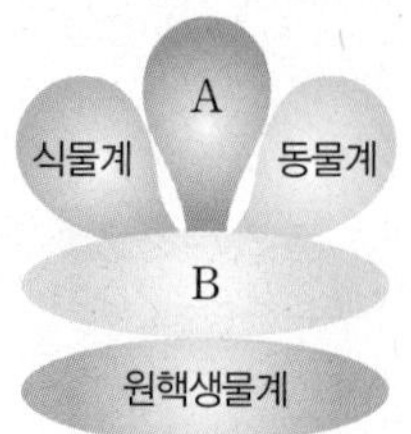

상 중 하

10 이에 대한 설명으로 옳지 않은 것을 모두 고르면? (2개)

① A는 균계, B는 원생생물계이다.
② 버섯이나 곰팡이는 A에 속한다.
③ A와 동물계의 분류 기준은 광합성의 여부이다.
④ 식물계와 동물계의 분류 기준은 운동성의 여부이다.
⑤ 원핵생물계와 나머지 계의 분류 기준은 세포벽의 유무이다.

자료 분석 | 정답과 해설 31쪽

상 중 하

11 B에 대한 설명으로 옳은 것을 〈보기〉에서 모두 고른 것은?

보기
ㄱ. 대부분 단세포 생물이다.
ㄴ. 핵막으로 둘러싸인 뚜렷한 핵이 있는 세포로 이루어져 있다.
ㄷ. B에 속하는 생물에는 짚신벌레, 미역, 다시마가 있다.

① ㄱ ② ㄴ ③ ㄱ, ㄴ
④ ㄴ, ㄷ ⑤ ㄱ, ㄴ, ㄷ

상 중 하

12 그림은 여러 가지 생물들을 나타낸 것이다.

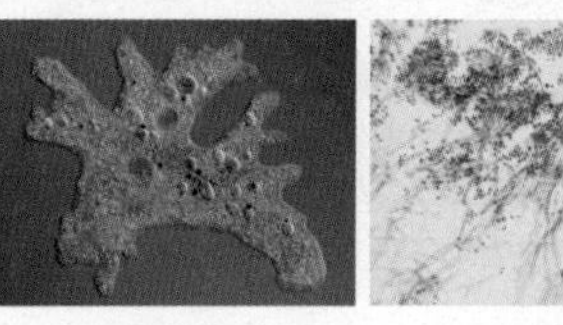
▲ 아메바

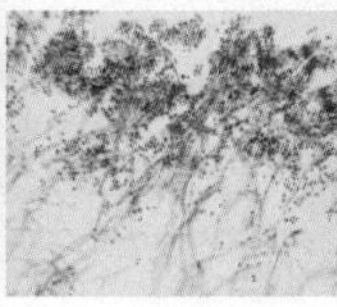
▲ 푸른곰팡이

▲ 민들레

이 생물들의 공통점으로 옳은 것은?

① 대부분 물속에서 생활한다.
② 몸이 여러 개의 세포로 이루어져 있다.
③ 운동성이 있어 서식지를 옮길 수 있다.
④ 다른 생물을 먹이로 섭취하여 양분을 얻는다.
⑤ 세포에 핵막으로 둘러싸인 뚜렷한 핵이 있다.

[13~15] 그림은 생물을 원핵생물계, 원생생물계, 식물계, 균계, 동물계로 분류하는 과정을 나타낸 것이다.

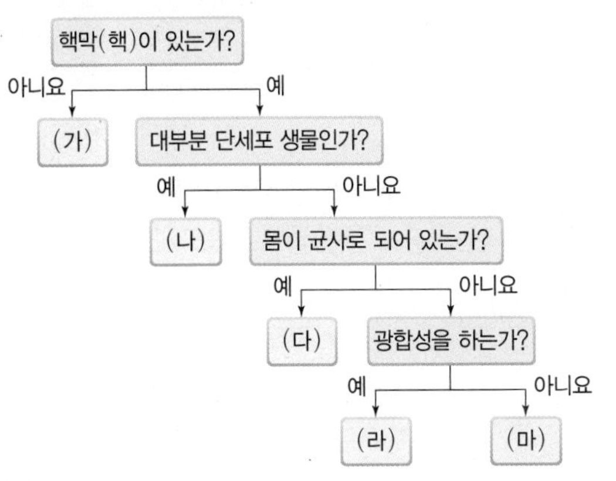

[주관식] 상중하

13 (가)~(마)에 알맞은 계를 각각 쓰시오.

자료 분석 | 정답과 해설 31쪽

상중하

14 (가)~(마)에 속하는 생물의 예를 옳게 짝 지은 것은?

① (가) – 표고버섯, 누룩곰팡이
② (나) – 대장균, 젖산균
③ (다) – 버드나무, 이끼
④ (라) – 아메바, 짚신벌레
⑤ (마) – 해파리, 호랑이

상중하

15 (마)에 속하는 생물의 특징으로 옳은 것은?

① 세포벽이 있다.
② 대부분 물속에서 생활한다.
③ 운동성이 있어 다양한 곳에서 산다.
④ 대부분 몸이 균사로 이루어져 있다.
⑤ 엽록체가 있어 스스로 양분을 만든다.

[16~17] 그림은 생태계 (가)와 (나)의 먹이 사슬을 나타낸 것이다.

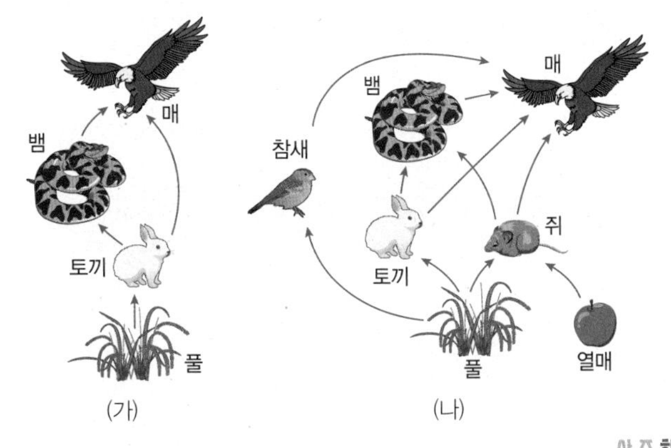

상중하

16 그림과 관련된 생물 다양성의 중요성으로 옳은 것은?

① 식량 제공
② 생태계 평형 유지
③ 관광 자원으로 이용
④ 지구 환경의 유지와 보전
⑤ 산업용 재료나 아이디어 제공

상중하

17 생태계 (가)와 (나)에 대한 설명으로 옳은 것은?

① (가)에서 뱀이 사라지면 토끼도 사라진다.
② (나)에서 토끼가 사라지면 뱀이 사라진다.
③ (가)보다 (나)의 생물 다양성이 높다.
④ (나)보다 (가)에서 생태계 평형이 잘 유지된다.
⑤ (나)보다 (가)에서 매의 먹이가 더 많다.

[주관식] 상중하

18 그림은 생물 자원들을 나타낸 것이다.

▲ 목화

▲ 누에고치

이에 대한 설명으로 옳은 것을 〈보기〉에서 모두 고르시오.

보기
ㄱ. 옷감의 재료로 이용되는 생물 자원이다.
ㄴ. 의약품의 원료로 이용되는 생물 자원이다.
ㄷ. 휴식과 안정을 제공하는 관광 자원으로 이용되는 생물 자원이다.

상중하

19 생물 다양성 감소와 관련된 설명으로 옳은 것을 〈보기〉에서 모두 고른 것은?

보기
ㄱ. 생물 다양성을 감소시키는 가장 심각한 원인은 서식지 파괴이다.
ㄴ. 무분별한 채집과 사냥으로 야생 동식물의 개체 수가 급격하게 줄어든다.
ㄷ. 환경이 오염되고 서식지의 환경이 변하면 생물들의 생존이 유리해진다.

① ㄱ ② ㄷ ③ ㄱ, ㄴ
④ ㄴ, ㄷ ⑤ ㄱ, ㄴ, ㄷ

【주관식】 상중하

20 다음 설명의 빈칸에 공통적으로 들어갈 말을 쓰시오.

(　　　)은/는 원래 살고 있던 지역을 벗어나 새로운 지역으로 들어가 자리를 잡고 사는 생물이다. (　　　)은/는 천적이 없어 그 지역에 살던 토종 생물을 위협하여 생물 다양성을 감소시킨다.

상중하

21 생물 다양성 보전을 위한 활동 중 개인적 활동으로 옳은 것은?

① 희귀한 동물을 애완용으로 기르지 않는다.
② 생물 다양성 보전을 위한 법률 제정을 건의한다.
③ 멸종 위기종을 관리하고 복원하는 사업을 시행한다.
④ 여러 나라가 함께 다양한 국제 협약을 체결하고 실행한다.
⑤ 종자 은행을 설립하여 우리나라 고유의 종자를 보관하고 배양하여 보급한다.

서술형 문제

상중하

22 그림은 사막여우와 북극여우를 나타낸 것이다.

▲ 북극여우

▲ 사막여우

사막여우의 생김새가 북극여우와 다른 까닭을 사막여우가 서식하는 환경과 관련지어 서술하시오.

상중하

23 그림은 여러 가지 생물을 분류한 결과를 나타낸 것이다.

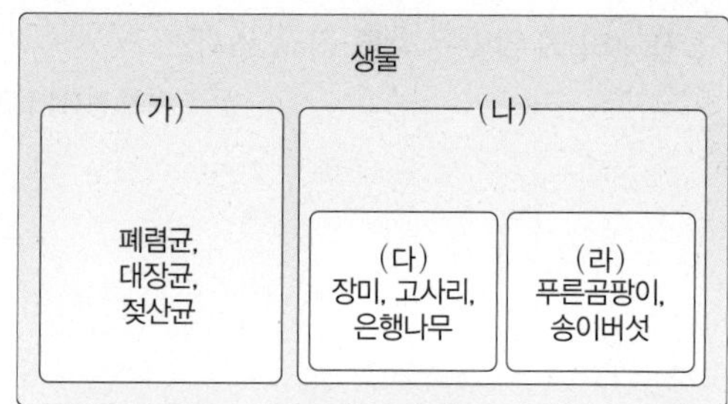

(1) 생물을 (가)와 (나)로 나눈 분류 기준을 쓰시오.

(2) (라)에 속한 생물의 특징을 다음 단어를 모두 포함하여 서술하시오.

광합성, 양분, 세포벽, 운동성

상중하

24 그림은 도로를 건설하면서 함께 설치한 생태 통로를 나타낸 것이다.

생태 통로를 설치하는 까닭을 서술하시오.

시험 대비 교재

I 지권의 변화

II 여러 가지 힘

III 생물의 다양성

정답과 해설 33쪽

1 지구계

① 계: 커다란 전체 안에서 서로 영향을 주고받는 구성 요소들의 집합이다. 예 지구계, 생태계, 소화계 등

② ❶( ): 지구를 구성하는 여러 요소들이 서로 영향을 주고받으며 이루는 계이다.

③ 지구계의 구성 요소

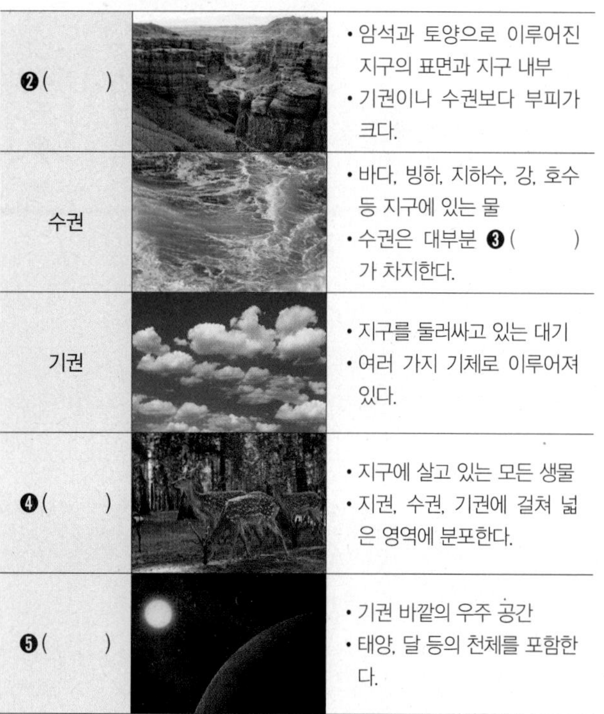

구성 요소	특징
❷( )	• 암석과 토양으로 이루어진 지구의 표면과 지구 내부 • 기권이나 수권보다 부피가 크다.
수권	• 바다, 빙하, 지하수, 강, 호수 등 지구에 있는 물 • 수권은 대부분 ❸( )가 차지한다.
기권	• 지구를 둘러싸고 있는 대기 • 여러 가지 기체로 이루어져 있다.
❹( )	• 지구에 살고 있는 모든 생물 • 지권, 수권, 기권에 걸쳐 넓은 영역에 분포한다.
❺( )	• 기권 바깥의 우주 공간 • 태양, 달 등의 천체를 포함한다.

[지구계의 상호 작용]

지구계의 어느 한 요소에서 일어난 변화는 다른 요소에 영향을 준다.

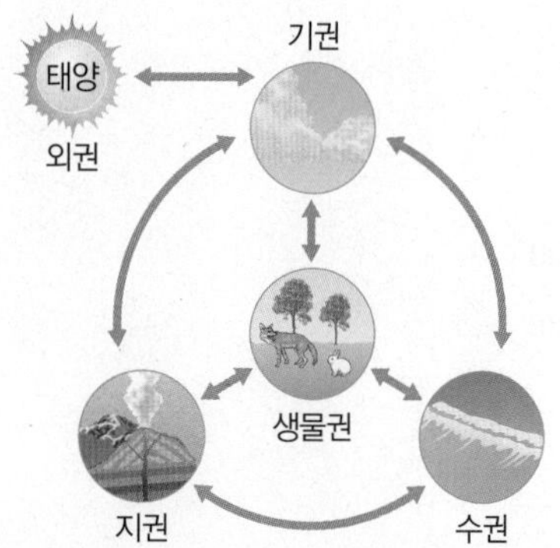

상호 작용	예
❻( ) ↔ 기권	화산 폭발로 인한 기온 감소
수권 ↔ 기권	바닷물의 증발
수권 ↔ ❼( )	파도에 의해 깎인 해안 절벽
생물권 ↔ ❽( )	식물의 광합성, 생물의 호흡
생물권 ↔ 지권	식물이 자라면서 암석의 틈을 넓힘
수권 ↔ 생물권	수중 생물의 서식처 제공

2 지구 내부 조사 방법

① ❾( )적인 조사 방법

❿( )	화산 분출물 조사
직접 땅을 파고 물질을 채취하여 조사	화산이 분출할 때 나오는 지구 내부의 물질 조사

• 시추, 화산 분출물 조사는 조사 범위에 한계가 있어 지구 내부의 전체를 알아낼 수는 없다.

② ⓫( )적인 조사 방법

지진파 분석	운석 연구
지구 내부를 통과하여 지표에 도달하는 지진파를 분석한다.	지구 내부 물질과 비슷한 물질로 이루어진 운석을 연구한다.

• 지구 내부를 조사하는 가장 효과적인 방법: ⓬( )
➡ 지진파는 모든 방향으로 전달되며, 통과하는 물질에 따라 전달되는 ⓭( )가 달라지기 때문이다.

3 지권의 층상 구조

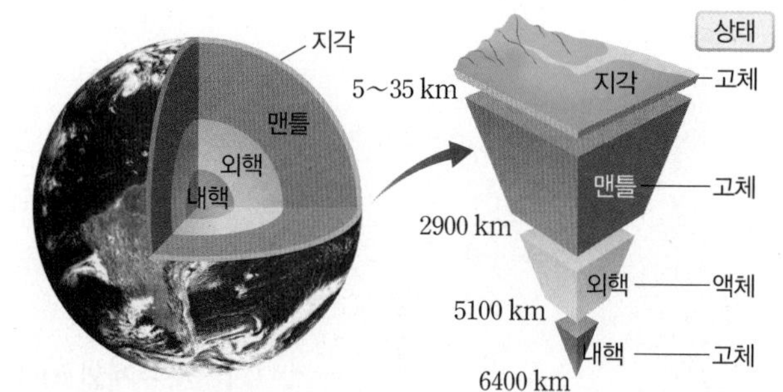

구분	특징
지각	• 암석으로 된 지구의 겉 부분으로, 두께가 가장 얇다. • 대륙 지각과 해양 지각으로 구분된다. • 모호면: 지각과 맨틀의 경계면으로, 지각의 두께가 두꺼울수록 나타나는 깊이가 깊어진다. (바다, 대륙 지각, 해양 지각, 맨틀, 모호면) ▲ 지각의 구조
⓰( )	• 두께가 가장 두껍고, 지구 전체 부피의 약 80 %를 차지한다. • 고체 상태이지만 유동성이 있다. • 지각보다 무거운 물질로 이루어져 있다.
외핵	유일하게 ⓱( ) 상태이다. / 철과 니켈 같은 무거운 물질로 이루어져 있다.
내핵	온도와 압력이 가장 높은 층이다. / 철과 니켈 같은 무거운 물질로 이루어져 있다.

구분	⓮( ) 지각	⓯( ) 지각
평균 두께	약 35 km	약 5 km
구성 물질	화강암질 암석	현무암질 암석

정답과 해설 33쪽

답안지

1 서로 영향을 주고받는 구성 요소들의 집합을 ㉠(계 , 지구계)라 하고, ㉡(생태계 , 지구계)는 지권, 수권, 생물권, 기권, 외권으로 이루어져 있다.

2 수권의 대부분은 ㉠(바다 , 빙하)가 차지하고, 지권에서 두께가 가장 얇은 층은 ㉡(지각 , 맨틀)이다.

3 다음 설명은 지구계의 구성 요소 중 무엇에 해당하는지 각각 쓰시오.

(1) 태양, 달 등의 천체를 포함한다. (　　　　)
(2) 암석과 토양으로 이루어진 지구의 표면과 지구 내부이다. (　　　　)
(3) 바다, 빙하, 지하수, 강과 호수 등 지구에 있는 물이다. (　　　　)
(4) 지권, 수권, 기권에 걸쳐 넓은 영역에 분포한다. (　　　　)
(5) 질소, 산소 등 여러 가지 기체로 이루어져 있다. (　　　　)

4 그림은 지구계의 구성 요소 간의 상호 작용을 나타낸 것이다. 각 현상에 해당하는 상호 작용의 기호를 쓰시오.

(1) 바닷물의 증발: (　　　)
(2) 광합성과 호흡: (　　　)
(3) 파도에 의해 깎인 해안 절벽: (　　　)
(4) 화산 폭발로 인한 기온 감소: (　　　)
(5) 식물이 자라면서 암석의 틈을 넓힘: (　　　)
(6) 수중 생물의 서식처 제공: (　　　)

5 ㉠(시추 , 운석 연구)는 지구 내부를 조사하는 직접적인 방법이고, ㉡(지진파 분석 , 화산 분출물 조사)은/는 지구 내부를 조사하는 간접적인 방법이다.

6 지구 내부를 조사하는 가장 효과적인 방법을 〈보기〉에서 고르시오.

보기
ㄱ. 시추　ㄴ. 지진파 분석　ㄷ. 운석 연구　ㄹ. 화산 분출물 조사

7~9 그림은 지구의 내부 구조를 나타낸 것이다.

7 A~D에 해당하는 층의 이름을 쓰시오.
A: (　　　), B: (　　　), C: (　　　), D: (　　　)

8 A와 B의 경계면은 (㉠　　　)이고, A~D 중 가장 많은 부피를 차지하는 층은 (㉡　　　)이다.

9 C는 ㉠(고체 , 액체 , 기체) 상태이고, D는 ㉡(고체 , 액체 , 기체) 상태이다.

1
2
3
4
5
6
7
8
9

정답과 해설 33쪽

01 계에 대한 설명으로 옳지 않은 것은?

① 여러 개의 구성 요소로 이루어져 있다.
② 각 구성 요소는 서로 영향을 주고받지 않는다.
③ 여러 요소가 모여 커다란 전체를 이룬 것이다.
④ 지구는 육지, 바다, 대기, 생물이 각각의 영역을 이루며 지구계를 이룬다.
⑤ 과학에서 다루는 계에는 소화계, 순환계, 생태계, 지구계, 태양계 등이 있다.

출제율 99%

02 지구계를 구성하는 요소가 아닌 것은?

① 지권 ② 수권 ③ 외권
④ 대류권 ⑤ 생물권

03 지구계의 구성 요소에 대한 설명으로 옳지 않은 것은?

① 수권은 대부분 바다가 차지한다.
② 기권에서 가장 많은 기체는 질소이다.
③ 지권은 모두 고체 상태로 이루어져 있다.
④ 기권에서는 비와 눈, 바람 등의 날씨 변화가 나타난다.
⑤ 외권은 높이 약 1000 km 이상에 해당하는, 기권 바깥의 공간이다.

04 지권에 속하지 않는 것은?

① 바다 밑에 쌓인 퇴적물
② 화산 폭발로 인한 화산재
③ 마그마가 식어서 생성된 화강암
④ 지하수에 의해 만들어진 석회 동굴
⑤ 물방울이 증발하고 응결하여 형성된 구름

05 생물권에 대한 설명으로 옳은 것을 〈보기〉에서 모두 고른 것은?

보기
ㄱ. 지권이나 기권, 수권에서 생활하는 모든 생물이 포함된다.
ㄴ. 기권이나 수권의 변화에 민감하게 반응한다.
ㄷ. 생물은 지구계의 변화에 적응하여 살아간다.

① ㄱ ② ㄷ ③ ㄱ, ㄴ
④ ㄴ, ㄷ ⑤ ㄱ, ㄴ, ㄷ

06 다음은 지구계의 구성 요소들 간의 상호 작용의 예이다.

식물은 이산화 탄소를 흡수하고 산소를 방출하는 광합성 작용을 한다.

상호 작용하는 지구계의 구성 요소를 옳게 짝 지은 것은?

① 지권−기권 ② 수권−지권
③ 기권−외권 ④ 외권−수권
⑤ 생물권−기권

[주관식]

07 그림은 지구계의 각 권역 간의 상호 작용을 나타낸 것이다.

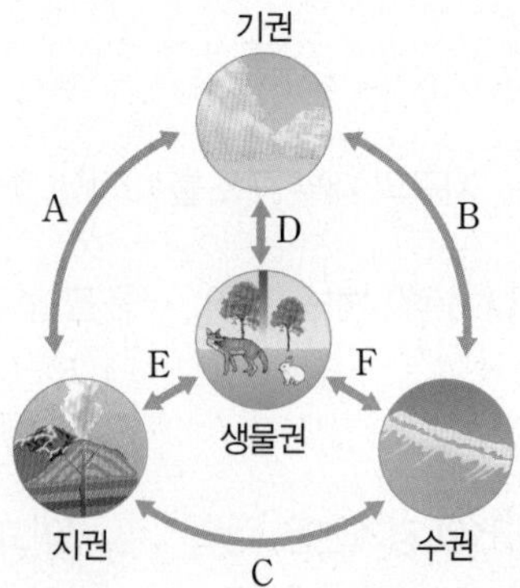

A~F 중 다음 현상은 어디에 해당하는지 기호를 쓰시오.

파도가 해안 절벽을 침식시켜 동굴이 만들어진다.

08 지구 내부 조사 방법 중 간접적인 방법을 〈보기〉에서 모두 고른 것은?

보기
ㄱ. 지구 내부 물질과 비슷한 물질로 이루어진 운석을 연구한다.
ㄴ. 화산이 폭발할 때 분출되는 물질을 조사한다.
ㄷ. 직접 땅을 파서 지구 내부 물질을 조사한다.
ㄹ. 지구 내부로 전달되는 지진파를 분석한다.

① ㄱ, ㄴ ② ㄱ, ㄹ ③ ㄴ, ㄷ
④ ㄴ, ㄹ ⑤ ㄷ, ㄹ

09 지진파에 대한 설명으로 옳은 것을 〈보기〉에서 모두 고른 것은?

보기
ㄱ. 지진파는 지표면만 통과한다.
ㄴ. 지진파는 모든 방향으로 전파된다.
ㄷ. 지진파는 통과하는 물질의 종류에 관계없이 속도가 일정하다.
ㄹ. 지진파를 이용하면 지구 내부를 가장 효과적으로 알 수 있다.

① ㄱ, ㄴ ② ㄱ, ㄷ ③ ㄴ, ㄷ
④ ㄴ, ㄹ ⑤ ㄷ, ㄹ

10 지진파를 이용한 지구 내부 조사 방법과 같은 원리를 이용한 예를 〈보기〉에서 모두 고른 것은?

보기
ㄱ. 초음파를 이용하여 배 속 태아의 모습을 본다.
ㄴ. 내시경 검사를 통해 몸속에 이상이 있는지 확인한다.
ㄷ. MRI(자기 공명 영상) 촬영으로 몸속 상태를 검사한다.
ㄹ. 공항 검색대에서 X선을 이용하여 가방 안을 검사한다.

① ㄱ, ㄹ ② ㄴ, ㄷ ③ ㄱ, ㄴ, ㄷ
④ ㄱ, ㄷ, ㄹ ⑤ ㄴ, ㄷ, ㄹ

[11~13] 그림은 지구 내부의 층상 구조를 나타낸 것이다.

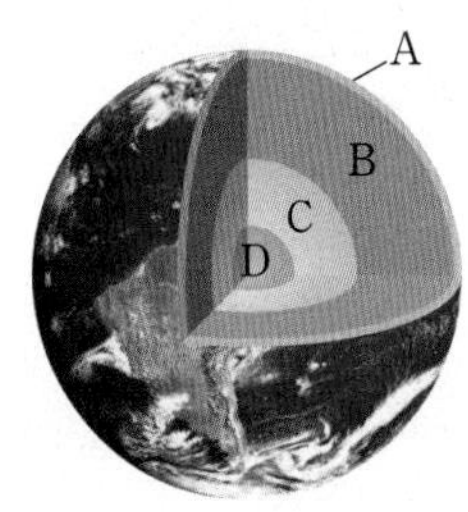

출제율 99%

11 A~D 중 액체 상태로 추정되는 층의 기호와 이름을 옳게 짝 지은 것은?

① A－지각 ② B－맨틀 ③ C－맨틀
④ C－외핵 ⑤ D－내핵

12 A~D 중 철과 니켈 같은 물질로 이루어져 있으며 고체 상태로 추정되는 층은?

① A ② B ③ C
④ D ⑤ C, D

[주관식] 출제율 99%

13 A~D 중 다음 설명과 같은 특징을 나타내는 층의 기호와 이름을 쓰시오.

• 유동성이 있어 서서히 움직인다.
• 지구 전체 부피의 약 80 %를 차지한다.
• 모호면에서 깊이 약 2900 km까지의 층이다.

14 핵에 대한 설명으로 옳지 않은 것은?

① 지구의 가장 중심 부분이다.
② 내핵은 외핵보다 온도와 압력이 높다.
③ 외핵은 액체 상태이고, 내핵은 고체 상태이다.
④ 핵은 지각과 맨틀보다 가벼운 물질로 이루어져 있다.
⑤ 외핵은 지하 약 2900~5100 km까지이고, 그 안쪽은 내핵이다.

[15~16] 그림은 지각의 구조를 나타낸 것이다.

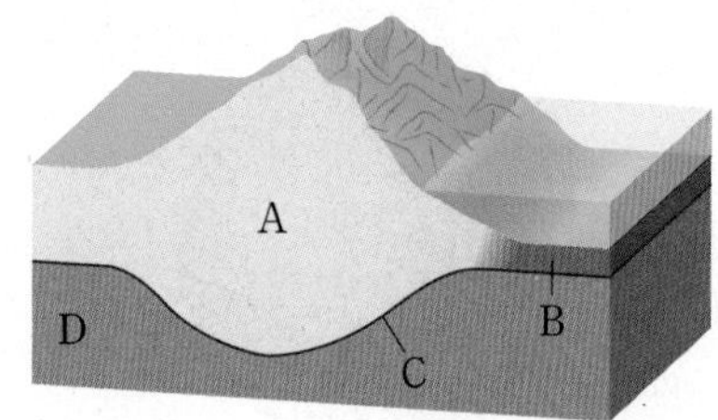

[주관식]

15 A~D에 해당하는 이름을 각각 쓰시오.

출제율 99%

16 위 그림에 대한 설명으로 옳지 않은 것은?

① A는 화강암질 암석, B는 현무암질 암석으로 되어 있다.
② C은 지각과 맨틀의 경계면이다.
③ C에서 지진파의 속도가 갑자기 변한다.
④ D는 유동성이 있는 액체 상태이다.
⑤ D는 A와 B보다 무거운 물질로 이루어져 있다.

[주관식]

17 다음은 지구 내부 구조의 모형을 만드는 모습을 나타낸 것이다.

(가) 모형의 반지름을 정하고, 각 층의 두께를 계산한다.
(나) 투명 필름에 각 층의 두께를 표시하여 호를 그린다.
(다) 투명 필름을 원뿔 모양으로 만든 후 층마다 다른 색깔의 고무찰흙을 채운다.

이 실험 결과에 대한 설명으로 옳은 것을 〈보기〉에서 모두 고르시오.

보기
ㄱ. 지구의 내부는 3개의 층으로 이루어져 있다.
ㄴ. 지구 내부 각 층의 두께는 다르다.
ㄷ. 지구 내부 구조 모형 중에서 고무찰흙으로 표현하기 가장 어려운 층은 두께가 가장 얇은 지각이다.
ㄹ. 지구 내부 구조 모형 중에서 고무찰흙이 가장 많이 들어간 층은 맨틀이다.

18 다음은 지구 내부 층상 구조의 각 층에서 나타나는 특징이다.

(가) 나머지 세 층과 물질의 상태가 다르다.
(나) 두께가 가장 얇다.
(다) 가장 많은 부피를 차지한다.
(라) 온도와 압력이 가장 높다.

지표에서 지구 중심으로 가면서 나타나는 층상 구조를 순서대로 옳게 나열한 것은?

① (가)−(나)−(라)−(다)
② (나)−(가)−(다)−(라)
③ (나)−(다)−(가)−(라)
④ (다)−(가)−(라)−(나)
⑤ (다)−(나)−(가)−(라)

[주관식]

19 그림은 지구 내부의 층상 구조를 나타낸 것이다.

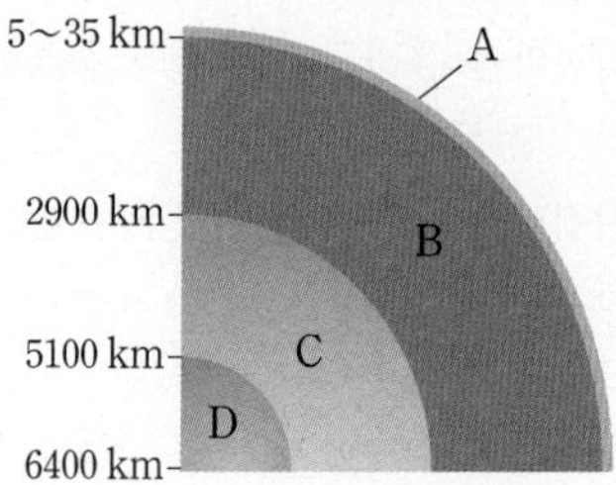

지구의 내부를 달걀로 비유했을 때 흰자에 해당하는 층의 기호와 명칭을 쓰시오.

20 그림은 지각의 일부를 나타낸 것이다.

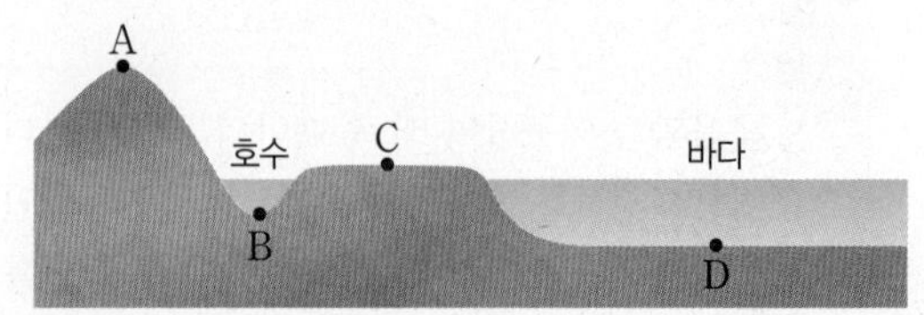

모호면의 깊이가 가장 얕게 나타날 것으로 예상되는 지역은?

① A ② B
③ C ④ D
⑤ 모두 같다.

고난도 문제

21 그림은 지각의 구조를 알아보기 위해 두께가 다른 2개의 나무 도막을 물에 띄워 놓은 모습을 나타낸 것이다.

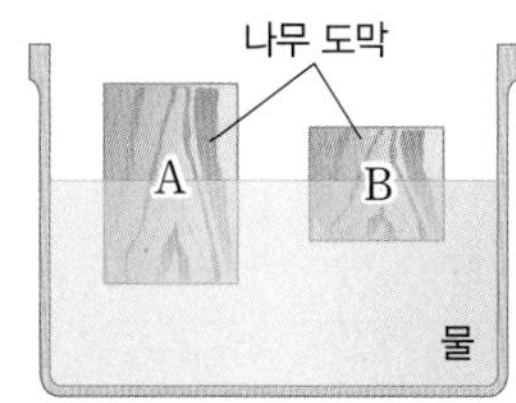

이에 대한 설명으로 옳은 것을 〈보기〉에서 모두 고른 것은?

> 보기
> ㄱ. 물은 맨틀에 비유된다.
> ㄴ. 나무 도막과 물의 경계면은 모호면에 비유된다.
> ㄷ. 수면 위로 높이 솟아 있는 나무 도막일수록 두께가 얇다.
> ㄹ. 나무 도막 A는 해양 지각, 나무 도막 B는 대륙 지각에 비유된다.

① ㄱ, ㄴ　② ㄱ, ㄷ　③ ㄴ, ㄷ
④ ㄴ, ㄹ　⑤ ㄷ, ㄹ

자료 분석 | 정답과 해설 34쪽

22 표는 반지름이 64 cm인 지구 내부 모형을 만들기 위해 지구 내부 구조 각 층의 두께를 계산한 것이다.

층	지표로부터 깊이 (km)	실제 두께(km)	모형의 두께 (cm)
지각	0~35	35	B
맨틀	35~2900	2865	28.65
외핵	2900~5100	A	22
내핵	5100~6400	1300	C

이에 대한 설명으로 옳은 것을 〈보기〉에서 모두 고른 것은?

> 보기
> ㄱ. A는 2200 km이다.
> ㄴ. B는 6400 km : B=35 km : 64 cm의 비례식을 이용하여 구할 수 있다.
> ㄷ. C는 13 cm이다.
> ㄹ. 모형에서 핵의 두께는 29 cm이다.

① ㄱ, ㄴ　② ㄱ, ㄷ　③ ㄴ, ㄷ
④ ㄴ, ㄹ　⑤ ㄷ, ㄹ

자료 분석 | 정답과 해설 34쪽

서술형 문제

23 다음은 지구에서 일어나는 어떤 자연 현상을 나타낸 것이다.

> 큰 화산 폭발로 지구의 기온이 떨어졌다.

(1) 이와 같은 현상에서 상호 작용하는 지구계의 구성 요소를 쓰시오.

____

(2) 화산 폭발로 인해 지구의 기온이 낮아진 까닭을 서술하시오.

____

____

24 다음은 지구 내부 조사 방법에 대해 학생들이 나눈 대화 내용이다.

> • 민경: 지구 내부를 조사하는 방법에는 다양한 방법이 있다고 해.
> • 영우: 지구 내부를 직접 파서 조사하는 방법도 있고 화산 분출물을 조사하는 방법도 있대.
> • 수지: 응! 그런데 이 방법들로는 지구 내부 전체를 조사할 수는 없어.
> • 영우: 그럼, 어떻게 알 수 있을까?

(1) 지구 내부를 가장 효과적으로 알 수 있는 방법을 쓰시오.

____

(2) 위의 (1)과 같은 방법이 가장 효과적인 까닭을 서술하시오.

____

____

1 암석의 분류

문제 공략 10쪽

분류 기준	암석의 생성 과정
화성암	마그마나 용암이 식어서 만들어진 암석
퇴적암	퇴적물이 쌓이고 굳어져서 만들어진 암석
❶( )	기존의 암석이 높은 열과 압력을 받아 성질이 변한 암석

2 화성암

① 생성 장소에 따른 화성암

구분	생성 장소	냉각 속도	광물 결정 크기
화산암	지표 부근	❷( )	작다
심성암	지하 깊은 곳	❸( )	크다
화산암과 심성암의 생성 위치	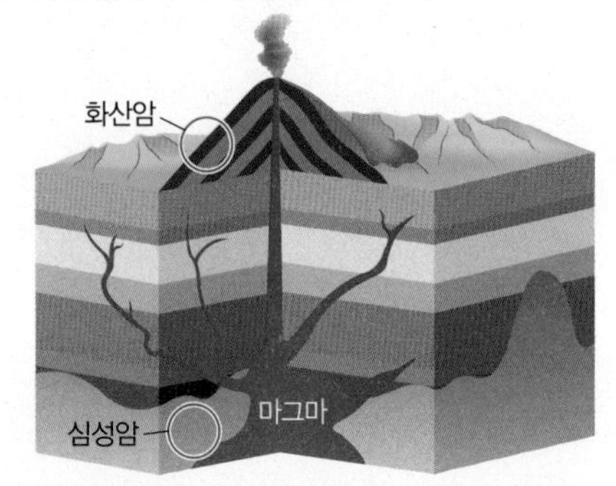		

② 화성암의 분류

결정 크기 \ 색	어둡다 ◀ 암석의 색 ▶ 밝다	
작다 (화산암)	❹( )	유문암
크다 (심성암)	반려암	화강암
분류 그래프	❺( ) ↕ 광물 결정의 크기 ↕ ❻( ) 반려암, 화강암, 현무암, 유문암 어둡다 ◀ 암석의 색 ▶ 밝다	

3 퇴적암

① 퇴적암의 생성 과정: 퇴적물 생성, 운반 → 퇴적 → ❼( ) → 굳어짐 → 퇴적암 생성

② 퇴적암의 특징

층리	크기, 종류, 색깔이 서로 다른 퇴적물이 쌓이면서 만들어진 평행한 줄무늬
❽( )	과거에 살았던 생물의 유해나 흔적

③ 퇴적암의 분류

구분	퇴적물의 크기에 따라		
퇴적물	자갈	모래	❾( )
퇴적암	역암	사암	셰일
퇴적암을 이루는 퇴적물의 크기	해안가에서 멀어질수록 퇴적물의 크기가 작아진다. 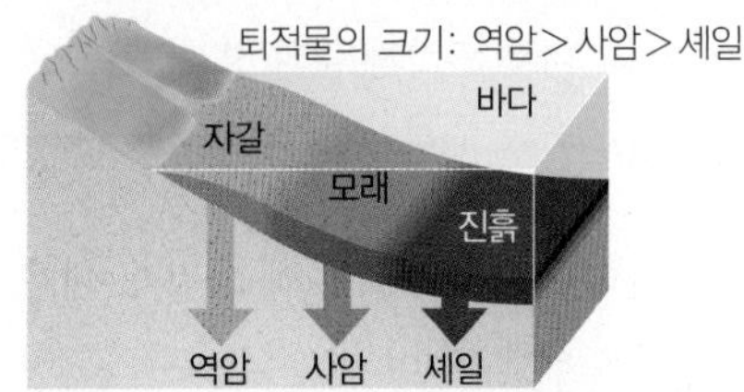		
구분	퇴적물의 종류에 따라		
퇴적물	석회 물질	화산재	소금
퇴적암	❿( )	응회암	암염

4 변성암

① 변성암의 특징

- 엽리: 암석이 압력의 영향을 크게 받을 때 암석 속 광물이 압력의 ⓫( ) 방향으로 배열되면서 만들어진 줄무늬이다.

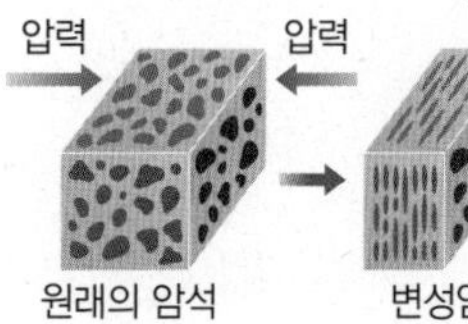

▲ 엽리의 생성 원리

- 재결정: 암석이 열의 영향을 크게 받으면 암석을 이루는 광물이 다른 광물로 변하거나 광물 결정이 커진다.

② 변성암의 종류

원래 암석	화강암	사암	석회암	셰일
변성암	⓬( )	규암	대리암	⓭( ) → 편마암

5 암석의 순환

지각을 이루는 암석이 오랜 시간 동안 환경 변화에 따라 끊임없이 다른 암석으로 변해 가는 과정

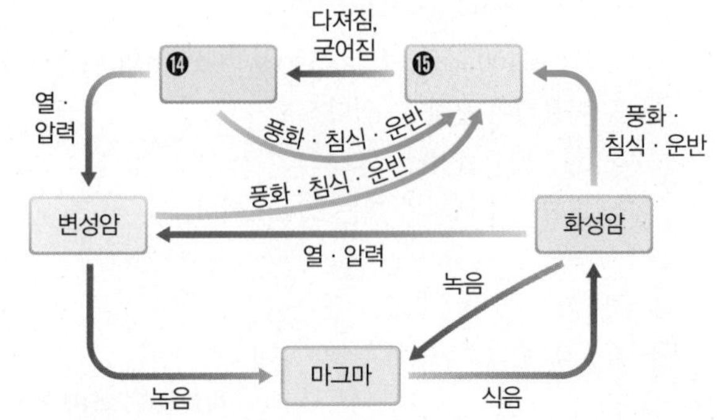

중단원 퀴즈

정답과 해설 35쪽

답안지

1 암석을 화성암, 퇴적암, 변성암으로 분류하는 기준은 암석의 ( ) 과정이다.

2 마그마가 식어서 만들어진 암석은 (㉠)이고, 퇴적물이 쌓여서 만들어진 암석은 (㉡)이며, 암석이 열과 압력을 받아 변성된 암석은 (㉢)이다.

3~5 다음은 화성암의 생성 위치와 화성암의 종류를 나타낸 것이다.

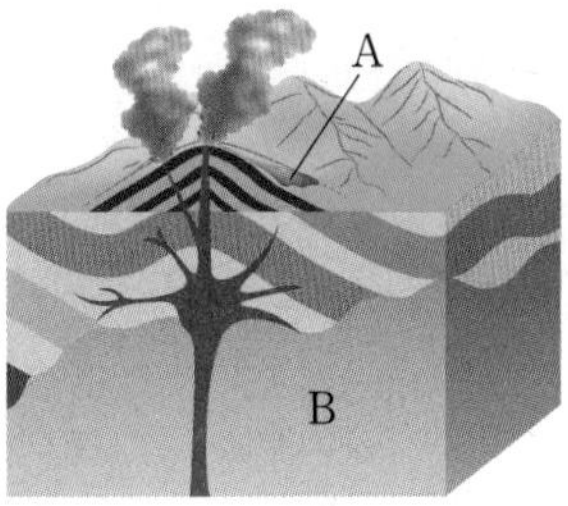

A
B

반려암, 유문암, 현무암, 화강암

3 A 위치에서 만들어진 화성암을 ㉠ (화산암 , 심성암)이라 하고, B 위치에서 만들어진 화성암을 ㉡ (화산암 , 심성암)이라고 한다.

4 A와 B 위치에서 생성된 암석을 골라 각각 쓰시오.

5 A 위치에서 생성된 화성암 중 어두운색 암석은 (㉠)이고, B 위치에서 생성된 암석 중 밝은색 암석은 (㉡)이다.

6 퇴적암의 생성 과정은 '퇴적물 운반 → 퇴적 → 다져짐 → ( ) → 퇴적암 생성'이다.

7 셰일은 진흙이 퇴적되어 만들어진 암석이고, 모래가 퇴적되어 만들어진 암석은 (㉠)이며, 자갈이 퇴적되어 만들어진 암석은 (㉡)이다.

8 퇴적암을 이루는 퇴적물의 크기가 가장 큰 암석은 (역암 , 사암 , 셰일)이다.

9 퇴적암에서 나타나는 줄무늬는 ㉠ (층리 , 엽리)이고, 변성암에서 나타나는 줄무늬는 ㉡ (층리 , 엽리)이다.

10 사암이 변성되어 만들어진 암석은 (㉠)이고, 석회암이 변성되어 만들어진 암석은 (㉡)이다.

11 그림은 암석의 순환 과정을 나타낸 것이다. A와 B에 해당하는 암석의 종류를 쓰시오.

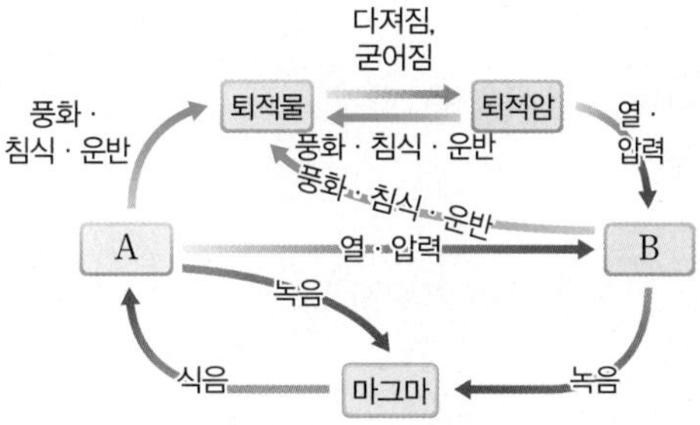

다져짐, 굳어짐
풍화 · 침식 · 운반
퇴적물
퇴적암
풍화 · 침식 · 운반
열 · 압력
풍화 · 침식 · 운반
A
열 · 압력
B
녹음
식음
마그마
녹음

암기 문제 공략 암석 분류하기

정답과 해설 35쪽

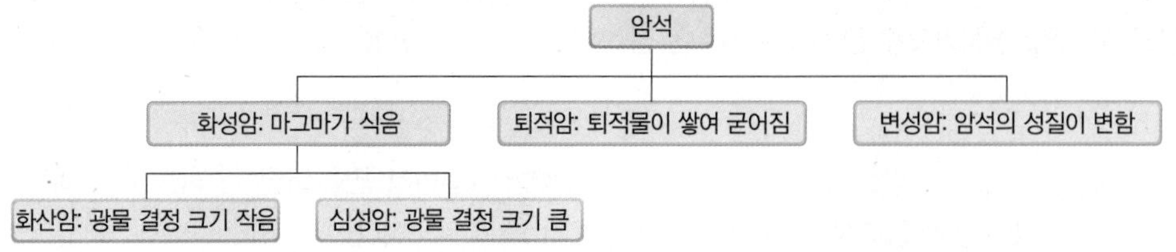

1 〈보기〉는 암석의 예를 나타낸 것이다. 다음 설명에 해당하는 암석을 골라 기호를 쓰시오.

보기

ㄱ. 현무암	ㄴ. 역암	ㄷ. 규암
ㄹ. 화강암	ㅁ. 유문암	ㅂ. 사암
ㅅ. 셰일	ㅇ. 석회암	ㅈ. 반려암
ㅊ. 편암	ㅋ. 대리암	ㅌ. 편마암

(1) 심성암에 속하는 암석을 모두 고르시오.

(2) 광물 결정의 크기가 작고, 밝은색을 띠는 화성암을 고르시오.

(3) 화산암이면서 어두운색을 띠는 암석을 고르시오.

(4) 퇴적물의 크기가 크고, 주로 자갈이 쌓여 굳어진 암석을 고르시오.

(5) 화석이나 층리가 나타날 수 있는 암석을 모두 고르시오.

(6) 석회 물질, 산호, 조개껍데기 등이 퇴적되어 만들어진 암석을 고르시오.

(7) 석회암이 변성 작용을 받아 만들어진 암석을 고르시오.

(8) 사암이 변성되어 만들어진 변성암을 고르시오.

(9) 셰일은 변성 작용을 받으면 변성 정도에 따라 (㉠) → (㉡) 순으로 변성암이 만들어진다.

(10) 엽리가 뚜렷하게 나타나는 암석을 두 가지 고르시오.

(11) 묽은 염산과 반응하는 암석을 모두 고르시오.

2 그림은 암석을 분류하는 과정을 나타낸 것이다.

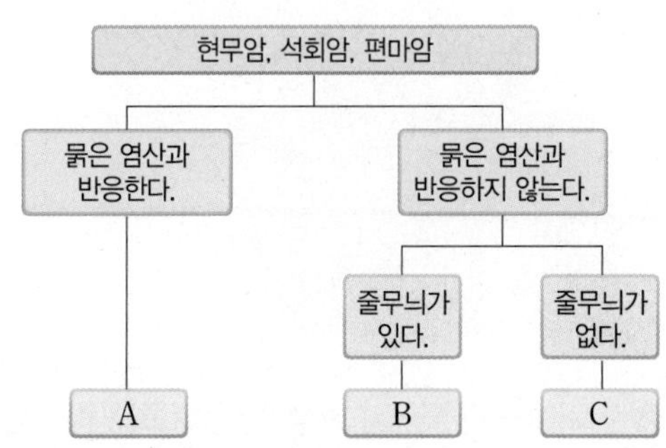

A, B, C에 해당하는 암석을 쓰시오.

3 그림은 반려암, 사암, 편마암을 특징에 따라 분류하였다.

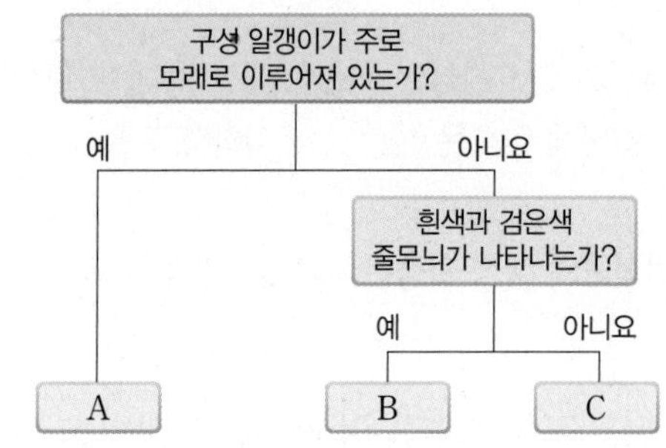

A, B, C에 해당하는 암석을 쓰시오.

4 그림은 암석의 순환 과정을 나타낸 것이다.

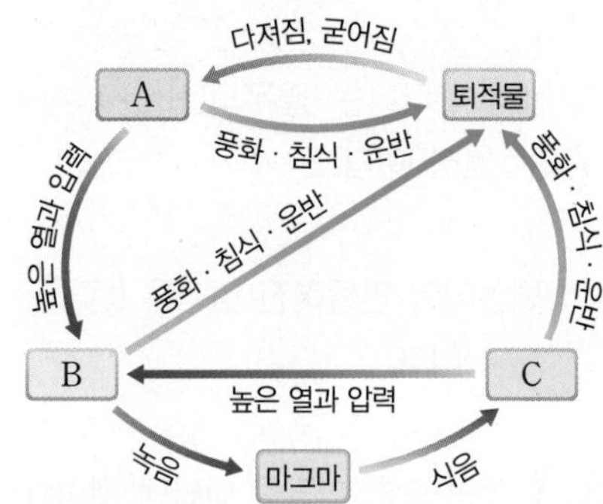

(1) A, B, C에 해당하는 암석의 종류를 쓰시오.

(2) A, B, C에 해당하는 암석을 1번 문항의 〈보기〉에서 각각 고르시오.

정답과 해설 35쪽

01 암석의 생성 과정이 나머지 암석과 다른 하나는?

① 화강암 ② 현무암 ③ 반려암
④ 석회암 ⑤ 유문암

02 화성암에 대한 설명으로 옳은 것은?

① 지표 부근에서만 생성된다.
② 지하 깊은 곳에서만 생성된다.
③ 마그마가 식어서 굳어진 암석이다.
④ 퇴적물이 굳어져서 만들어진 암석이다.
⑤ 높은 열과 압력을 받아서 생성된 암석이다.

[03~04] 그림은 화성암이 만들어지는 장소를 나타낸 것이다.

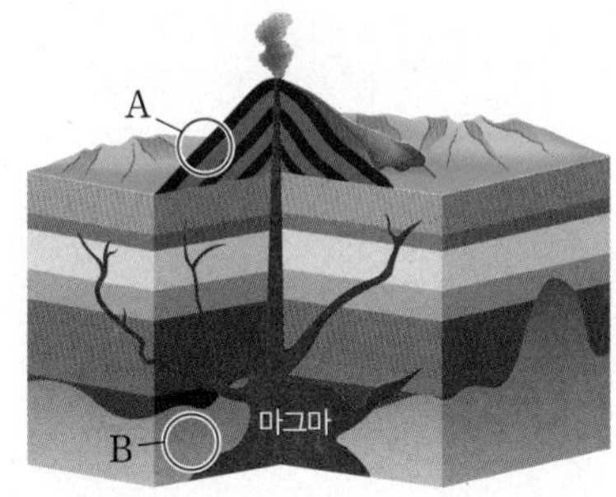

03 위 그림에 대한 설명으로 옳은 것을 〈보기〉에서 모두 고른 것은?

보기
ㄱ. A에서는 화산암, B에서는 심성암이 생성된다.
ㄴ. A 지역의 암석은 B 지역의 암석보다 색이 어둡다.
ㄷ. A 지역은 B 지역보다 마그마가 빨리 식는다.
ㄹ. B보다 A에서 생성된 암석의 광물 결정 크기가 더 크다.

① ㄱ, ㄷ ② ㄴ, ㄹ ③ ㄷ, ㄹ
④ ㄱ, ㄴ, ㄹ ⑤ ㄴ, ㄷ, ㄹ

출제율 99%

04 A와 B에서 생성된 화성암을 옳게 짝 지은 것은?

	A	B		A	B
①	화강암	반려암	②	현무암	유문암
③	현무암	화강암	④	반려암	현무암
⑤	반려암	유문암			

[05~06] 그림은 화성암을 암석의 색과 암석을 구성하는 광물 결정의 크기에 따라 분류한 것이다.

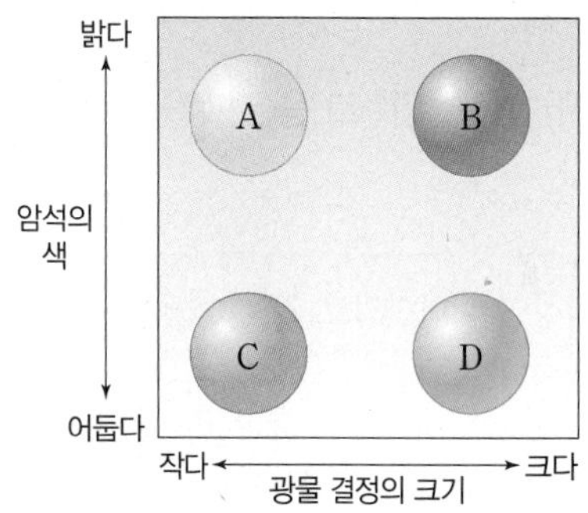

05 위 그림에 대한 설명으로 옳은 것은?

① A와 B는 심성암이다.
② B와 D는 화산암이다.
③ A는 마그마가 지하 깊은 곳에서 천천히 식어서 만들어진 암석이다.
④ D는 마그마가 지표에서 빠르게 식어서 만들어진 암석이다.
⑤ A, B는 C, D보다 어두운색 광물의 부피비가 작다.

06 A~D 중에서 다음 설명에 해당하는 암석을 찾아 그 기호와 이름을 옳게 짝 지은 것은?

- 밝은색 광물을 많이 포함하고 있다.
- 지하 깊은 곳에서 마그마가 천천히 냉각되어 생성되었다.

① A – 유문암 ② B – 화강암
③ B – 석회암 ④ C – 현무암
⑤ D – 반려암

07 다음 설명에 해당하는 화성암은?

> • 암석을 이루는 알갱이의 크기가 작아서 육안으로는 잘 구분되지 않는다.
> • 검은색이고 구멍이 뚫려 있다.
> • 제주도 돌하르방을 만드는 재료로 이용된다.

① 화강암 ② 현무암 ③ 반려암
④ 유문암 ⑤ 편마암

08 화성암에 대한 설명으로 옳은 것을 〈보기〉에서 모두 고른 것은?

> 보기
> ㄱ. 심성암은 화산암보다 지하 깊은 곳에서 생성된 암석이다.
> ㄴ. 마그마의 냉각 속도가 느릴수록 화성암을 이루는 광물 결정의 크기가 크다.
> ㄷ. 화산암은 심성암보다 색이 밝다.
> ㄹ. 화강암과 현무암을 이루는 광물의 종류와 비율은 같다.

① ㄱ, ㄴ ② ㄱ, ㄷ ③ ㄴ, ㄷ
④ ㄴ, ㄹ ⑤ ㄷ, ㄹ

09 퇴적물과 퇴적암에 대한 설명으로 옳지 않은 것을 모두 고르면? (2개)

① 지표에 드러난 암석은 오랜 시간이 지나면 자갈, 모래, 진흙 등의 작은 알갱이로 부서진다.
② 풍화·침식된 암석의 알갱이들은 물, 바람, 빙하 등에 의해 운반되어 호수나 바다 밑바닥에 쌓인다.
③ 퇴적물이 다져지면 퇴적물을 이루는 입자 사이의 거리가 더 넓어진다.
④ 쌓인 퇴적물이 열과 압력에 의해 구조나 성질이 변하면서 퇴적암이 된다.
⑤ 퇴적물의 크기, 종류, 색깔에 따라 퇴적암에 층리가 나타나기도 한다.

10 다음은 어떤 암석이 생성되는 과정이다.

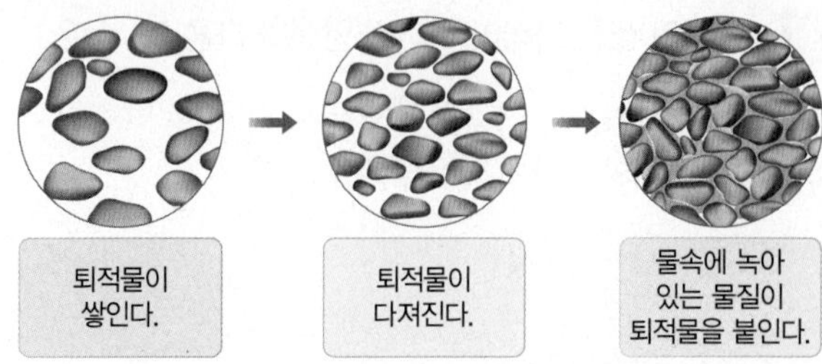

이와 같은 과정으로 만들어진 암석은?

① 화강암 ② 사암 ③ 편마암
④ 현무암 ⑤ 대리암

11 다음의 암석들이 가지는 공통점은?

> • 셰일 • 역암 • 응회암

① 주로 지하 깊은 곳에서 생성된다.
② 밝은색 광물들을 많이 포함하고 있다.
③ 암석을 이루는 알갱이의 크기가 크다.
④ 압력 방향에 수직으로 배열된 줄무늬가 나타난다.
⑤ 과거에 살았던 생물의 유해나 흔적이 발견되기도 한다.

출제율 99%

12 표는 퇴적물과 그에 따른 퇴적암을 나타낸 것이다.

퇴적물	모래	진흙	화산재
퇴적암	A	셰일	B

A와 B에 해당하는 퇴적암을 옳게 짝 지은 것은?

	A	B
①	역암	암염
②	사암	암염
③	사암	응회암
④	응회암	역암
⑤	석회암	사암

13 그림은 퇴적암의 생성 장소를 나타낸 것이다.

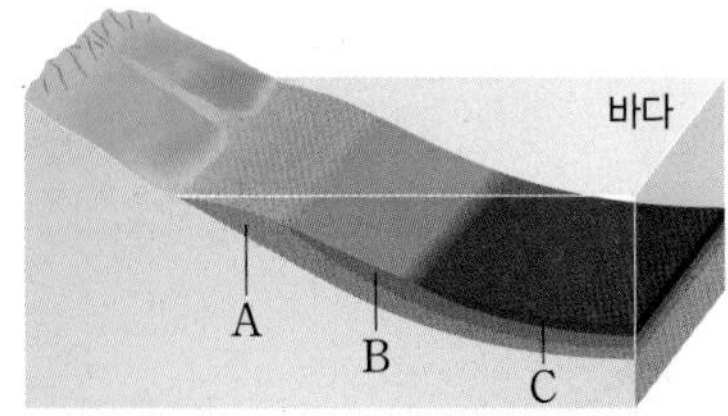

이에 대한 설명으로 옳은 것은?

① A에서는 주로 셰일이 생성된다.
② B에서는 주로 사암이 생성된다.
③ C에서는 주로 역암이 생성된다.
④ A, B, C 중 C에 퇴적된 퇴적물의 크기가 가장 크다.
⑤ 퇴적물의 크기가 클수록 해안에서 먼 곳까지 운반되어 쌓인다.

출제율 99%

14 퇴적물의 크기가 큰 퇴적암 순으로 옳게 비교한 것은?

① 역암 > 사암 > 셰일
② 역암 > 셰일 > 사암
③ 사암 > 역암 > 셰일
④ 사암 > 셰일 > 역암
⑤ 셰일 > 사암 > 역암

15 그림은 암석에 나타나는 줄무늬의 생성 원리를 알아보는 실험이다.

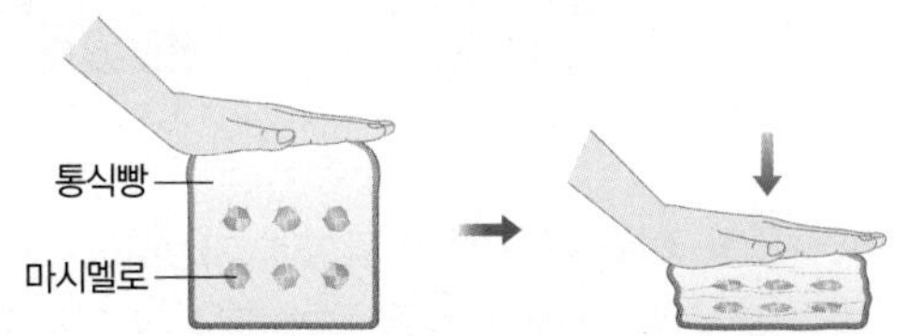

이와 같은 원리로 생성되는 줄무늬의 이름과 줄무늬가 나타나는 암석을 옳게 짝 지은 것은?

① 층리 - 셰일
② 층리 - 화강암
③ 엽리 - 편마암
④ 엽리 - 반려암
⑤ 엽리 - 석회암

16 다음 설명에 해당하는 암석끼리 옳게 짝 지은 것은?

• 암석이 높은 열과 압력을 받아 만들어졌다.
• 엽리가 나타난다.

① 사암, 편암
② 대리암, 응회암
③ 암염, 화강암
④ 편암, 편마암
⑤ 편마암, 현무암

출제율 99%

17 표는 변성 작용을 받기 전의 원래 암석과 변성암을 나타낸 것이다.

원래 암석	A	사암	석회암	화강암
변성암	편암, 편마암	B	C	D

A~D에 해당하는 암석을 옳게 짝 지은 것은?

	A	B	C	D
①	역암	대리암	편마암	규암
②	역암	각섬암	규암	편마암
③	셰일	규암	대리암	편마암
④	셰일	편마암	각섬암	대리암
⑤	규암	편암	편마암	대리암

18 변성암에 대한 설명으로 옳은 것을 〈보기〉에서 모두 고른 것은?

보기
ㄱ. 규암, 대리암은 변성암에 해당한다.
ㄴ. 층리가 나타나거나 화석이 발견된다.
ㄷ. 암석이 압력을 받아 광물이 압력에 평행하게 배열된다.
ㄹ. 암석이 열을 받아 광물이 다른 광물로 변하거나 광물 결정이 커지기도 한다.

① ㄱ, ㄹ
② ㄴ, ㄷ
③ ㄷ, ㄹ
④ ㄱ, ㄴ, ㄷ
⑤ ㄴ, ㄷ, ㄹ

19 그림 (가)는 석회암, (나)는 편마암을 나타낸 것이다.

(가) (나)

이에 대한 설명으로 옳은 것을 〈보기〉에서 모두 고른 것은?

> 보기
> ㄱ. (가)는 퇴적암이고, (나)는 변성암이다.
> ㄴ. (가)는 열과 압력을 받으면 대리암으로 변한다.
> ㄷ. (나)에 나타난 줄무늬를 엽리라고 한다.

① ㄱ ② ㄴ ③ ㄱ, ㄷ
④ ㄴ, ㄷ ⑤ ㄱ, ㄴ, ㄷ

[주관식]

20 다음은 여러 가지 암석들을 특징에 따라 분류한 것이다.

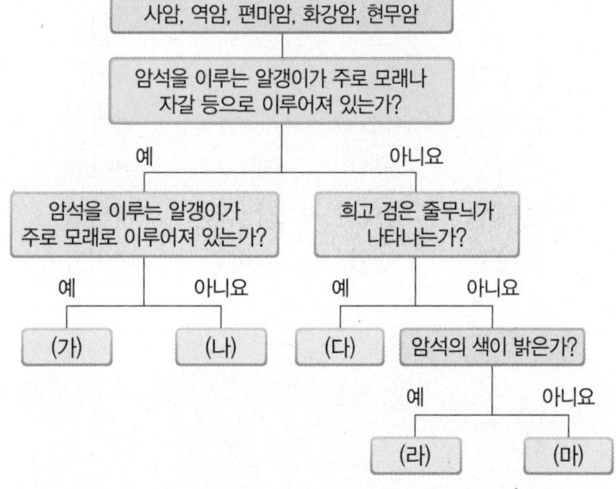

(가)~(마)에 해당하는 암석의 이름을 각각 쓰시오.

21 암석의 순환에 대한 설명으로 옳은 것은?

① 마그마가 식으면 변성암이 된다.
② 변성암이 녹으면 퇴적암이 된다.
③ 화성암이 풍화·침식되면 마그마가 된다.
④ 퇴적물이 풍화·침식되면 퇴적암이 된다.
⑤ 퇴적암이 높은 열과 압력을 받아 성질이 변하면 변성암이 된다.

[22~23] 그림은 암석의 순환 과정을 나타낸 것이다.

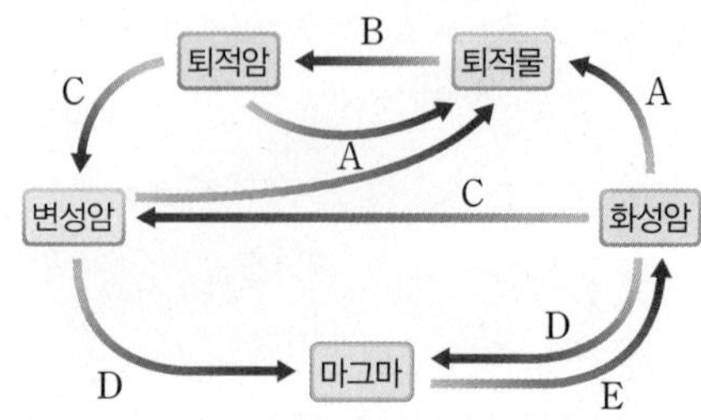

출제율 99%

22 A~E 과정에 대한 설명으로 옳지 않은 것은?

① A: 풍화와 침식 작용으로 잘게 부서지는 과정이다.
② B: 퇴적물이 단단하게 굳어져 암석이 되는 과정이다.
③ C: 기존의 암석이 변성 작용을 받아 성질이 변하는 과정이다.
④ D: 암석이 매우 높은 열을 받아 녹는 과정이다.
⑤ E: 자갈, 모래, 진흙 등으로 구성된 암석이 만들어지는 과정이다.

23 다음은 어떤 암석의 생성 과정을 설명한 것이다.

> 화강암이 변성 작용을 받아 암석 속의 알갱이가 압력의 수직 방향으로 배열되어 생긴 줄무늬가 보이는 암석이 생성되었다.

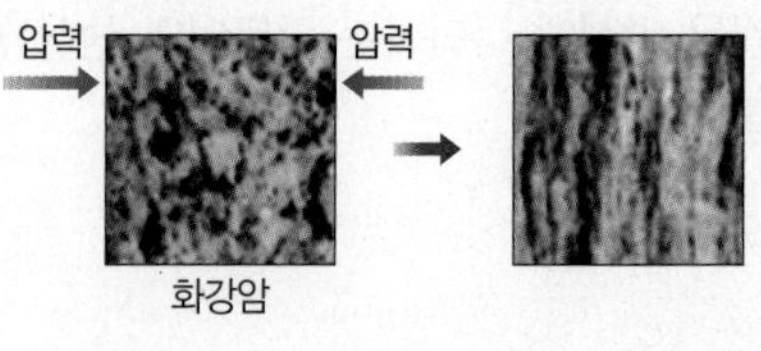

A~E 중 이와 같은 생성 과정에 해당하는 것을 찾고, 그 결과 생성된 암석의 이름을 옳게 짝 지은 것은?

① A – 규암
② B – 대리암
③ C – 편마암
④ D – 편마암
⑤ E – 대리암

고난도 문제

24 그림 (가)는 시험관 속의 스테아르산을 녹여 더운물과 얼음물에서 냉각시킨 후 각 결정의 크기를 비교하는 실험을, (나)는 화산암과 심성암에 해당하는 암석의 결정을 스케치한 모습을 순서 없이 나타낸 것이다.

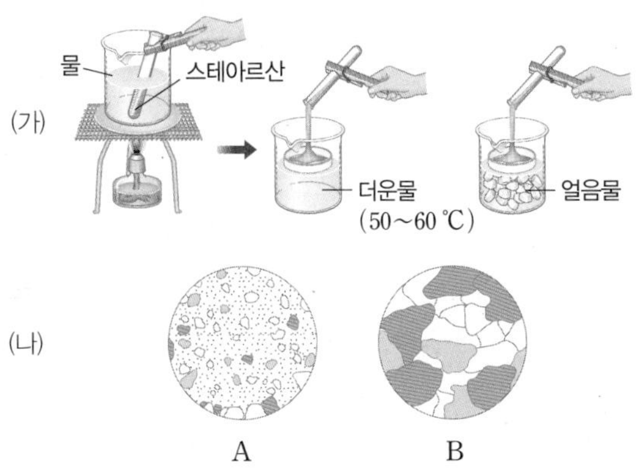

이에 대한 해석으로 옳지 않은 것을 모두 고르면? (2개)

① 화성암의 결정 크기는 냉각 속도와 관계있다.
② 더운물은 화산암의 생성 환경에 해당한다.
③ 더운물은 지하 깊은 곳, 얼음물은 지표에 해당한다.
④ 스테아르산의 냉각 속도는 더운물보다 얼음물에서 더 빠르다.
⑤ 더운물에서 냉각시킨 결정의 크기는 A, 얼음물에서 냉각시킨 결정의 크기는 B에 비유할 수 있다.

자료 분석 | 정답과 해설 36쪽

25 그림은 암석을 분류하는 과정을 나타낸 것이다.

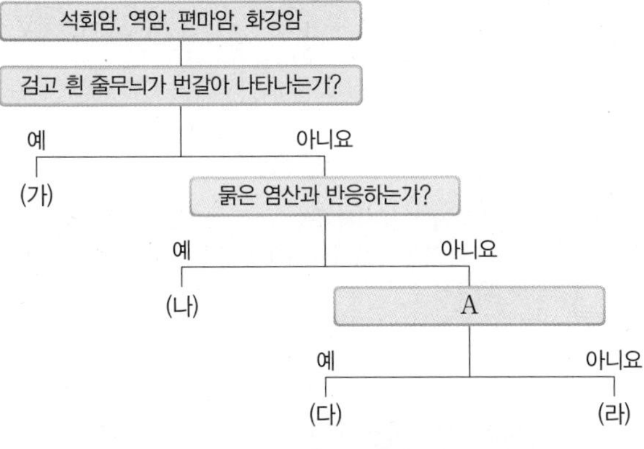

이 자료에 대한 해석으로 옳은 것은?

① (가)는 석회암이다.
② (나)는 편마암이다.
③ '암석이 자갈이나 모래와 같은 퇴적물로 이루어져 있는가?'라는 질문은 A에 들어갈 수 있다.
④ A에 '마그마가 식어서 굳어진 암석인가?'라는 질문이 들어갈 경우, (다)는 역암이다.
⑤ A에 '화석이 발견될 수 있는 암석인가?'라는 질문이 들어갈 경우, (다)는 화강암이다.

자료 분석 | 정답과 해설 36쪽

서술형 문제

26 그림 (가)와 (나)는 반려암과 현무암을 순서 없이 나타낸 것이다.

(가) (나)

(1) (가)와 (나)의 암석의 이름을 각각 쓰시오.

(2) (가)와 (나)의 차이점을 다음 용어를 포함하여 생성 과정과 관련지어 서술하시오.

지표, 마그마, 지하, 광물 결정

27 그림 (가)는 광물 결정의 크기와 암석의 색에 따라 화성암을 구분한 것이고, (나)는 화성암이 만들어지는 장소를 나타낸 것이다. ㉠과 ㉡은 화강암과 현무암 중 하나이다.

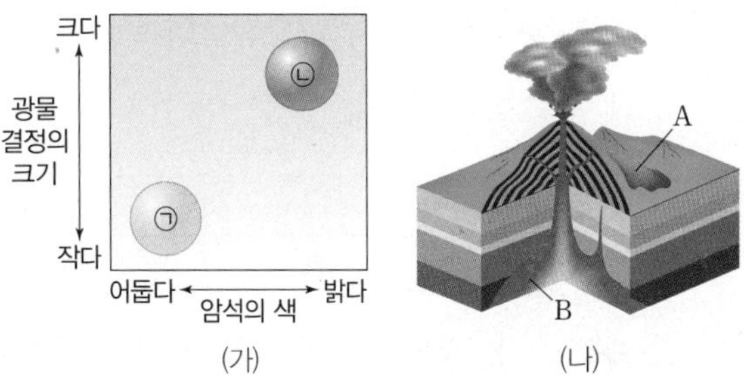

(가) (나)

(1) ㉠과 ㉡에 해당하는 암석의 이름을 쓰고, 암석이 생성된 위치를 그림 (나)의 A와 B 중에서 고르시오.

(2) A와 B에서 생성된 암석의 광물 결정 크기가 다르게 나타나는 까닭을 서술하시오.

(3) 위 자료를 이용하여 유문암의 색과 광물 결정의 크기를 서술하시오.

28 퇴적암에 나타나는 층리와 변성암에 나타나는 엽리의 차이점을 생성 과정과 연관 지어 서술하시오.

정답과 해설 37쪽

1 광물

지각의 구성 물질	지각은 암석이 모여서, 암석은 광물이 모여서 만들어진다. ➡ 지각 ⊃ 암석 ⊃ 광물
광물	암석을 이루는 작은 알갱이
조암 광물	암석을 이루는 주된 광물
주요 조암 광물	❶(　　　), 석영, 휘석, 흑운모, 각섬석, 감람석
조암 광물의 부피비	장석 51 %, ❷(　　　) 12 %, 휘석 11 %, 흑운모 5 %, 각섬석 5 %, 기타 16 %

2 광물의 특성

문제 공략 18~19쪽

① 광물의 특성: 다른 광물과 구별되는 고유한 성질

② 광물을 구별하는 방법과 구별하는 방법이 아닌 것

구별하는 방법	색, 조흔색, 굳기, 염산 반응, 자성 등
구별하는 방법이 아닌 것	질량, 크기, 무게, 부피, 길이 등

③ 색: 광물의 겉보기 색

밝은색 광물	어두운색 광물
장석, 석영	❸(　　　), 각섬석, 휘석, 감람석

④ ❹(　　　): 광물을 조흔판에 긁었을 때 나타나는 광물 가루의 색

광물	금	황철석	❺(　　　)
색	노란색		
조흔색	노란색	검은색	녹흑색
광물	흑운모	❻(　　　)	자철석
색	검은색		
조흔색	흰색	적갈색	검은색

⑤ 굳기: 광물의 무르고 단단한 정도 ➡ 두 광물을 서로 긁어 보면 덜 단단한 광물이 긁힘

긁히지 않는 광물의 굳기>긁히는 광물의 굳기

예 방해석이 석영에 긁힘

➡ 굳기: 석영 ❼(　　　) 방해석

⑥ 염산 반응: 묽은 염산을 떨어뜨리면 거품이 발생하는 성질 예 ❽(　　　)

⑦ 자성: 자석처럼 쇠붙이가 달라붙는 성질 예 자철석

3 풍화

① 풍화: 오랜 시간에 걸쳐 암석이 잘게 부서지거나 성분이 변하는 현상

② 풍화를 일으키는 주요 원인: ❾(　　　), 공기, 생물 등

③ 풍화 작용: 풍화를 일으키는 모든 작용

암석이 잘게 부서지는 작용	• 물이 어는 작용에 의한 풍화: 암석 틈 사이로 스며든 물이 얼었다 녹았다를 반복하는 과정에서 암석이 부서진다. • 식물의 뿌리에 의한 풍화: 암석의 틈에 식물이 뿌리를 내려 자라면서 틈을 넓혀 암석이 부서진다. • 압력 감소에 의한 풍화: 암석이 지표로 드러나면 암석이 받는 압력이 ❿(　　　)져 암석 표면이 얇게 떨어져 나간다.
암석의 성분이 변하는 작용	• 지하수에 의한 풍화: 지하수가 석회암 지대를 흘러 석회암을 녹이고 ⓫(　　　)과 같은 지형을 형성한다. • 산소에 의한 풍화: 공기 중에 노출된 암석이 산소와 결합하여 암석이 약화되어 부서진다. • 이끼에 의한 풍화: 이끼가 암석 표면을 덮고 자라면서 여러 가지 성분을 배출하여 암석을 녹인다.

④ 풍화가 잘 일어나는 조건: 암석의 표면적이 ⓬(　　　)을수록 풍화가 잘 일어난다.

4 토양

문제 공략 18쪽

① 토양: 암석이 오랜 시간 동안 ⓭(　　　) 작용을 받아 잘게 부셔져서 생성된 흙

② 토양의 의의: 식물이 자라는 데 중요한 역할을 한다.

③ 토양의 생성 과정

암석이 풍화되어 잘게 부서지면서 암석 조각과 모래가 된다.

⬇

이 층이 더 잘게 부서져 ⓮(　　　)이 자랄 수 있는 겉 부분의 흙이 되고, 겉 부분의 흙에서 물에 녹은 물질과 진흙 등이 아래로 내려와 쌓인다.

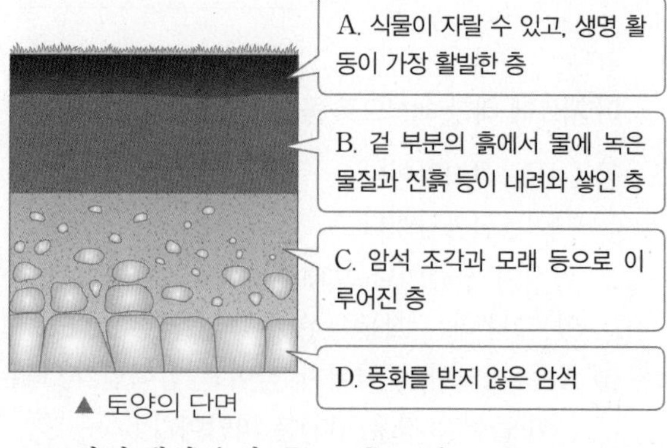

▲ 토양의 단면

➡ 토양의 생성 순서: D → C → A → B

④ 비옥한 토양이 생성되거나 훼손된 토양을 다시 원래대로 회복하는 데에는 매우 오랜 시간이 걸린다.

정답과 해설 37쪽

1 지각은 단단한 암석으로 이루어져 있고, 암석은 (　　　　)(으)로 이루어져 있다.

2 조암 광물 중 가장 많은 부피비를 차지하는 광물은 (㉠　　　　)이고, 두 번째로 많은 부피비를 차지하는 광물은 (㉡　　　　)이다.

3 광물을 구별하는 방법을 〈보기〉에서 모두 고르시오.

보기

ㄱ. 무게　ㄴ. 부피　ㄷ. 굳기　ㄹ. 조흔색　ㅁ. 자성　ㅂ. 염산 반응

4 다음 광물들을 밝은색 광물과 어두운색 광물로 각각 분류하시오.

흑운모, 장석, 휘석, 감람석, 각섬석, 석영

(가) 밝은색: ______________　(나) 어두운색: ______________

5 석영과 방해석을 서로 긁었을 때 긁히는 쪽은 ㉠ (석영 , 방해석)이고, 묽은 염산을 떨어뜨렸을 때 거품이 발생하는 광물은 ㉡ (석영 , 방해석)이다.

6 황동석과 황철석은 ㉠ (조흔색 , 자성)으로 구분할 수 있고, 흑운모와 자철석은 ㉡ (색 , 자성)으로 구분할 수 있다.

7 암석을 풍화시키는 데 가장 큰 영향을 주는 요인에는 물, (　　　　), 생물 등이 있다.

8 암석의 틈 속에서 물이 얼어 (㉠　　　　)이/가 커지거나 식물의 (㉡　　　　)이/가 자라면 암석의 틈을 점점 넓혀 풍화가 진행된다.

9 암석이 오랜 시간에 걸쳐 잘게 부서지거나 성분이 변하는 현상을 (㉠　　　　)(이)라 하고, 암석이 오랜 시간 동안 풍화 작용을 받아 잘게 부서져서 생긴 흙은 (㉡　　　　)(이)라고 한다.

10 그림은 토양의 단면을 나타낸 것이다.

(1) A~D 중 식물이 잘 자랄 수 있는 층을 고르시오.
(2) A~D 중 풍화를 가장 적게 받은 층을 고르시오.

A
B
C
D

답안지

1 ______
2 ______
3 ______
4 ______
5 ______
6 ______
7 ______
8 ______
9 ______
10 ______

광물과 토양

정답과 해설 37쪽

광물의 특성

[❷~❼에 해당하는 광물을 아래에서 골라 쓰시오.]
금, 황동석, 황철석, 적철석, 자철석, 흑운모

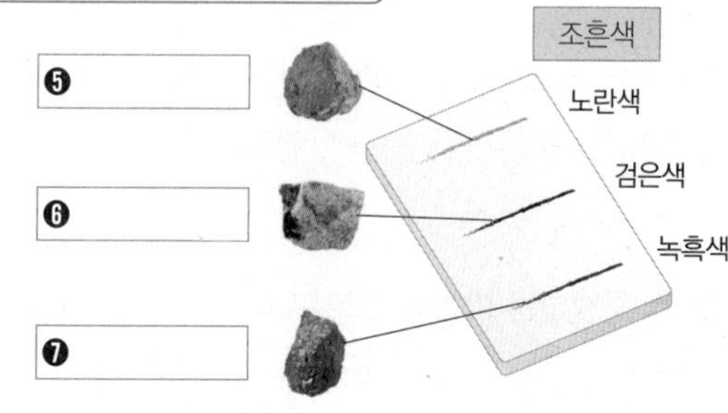

[❽~⓫에 해당하는 광물을 아래에서 골라 쓰시오.]
방해석, 자철석, 석영

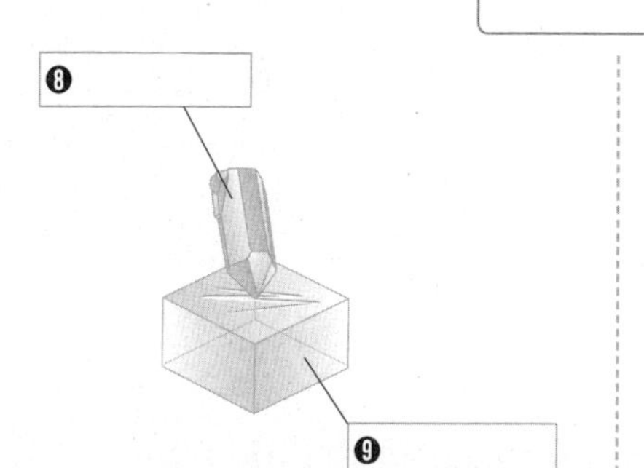

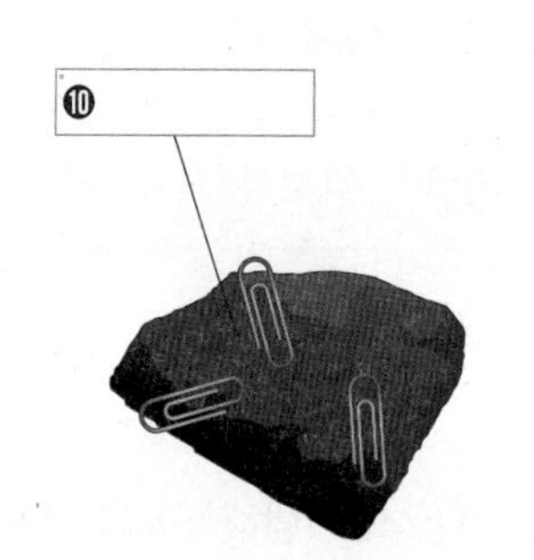

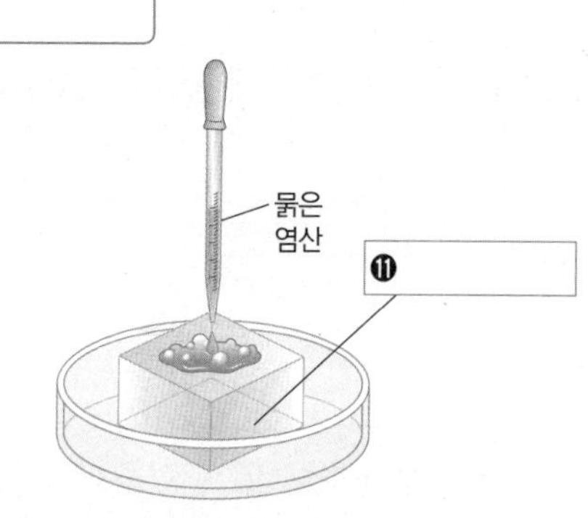

⓬ 밝은색 조암 광물: ______

⓭ 어두운색 조암 광물: ______

⓮ 흑운모와 방해석의 조흔색: ______

⓯ 석영과 방해석 중 더 단단한 광물: ______

⓰ 자철석과 황철석 중 자성이 있는 광물: ______

⓱ 탄산 칼슘(방해석의 성분) + 염산 ⟶ 염화 칼슘 + 물 + ______

광물	조흔색
⓲ 황철석 •	• ㉠ 녹흑색
⓳ 금 •	• ㉡ 흰색
⓴ 황동석 •	• ㉢ 검은색
㉑ 적철석 •	• ㉣ 적갈색
㉒ 방해석 •	• ㉤ 노란색

토양의 생성 과정

D층 ➡ ❶ ______ ➡ ❷ ______ ➡ ❸ ______

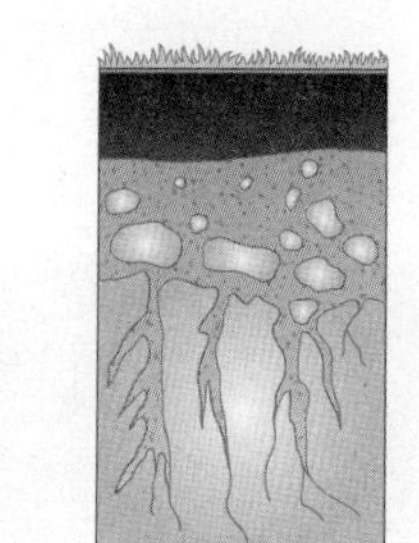

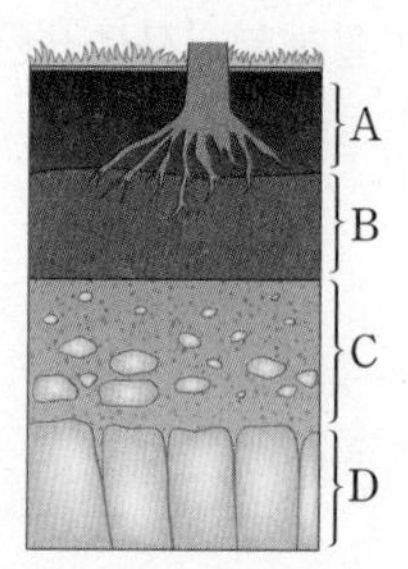

암석이 ❹ ______ 되어 잘게 부서지기 시작함 → ❺ ______ 이 자랄 수 있는 토양이 만들어짐 → 다양한 식물이 자라면서 토양이 두꺼워짐

❻ 생물 활동이 활발한 층: ______

❼ 기반암(단단한 암석층): ______

❽ 겉 부분의 흙이 빗물과 함께 아래로 스며들어 쌓인 층: ______

❾ 암석 조각과 모래로 이루어진 층: ______

개념 문제 공략 광물의 특성 관련 문제

광물을 조흔판에 긁었을 때, 어떤 색이 나타나는가?	➡	조흔색
광물에 묽은 염산을 떨어뜨렸을 때, 거품이 생기는가?	➡	염산 반응
자석이나 클립 등이 광물에 달라붙는가?	➡	자성
서로 다른 2개의 광물을 맞대어 긁었을 때, 어느 쪽이 긁히는가?	➡	굳기 ➡ 긁히지 않는 광물의 굳기(단단한 광물) > 긁히는 광물의 굳기(무른 광물)

광물의 특성을 찾는 문제

1 표는 조암 광물을 (가)와 (나) 두 집단으로 분류한 것이다.

구분	(가)	(나)
광물	석영, 장석	각섬석, 흑운모, 휘석, 감람석

이와 같이 분류할 수 있는 광물의 특성을 쓰시오.

2 그림 (가)~(다)는 광물의 어떤 특성을 알아보는 활동인지 각각 쓰시오.

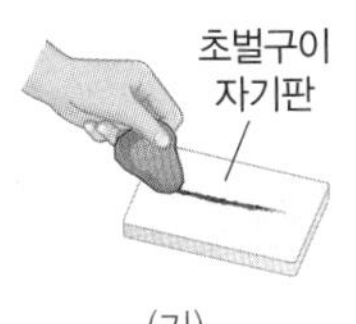

(가)

(나)

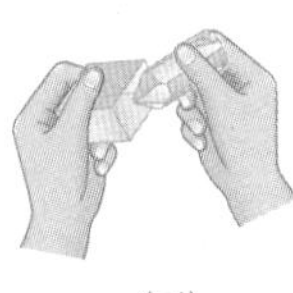
(다)

3 표는 여러 가지 광물의 특성을 나타낸 것이다.

구분	색	조흔색	염산 반응	자성
황동석	노란색	녹흑색	×	×
황철석	노란색	검은색	×	×
방해석	무색투명	흰색	○	×
자철석	검은색	검은색	×	○
석영	무색투명	흰색	×	×

(1) 황동석과 황철석을 구별할 수 있는 특성을 쓰시오.

(2) 방해석을 다른 광물들과 구별할 수 있는 특성을 쓰시오.

(3) 자철석을 다른 광물들과 구별할 수 있는 특성을 쓰시오.

(4) 방해석과 석영을 구별할 수 있는 특성을 쓰시오.

4 표는 광물 A와 B의 특성을 관찰한 결과이다.

구분	색	조흔색	염산 반응	자성
A	검은색	검은색	반응 없음	있음
B	검은색	흰색	반응 없음	없음

A와 B를 구별하는 데 이용할 수 있는 특성을 〈보기〉에서 모두 고르시오.

보기
ㄱ. 색 ㄴ. 조흔색 ㄷ. 염산 반응 ㄹ. 자성

광물의 굳기를 비교하는 문제

1 다음은 광물의 굳기를 알아보는 실험 결과이다. 광물 A, B, C의 굳기를 부등호를 이용하여 비교하시오.

- A와 B를 서로 긁었더니 A가 긁혔다.
- B와 C를 서로 긁었더니 B가 긁혔다.

2 다음은 광물 A와 B를 손톱으로 긁어본 결과이다. 광물 A, B의 굳기를 부등호를 이용하여 비교하시오.

- 손톱으로 A를 긁었더니 A가 긁혔다.
- 손톱으로 B를 긁었더니 손톱이 긁혔다.

3 다음은 여러 가지 광물을 서로 긁어본 결과이다. 광물 A, B, C와 방해석의 굳기를 부등호를 이용하여 비교하시오.

- 광물 A를 방해석으로 긁었더니 방해석에 흠집이 생겼다.
- 방해석과 광물 B를 서로 긁었더니 방해석이 긁히지 않았다.
- 광물 C를 광물 A로 긁었더니 광물 C가 긁히지 않았다.

정답과 해설 38쪽

01 광물에 대한 설명으로 옳지 않은 것은?

① 암석은 다양한 광물로 이루어져 있다.
② 암석을 이루는 작은 알갱이를 광물이라고 한다.
③ 조암 광물은 암석을 이루는 주된 광물이다.
④ 지각에서 가장 많은 광물은 장석이다.
⑤ 암석의 특징이 다르게 나타나는 것은 광물의 종류와는 관계가 없다.

02 그림은 조암 광물의 부피비를 나타낸 것이다.

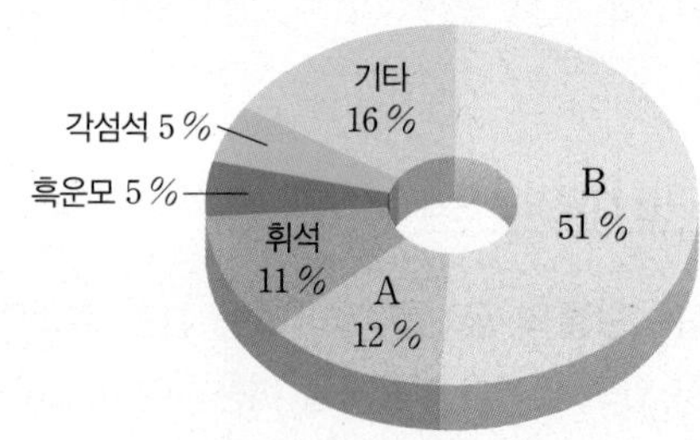

이에 대한 설명으로 옳은 것을 〈보기〉에서 모두 고른 것은?

보기
ㄱ. A는 장석, B는 석영이다.
ㄴ. A와 B 모두 밝은색을 띠는 광물이다.
ㄷ. 지각에는 어두운색을 띠는 광물이 밝은색을 띠는 광물보다 많다.

① ㄱ ② ㄴ ③ ㄷ
④ ㄱ, ㄴ ⑤ ㄴ, ㄷ

출제율 99%

03 다음 설명에 해당하는 광물은?

• 색이 밝다.
• 화강암을 이루는 광물 중 하나이다.
• 조암 광물 중에서 가장 많은 부피비를 차지한다.

① 석영 ② 장석 ③ 흑운모
④ 휘석 ⑤ 각섬석

04 광물을 구별할 수 있는 특성을 옳게 짝 지은 것은?

① 질량, 부피 ② 부피, 크기
③ 무게, 조흔색 ④ 굳기, 질량
⑤ 자성, 조흔색

05 광물의 색과 조흔색에 대한 설명으로 옳은 것을 〈보기〉에서 모두 고른 것은?

보기
ㄱ. 석영과 방해석은 색으로 구별할 수 있다.
ㄴ. 흑운모와 적철석을 구별하기 위해 광물의 특성 중 조흔색을 이용한다.
ㄷ. 화강암은 주로 어두운색 광물로 구성되어 있으므로 암석의 색도 어두운색을 띤다.

① ㄱ ② ㄴ ③ ㄱ, ㄷ
④ ㄴ, ㄷ ⑤ ㄱ, ㄴ, ㄷ

06 금, 황동석, 황철석을 구별할 수 있는 방법으로 가장 적당한 것은?

①
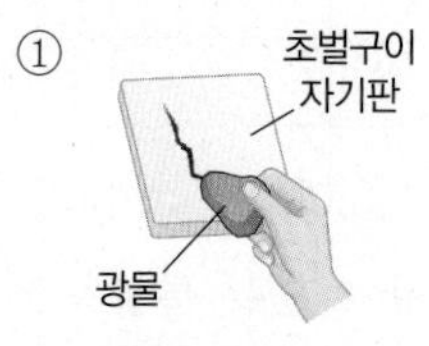

②
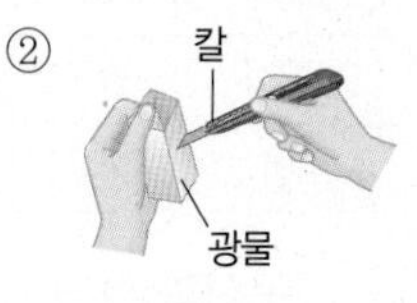

③

④

⑤

07 다음은 화강암을 구성하는 광물 A, B, C의 특징을 나타낸 것이다.

- A: 무색투명하고, 모래의 주성분으로 유리나 반도체의 재료로 이용된다.
- B: 흰색 또는 옅은 분홍색을 띠며, 도자기의 원료로 쓰이기도 한다.
- C: 검은색을 띠며 반짝이는 부분이 있다.

이에 대한 설명으로 옳은 것을 모두 고르면? (2개)

① A는 장석이다.
② A는 방해석보다 단단하다.
③ B는 석영이다.
④ C는 얇은 판처럼 뜯어진다.
⑤ C는 자철석이다.

08 석영과 방해석에 대한 설명으로 옳은 것을 〈보기〉에서 모두 고른 것은?

보기
ㄱ. 석영은 자석에 붙는다.
ㄴ. 석영과 방해석을 서로 긁으면 방해석이 긁힌다.
ㄷ. 석영은 색이 밝고, 방해석은 색이 어둡다.
ㄹ. 방해석에 묽은 염산을 떨어뜨리면 거품이 발생한다.

① ㄱ, ㄴ ② ㄱ, ㄷ ③ ㄴ, ㄷ
④ ㄴ, ㄹ ⑤ ㄷ, ㄹ

09 다음은 광물 A와 B의 특성을 알아보기 위한 실험 결과이다.

- 검은색 광물인 A를 조흔판에 긁었더니 흰색 가루가 나타났다.
- 광물 B에 클립을 가까이 대었더니 클립이 광물에 붙었다.

A, B에 해당하는 광물을 옳게 짝 지은 것은?

	A	B
①	장석	자철석
②	장석	감람석
③	흑운모	자철석
④	흑운모	감람석
⑤	방해석	흑운모

[주관식]

10 그림은 석영, 방해석, 흑운모, 자철석을 광물의 특성에 따라 분류한 것이다.

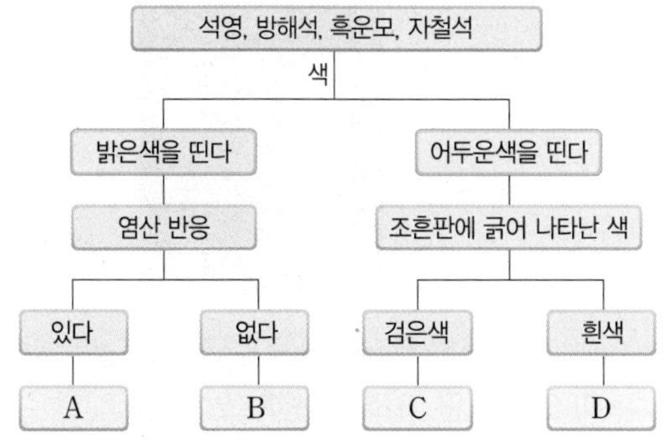

A~D에 해당하는 광물을 쓰시오.

출제율 99%

11 암석의 풍화 작용으로 나타나는 현상에 대한 설명으로 옳지 않은 것은?

① 이끼의 작용으로 암석 표면이 약해진다.
② 지하수의 작용으로 석회 동굴이 형성된다.
③ 공기 중의 산소가 암석의 표면을 약화시킨다.
④ 암석의 틈에 스며든 물이 얼어 암석 틈이 벌어진다.
⑤ 암석의 틈에서 자라는 나무 뿌리의 작용으로 암석이 더 단단해진다.

[주관식]

12 그림 (가)는 암석 표면의 팽창에 의해 암석 표면이 떨어져 나가는 과정을, (나)는 물이 얼어 암석이 부서지는 모습을 나타낸 것이다.

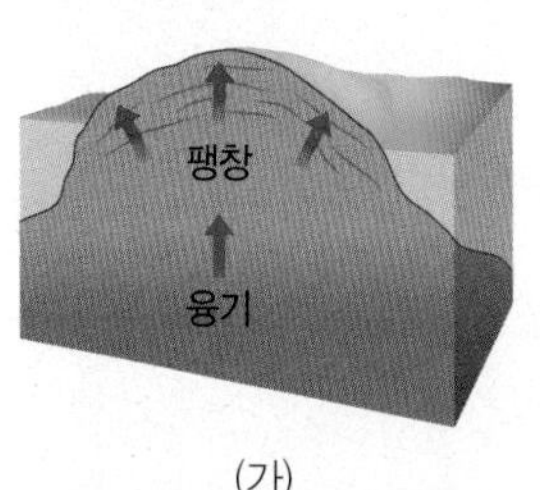

(가)

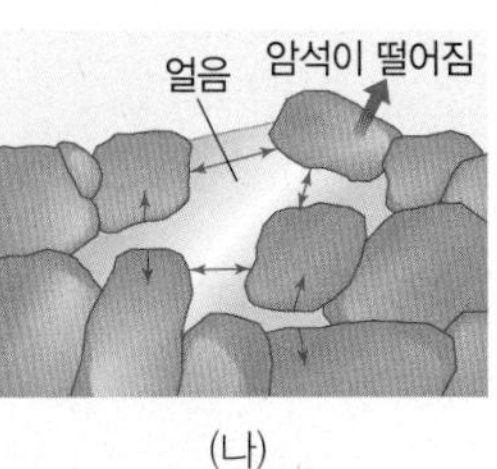

(나)

(가)와 (나) 현상을 일으키는 변화 요인을 〈보기〉에서 각각 고르시오.

보기
ㄱ. 온도 변화 ㄴ. 성분 변화
ㄷ. 압력 변화 ㄹ. 질량 변화

[주관식]

13 그림은 지하수가 석회암 지대에 스며들어 석회암을 녹이면서 만든 석회 동굴의 모습을 나타낸 것이다.

이와 같은 석회 동굴을 만들 수 있었던 것은 지하수 속에 녹아 있는 어떤 기체 때문인지 쓰시오.

출제율 99%

14 그림은 물과 얼음에 의한 암석의 풍화 작용을 나타낸 것이다.

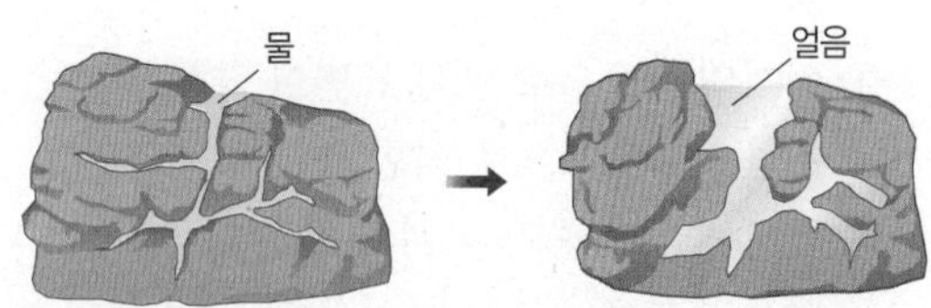

이에 대한 설명으로 옳지 않은 것은?

① 얼음은 암석의 틈을 벌린다.
② 암석의 틈에 들어간 물이 얼게 되면 부피가 커진다.
③ 물이 얼었다 녹았다를 반복하면서 암석이 부서진다.
④ 기온이 낮은 지역보다 높은 지역에서 잘 일어난다.
⑤ 산비탈에 쌓인 돌무더기는 이와 같은 과정으로 생긴 것이다.

15 토양에 대한 설명으로 옳은 것을 〈보기〉에서 모두 고른 것은?

보기
ㄱ. 암석이 열과 압력을 크게 받을 때 생성된다.
ㄴ. 생성되는 기간이 매우 짧다.
ㄷ. 토양은 식물에 필요한 영양분을 포함하고 있다.

① ㄱ ② ㄴ ③ ㄷ
④ ㄱ, ㄷ ⑤ ㄴ, ㄷ

[주관식]

16 그림 (가), (나), (다)는 토양이 생성되는 과정을 순서 없이 나타낸 것이다.

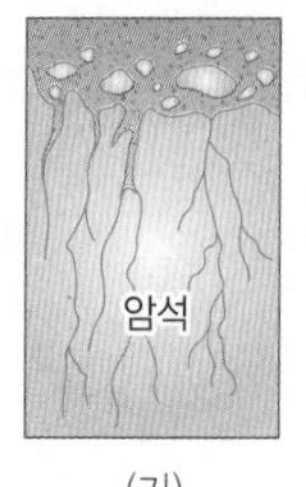

(가)

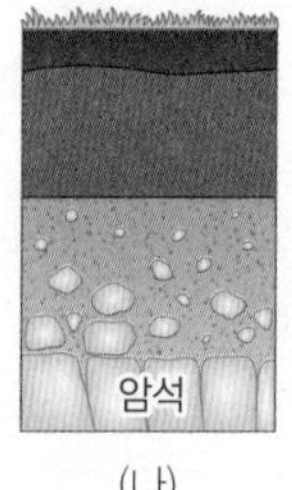

(나)

(다)

(가), (나), (다)를 토양의 생성 순서에 따라 나열하시오.

[17~18] 그림은 토양의 단면을 나타낸 것이다.

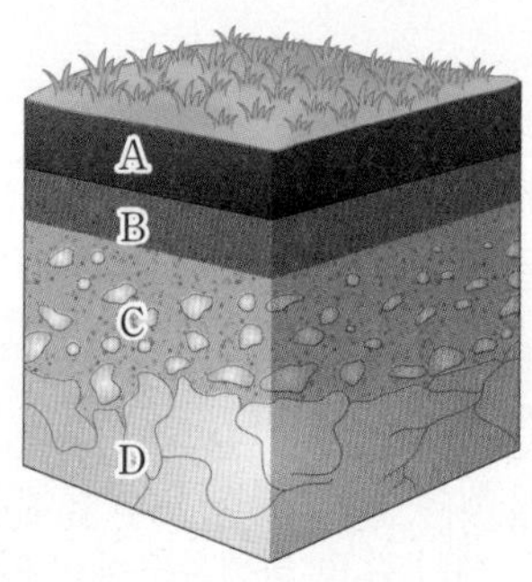

출제율 99%

17 (가)식물이 자라기에 가장 적당한 층과 (나)가장 나중에 형성된 층을 옳게 짝 지은 것은?

	(가)	(나)		(가)	(나)
①	A	B	②	B	C
③	B	D	④	C	A
⑤	D	C			

18 A~D층에 대한 설명으로 옳은 것을 〈보기〉에서 모두 고른 것은?

보기
ㄱ. 잘 발달된 토양일수록 B층의 두께가 얇다.
ㄴ. D는 풍화를 가장 적게 받은 층이다.
ㄷ. C는 암석 조각과 모래 등으로 이루어진 층이다.
ㄹ. B는 A에서 녹은 물질로 생성된 층이다.

① ㄱ, ㄴ ② ㄴ, ㄷ ③ ㄷ, ㄹ
④ ㄱ, ㄴ, ㄹ ⑤ ㄴ, ㄷ, ㄹ

고난도 문제

19 민수와 아영이는 각자에게 주어진 광물을 각각 구별해야 한다.

민수	아영
흑운모, 자철석	방해석, 석영

민수와 아영이가 광물을 구별하기 위해 이용한 방법을 〈보기〉에서 골라 옳게 짝 지은 것은?

보기
ㄱ. 색을 관찰한다.
ㄴ. 광물끼리 서로 긁어 본다.
ㄷ. 묽은 염산을 떨어뜨려 반응을 관찰한다.
ㄹ. 클립과 같은 작은 쇠붙이를 가까이 대 본다.
ㅁ. 조흔판에 대고 긁어 광물 가루의 색을 관찰한다.

	민수	아영
①	ㄱ, ㄴ	ㄷ, ㅁ
②	ㄴ, ㄷ	ㄹ, ㅁ
③	ㄷ, ㄹ	ㄴ, ㅁ
④	ㄷ, ㅁ	ㄱ, ㄴ
⑤	ㄹ, ㅁ	ㄴ, ㄷ

자료 분석 | 정답과 해설 39쪽

20 석회암 조각이나 석회암 가루가 담긴 비커 A, B, C에 각각 다음과 같이 증류수나 묽은 염산을 넣고 반응 전의 질량과 5분 후의 질량을 비교하였더니, 실험 결과가 아래 표와 같았다.

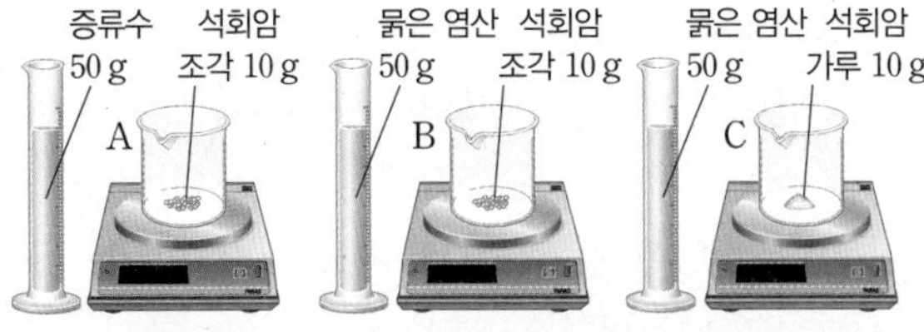

구분	반응 전의 질량(g)	5분 후의 질량(g)
A. 석회암 조각 10 g+증류수 50 g	60	60
B. 석회암 조각 10 g+묽은 염산 50 g	60	58.0
C. 석회암 가루 10 g+묽은 염산 50 g	60	56.7

이에 대한 해석으로 옳지 않은 것은?

① 풍화가 잘 일어나는 조건을 알 수 있다.
② 암석의 표면적과 풍화는 아무런 관계가 없다.
③ 비커 B보다 비커 C의 질량 변화가 더 크다.
④ A와 B를 비교해 보면 증류수보다 묽은 염산을 넣었을 때 질량 변화가 더 크다.
⑤ A와 B의 비교를 통해 암석이 산성 물질과 반응할 때 풍화가 잘 일어남을 알 수 있다.

자료 분석 | 정답과 해설 39쪽

서술형 문제

21 그림은 석영, 장석, 방해석을 나타낸 것이다.

▲ 석영

▲ 장석

▲ 방해석

(1) 염산과 반응하여 거품이 발생하는 광물을 쓰시오.

(2) 석영을 조흔판에 긁었을 때 조흔색을 알 수 없었는데, 그 까닭을 서술하시오.

22 민진이는 과학실 청소를 하던 중 흑운모, 자철석, 적철석 표본의 이름표가 떨어져 있는 것을 발견하였다. 민진이가 세 광물을 쉽게 구별할 수 있는 방법을 다음 단어를 포함하여 세 광물의 특성을 비교하여 구체적으로 서술하시오.

흰색, 검은색, 적갈색, 조흔판

23 다음은 풍화의 원인을 알아보기 위한 실험 결과이다.

유리병에 물을 가득 채우고, 뚜껑을 닫은 후 냉동실에 넣어서 얼렸더니 물이 얼면서 유리병이 깨졌다.

이 실험 결과를 바탕으로 암석이 부서지는 원인과 과정을 서술하시오.

정답과 해설 40쪽

1 대륙 이동설

① 대륙 이동설: 과거에 하나로 붙어 있던 거대한 대륙인 ❶(　　)가 여러 대륙으로 갈라지고 이동하여 현재와 같은 분포가 되었다는 학설 ➡ ❷(　　)가 주장

② 대륙 이동설의 증거

해안선 모양의 일치	화석의 분포
대서양을 사이에 둔 양쪽 두 대륙의 해안선 모양이 잘 들어맞는다. 남아메리카 아프리카	현재 떨어져 있는 여러 대륙에서 생물 ❸(　　)의 분포 지역이 연결된다. 아프리카 인도 남아메리카 남극 오스트레일리아 메소사우루스 글로소프테리스
산맥의 연속성	**빙하의 흔적**
북아메리카 대륙과 유럽 대륙의 산맥이 연속적으로 이어진다. 유럽 북아메리카 아프리카 남아메리카	여러 대륙에 남아 있는 ❹(　　)의 흔적이 서로 연결된다. 아프리카 인도 남아메리카 남극 오스트레일리아

③ 대륙 이동설의 한계: 당시에는 대륙 이동의 원동력을 설명하지 못하였다.

2 판의 이동과 경계

① 판: 지각과 맨틀의 윗부분을 포함하는 단단한 암석층으로, 대륙판과 해양판으로 구분된다.

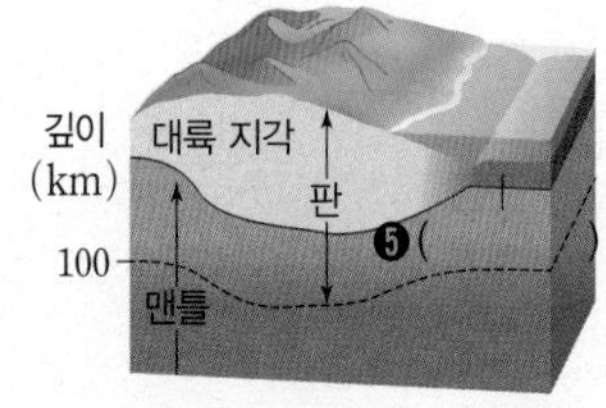

② 판의 이동: 판은 아래쪽의 ❻(　　)의 움직임을 따라 천천히 이동한다.

③ 판의 경계와 분포: 지구의 표면은 크고 작은 여러 개의 판으로 이루어져 있다.

- 각 판이 움직이는 방향과 속도가 서로 다르다.
- 판의 ❼(　　)에서는 화산 활동이나 지진이 활발하다.

3 화산 활동과 지진

① 화산 활동: 지하에서 생성된 ❽(　　)가 지각의 약한 틈을 뚫고 지표로 분출하는 현상

- 용암, 화산 가스, 화산 쇄설물 등이 지표로 분출한다.
- 화산 활동이 일어날 때 ❾(　　)이 함께 발생하기도 한다.

피해	혜택
• 화산재로 인해 항공기 운항에 차질이 생기고, 기온이 떨어짐 • 용암으로 인해 큰 피해 발생	• 화산으로 만들어진 지형이나 온천을 ❿(　　)으로 활용 • 지열을 난방이나 발전에 이용

② 지진: 지구 내부에서 일어나는 급격한 변동으로 땅이 흔들리거나 갈라지는 현상

- 암석이 오랫동안 큰 힘을 받아서 끊어질 때 발생한다.
- 화산이 폭발하거나 마그마가 이동할 때도 발생한다.

③ 지진의 세기

⓫(　　)	진도
지진이 발생할 때 방출되는 에너지의 양	지진에 의해 어떤 지점에서 땅이 흔들리는 정도나 피해 정도

➡ 같은 규모의 지진이라도 지진이 발생한 지점으로부터의 거리가 ⓬(　　)질수록 진도는 작아지는 경향이 있다.

4 화산대와 지진대

① 화산대: 화산 활동이 자주 일어나는 지역

② 지진대: 지진이 자주 발생하는 지역

③ 화산대, 지진대, 판의 경계

- 화산 활동과 지진은 주로 판의 경계 부근에서 일어난다.
- 화산대와 지진대는 띠 모양으로 나타나며, 판의 ⓭(　　)와 거의 일치 ➡ 판의 경계에서는 판의 이동으로 지각의 움직임이 활발하여 화산 활동이나 지진이 자주 일어나기 때문이다.

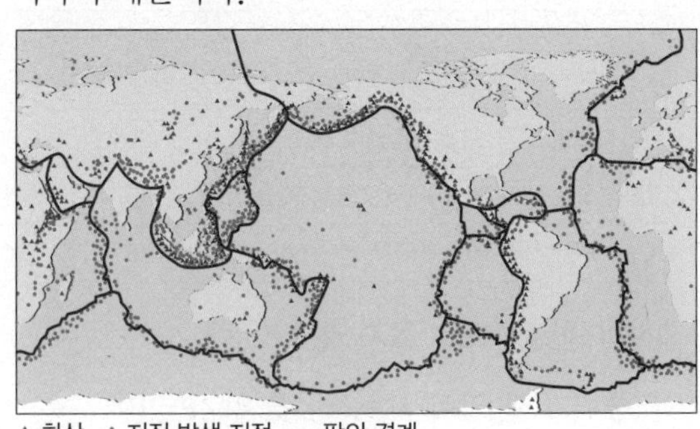

∴ 화산 ∴ 지진 발생 지점 — 판의 경계

④ 우리나라 부근의 지각 변동

- 우리나라는 판의 안쪽에 있으므로 화산 활동이나 지진의 피해가 자주 발생하지 않는다.
- 일본은 여러 개의 판이 만나는 ⓮(　　) 부근에 있으므로 화산 활동이나 지진에 의한 피해가 자주 발생한다.

정답과 해설 40쪽

답안지

1 서로 붙어 있던 대륙이 갈라지고 이동하여 현재와 같이 분포하게 되었다는 학설을 (　　　　) (이)라고 한다.

2 베게너가 제시한 대륙 이동의 증거를 쓰시오.

남아메리카 대륙 / 아프리카 대륙

글로소프테리스 / 메소사우루스

적도 / → 빙하의 이동 방향

(가) 남아메리카 대륙 동쪽과 아프리카 대륙 서쪽의 (　　　　) 이/가 잘 들어맞는다.

(나) 멀리 떨어진 대륙에서 같은 종의 (　　　　)이/가 발견된다.

(다) 여러 대륙에서 (　　　　)의 이동 흔적이 발견된다.

3 베게너가 대륙 이동설을 발표한 당시에는 대륙 이동의 (　　　　)을/를 설명하지 못하여 대부분의 과학자들에게 인정을 받지 못하였다.

4 지각과 맨틀의 윗부분을 포함하는 깊이 약 100 km까지의 암석층을 (　　　　)(이)라고 한다.

5 대륙 지각을 포함하는 판을 ㉠ (대륙판 , 해양판)이라 하고, 해양 지각을 포함하는 판을 ㉡ (대륙판 , 해양판)이라고 한다.

6 지진의 세기에 대한 설명이다. 규모에 대한 설명은 '규', 진도에 대한 설명은 '진'이라고 쓰시오.

(1) 지진이 발생한 지점에서 방출된 에너지의 양을 나타낸 것이다. (　　　　)

(2) 지진에 의해 어떤 지역에서 땅이 흔들린 정도나 피해 정도를 나타낸 것이다. (　　　　)

(3) 보통 아라비아 숫자로 표기한다. (　　　　)

(4) 지진이 발생한 지점으로부터 멀어질수록 작아지는 경향이 있다. (　　　　)

7 화산 활동이 자주 일어나는 지역을 ㉠ (화산대 , 지진대)라 하고, 지진이 자주 발생하는 지역을 ㉡ (화산대 , 지진대)라고 한다.

8 전 세계에서 화산 활동과 지진이 가장 활발한 곳은 (태평양 , 대서양)의 가장자리로, 이곳은 '불의 고리'라고 불린다.

9 화산대와 지진대의 분포는 (㉠　　　　) 모양으로 나타나며, 판의 (㉡　　　　)와/과 거의 일치한다.

10 판의 (내부 , 경계)에서는 판의 이동으로 지각의 움직임이 활발하여 화산 활동이나 지진과 같은 지각 변동이 자주 일어난다.

1 ______

2 ______

3 ______

4 ______

5 ______

6 ______

7 ______

8 ______

9 ______

10 ______

정답과 해설 40쪽

01 대륙 이동설에 대한 설명으로 옳지 않은 것을 모두 고르면? (2개)

① 독일의 과학자 베게너가 주장하였다.
② 베게너는 대륙 이동의 원동력을 설명하였다.
③ 발표 당시 많은 과학자들의 지지를 받았다.
④ 과거의 대륙이 갈라지고 이동하였다는 학설이다.
⑤ 판게아는 과거에 하나로 붙어 있던 거대한 대륙이다.

출제율 99%

02 베게너가 주장한 대륙 이동의 증거가 아닌 것은?

① 여러 대륙에 분포하는 같은 종류의 화석
② 열대나 온대 지방에서 발견되는 빙하의 흔적
③ 북아메리카 대륙과 유럽 대륙의 지질 구조 연속성
④ 지각, 맨틀, 외핵, 내핵으로 이루어진 지구 내부 구조
⑤ 아프리카 대륙의 서쪽 해안선과 남아메리카 대륙의 동쪽 해안선 모양의 일치

03 그림은 대륙의 분포를 순서 없이 나타낸 것이다.

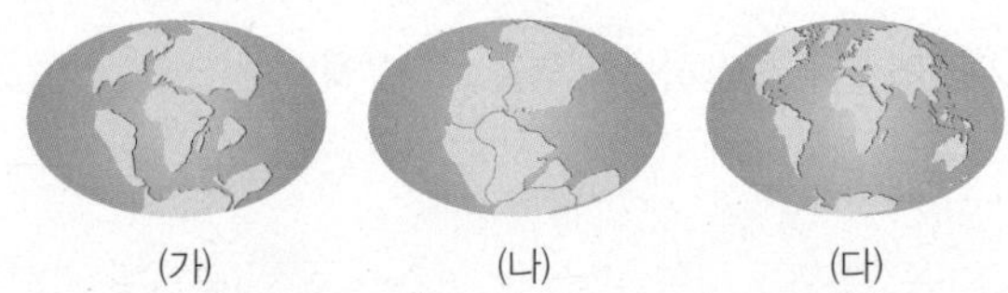

이에 대한 설명으로 옳은 것을 〈보기〉에서 모두 고른 것은?

보기
ㄱ. 대륙이 이동하면서 대서양은 점점 좁아지고 있다.
ㄴ. 대륙이 이동한 순서는 (나) → (가) → (다)이다.
ㄷ. 화산 활동이나 지진이 발생하는 지역이 거의 일치하는 것은 대륙 이동의 증거이다.

① ㄱ ② ㄴ ③ ㄱ, ㄷ
④ ㄴ, ㄷ ⑤ ㄱ, ㄴ, ㄷ

04 판에 대한 설명으로 옳은 것은?

① 맨틀로만 이루어져 있다.
② 지각으로만 이루어져 있다.
③ 해양판은 움직이지 않는다.
④ 대륙판은 해양판보다 두께가 두껍다.
⑤ 판 바로 아래에는 외핵이 있다.

출제율 99%

05 그림은 지표 부근의 지구 내부 구조를 나타낸 것이다. 이에 대한 설명으로 옳은 것을 〈보기〉에서 모두 고른 것은?

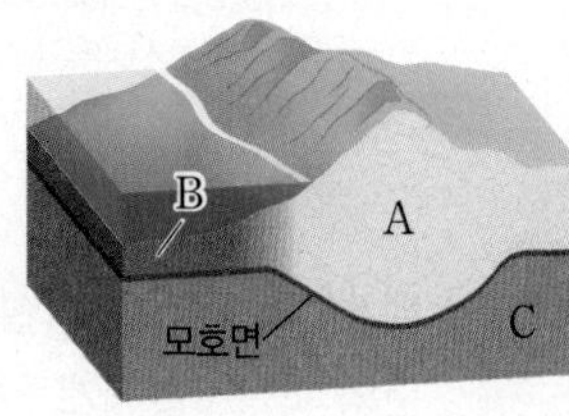

보기
ㄱ. A는 해양 지각이고, B는 대륙 지각이다.
ㄴ. C는 맨틀이다.
ㄷ. 모호면은 지각과 외핵의 경계면이다.

① ㄱ ② ㄴ ③ ㄷ
④ ㄱ, ㄴ ⑤ ㄱ, ㄷ

06 그림은 메소사우루스와 글로소프테리스 화석의 분포를 나타낸 것이다.

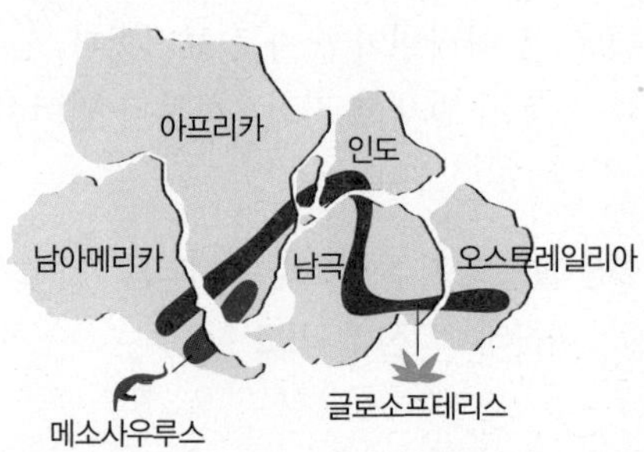

이에 대한 설명으로 옳은 것을 〈보기〉에서 모두 고른 것은?

보기
ㄱ. 글로소프테리스는 과거에 남극에서만 번성하였다.
ㄴ. 과거에 하나였던 대륙이 이동하였다는 증거이다.
ㄷ. 현재 메소사우루스 화석은 남아메리카와 아프리카에서 모두 발견된다.

① ㄱ ② ㄴ ③ ㄱ, ㄷ
④ ㄴ, ㄷ ⑤ ㄱ, ㄴ, ㄷ

출제율 99%

07 그림은 판의 경계와 이동 방향을 나타낸 것이다.

이에 대한 설명으로 옳은 것은?

① 우리나라는 태평양판에 속한다.
② 판의 이동으로 대륙이 함께 이동한다.
③ 각 판이 움직이는 방향과 속도는 같다.
④ 지구의 표면은 거대한 하나의 판으로 이루어져 있다.
⑤ 대서양 중심부에서는 판과 판이 서로 멀어지면서 화산 활동이나 지진이 발생하지 않는다.

08 화산 활동에 대한 설명으로 옳지 않은 것은?

① 마그마가 지각의 약한 틈을 뚫고 지표로 분출하는 현상이다.
② 화산 활동으로 만들어진 산을 화산이라고 한다.
③ 화산이 분출할 때 용암, 화산재, 화산 가스 등이 분출된다.
④ 화산 활동의 크기는 진도와 규모로 나타낸다.
⑤ 화산 활동이 일어날 때는 지진이 발생하기도 한다.

[주관식]

09 다음은 지진의 세기에 대한 설명이다. ㉠~㉣에 알맞은 말을 쓰시오.

- (㉠)은/는 지진이 발생할 때 방출되는 에너지의 양을 나타낸 것이다.
- 사람이 지진을 느끼는 정도나 건물의 피해 정도를 (㉡)(이)라고 한다.
- (㉢)은/는 거리에 상관없이 일정한 값을 가진다.
- (㉣)은/는 지진이 발생한 지점으로부터의 거리, 지층의 강한 정도, 건물의 상태에 따라 달라질 수 있다.

10 지진에 대한 설명으로 옳지 않은 것은?

① 땅이 흔들리거나 갈라지는 현상이다.
② 지진은 전 세계의 모든 지역에서 발생한다.
③ 해저에서 지진이 발생하면 지진 해일 등이 발생할 수 있다.
④ 지구 내부에서 일어나는 급격한 변동으로 발생한다.
⑤ 지층의 암석이 오랫동안 큰 힘을 받아서 끊어질 때 주로 발생한다.

[주관식]

11 그림은 지진이 발생하여 지진파가 퍼져 나가는 모습을 나타낸 것이다.

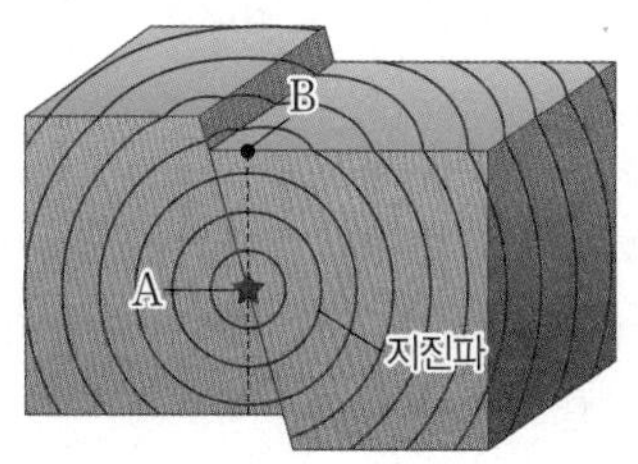

A와 B의 명칭을 각각 쓰시오.

12 그림은 2016년 9월에 발생한 경주 지진을 나타낸 것이다.

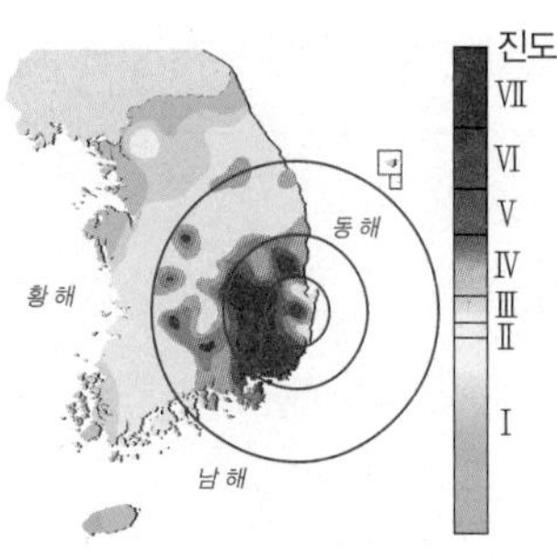

이 자료에 대한 설명으로 옳은 것을 〈보기〉에서 모두 고른 것은?

보기

ㄱ. 지역에 따라 진도가 다르다.
ㄴ. 지진의 규모는 모든 지역에서 다르게 나타난다.
ㄷ. 지진이 발생한 경주 부근에서 멀어질수록 진도는 크게 나타난다.

① ㄱ ② ㄷ ③ ㄱ, ㄴ
④ ㄴ, ㄷ ⑤ ㄱ, ㄴ, ㄷ

출제율 99%

13 그림은 화산 활동과 지진이 활발한 지역을 나타낸 것이다.

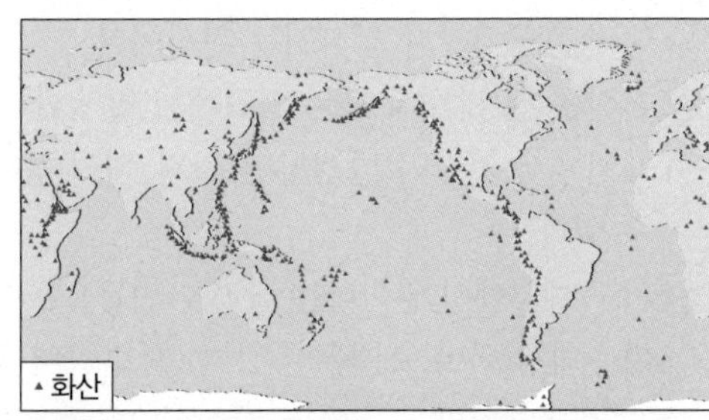

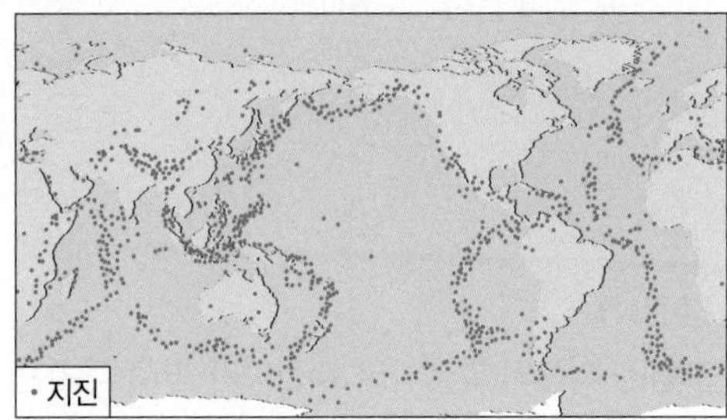

이에 대한 설명으로 옳은 것을 〈보기〉에서 모두 고른 것은?

> 보기
> ㄱ. 화산 활동과 지진은 전 세계에 고르게 분포한다.
> ㄴ. 화산 활동과 지진은 판의 운동과 관련이 있다.
> ㄷ. 태평양의 가장자리는 화산 활동과 지진이 가장 활발한 지역이다.

① ㄱ ② ㄴ ③ ㄱ, ㄷ
④ ㄴ, ㄷ ⑤ ㄱ, ㄴ, ㄷ

14 그림은 환태평양 화산대와 지진대이다.

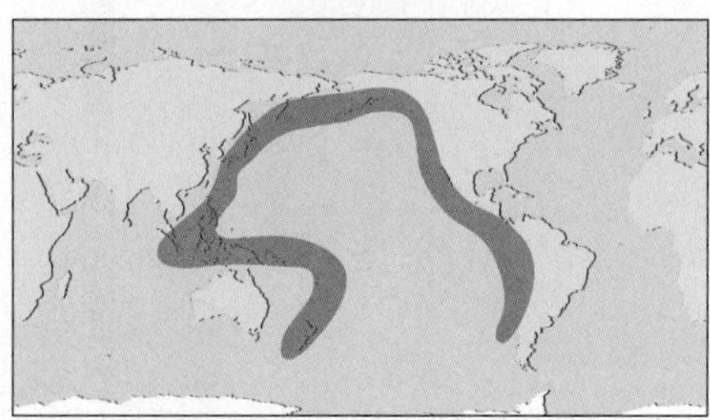

이에 대한 설명으로 옳지 않은 것은?

① 불의 고리라고도 한다.
② 판의 경계부에 위치한다.
③ 전 세계에서 화산 활동과 지진이 가장 활발한 지역이다.
④ 전 세계에서 발생하는 화산 활동의 70 % 이상이 이 지역에서 발생한다.
⑤ 인도양을 둘러싸고 있는 대륙의 가장자리와 섬 등을 따라 고리 모양으로 분포한다.

출제율 99%

15 그림은 화산대와 지진대를 판의 경계와 함께 나타낸 것이다.

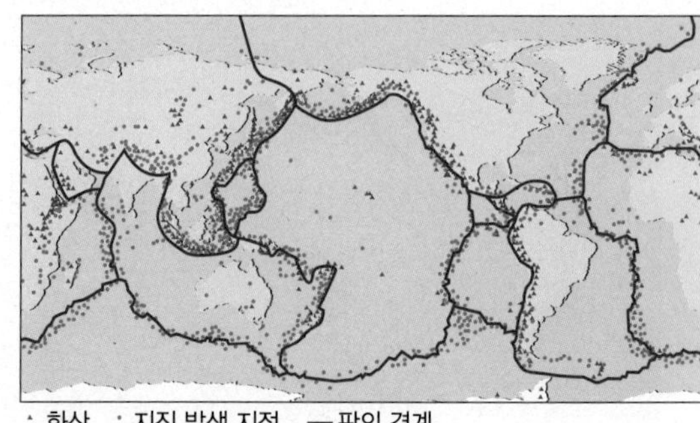

이에 대한 설명으로 옳은 것을 〈보기〉에서 모두 고른 것은?

> 보기
> ㄱ. 화산대와 지진대의 분포는 거의 일치한다.
> ㄴ. 화산대와 지진대는 주로 판의 경계에 위치한다.
> ㄷ. 대서양 주변부는 태평양 주변부보다 화산 활동과 지진이 활발하다.

① ㄱ ② ㄴ ③ ㄷ
④ ㄱ, ㄴ ⑤ ㄴ, ㄷ

16 그림은 우리나라 주변의 판 경계를 나타낸 것이다.

이에 대한 설명으로 옳은 것은?

① 우리나라가 속한 유라시아판은 이동하지 않는다.
② 우리나라와 일본이 속한 판은 해양판이다.
③ 일본은 우리나라보다 판의 경계에 더 가깝다.
④ 우리나라는 일본보다 화산 활동과 지진이 자주 발생한다.
⑤ 우리나라는 지진의 안전지대이므로 지진에 대한 대책을 세울 필요가 없다.

고난도 문제

17 그림은 인도 대륙이 이동하여 유라시아 대륙과 만나는 모습을 나타낸 것이다. 이에 대한 설명으로 옳은 것을 〈보기〉에서 모두 고른 것은?

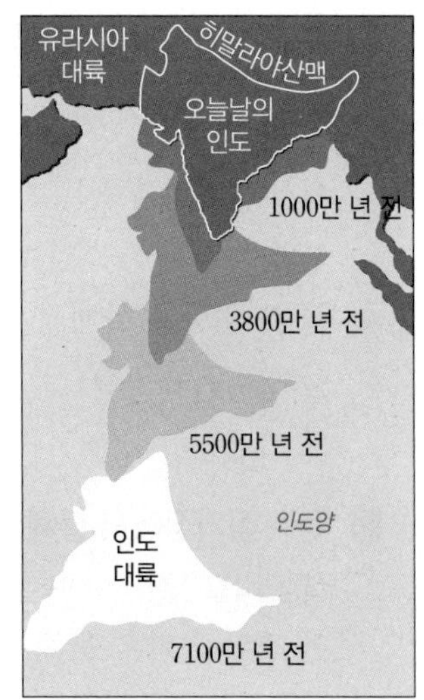

보기

ㄱ. 인도 대륙은 북쪽에서 남쪽 방향으로 이동하였다.
ㄴ. 인도 대륙은 맨틀의 대류에 의해 이동하였다.
ㄷ. 인도 대륙과 유라시아 대륙의 충돌에 의해 히말라야산맥이 형성되었다.
ㄹ. 인도 대륙의 이동 방향이 바뀌지 않는다면 앞으로 히말라야산맥은 낮아질 것이다.

① ㄱ, ㄴ ② ㄱ, ㄷ ③ ㄴ, ㄷ
④ ㄴ, ㄹ ⑤ ㄷ, ㄹ

자료 분석 | 정답과 해설 41쪽

18 그림은 우리나라 주변의 판 경계와 발생했던 지진의 정보를 나타낸 것이다.

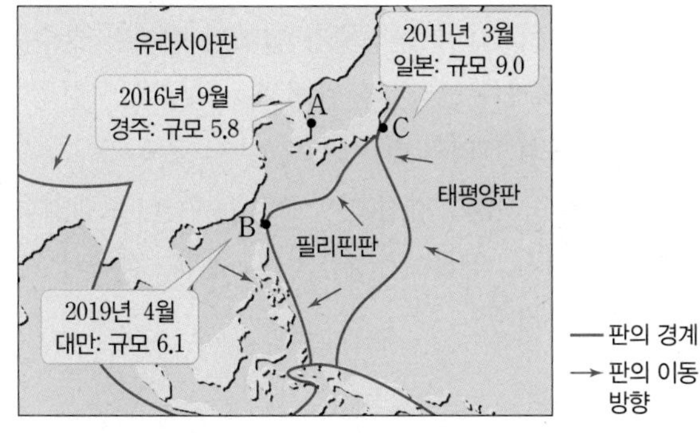

이에 대한 설명으로 옳은 것을 〈보기〉에서 모두 고른 것은?

보기

ㄱ. A, B, C 중 A 지진이 가장 강력했다.
ㄴ. B는 태평양판과 필리핀판의 경계에서 발생한 지진이다.
ㄷ. A는 B와 C보다 판의 경계로부터 떨어진 곳에서 발생했던 지진이다.

① ㄱ ② ㄷ ③ ㄱ, ㄴ
④ ㄴ, ㄷ ⑤ ㄱ, ㄴ, ㄷ

자료 분석 | 정답과 해설 41쪽

서술형 문제

19 그림은 현재 대륙에서 발견할 수 있는 빙하의 흔적을 나타낸 것이다.

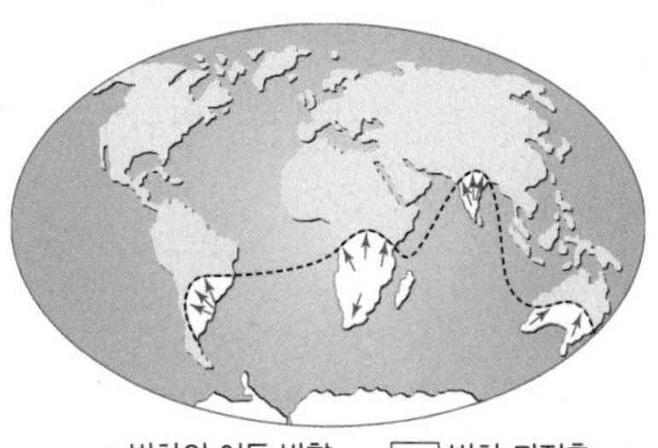

더운 지역에서 빙하의 흔적이 나타나는 까닭을 서술하시오.

20 그림은 판의 구조를 나타낸 것이다.

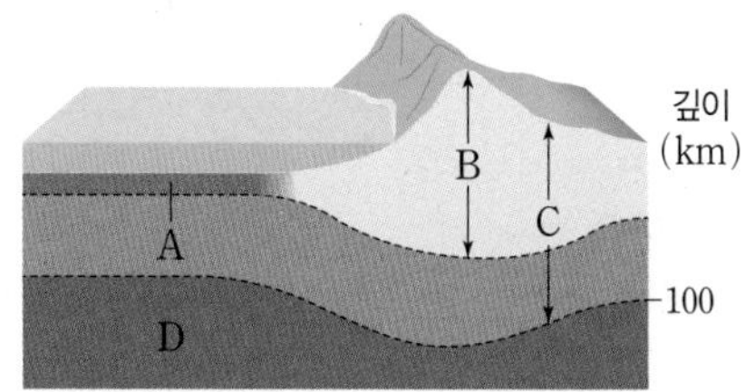

(1) A~D 중 판에 해당하는 것을 고르시오.

(2) 판의 정의를 다음 용어를 포함하여 서술하시오.

지각, 맨틀, 암석층

21 화산 활동은 사람들에게 피해를 주기도 하지만 혜택을 주기도 한다. 화산 활동에 의한 피해와 혜택을 한 가지씩만 서술하시오.

22 그림은 우리나라 주변의 판 경계 및 화산 활동과 지진의 분포를 나타낸 것이다. 우리나라보다 일본이 화산 활동과 지진이 활발한 까닭을 서술하시오.

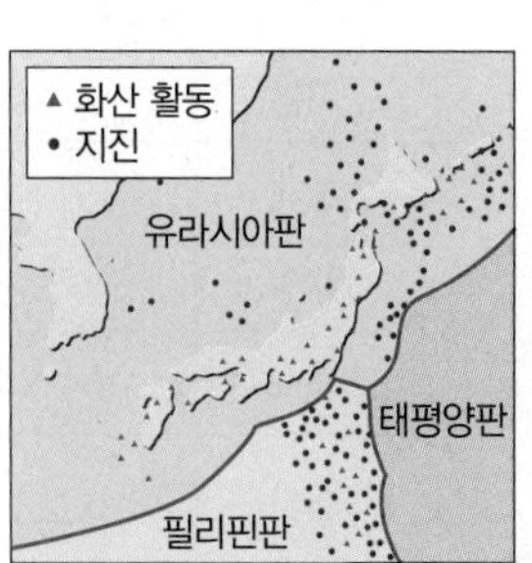

정답과 해설 42쪽

1 힘

① 힘: 물체의 ❶(　　)이나 운동 상태를 변하게 하는 원인

- 힘의 단위: N(뉴턴)
- 힘이 작용하여 나타나는 변화: 물체의 모양이나 운동 상태가 변한다.

모양 변화	• 철사를 구부릴 때 • 밀가루를 반죽할 때 • 고무줄이나 용수철을 잡아당겨 늘일 때
운동 상태 변화	• 굴러가던 공이 정지할 때 • 사과가 나무에서 떨어질 때 • 정지해 있는 수레를 밀거나 끌어당겨 이동시킬 때
모양과 운동 상태 동시 변화	• 야구공을 방망이로 칠 때 • 축구공을 발로 세게 찰 때 • 배구공을 손으로 세게 칠 때 • 골프공을 골프채로 세게 칠 때

② 힘의 표시: 힘의 크기, 힘의 방향, 힘의 작용점을 ❷(　　)로 나타낸다.

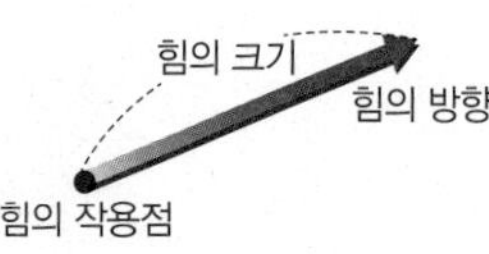

2 중력

① 중력: 지구와 같은 천체가 물체를 당기는 힘

- 중력의 방향: ❸(　　) 방향(=연직 아래 방향)
- 중력의 크기: 물체의 질량이 클수록, 지구 중심에 가까울수록 중력의 크기가 ❹(　　).
- 달에서의 중력: 지구에서의 중력의 ❺(　　)이다.

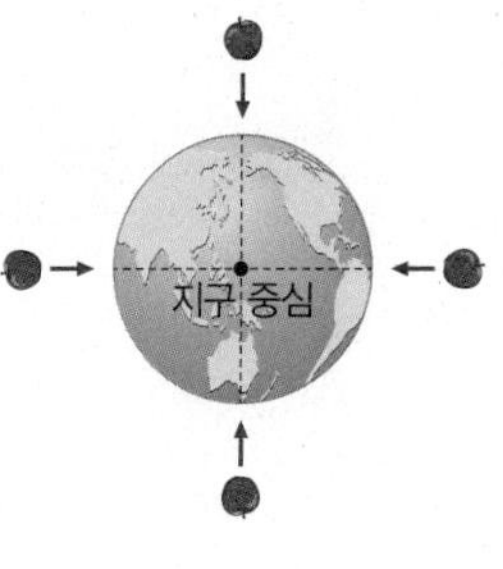

② 중력에 의해 나타나는 현상

- 고드름이 아래로 자란다.
- 달이 지구 주위를 공전한다.
- 스카이다이버가 아래로 떨어진다.

3 무게와 질량

구분	❻(　　)	❼(　　)
정의	물체에 작용하는 중력의 크기	물체의 고유한 양
단위	N(뉴턴)	g(그램), kg(킬로그램)
측정 도구	용수철저울, 가정용저울	양팔저울, 윗접시저울
특징	측정 장소에 따라 달라진다.	측정 장소에 따라 달라지지 않는다.
관계	• 무게는 질량에 비례한다. • 지구에서의 무게(N)=9.8×질량(kg)	

4 지구와 달에서의 무게와 질량

문제 공략 32쪽

① 무게: 달에서의 중력은 지구에서 중력의 $\frac{1}{6}$이므로 달에서 물체의 무게는 지구에서 물체의 무게의 ❽(　　)이다.

② 질량: 질량은 물체의 고유한 양이므로 지구와 달에서 물체의 질량은 ❾(　　).

5 우주 정거장에서 물체의 질량과 무게 비교하기

① 질량 비교: 질량이 다른 물체에 같은 크기의 힘을 가하면 질량이 작은 물체가 더 ❿(　　) 밀려난다. ➡ 질량을 비교할 수 있다.

② 무게 비교: 무중력 상태에서는 중력을 거의 느낄 수 없으므로 모든 물체의 무게가 0이다. ➡ 무게를 비교할 수 없다.

6 탄성력

① 탄성력: 변형된 물체가 원래 모양으로 되돌아가려는 힘

- 탄성력의 방향: 탄성체를 변형시킨 힘의 방향과 반대 방향, 탄성체가 변형된 방향과 ⓫(　　) 방향

용수철을 안쪽으로 누를 때	용수철을 바깥쪽으로 당길 때
누르는 힘 누르는 힘 탄성력 탄성력	당기는 힘 당기는 힘 탄성력 탄성력
바깥쪽으로 탄성력이 작용	안쪽으로 탄성력이 작용

- 탄성력의 크기: 탄성체가 변형된 길이가 클수록 탄성력의 크기가 크다. ➡ 탄성체를 변형시킨 힘의 크기는 탄성력의 크기와 ⓬(　　).

② 탄성력의 이용: 자전거 안장의 용수철, 트램펄린, 장대높이뛰기, 양궁, 가정용저울, 볼펜, 컴퓨터 자판, 스테이플러 등

7 용수철을 이용한 물체의 무게 측정

문제 공략 33쪽

- 용수철이 늘어난 길이는 용수철에 매단 추의 개수, 즉 추의 무게에 ⓭(　　)한다. ➡ 용수철이 늘어난 길이를 측정하여 물체의 무게를 알 수 있다.

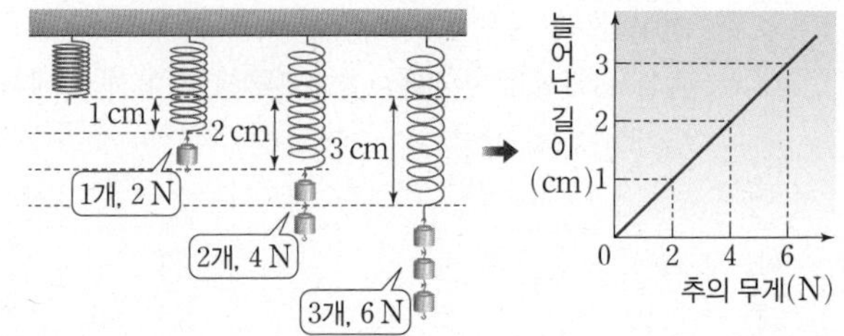

중단원 퀴즈

정답과 해설 42쪽

1 물체에 힘이 작용할 때 물체에서 일어날 수 있는 변화를 〈보기〉에서 모두 고르시오.

보기
ㄱ. 모양 변화 ㄴ. 질량 변화 ㄷ. 빠르기 변화 ㄹ. 운동 방향 변화

2 그림과 같이 힘을 화살표로 나타냈다. 이 힘의 크기와 방향을 쓰시오. (단, 10 N의 힘을 길이 1 cm의 화살표로 나타낸다.)

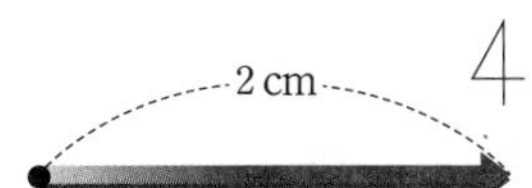

3 그림과 같이 지표면 근처에서 어떤 물체를 가만히 놓았을 때 물체가 떨어지는 방향을 A~D 중에서 고르시오.

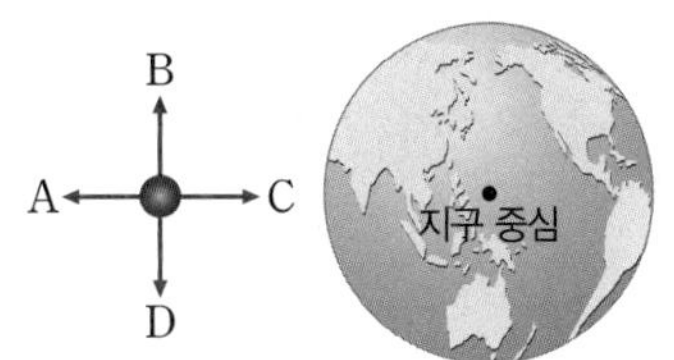

4 물체에 작용하는 중력의 크기를 (㉠)(이)라 하고, 물체의 고유한 양을 (㉡)(이)라고 한다.

5 지구에서 질량이 60 kg인 물체의 달에서의 질량과 무게를 각각 구하시오.

6 물체의 모양이 변했을 때 변형된 물체가 원래 모양으로 되돌아가려는 성질을 (㉠)이라 하고, 변형된 물체가 원래 모양으로 되돌아가려는 힘을 (㉡)이라고 한다.

7 그림과 같이 벽에 고정된 용수철을 오른쪽으로 15 N의 힘으로 당겼다. 용수철에 작용하는 탄성력의 크기와 방향을 쓰시오.

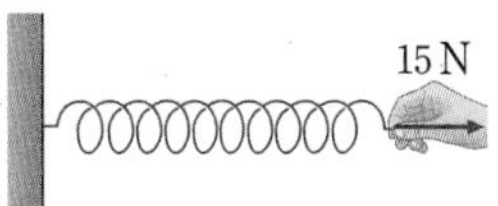

8 그림은 용수철에 매단 추의 무게에 따라 용수철이 늘어난 길이를 나타낸 것이다. 이 용수철에 무게가 5 N인 추를 매달았을 때 용수철이 늘어난 길이는 몇 cm인지 구하시오.

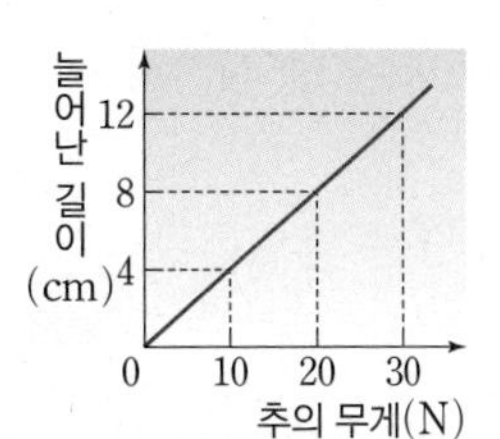

답안지

1

2

3

4

5

6

7

8

계산 문제 공략 여러 장소에서 무게와 질량

정답과 해설 42쪽

- 지구에서의 무게(N)=9.8×질량(kg)
- 달에서의 무게=지구에서의 무게×$\frac{1}{6}$
- 지구에서의 질량(kg)=지구에서의 무게(N)÷9.8
- 달에서의 질량=지구에서의 질량

1 그림과 같이 지구에서 윗접시저울로 측정한 질량이 12 kg인 물체가 있다.

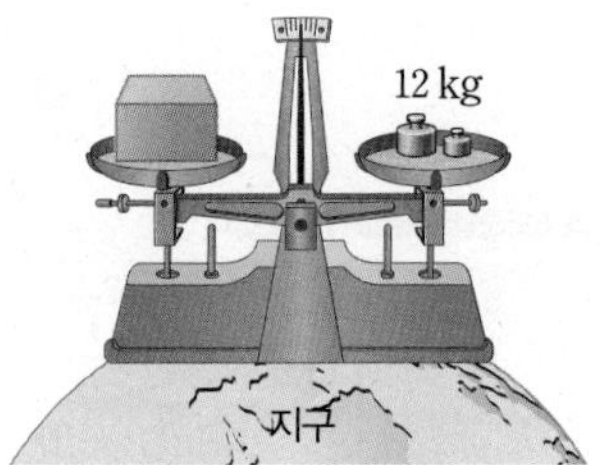

(1) 달에서 물체의 질량은 몇 kg인지 구하시오.
(2) 달에서 물체의 무게는 몇 N인지 구하시오.

2 그림과 같이 지구에서 용수철저울로 측정한 무게가 29.4 N인 물체가 있다.

(1) 달에서 물체의 질량은 몇 kg인지 구하시오.
(2) 달에서 물체의 무게는 몇 N인지 구하시오.

3 그림과 같이 달에서 용수철저울로 측정한 무게가 19.6 N인 물체가 있다.

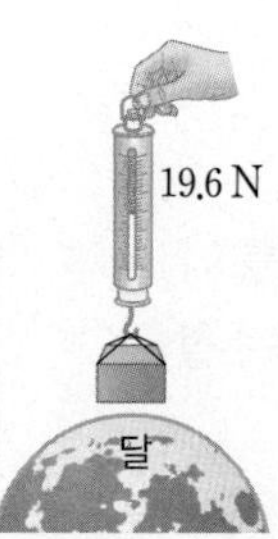

(1) 지구에서 물체의 무게는 몇 N인지 구하시오.
(2) 지구에서 물체의 질량은 몇 kg인지 구하시오.

4 그림과 같이 지구에서 윗접시저울에 올려놓았을 때 300 g인 추 5개와 수평을 이루는 물체가 있다.

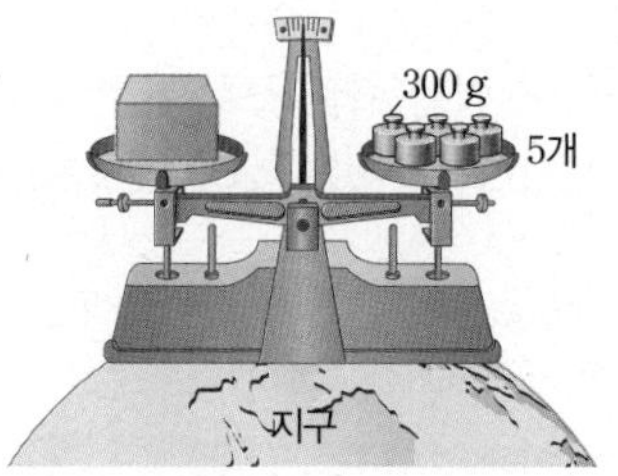

(1) 달에서 물체의 질량은 몇 kg인지 구하시오.
(2) 달에서 물체의 무게는 몇 N인지 구하시오.

5 그림과 같이 지구에서 몸무게가 490 N인 우주 비행사가 있다. 표는 여러 천체들의 중력 값을 지구에서의 중력과 비교하여 상대적으로 나타낸 것이다.

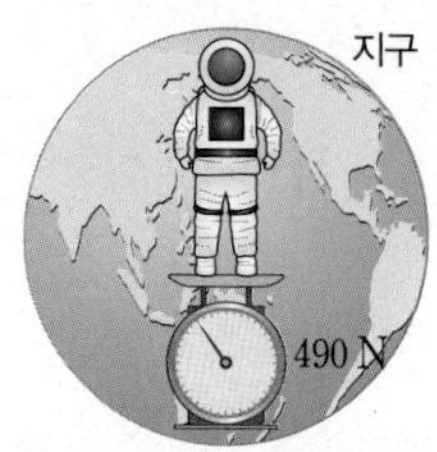

천체	지구	화성	목성
중력	1	0.4	2.5

(1) 지구에서 우주 비행사의 질량은 몇 kg인지 구하시오.
(2) 화성에서 우주 비행사의 질량은 몇 kg인지 구하시오.
(3) 화성에서 우주 비행사의 몸무게는 몇 N인지 구하시오.
(4) 목성에서 우주 비행사의 질량은 몇 kg인지 구하시오.
(5) 목성에서 우주 비행사의 몸무게는 몇 N인지 구하시오.
(6) 무중력 상태인 우주 정거장에서 우주 비행사의 몸무게는 몇 N인지 구하시오.

계 산 문제 공략 용수철에 매단 물체의 무게와 용수철이 늘어난 길이

정답과 해설 42쪽

• 용수철이 늘어난 길이: 용수철에 물체를 매달았을 때 전체 길이에서 원래 길이를 뺀 값이다.

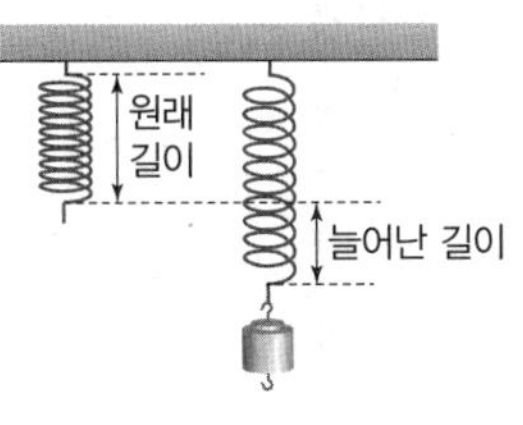

• 추의 무게와 용수철이 늘어난 길이의 관계: 용수철이 늘어난 길이는 추의 개수, 추의 무게, 추에 작용하는 중력, 용수철을 잡아당긴 힘, 용수철의 탄성력에 각각 비례한다.

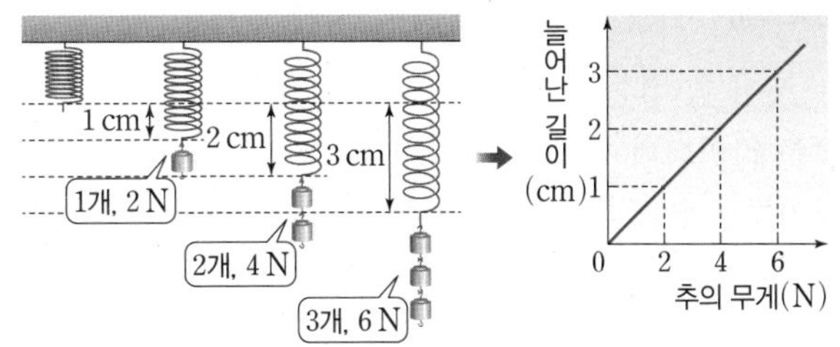

1 무게가 5 N인 추를 매달았을 때 1 cm 늘어나는 용수철이 있다. 이 용수철에 무게가 15 N인 필통을 매달았을 때 용수철이 늘어난 길이는 몇 cm인지 구하시오.

2 10 N의 힘으로 당겼을 때 1 cm 늘어나는 용수철이 있다. 이 용수철에 무게가 5 N인 추 4개를 매달았을 때 용수철이 늘어난 길이는 몇 cm인지 구하시오.

3 그림과 같이 원래 길이가 10 cm인 용수철에 무게가 3 N인 물체를 매달았더니 용수철의 전체 길이가 12 cm가 되었다.

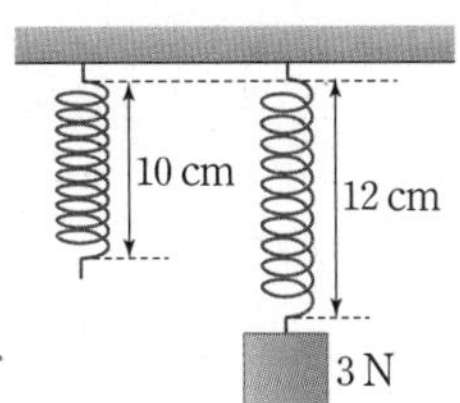

(1) 이 용수철에 무게가 9 N인 물체를 매달았을 때 용수철이 늘어난 길이는 몇 cm인지 구하시오.

(2) 이 용수철에 어떤 물체를 매달았더니 5 cm가 늘어났다. 용수철에 매단 물체의 무게는 몇 N인지 구하시오.

(3) 이 용수철을 12 N의 힘으로 당겼을 때 용수철이 늘어난 길이는 몇 cm인지 구하시오.

4 그림 (가)와 같이 용수철에 무게가 2 N으로 같은 추를 매달면서 용수철에 매단 추의 개수에 따른 용수철이 늘어난 길이를 측정하였더니, 그 결과가 (나)의 그래프와 같았다.

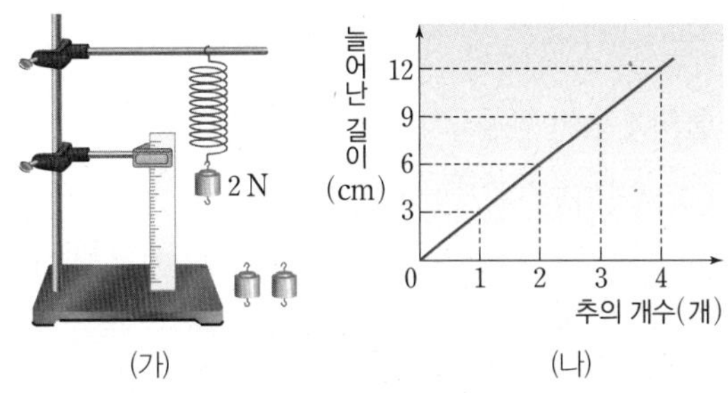

(가) (나)

(1) 이 용수철에 무게가 4 N인 물체를 매달았을 때 용수철이 늘어난 길이는 몇 cm인지 구하시오.

(2) 이 용수철에 무게가 4 N인 물체를 매달았더니 용수철의 전체 길이가 12 cm가 되었다. 용수철이 늘어나기 전 원래 길이는 몇 cm인지 구하시오.

(3) 이 용수철에 어떤 물체를 매달았더니 용수철의 전체 길이가 21 cm가 되었다. 용수철에 매단 물체의 무게는 몇 N인지 구하시오.

(4) 이 용수철을 손으로 잡아당겼더니 용수철이 18 cm 늘어났다. 이때 용수철에 작용하는 탄성력의 크기는 몇 N인지 구하시오.

정답과 해설 43쪽

01 밑줄 친 힘이 과학에서 말하는 힘을 의미하는 것을 모두 고르면? (2개)

① 아는 것이 힘이다.
② 점심을 굶었더니 힘이 없다.
③ 시험공부를 했더니 너무 힘이 든다.
④ 용수철을 양쪽으로 잡아당겼더니 힘이 든다.
⑤ 농구공을 있는 힘을 다해서 위로 던져 올렸다.

02 물체에 힘이 작용하지 않은 경우는?

① 굴러가던 탁구공이 왼쪽으로 휘어졌다.
② 나무에서 사과가 점점 빠르게 떨어지고 있다.
③ 실에 매달린 지우개가 일정한 빠르기로 원운동을 하고 있다.
④ 빙판 위에서 썰매가 한 방향으로 일정한 빠르기로 미끄러진다.
⑤ 당구대에서 굴러가던 당구공의 빠르기가 점점 느려지다가 멈춘다.

[주관식]

03 그림은 크기가 4 N인 힘을 나타낸 것이다.

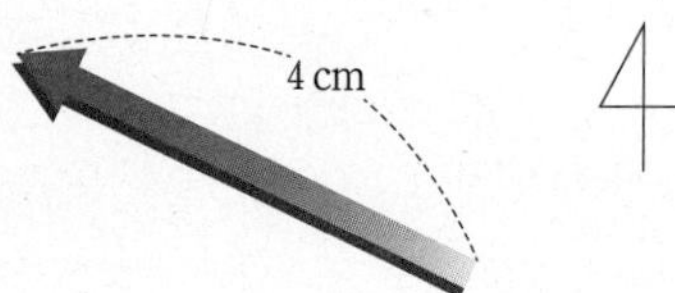

이에 대한 설명으로 옳은 것을 〈보기〉에서 모두 고르시오.

보기
ㄱ. 이 힘의 방향은 남동쪽이다.
ㄴ. 화살표의 굵기가 힘의 크기를 나타낸다.
ㄷ. 화살촉이 끝나는 부분이 힘의 작용점을 나타낸다.
ㄹ. 화살표의 길이가 2 cm라면 크기가 2 N인 힘을 나타내는 것이다.

04 지구에서 물체에 작용하는 중력에 대한 설명으로 옳은 것을 〈보기〉에서 모두 고른 것은?

보기
ㄱ. 중력의 방향은 항상 지구 중심 방향이다.
ㄴ. 물체에 작용하는 중력의 크기를 질량이라고 한다.
ㄷ. 공중에 떠 있는 물체에는 중력이 작용하지 않는다.

① ㄱ ② ㄴ ③ ㄷ
④ ㄱ, ㄴ ⑤ ㄴ, ㄷ

출제율 99% [주관식]

05 그림과 같이 지표 부근에 물체가 있다.

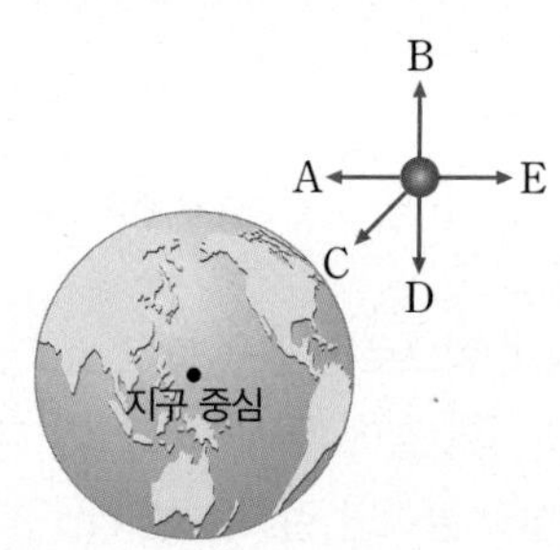

이 물체에 작용하는 중력의 방향을 A~E 중에서 고르시오.

06 표는 질량과 무게를 비교하여 설명한 것이다.

구분	질량	무게
단위	kg(킬로그램)	㉠
측정 도구	양팔저울, 윗접시저울	용수철저울, 가정용저울
측정 장소에 따라	㉡	㉢

㉠~㉢에 알맞은 말을 옳게 짝 지은 것은?

	㉠	㉡	㉢
①	N(뉴턴)	일정함	일정함
②	N(뉴턴)	일정함	달라짐
③	N(뉴턴)	달라짐	일정함
④	g(그램)	일정함	달라짐
⑤	g(그램)	달라짐	일정함

07 표는 같은 물체의 질량과 무게를 지구와 달에서 각각 측정한 값이다.

구분	질량(kg)	무게(N)
지구	A	C
달	B	D

이에 대한 설명으로 옳은 것을 〈보기〉에서 모두 고른 것은?

> 보기
> ㄱ. A와 B는 같다.
> ㄴ. D는 C의 6배이다.
> ㄷ. C는 A의 9.8배이다.

① ㄱ ② ㄴ ③ ㄱ, ㄴ
④ ㄱ, ㄷ ⑤ ㄴ, ㄷ

출제율 99%

08 지구에서 질량이 60 kg인 물체를 달에 가져갔다. 달에서 이 물체의 질량과 무게를 옳게 짝 지은 것은?

	질량	무게		질량	무게
①	10 kg	98 N	②	10 kg	588 N
③	60 kg	98 N	④	60 kg	588 N
⑤	360 kg	98 N			

09 그림과 같이 지구에서 같은 사과를 두 저울 A, B로 각각 측정한 값이 각각 12 N, 1200 g이었다.

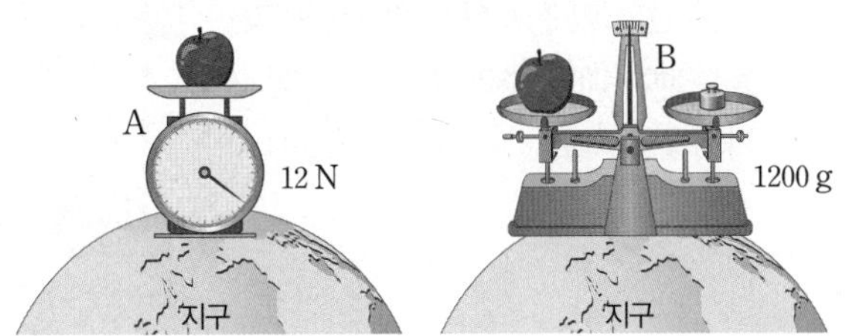

이에 대한 설명으로 옳은 것을 〈보기〉에서 모두 고른 것은?

> 보기
> ㄱ. A는 무게를 측정하는 저울이다.
> ㄴ. B는 질량을 측정하는 저울이다.
> ㄷ. 달에서 A로 사과를 측정한 값은 12 N이다.
> ㄹ. 달에서 B로 사과를 측정한 값은 1200 g이다.

① ㄱ, ㄴ ② ㄱ, ㄷ ③ ㄷ, ㄹ
④ ㄱ, ㄴ, ㄹ ⑤ ㄴ, ㄷ, ㄹ

10 탄성력에 대한 설명으로 옳지 않은 것은?

① 기타는 기타 줄의 탄성력을 이용한 악기이다.
② 탄성체의 변형 정도가 클수록 탄성력이 크다.
③ 변형된 물체가 원래 모양으로 되돌아가려는 힘이다.
④ 장대높이뛰기는 장대의 탄성력을 이용한 운동 경기이다.
⑤ 같은 크기의 힘으로 용수철을 변형시켰더라도 용수철의 종류가 다르면 탄성력의 크기도 다르다.

출제율 99%

11 그림과 같이 고무줄의 A, B 부분을 양쪽으로 잡아당겼다.

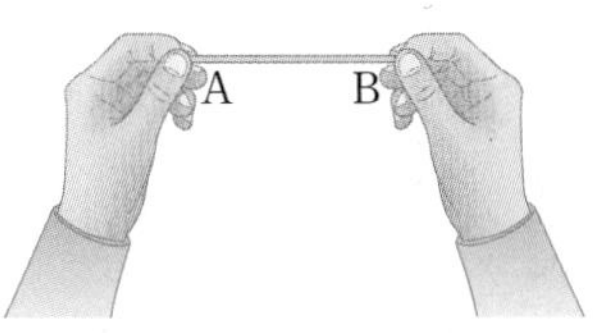

A, B 부분에 작용하는 탄성력의 방향을 옳게 짝 지은 것은?

	A	B		A	B
①	→	←	②	←	→
③	→	→	④	←	←
⑤	↓	↓			

출제율 99% [주관식]

12 그림 (가)는 10 N의 힘으로 용수철을 오른쪽으로 당긴 모습을, (나)는 10 N의 힘으로 용수철을 왼쪽으로 압축시킨 모습을 나타낸 것이다.

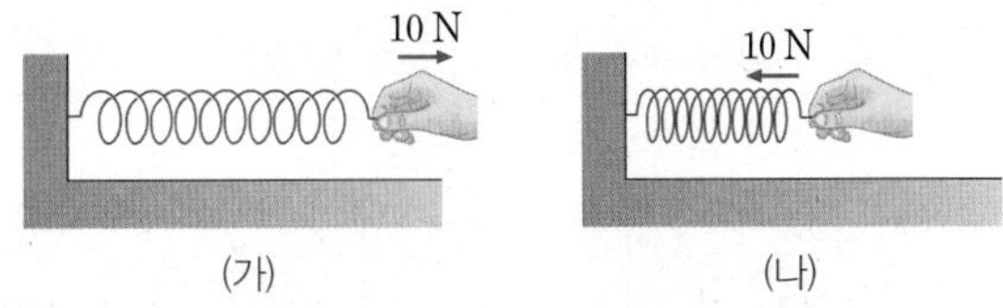

이에 대한 설명으로 옳은 것을 〈보기〉에서 모두 고르시오.

> 보기
> ㄱ. (가), (나)에서 탄성력의 크기는 같다.
> ㄴ. (가), (나)에서 탄성력의 방향은 같다.
> ㄷ. (가), (나)에서 용수철은 원래 상태로 되돌아가려는 힘을 손에 작용한다.

【주관식】

13 그림은 용수철에 매단 추의 개수에 따른 용수철이 늘어난 길이를 나타낸 것이다.

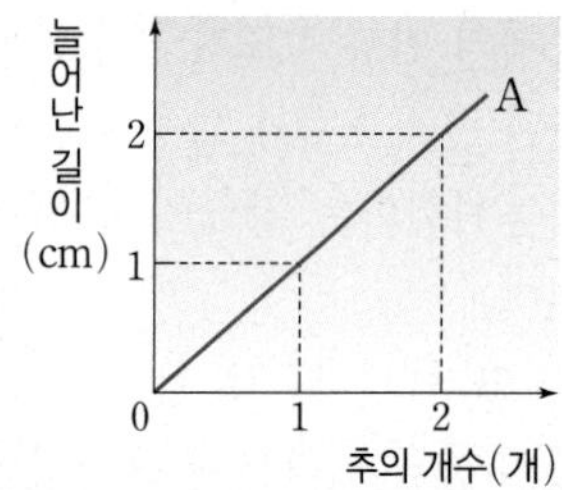

이 용수철을 잡아당겨 10 cm 늘어나게 하였을 때, 용수철을 잡아당긴 힘의 크기는 몇 N인지 구하시오. (단, 추 1개의 무게는 2 N이다.)

출제율 99%

14 그림과 같이 용수철에 무게가 1 N인 물체를 매달았더니 2 cm 늘어났다. 이 용수철에 무게가 4 N인 물체를 매달면 용수철이 늘어난 길이는 몇 cm인가?

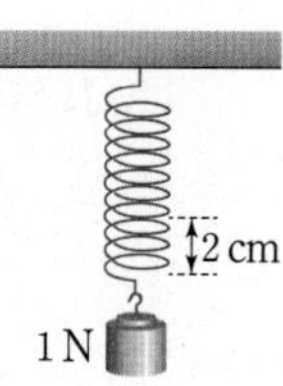

① 2 cm ② 4 cm ③ 6 cm
④ 8 cm ⑤ 10 cm

15 그림과 같이 용수철에 무게가 10 N인 추를 매달았더니 추가 정지해 있었다. 이에 대한 설명으로 옳지 않은 것은?

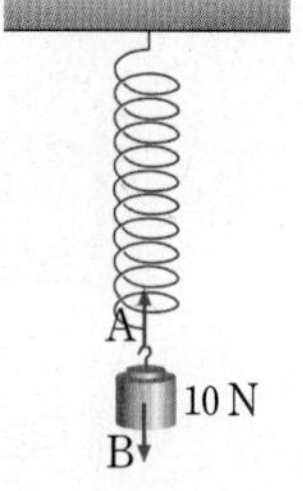

① 추에 작용하는 중력의 방향은 B이다.
② 추에 작용하는 탄성력의 방향은 A이다.
③ 추에 작용하는 탄성력의 크기는 10 N이다.
④ 추에 작용하는 중력의 크기와 탄성력의 크기는 같다.
⑤ 용수철에 매단 추의 무게와 용수철의 전체 길이는 비례한다.

16 그림은 용수철에 질량이 일정한 추를 1개, 2개, 3개씩 매달았을 때 용수철이 늘어난 모습을 나타낸 것이다.

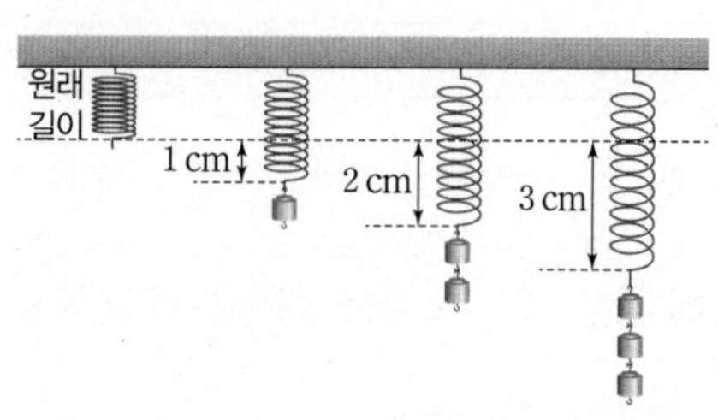

이로부터 알 수 있는 사실을 그래프로 옳게 나타낸 것은?

① 늘어난 길이 / O / 추의 개수

② 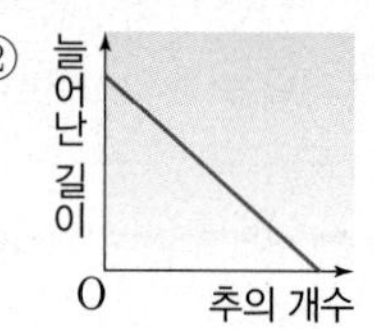

③ 늘어난 길이 / O / 추의 개수

④ 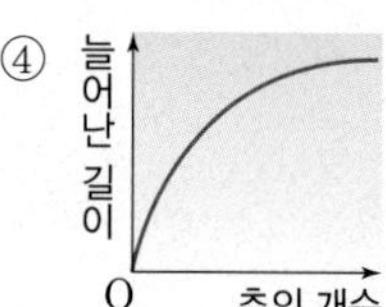

⑤ 늘어난 길이 / O / 추의 개수

【주관식】

17 그림은 용수철에 작용한 힘과 용수철이 늘어난 길이의 관계를 알아보기 위한 실험 장치를 나타낸 것이다. 용수철에 매단 추에 작용하는 힘 2가지를 쓰시오.

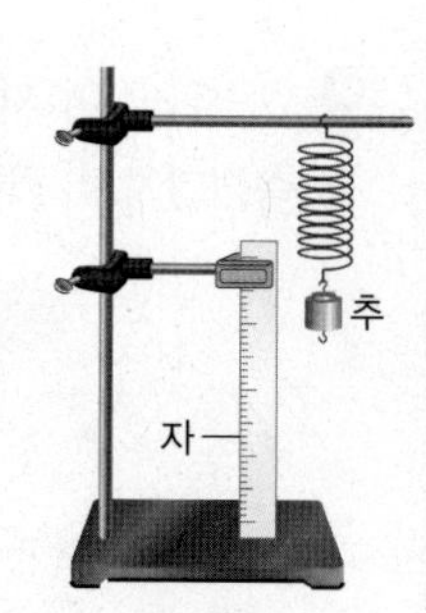

18 탄성력을 이용한 예로 옳지 않은 것은?

① 양궁 ② 펜싱 ③ 컬링
④ 번지점프 ⑤ 장대높이뛰기

고난도 문제

19 표는 여러 천체에서의 중력의 크기를 상대적으로 나타낸 것이다.

천체	지구	달	화성	목성
중력의 상대적 크기	1	$\frac{1}{6}$	$\frac{1}{3}$	2.5

달에서 측정한 무게가 98 N인 물체에 대한 설명으로 옳은 것은?

① 지구에서 물체의 무게는 98 N이다.
② 목성에서 물체의 질량은 60 kg이다.
③ 목성에서 물체의 무게는 245 N이다.
④ 물체의 질량은 화성에서 가장 크게 측정된다.
⑤ 물체의 무게는 모든 천체에서 동일하게 측정된다.

자료 분석 | 정답과 해설 44쪽

20 그림은 지구에서 측정한 질량이 각각 100 g, 200 g인 고무공과 쇠공이 중력이 작용하지 않는 우주 정거장에 떠 있는 모습을 나타낸 것이다. 이에 대한 설명으로 옳지 않은 것을 모두 고르면? (2개)

① 우주 정거장에서 쇠공이 고무공보다 무겁다.
② 우주 정거장에서 쇠공의 질량은 200 g이다.
③ 우주 정거장에서 고무공의 질량은 100 g이다.
④ 우주 정거장에서 두 공의 무게를 비교할 수 없다.
⑤ 우주 정거장에서 쇠공과 고무공을 동시에 불면 두 공은 동시에 밀려난다.

출제율 99% [주관식]

21 그림과 같이 지구에서 용수철에 무게가 19.6 N인 추를 매달았더니 용수철이 6 cm 늘어났다. 이에 대한 설명으로 옳은 것을 〈보기〉에서 모두 고르시오. (단, 장소에 따라 용수철의 성질은 변하지 않는다.)

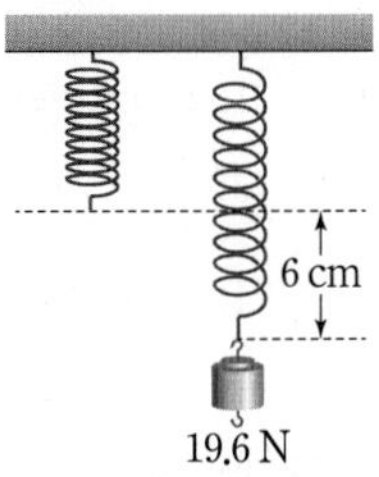

보기
ㄱ. 추의 질량은 2 kg이다.
ㄴ. 달에 가서 양팔저울로 이 추의 질량을 측정하면 12 kg이다.
ㄷ. 달에 가서 같은 용수철에 이 추를 매달면 용수철은 1 cm 늘어난다.

자료 분석 | 정답과 해설 44쪽

서술형 문제

22 그림과 같이 질량이 1 kg인 공을 비스듬히 위로 던져 올렸더니 공이 포물선을 그리면서 운동하였다.

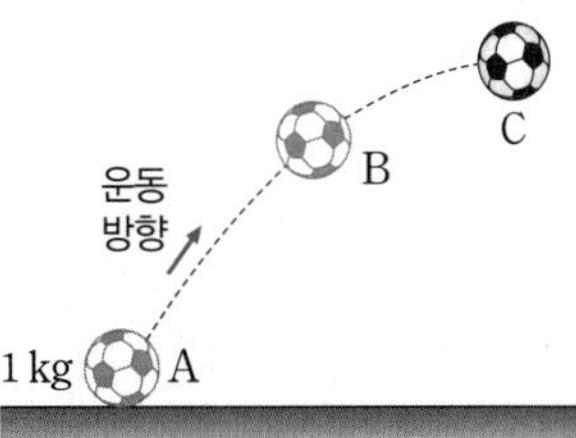

A, B, C 지점에서 공에 작용하는 중력의 크기와 방향에 대해 서술하시오. (단, 공기 저항과 마찰은 무시한다.)

23 우주 비행사가 달 탐사선을 타고 지구로부터 일정한 속력으로 점점 멀어지고 있다.

(1) 지구의 대기권 안에서 우주 비행사의 질량은 어떻게 변하는지를 까닭과 함께 서술하시오.

(2) 지구의 대기권 안에서 우주 비행사의 무게는 어떻게 변하는지를 까닭과 함께 서술하시오.

24 그림과 같이 바닥에 고정된 용수철 위에 탁구공을 놓고 손으로 눌러 용수철을 압축시켰다가 놓았더니 탁구공이 위로 튀어 올랐다.

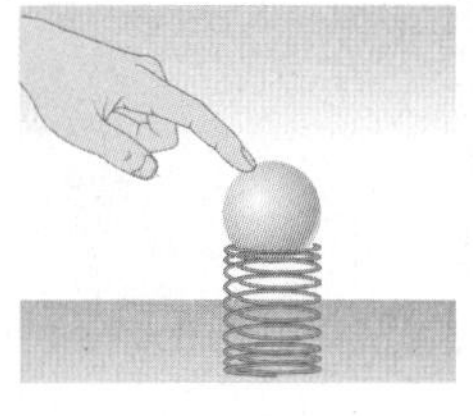

(1) 탁구공을 손으로 눌러 용수철을 압축시켰을 때 탁구공에 작용하는 중력과 탄성력의 방향을 각각 쓰시오.

(2) 탁구공을 더 높이 튀어 오르게 할 수 있는 방법을 까닭과 함께 서술하시오.

자료 분석 | 정답과 해설 44쪽

정답과 해설 45쪽

1 마찰력

① 마찰력: 두 물체의 접촉면에서 물체의 운동을 방해하는 힘

② 마찰력의 방향: 물체의 운동을 방해하는 방향 ➡ 물체가 운동하거나 운동하려는 방향과 ❶ (　　) 방향

힘이 작용해도 물체가 정지해 있을 때

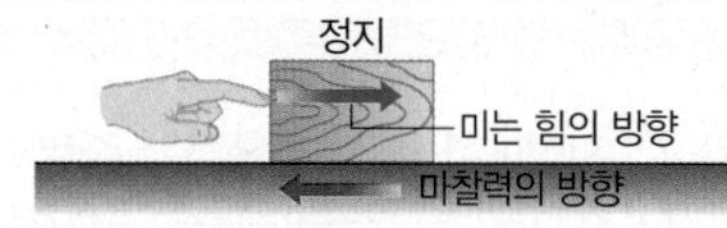

➡ 물체에 작용한 ❷ (　　)의 방향과 반대 방향

물체가 운동할 때

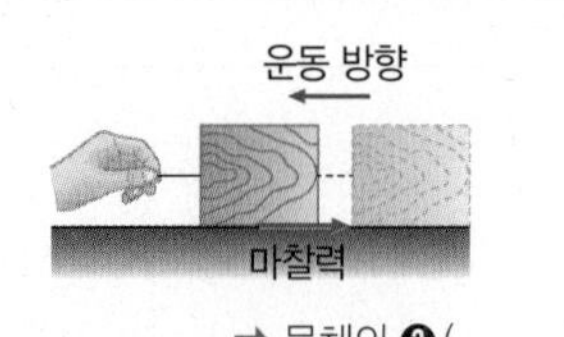

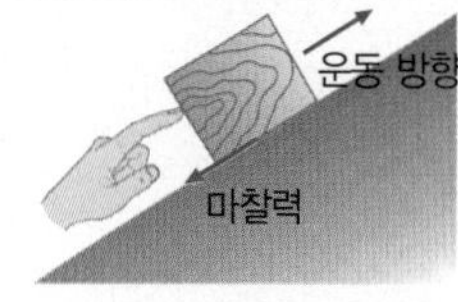

➡ 물체의 ❸ (　　) 방향과 반대 방향

③ 마찰력의 크기

- 접촉면의 거칠기와 마찰력의 크기: 접촉면이 ❹ (　　) 수록 마찰력이 크다.

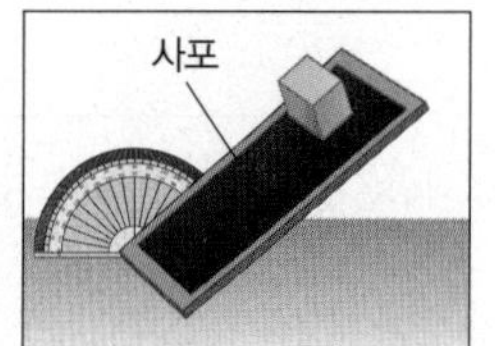

- 접촉면의 거칠기: 사포판>아크릴판
- 나무 도막이 미끄러지기 시작할 때 빗면의 각도: 사포판>아크릴판
  ➡ 마찰력의 크기: 사포판>아크릴판

- 물체의 무게와 마찰력의 크기: 물체의 무게가 ❺ (　　) 수록 마찰력이 크다.

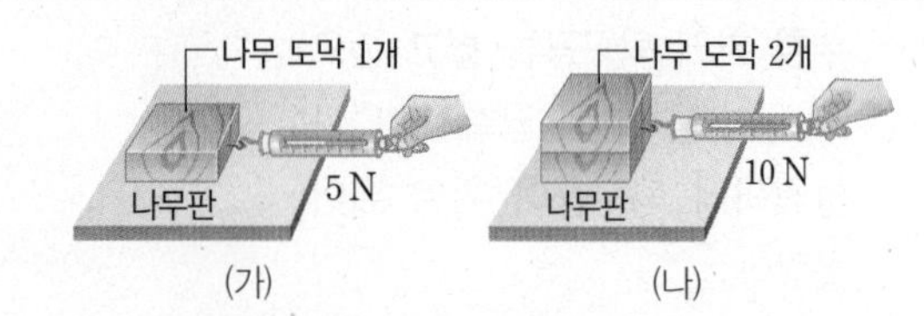

- 나무 도막의 무게: (가)<(나)
- 나무 도막이 움직이는 순간 용수철저울의 눈금: (가)<(나)
  ➡ 마찰력의 크기: (가)<(나)

2 마찰력의 이용

마찰력을 크게 하는 경우	마찰력을 작게 하는 경우
• 아기의 양말 바닥에 고무를 붙인다. • 등산화 바닥을 울퉁불퉁하게 만든다. • 눈이 온 도로나 빙판길에 모래를 뿌린다.	• 창문에 작은 바퀴를 설치한다. • 자전거 체인에 윤활유를 칠한다. • 수영장의 미끄럼틀에 물을 흐르게 한다.

3 부력

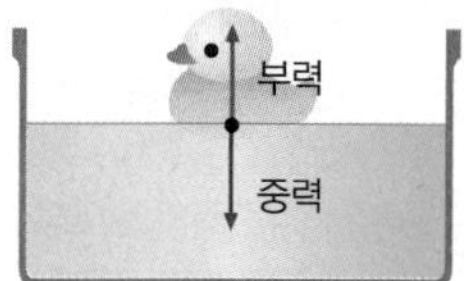

① 부력: 액체나 기체가 그 속에 있는 물체를 위쪽으로 밀어 올리는 힘

② 부력의 방향: ❻ (　　)과 반대 방향

4 부력의 크기

문제 공략 40쪽

① 부력의 크기를 측정하는 방법: 물체가 물속에 잠겼을 때 받은 부력의 크기는 물체가 물에 잠기기 전후 무게 차와 같다.

부력의 크기=공기 중에서 물체의 무게−물속에서 물체의 무게

예

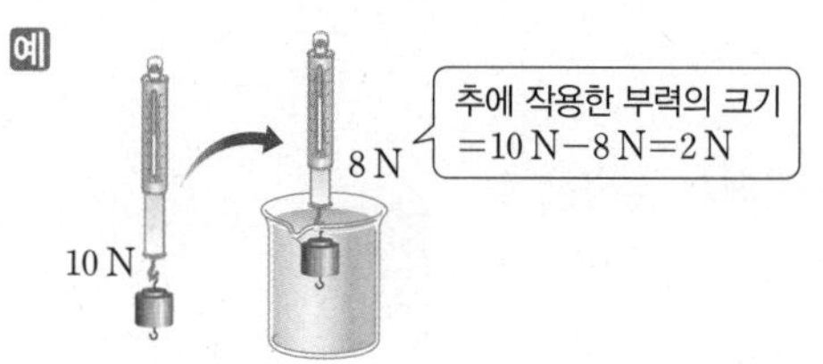

② 물에 잠긴 부피에 따른 부력의 크기: 물에 잠긴 물체의 부피가 ❼ (　　)수록 물체에 작용하는 부력의 크기가 크다.

③ 물체에 작용하는 부력과 중력의 크기 비교

- 부력의 크기❽ (　　)중력의 크기: 물체가 위로 떠오른다.
- 부력의 크기❾ (　　)중력의 크기: 물체가 떠 있다.
- 부력의 크기❿ (　　)중력의 크기: 물체가 아래로 가라앉는다.

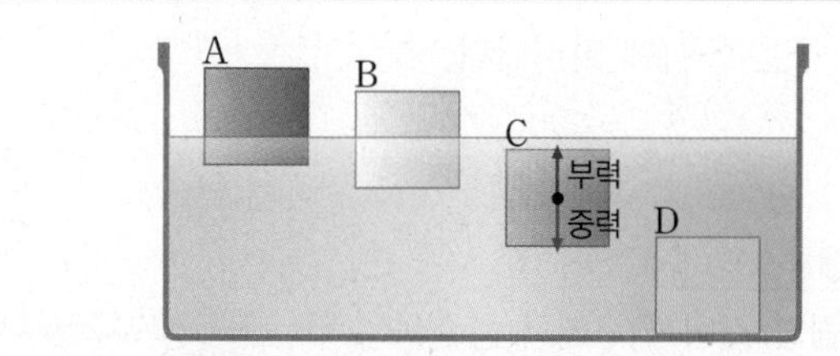

- 물에 잠긴 물체의 부피: C=D>B>A
  ➡ 물체에 작용하는 부력의 크기: C=D>B>A
- A, B, C: 떠 있으므로 부력의 크기와 중력의 크기가 같다.
- D: 가라앉아 있으므로 부력의 크기가 중력의 크기보다 ⓫ (　　).

5 부력의 이용

액체 속에서 받는 부력	기체 속에서 받는 부력
• 구명조끼나 튜브를 이용해 물 위에 쉽게 뜬다. • 잠수함이 부력과 중력을 이용해 물 위에 뜨거나 가라앉는다. • 화물을 가득 실은 무거운 화물선이 물의 부력을 받아 물 위에 뜬다.	• 풍등이 공기의 부력을 받아 위로 올라간다. • 공기보다 가벼운 헬륨을 채운 비행선이 공기의 부력을 받아 위로 올라간다. • 열기구 속 공기를 가열하여 부피를 크게 하면 공기의 부력을 받아 위로 올라간다.

정답과 해설 45쪽

답안지

1 마찰력은 두 물체의 (㉠)에서 물체의 운동을 방해하는 힘으로 물체의 운동을 방해하는 방향으로 작용한다. 즉, 물체가 운동하거나 운동하려는 방향과 (㉡) 방향으로 작용한다.

2 그림 (가)는 수평면에 정지해 있는 물체를 왼쪽으로 미는 모습을, (나)는 수평면에 정지해 있는 물체를 오른쪽으로 잡아당기는 모습을 나타낸 것이다. (가), (나)에서 물체에 작용하는 마찰력의 방향을 각각 쓰시오.

(가) (나)

3 무게가 15 N인 물체를 10 N의 힘으로 밀었으나 물체가 움직이지 않았다. 이때 이 물체에 작용하는 마찰력의 크기는 몇 N인지 구하시오.

4 다음과 같은 경우 상자를 밀 때 상자에 작용하는 마찰력의 크기를 등호나 부등호로 비교하시오. (단, 상자는 모두 동일하다.)

(1)

(2)

5 부력은 물체를 밀어 올리는 방향, 즉 중력과 (㉠) 방향으로 작용하며, 액체뿐만 아니라 (㉡) 속에 있는 물체에도 작용한다.

6 무게가 20 N인 물체를 용수철저울에 매달아 물속에 넣었더니 용수철저울의 눈금이 14 N을 가리켰다. 이 물체에 작용하는 부력의 크기는 몇 N인지 구하시오.

7 부력을 이용한 경우를 〈보기〉에서 모두 고르시오.

보기

ㄱ. 튜브 ㄴ. 물 미끄럼틀 ㄷ. 베어링
ㄹ. 스테이플러 ㅁ. 열기구 ㅂ. 화물선

1 ______
2 ______
3 ______
4 ______
5 ______
6 ______
7 ______

계산 문제 공략 부력의 크기 구하기

정답과 해설 45쪽

• 부력의 크기는 물체가 물속에 잠기기 전후 물체의 무게 차와 같다.

부력의 크기=공기 중에서 물체의 무게−물속에서 물체의 무게

• 부력의 크기는 물이 가득 든 수조에 물체를 넣었을 때 흘러넘친 물의 무게와 같다.

부력의 크기=흘러넘친 물의 무게

1 그림 (가)는 추가 공기 중에 있을 때 용수철저울의 눈금이 0.98 N을 가리키는 모습을, (나)는 추가 물에 반만 잠겼을 때 용수철저울의 눈금이 0.78 N을 가리키는 모습을 나타낸 것이다. (나)에서 추에 작용하는 부력의 크기는 몇 N인지 구하시오.

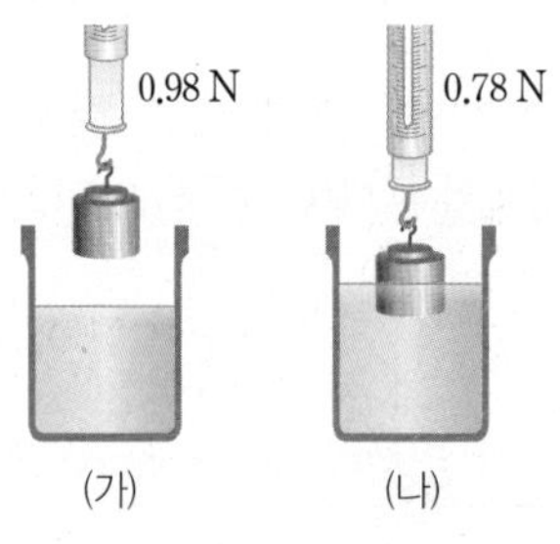

2 그림과 같이 무게가 10 N인 추를 물속에 완전히 넣었더니 용수철저울의 눈금이 8 N을 가리켰다.

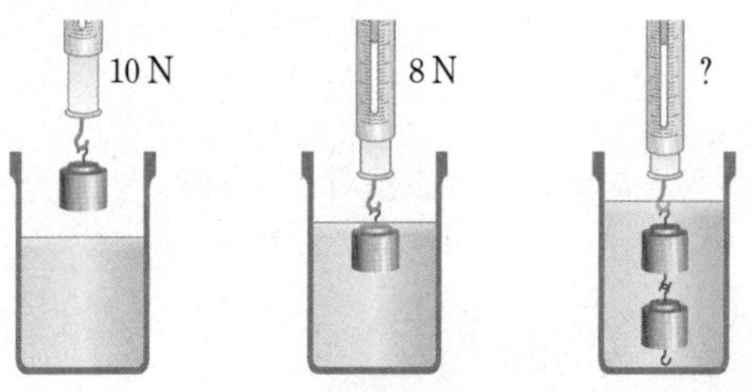

동일한 추를 하나 더 매달아 물속에 완전히 넣었을 때 용수철저울의 눈금은 몇 N을 가리키는지 구하시오.

3 그림 (가)는 동일한 추 3개를 매달았을 때 용수철저울의 눈금이 30 N을, (나)는 물을 부어 추 1개가 물속에 완전히 잠겼을 때 용수철저울의 눈금이 26 N을 가리키는 것을 나타낸 것이다.

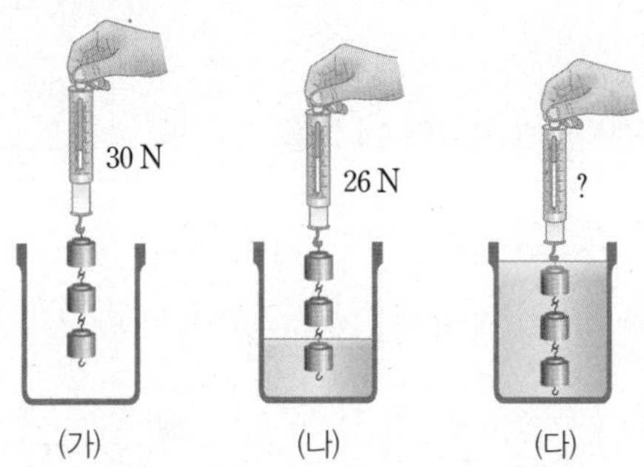

그림 (다)와 같이 추 3개가 모두 물속에 완전히 잠겼을 때 용수철저울의 눈금은 몇 N을 가리키는지 구하시오.

4 그림과 같이 물이 가득 든 비커에 무게가 12 N인 물체를 넣은 후 흘러넘친 물의 무게를 측정하였더니 4 N이었다. 이 물체가 받는 부력의 크기는 몇 N인지 구하시오.

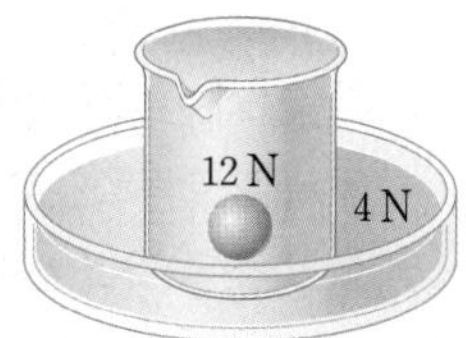

5 그림과 같이 공기 중에서 무게가 15 N인 물체를 용수철저울에 매달아 물이 가득 든 수조에 완전히 잠기게 넣었더니 용수철저울의 눈금이 10 N을 가리켰다. 흘러넘친 물의 무게는 몇 N인지 구하시오.

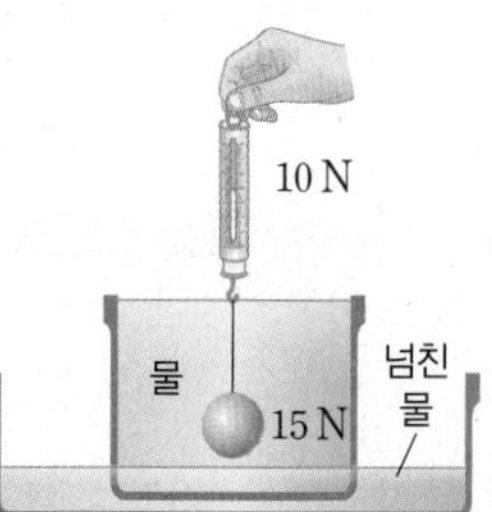

6 추에 작용하는 부력에 대해 알아보기 위해 다음과 같은 실험을 하였다.

[과정]
(1) 물이 가득 든 비커에 용수철저울에 매단 추를 넣고 흘러넘친 물을 다른 용기에 받는다.
(2) 다른 용기에 받은 물의 무게를 측정한다.

넘친 물

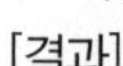

[결과]

물에 넣기 전 용수철저울의 눈금	18 N
물에 넣은 후 용수철저울의 눈금	12 N
흘러넘친 물의 무게	㉠

㉠에 알맞은 값을 쓰시오.

정답과 해설 45쪽

01 마찰력에 대한 설명으로 옳은 것을 <보기>에서 모두 고른 것은?

보기
ㄱ. 접촉면이 거칠수록 마찰력이 크다.
ㄴ. 물체의 운동 방향과 반대 방향으로 작용한다.
ㄷ. 물체를 밀었을 때 물체가 움직이지 않으면 물체에 작용하는 마찰력은 0이다.

① ㄱ ② ㄷ ③ ㄱ, ㄴ
④ ㄴ, ㄷ ⑤ ㄱ, ㄴ, ㄷ

[주관식]

02 그림은 빗면에서 상자가 미끄러져 내려가고 있는 모습을 나타낸 것이다.

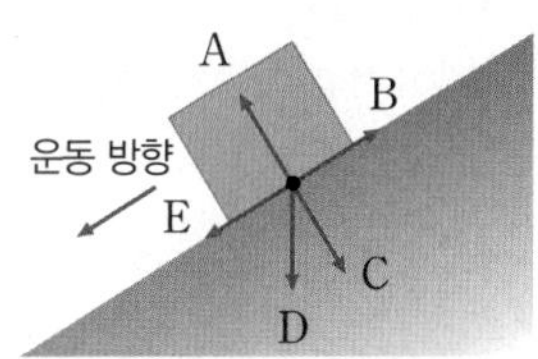

A~E 중 상자에 작용하는 중력과 마찰력의 방향을 각각 고르시오.

03 그림과 같이 바닥에 놓여 있는 나무 도막을 화살표 방향으로 잡아당겨 나무 도막이 움직였다.

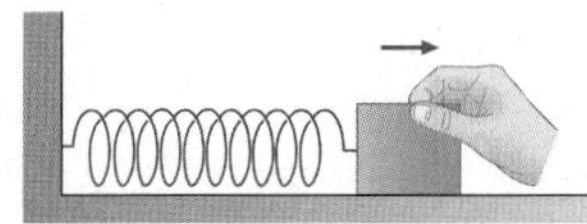

이때 나무 도막에 작용하는 중력과 탄성력 및 마찰력의 방향을 옳게 짝 지은 것은?

	중력	탄성력	마찰력
①	↑	→	→
②	↑	←	←
③	↓	→	→
④	↓	←	←
⑤	↓	←	→

출제율 99%

04 마찰력의 크기에 영향을 주는 요인을 <보기>에서 모두 고른 것은?

보기
ㄱ. 물체의 무게 ㄴ. 물체의 빠르기
ㄷ. 물체의 운동 방향 ㄹ. 접촉면의 거칠기

① ㄱ, ㄴ ② ㄱ, ㄷ ③ ㄱ, ㄹ
④ ㄴ, ㄹ ⑤ ㄷ, ㄹ

[주관식]

05 그림과 같이 책상 위에 놓여 있는 나무 도막에 용수철저울을 연결하여 조금씩 힘을 주면서 끌어당겼더니 용수철저울의 눈금이 10 N을 가리킬 때 나무 도막이 움직이기 시작하였다.

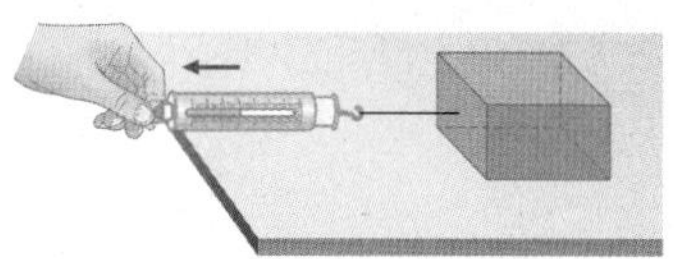

용수철저울의 눈금이 5 N을 가리킬 때 나무 도막에 작용하는 마찰력의 크기는 몇 N인지 구하시오.

06 그림과 같이 동일한 나무 도막을 유리판, 나무판, 사포판 위에 올려놓고, 서서히 기울이면서 나무 도막이 미끄러지기 시작하는 기울기를 비교하였다.

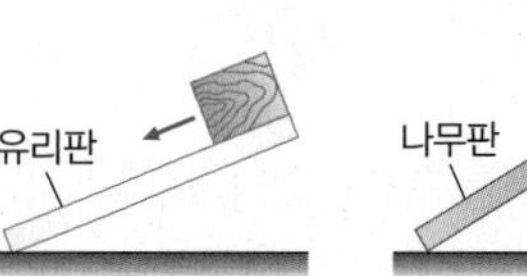

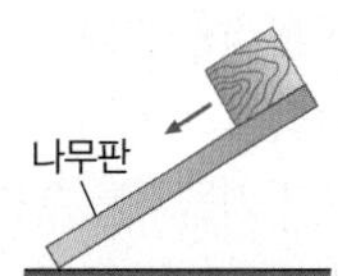

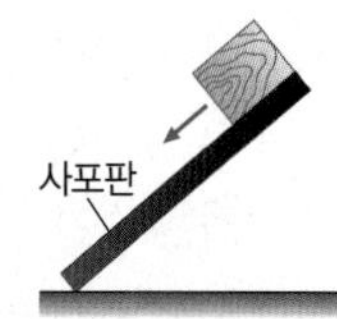

이 실험을 통해서 알아보고자 하는 것은?

① 물체의 무게와 마찰력의 크기 관계
② 물체의 무게와 마찰력의 방향 관계
③ 접촉면의 넓이와 마찰력의 크기 관계
④ 마찰력의 방향과 마찰력의 크기 관계
⑤ 접촉면의 거칠기와 마찰력의 크기 관계

07 그림과 같이 무게가 같고 바닥 재질이 다른 신발 A, B, C를 나무판 위에 올려놓고 나무판의 한쪽을 서서히 들어 올렸더니 A-B-C 순으로 미끄러지기 시작하였다. 이에 대한 설명으로 옳은 것은?

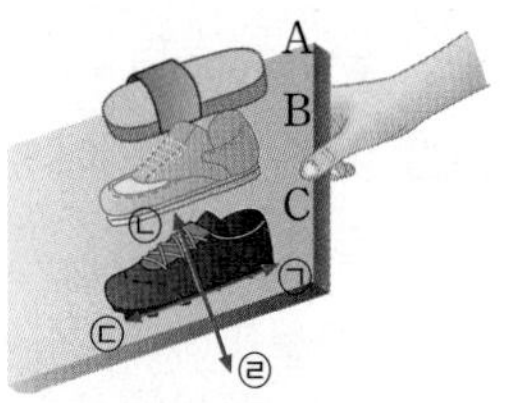

① C에 작용하는 마찰력의 방향은 ㉢이다.
② 바닥의 재질이 가장 거친 신발은 C이다.
③ 가장 큰 마찰력이 작용하는 신발은 A이다.
④ A, B, C에 작용하는 마찰력의 크기는 모두 같다.
⑤ 미끄러지기 전에는 신발에 마찰력이 작용하지 않는다.

출제율 99% 【주관식】

08 그림 (가)~(라)와 같이 동일한 나무 도막을 나무판과 유리판 위에 올려놓고 용수철저울에 연결하여 끌어당겼다.

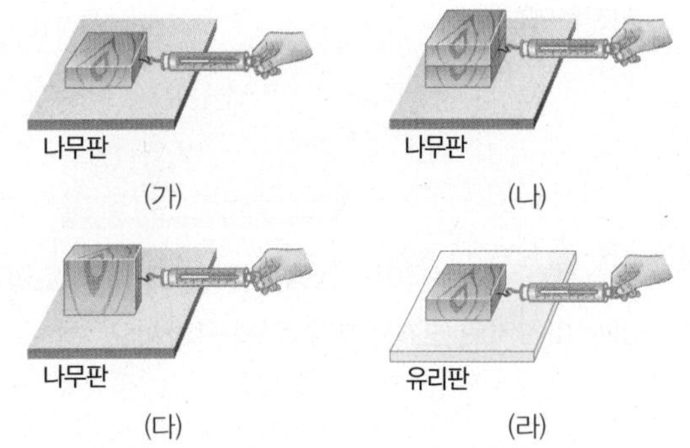

나무 도막이 움직이기 시작할 때 용수철저울의 눈금을 등호나 부등호를 이용해서 비교하시오.

자료 분석 | 정답과 해설 45쪽

09 그림과 같이 유리판 위에 나무 도막을 올려놓고 유리판을 서서히 들어 올리면서 나무 도막이 미끄러지기 시작하는 순간 빗면의 기울기를 측정하였다. 미끄러지기 직전까지 유리판을 서서히 들어 올리는 동안 나무 도막에 작용하는 마찰력의 크기 변화를 옳게 설명한 것은?

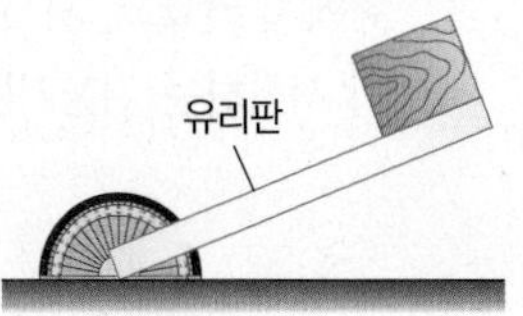

① 일정하다.
② 점점 증가한다.
③ 점점 감소한다.
④ 증가하다 감소한다.
⑤ 감소하다 증가한다.

출제율 99%

10 그림과 같이 동일한 나무 도막을 각각 유리판, 나무판, 사포판 위에 올려놓고 판의 한쪽을 서서히 들어 올리면서 나무 도막이 미끄러지기 시작할 때 빗면의 기울기를 측정하였더니 표와 같았다.

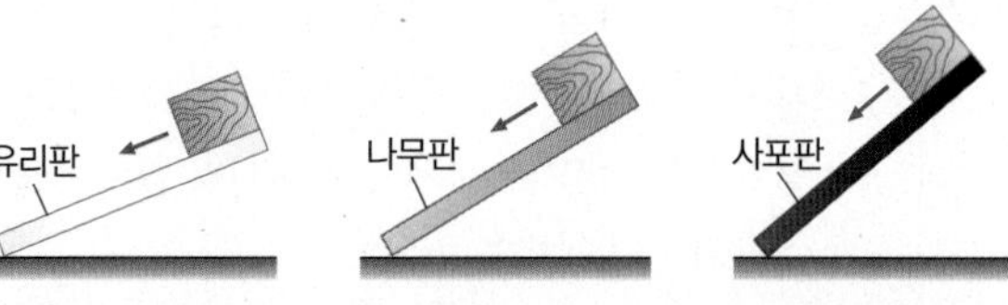

구분	유리판	나무판	사포판
빗면의 기울기	23°	35°	46°

이에 대한 설명으로 옳은 것은?

① 마찰력의 방향은 모두 빗면 아래 방향이다.
② 마찰력의 크기는 접촉면이 매끄러울수록 크다.
③ 빗면의 기울기가 20°일 때 유리판 위의 나무 도막은 미끄러진다.
④ 나무 도막에 작용하는 마찰력의 크기는 유리판>나무판>사포판 순이다.
⑤ 나무 도막이 미끄러지기 시작하는 빗면의 기울기가 클수록 마찰력의 크기가 크다.

11 우리 생활에서 마찰력을 이용하는 예로 옳은 것은?

① 자전거 안장 안에 용수철을 넣는다.
② 물에 쉽게 뜨기 위해 튜브를 사용한다.
③ 활시위를 당겼다 놓아 화살을 멀리 날려보낸다.
④ 겨울철 눈길을 운전할 때 자동차 타이어에 체인을 감는다.
⑤ 자석을 이용하여 바닥에 떨어진 철가루를 한 곳에 모은다.

12 마찰력이 커야 편리한 경우의 예로 옳은 것을 〈보기〉에서 골라 옳게 짝 지은 것은?

보기
ㄱ. 사람이 걸어갈 때
ㄴ. 바이올린을 켤 때
ㄷ. 창문을 열고 닫을 때
ㄹ. 스케이트나 스키를 탈 때

① ㄱ, ㄴ ② ㄱ, ㄷ ③ ㄱ, ㄹ
④ ㄴ, ㄹ ⑤ ㄷ, ㄹ

13 부력에 대한 설명으로 옳은 것을 〈보기〉에서 모두 고른 것은?

보기
ㄱ. 중력과 반대 방향으로 작용한다.
ㄴ. 물체가 액체나 기체를 누르는 힘이다.
ㄷ. 물체의 무게가 무거울수록 물체에 작용하는 부력의 크기가 크다.

① ㄱ ② ㄴ ③ ㄷ
④ ㄱ, ㄴ ⑤ ㄴ, ㄷ

14 그림과 같이 비커 바닥에 고정된 용수철에 스타이로폼 구를 연결시킨 후 비커에 물을 가득 채웠더니 용수철이 늘어났다. 스타이로폼 구에 작용하는 중력과 부력 및 탄성력의 방향을 옳게 짝 지은 것은?

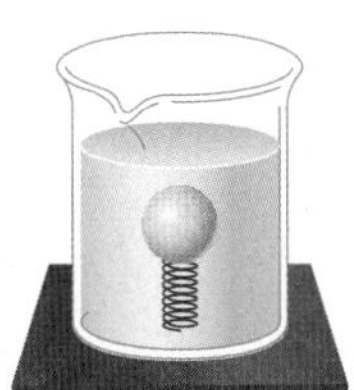

	중력	부력	탄성력
①	↑	↑	↑
②	↑	↓	↓
③	↓	↑	↑
④	↓	↑	↓
⑤	↓	↓	↑

자료 분석 | 정답과 해설 46쪽

출제율 99% [주관식]

15 그림과 같이 무게가 6 N인 추를 용수철저울에 매달에 물속에 완전히 잠기게 넣었더니 용수철저울의 눈금이 4 N을 가리켰다.

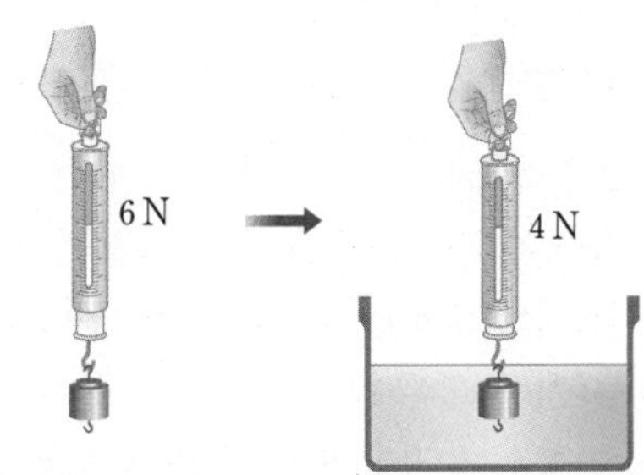

물속에 잠긴 추에 작용하는 부력의 방향과 크기를 쓰시오.

16 그림과 같이 부피가 같은 나무 도막 A, B를 수조에 담긴 물 위에 띄웠다.

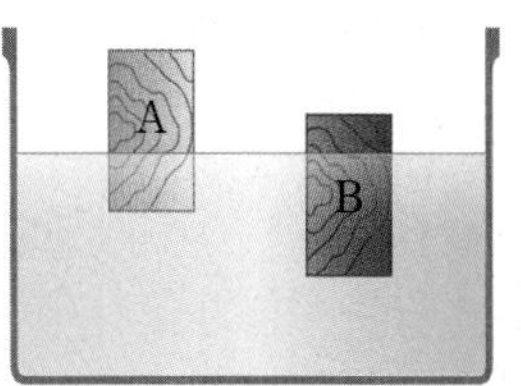

이에 대한 설명으로 옳은 것을 〈보기〉에서 모두 고른 것은?

보기
ㄱ. A와 B에 작용하는 부력의 크기는 같다.
ㄴ. A와 B에 작용하는 부력의 방향은 같다.
ㄷ. B에 작용하는 중력의 크기는 A에 작용하는 중력의 크기보다 크다.

① ㄱ ② ㄴ ③ ㄷ
④ ㄱ, ㄴ ⑤ ㄴ, ㄷ

17 용수철저울에 음료수 캔을 매달아 그림과 같이 용수철저울을 천천히 아래로 내려 캔을 물속에 잠기게 하면서 눈금을 측정하였다.

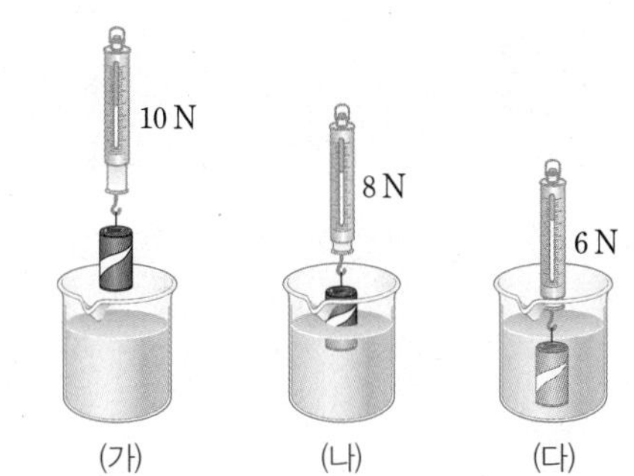

이에 대한 설명으로 옳은 것을 〈보기〉에서 모두 고른 것은?

보기
ㄱ. 캔에 작용하는 부력의 크기는 (다)에서가 (나)에서의 2배이다.
ㄴ. 캔에 작용하는 중력의 크기는 (가)에서가 (다)에서의 2.5배이다.
ㄷ. (나)와 (다)를 비교하면 물속에 잠긴 캔의 부피가 클수록 캔이 받는 부력의 크기가 커진다는 것을 알 수 있다.

① ㄱ ② ㄴ ③ ㄷ
④ ㄱ, ㄷ ⑤ ㄴ, ㄷ

자료 분석 | 정답과 해설 46쪽

18 그림과 같이 용수철저울에 추를 매달고 추를 물속에 서서히 잠기게 했을 때의 변화로 옳은 것은?

① 추의 질량이 증가한다.
② 추에 작용하는 중력의 크기가 증가한다.
③ 추에 작용하는 부력의 크기가 증가한다.
④ 용수철저울이 가리키는 눈금이 증가한다.
⑤ 추에 작용하는 중력과 부력의 크기는 변하지 않는다.

19 그림과 같이 무게가 10 N인 추를 용수철저울에 매달아 물을 가득 채운 수조에 완전히 잠기게 넣어 흘러넘친 물의 무게를 측정하였더니 3 N이었다. 이때 용수철저울이 가리키는 눈금과 물속에 잠긴 추에 작용하는 부력의 크기를 옳게 짝 지은 것은?

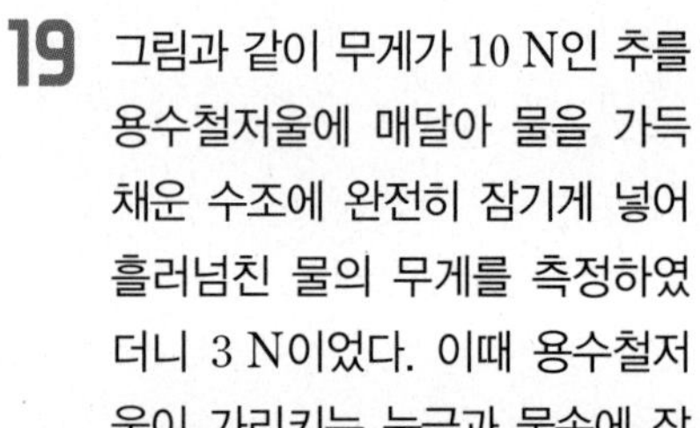

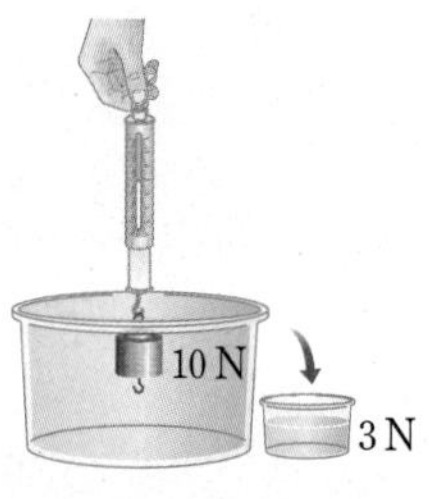

	용수철저울의 눈금	부력의 크기
①	3 N	3 N
②	3 N	7 N
③	7 N	3 N
④	7 N	7 N
⑤	10 N	3 N

출제율 99%

20 그림과 같이 부피가 같은 세 물체 A, B, C를 물속에 완전히 잠기게 하였다. 세 물체가 물속에 잠긴 위치는 모두 다르고 세 물체의 무게는 $A>B>C$ 순이다.

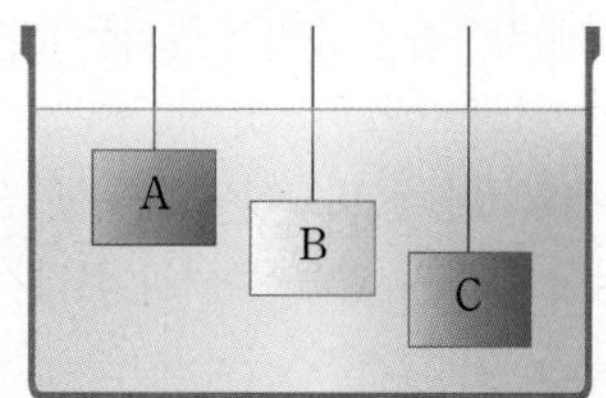

A, B, C에 작용하는 부력의 크기를 옳게 비교한 것은?

① $A>B>C$ ② $A<B<C$ ③ $A=B=C$
④ $A>B=C$ ⑤ $A<B=C$

[주관식]

21 질량과 부피가 다음과 같은 세 물체 A, B, C가 있다.

> A: 질량이 3 kg이고 부피가 250 cm^3인 물체
> B: 질량이 6 kg이고 부피가 500 cm^3인 물체
> C: 질량이 700 g이고 부피가 150 cm^3인 물체

A, B, C를 모두 물속에 완전히 잠기게 하였을 때, A, B, C가 받는 부력의 크기를 등호나 부등호를 이용하여 비교하시오.

22 그림은 물 위에 가만히 떠 있는 화물선의 모습을 나타낸 것이다.

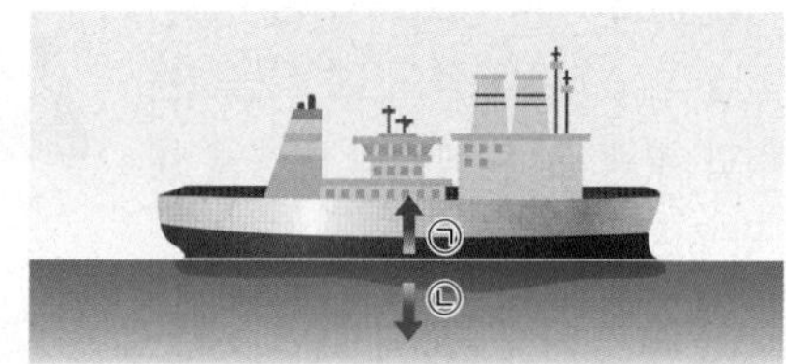

이에 대한 설명으로 옳지 않은 것은?

① ㉠은 부력의 방향이다.
② ㉡은 중력의 방향이다.
③ 화물선에 작용하는 부력과 중력의 크기는 같다.
④ 화물선은 물로부터 위로 밀어 올리는 힘을 받는다.
⑤ 화물선에 화물을 더 많이 실으면 화물선에 작용하는 부력이 감소한다.

23 부력에 의한 현상으로 옳지 않은 것은?

① 운동장을 굴러가던 공이 정지한다.
② 물속에서 몸이 가벼워진 느낌을 받는다.
③ 북극 지방에서 빙산이 바다 위에 떠다닌다.
④ 짐을 가득 실은 화물선이 바다 위에 떠 있다.
⑤ 헬륨 풍선을 잡고 있던 손을 놓았더니 헬륨 풍선이 하늘 높이 올라간다.

고난도 문제

24 그림과 같이 동일한 나무 도막을 각각 나무판과 사포판 위에 놓고 끌어당기면 나무 도막이 움직이는 순간 용수철저울의 눈금이 다르다.

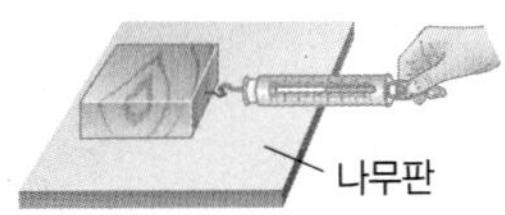

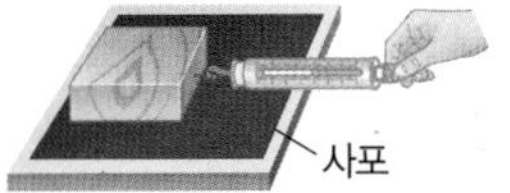

이와 같은 원리로 설명할 수 없는 현상은?

① 자전거 바퀴에 윤활유를 뿌린다.
② 수영장의 미끄럼틀에 물을 뿌린다.
③ 기계의 회전축에 베어링을 사용한다.
④ 계단 끝에 미끄럼 방지 패드를 붙인다.
⑤ 작은 승용차보다 큰 트럭을 밀기가 어렵다.

자료 분석 | 정답과 해설 47쪽

25 그림과 같이 부피가 같은 세 물체 A, B, C를 동시에 물속에 넣었더니, A는 가라앉았고 B는 물속에 잠겨 중간에 떠 있었고, C는 반쯤 잠긴 채 물 위에 떠 있었다. 이에 대한 설명으로 옳은 것은?

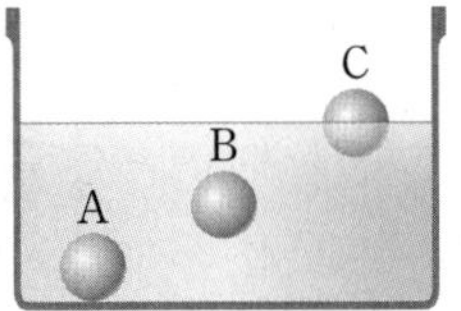

① 부력의 크기를 비교하면 C>B>A이다.
② A, B, C에 작용하는 중력의 크기는 모두 같다.
③ A에 작용하는 중력의 크기는 부력의 크기보다 크다.
④ C에 작용하는 중력의 크기는 부력의 크기보다 작다.
⑤ C를 물속에 잠기도록 아래로 누르면 C에 작용하는 부력의 크기가 감소한다.

자료 분석 | 정답과 해설 47쪽

[주관식]

26 그림은 나무 막대에 공기 중에서 무게가 각각 10 N, 20 N, 20 N인 추 A, B, C가 매달려 수평을 이루고 있는 모습을 나타낸 것이다. B는 물속에 완전히 잠겨 있으며, 나무 막대의 중심으로부터 A, B가 매달린 곳까지의 거리와 C가 매달린 곳까지의 거리는 같다. B에 작용하는 부력의 크기는 몇 N인지 구하시오.

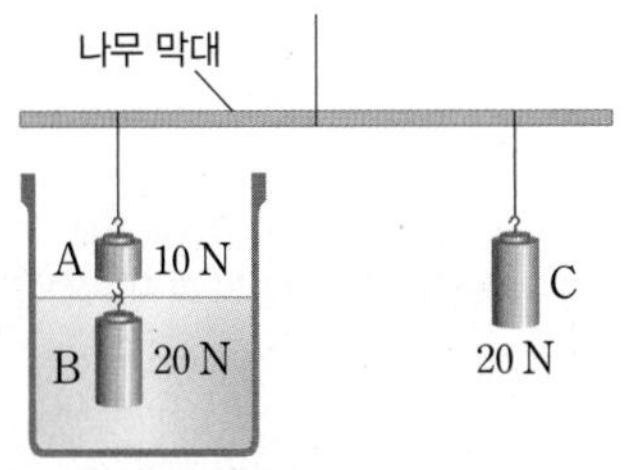

자료 분석 | 정답과 해설 47쪽

서술형 문제

27 그림은 겨울철 눈길을 달리는 자동차 바퀴에 체인을 감은 모습을 나타낸 것이다. 이와 같은 원리로 마찰력을 이용하는 예 2가지를 서술하시오.

28 그림과 같이 동일한 화물선 A, B에 짐의 양을 달리하여 실었다. B에 실린 짐의 양이 A에 실린 짐의 양보다 많다.

▲ 화물선 A

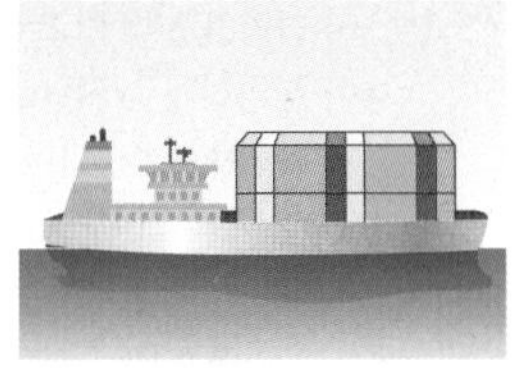
▲ 화물선 B

(1) A, B에 작용하는 부력의 크기를 등호나 부등호를 사용하여 비교하시오.

(2) (1)과 같이 답한 까닭을 주어진 단어를 모두 포함하여 서술하시오.

부력, 부피, 물속

29 양팔저울에 매달았을 때 수평을 이루는 왕관과 금덩어리를 물속에 완전히 잠기게 넣었더니 그림과 같이 저울이 금덩어리 쪽으로 기울었다.

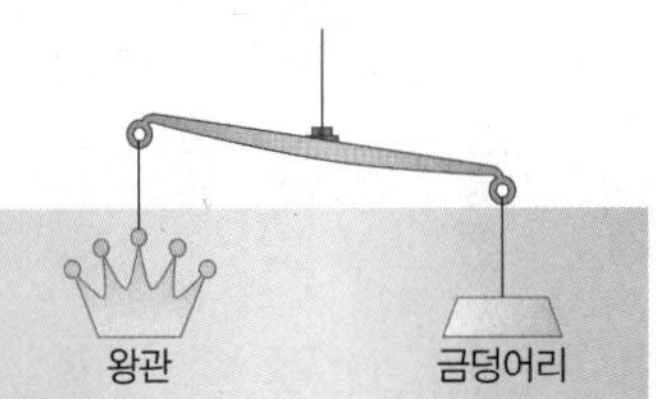

왕관과 금덩어리 중 부피가 큰 것을 고르고, 그렇게 생각한 까닭을 서술하시오.

정답과 해설 48쪽

1 생물 다양성 어떤 지역에 살고 있는 생물의 다양한 정도 ➡ 생물 종류의 다양한 정도, 같은 종류의 생물 사이에서 나타나는 특성(유전자)의 다양한 정도, 생태계의 다양한 정도를 모두 포함한다.

생물 ❶(　　　)의 다양한 정도

- 일정한 지역에 얼마나 많은 종류의 생물이 살고 있는지를 나타낸다. ➡ 생물의 종류가 많을수록 생물 다양성이 높다.
- ❷(　　　)는 육지와 물을 이어 주는 곳으로, 다양한 종류의 생물이 서식하고 있다.

같은 종류의 생물 사이에서 나타나는 특성(유전자)의 다양한 정도

- 같은 종류의 생물 사이에서 특성이 다양하게 나타나는 것 ➡ 특성이 다양하게 나타날수록 생물 다양성이 ❸(　　　).
- 특성이 다양할수록 멸종할 가능성이 ❹(　　　).

생태계의 다양한 정도

- 어떤 지역에 얼마나 다양한 생태계가 존재하는지를 나타낸다. ➡ 생태계가 다양할수록 생물 다양성이 높다.
- 지구에는 숲, 초원, 바다 등 다양한 ❺(　　　)가 있다.

2 생물 다양성의 결정 기준 일정한 지역에 살고 있는 생물의 종류가 많을수록, 같은 종류에 속하는 생물의 특성이 다양할수록, 생태계의 종류가 다양할수록 생물 다양성이 ❻(　　　).

3 두 지역의 생물 다양성 비교

(가) 지역	(나) 지역
• 식물의 종류: ❼(　　　)종류 • 식물의 총 수: 10그루 • 여러 종류 식물이 고르게 분포함	• 식물의 종류: ❽(　　　)종류 • 식물의 총 수: 10그루 • 한 종류의 식물이 대부분을 차지함

➡ 생물 다양성은 (가) 지역이 (나) 지역보다 ❾(　　　).

4 변이 같은 종류의 생물 사이에서 나타나는 특성의 차이

① ❿(　　　)가 다양할수록 생물 다양성이 높고, 생물의 생존에 유리하다.

② 환경이 달라지면 생존에 유리한 ❿(　　　)도 달라진다.

5 환경과 생물 다양성 생물은 빛, 온도, 물, 먹이 등의 ⓫(　　　)에 적응하여 살아간다. ➡ 같은 종류의 생물이 오랜 시간 동안 서로 다른 ⓫(　　　)에서 살아가면 서로 다른 생김새와 특성을 지닌 무리로 나누어질 수 있다.

⓬(　　　)에 따른 여우의 생김새	 ▲ 북극여우	 ▲ 사막여우
물살의 세기에 따른 소라 껍데기의 모양	 ▲ 물살이 센 곳의 소라	 ▲ 물살이 약한 곳의 소라
사는 곳에 따른 눈잣나무의 모습	 ▲ 높은 산 위의 눈잣나무	 ▲ 평지의 눈잣나무
⓭(　　　)에 따른 호랑나비의 몸집과 색	 ▲ 봄에 태어난 호랑나비	 ▲ 여름에 태어난 호랑나비

6 생물의 종류가 다양해지는 과정

한 종류의 생물 무리에 다양한 ⓮(　　　)가 있다.

⬇

무리에서 환경에 알맞은 ⓮(　　　)를 가진 생물이 더 많이 살아남아 자손을 남겨 자신의 특징을 전달한다.

⬇

이 과정이 오랜 세월 동안 반복되면 원래의 생물과 다른 특성을 지닌 생물이 나타날 수 있다.

⬇

생물 다양성이 ⓯(　　　).

정답과 해설 48쪽

답안지

1 어떤 지역에 살고 있는 생물의 다양한 정도를 (㉠   )(이)라고 한다. (㉡   )은/는 생물 종류의 다양한 정도, 같은 종류의 생물 사이에서 나타나는 특성(유전자)의 다양한 정도, 생태계의 다양한 정도를 모두 포함한다.

2 그림은 생물 다양성의 의미를 나타낸 것이다.

(가) (나) (다)

(가)~(다)와 관계 있는 것을 〈보기〉에서 골라 각각 기호를 쓰시오.

보기
ㄱ. 생물 종류의 다양한 정도
ㄴ. 생태계의 다양한 정도
ㄷ. 같은 종류의 생물 사이에서 나타나는 특성의 다양한 정도

3 그림은 (가)와 (나) 두 지역에 살고 있는 식물의 종류와 수를 나타낸 것이다. (가)와 (나) 중 많은 종류의 식물이 고르게 분포하는 생태계를 쓰시오.

(가) (나)

4 같은 종류의 생물 사이에서 나타나는 특성의 차이를 (   )(이)라고 한다.

5 북극여우는 (㉠   ) 기온에 적응하여 귀가 작고 몸집이 커서 열의 손실을 줄일 수 있으며, 사막여우는 (㉡   ) 기온에 적응하여 귀가 크고 몸집이 작아 몸의 열을 방출하기 쉽다.

6 물살이 약한 곳에 사는 소라는 껍데기에 (㉠   )이/가 없고, 물살이 센 곳에 사는 소라는 껍데기에 (㉡   )이/가 발달하여 물에 쉽게 떠내려가지 않는다.

7 한 종류의 생물 무리에 다양한 (㉠   )이/가 있다. 이 무리에서 (㉡   )에 알맞은 변이를 가진 생물이 더 많이 살아남아 자손을 남겨 자신의 특징을 전달한다.

정답과 해설 48쪽

출제율 99%

01 생물 다양성에 포함되는 의미로 옳은 것을 〈보기〉에서 모두 고른 것은?

보기
ㄱ. 어떤 지역에 얼마나 다양한 생태계가 존재하는가?
ㄴ. 일정한 지역에 얼마나 많은 종류의 생물이 살고 있는가?
ㄷ. 같은 종류의 생물 사이에서 얼마나 다양한 특성이 나타나는가?

① ㄱ ② ㄷ ③ ㄱ, ㄴ
④ ㄴ, ㄷ ⑤ ㄱ, ㄴ, ㄷ

02 생물 다양성이 높은 경우로 옳지 않은 것은?

① 생물의 종류가 다양하다.
② 여러 종류의 생물이 고르게 분포한다.
③ 어떤 지역에 한 종류의 생물이 분포한다.
④ 바다, 숲, 사막 등 여러 가지 생태계가 분포한다.
⑤ 한 종류의 생물 사이에서 다양한 특성이 나타난다.

03 그림은 생물 다양성의 의미를 나타낸 것이다.

(가)

(나)

이에 대한 설명으로 옳지 않은 것은?

① (가)는 생물 종류의 다양한 정도를 나타낸 것이다.
② (나)는 종류가 다른 생물 사이에서 다양한 특성이 나타나는 것이다.
③ 생물의 종류가 많을수록 생물 다양성이 높다.
④ 생물이 가지는 특성은 부모로부터 자손에게 전해진다.
⑤ 특성이 다양할수록 급격한 환경 변화나 전염병에도 살아남는 것이 있다.

[04~05] 그림은 사막, 갯벌, 논, 강의 모습을 나타낸 것이다.

▲ 사막

▲ 갯벌

▲ 논

▲ 강

[주관식]

04 사막, 갯벌, 논, 강 중 생태계에 속하는 것을 모두 쓰시오.

05 이에 대한 설명으로 옳은 것을 모두 고르면? (2개)

① 사막은 생물 다양성이 가장 높다.
② 논은 사람의 필요에 따라 만들어졌다.
③ 갯벌은 육지와 바다를 이어 주는 곳이다.
④ 갯벌과 강에 살고 있는 생물의 종류는 같다.
⑤ 사막에는 물이 많은 환경에 적응한 수많은 종류의 생물이 살고 있다.

06 다음 설명에 해당하는 생태계의 종류로 옳은 것은?

- 1년 내내 기온이 높고 비가 많이 내린다.
- 식물이 무성하게 자라고 이를 터전으로 수많은 종류의 생물이 살고 있다.
- 대표적인 예로 아마존이 있다.

① 강 ② 바다 ③ 습지
④ 초원 ⑤ 열대 우림

07 다음은 어떤 바나나 품종의 멸종에 대한 설명이다.

> 1950년대까지 많이 재배되었던 그로 미셸이라는 품종의 바나나는 곰팡이 때문에 생긴 전염병(파나마병)으로 모두 사라졌다. 만약 그로 미셸 바나나마다 특성이 달랐고, 그중에 곰팡이 전염병에 강한 것이 있었다면 이 바나나는 멸종되지 않았을 것이다.

이를 통해 알 수 있는 생물 다양성의 의미로 옳은 것은?

① 먹이의 종류 ② 생물의 특성
③ 생물의 종류 ④ 생태계의 수
⑤ 생태계의 종류

출제율 99%

08 그림은 (가)와 (나) 두 지역에 서식하고 있는 나무의 종류와 수를 나타낸 것이다.

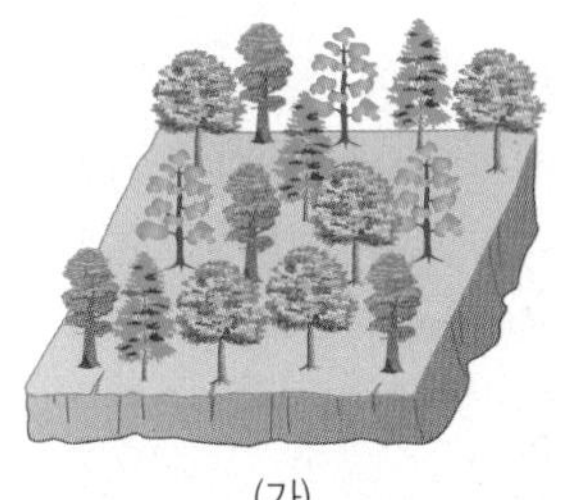
(가)

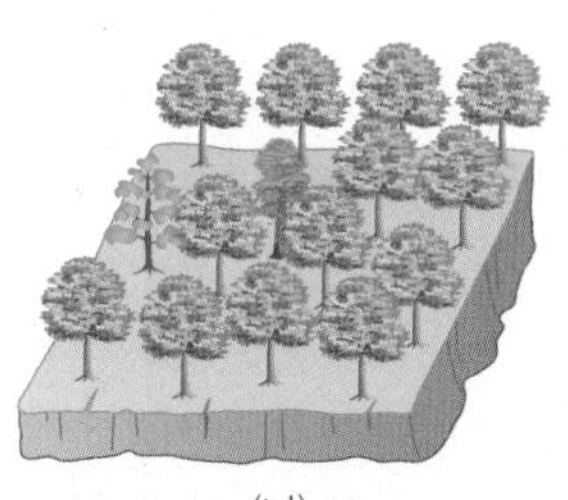
(나)

이에 대한 설명으로 옳지 않은 것은?

① (가) 지역에 서식하는 나무의 종류 수는 4이다.
② (나) 지역에 서식하는 나무의 수는 15이다.
③ (가)와 (나) 지역의 생물 다양성은 동일하다.
④ (가)와 (나) 지역에 서식하는 나무의 수는 같다.
⑤ (나) 지역보다 (가) 지역에 다양한 나무가 고르게 분포한다.

자료 분석 | 정답과 해설 48쪽

09 변이에 대한 설명으로 옳지 않은 것은?

① 변이가 다양할수록 생물 다양성이 높다.
② 유전적인 영향으로 다양한 변이가 나타난다.
③ 환경이 달라지면 생존에 유리한 변이도 달라진다.
④ 잠자리의 날개가 2쌍인 것은 변이의 예에 해당한다.
⑤ 같은 종류의 생물 사이에서 나타나는 특성의 차이이다.

[주관식]

10 다음은 잎사마귀와 난초사마귀에 대한 설명이다.

> 잎사마귀와 난초사마귀는 생김새가 독특하여 붙여진 이름이다. 그림과 같이 잎사마귀는 초록색을 띠고 생김새가 잎의 모양을 닮았고, 난초사마귀는 난초의 꽃잎을 닮았다.

▲ 잎사마귀

▲ 난초사마귀

화려한 색깔의 꽃이 있는 환경에서는 어떤 사마귀가 살아가는 데 유리할지 쓰시오.

11 그림은 같은 종류의 바지락 껍데기를 나타낸 것이다. 바지락 껍데기의 무늬와 색깔이 다양하게 나타나는 까닭으로 옳은 것은?

① 먹이의 종류가 다르기 때문이다.
② 다양한 변이가 나타났기 때문이다.
③ 서식지의 온도가 다르기 때문이다.
④ 계절에 따라 색깔이 달라지기 때문이다.
⑤ 서식지에서 물살의 세기가 다르기 때문이다.

12 다음은 북극여우와 사막여우에 대한 설명이다.

> 북극여우는 귀가 작고 몸집이 커서 열의 손실을 줄일 수 있다. 사막여우는 귀가 크고 몸집이 작아 몸의 열을 방출하기 쉽다.

▲ 북극여우

▲ 사막여우

북극여우와 사막여우의 생김새가 다른 것과 가장 관계 깊은 것은?

① 빛 ② 온도 ③ 계절
④ 사는 곳 ⑤ 물살의 세기

13 그림은 눈잣나무와 호랑나비를 나타낸 것이다.

이에 대한 설명으로 옳지 않은 것을 모두 고르면? (2개)

① (가)는 바람이 약하게 부는 곳에 살고 있어 위로 곧게 자란 눈잣나무이다.
② (나)는 바람이 세게 부는 곳에 살고 있어 땅에 붙어서 옆으로 누워 자라는 눈잣나무이다.
③ (다)는 여름에 태어난 호랑나비이다.
④ (라)는 봄에 태어난 호랑나비이다.
⑤ (가)와 (나)는 같은 종류의 생물이 다른 환경에 적응한 모습을 나타낸 것이다.

14 그림은 갈라파고스제도에 사는 핀치의 부리 모양을 나타낸 것이다.

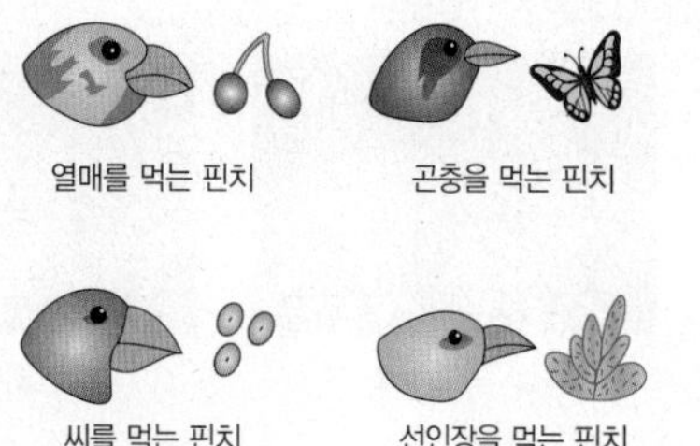

핀치의 부리 모양이 다양해진 것과 관련된 요인으로 옳은 것은?

① 계절 ② 번식 방법 ③ 몸의 크기
④ 천적의 종류 ⑤ 먹이의 종류

출제율 99%

15 다음은 생물이 다양해지는 과정을 나타낸 것이다.

> 한 종류의 생물 무리에 다양한 (㉠)이/가 있다. 무리에서 (㉡)에 알맞은 (㉠)을/를 가진 생물이 더 많이 살아남아 자손을 남겨 자신의 특징을 전달한다. 이 과정이 오랜 세월 동안 반복되면 원래의 생물과 다른 (㉢)을/를 지닌 생물이 나타날 수 있고 생물이 다양해진다. 어떤 지역에 살고 있는 생물이 다양한 정도를 (㉣)(이)라고 한다.

㉠~㉣에 알맞은 말을 옳게 짝 지은 것은?

	㉠	㉡	㉢	㉣
①	환경	특성	변이	적응
②	특성	환경	변이	적응
③	특성	변이	환경	생물 다양성
④	변이	환경	특성	생물 다양성
⑤	변이	특성	환경	생물 다양성

[16~17] 다음은 목이 짧은 종류만 있던 갈라파고스땅거북에서 목이 긴 종류가 나타나는 과정을 순서 없이 나타낸 것이다.

> (가) 거북들은 환경이 다른 섬에 살게 되었다.
> (나) 원래 거북 무리는 목이 짧았지만, 목이 좀 더 긴 변이를 가진 거북도 있었다.
> (다) 목이 긴 기린이 목이 짧은 기린보다 많이 살아남았다.
> (라) 목이 긴 거북이 키가 큰 선인장이 있는 환경에서 살기에 유리하였다.
> (마) 이 과정이 오랜 세월 동안 반복되어 목이 긴 종류의 거북이 나타났다.

[주관식]

16 위 과정을 순서대로 나타내시오.

17 이에 대한 설명으로 옳지 않은 것은?

① 거북은 환경에 적응하며 살아간다.
② 거북 무리에서 목 길이는 모두 같았다.
③ 환경에 유리한 변이를 가진 거북이 살아남아 자손을 남긴다.
④ 목이 긴 거북이 나타나는 데 직접적인 영향을 미친 환경 요인은 먹이이다.
⑤ 변이와 환경에 적응하는 과정은 다양한 종류의 거북이 나타나는 원인이 된다.

고난도 문제

18 다음은 생물 다양성의 의미를 설명한 것이다.

(가) 과학자들은 지구에 살고 있는 생물의 종류를 1000만 종 이상으로 예상한다.
(나) 지역에 따라 기후 조건이 달라 다양한 생태계가 형성된다.
(다) 다양한 종류의 변이가 존재할수록 지구 생물 전체의 특성(유전자)은 다양해진다.

(가)~(다)에 해당하는 사례를 〈보기〉에서 골라 옳게 짝 지은 것은?

보기
ㄱ. 달팽이의 껍데기 무늬와 색깔이 매우 다양하다.
ㄴ. 생태계에는 열대 우림, 초원, 바다, 갯벌 등이 있다.
ㄷ. 원핵생물계, 원생생물계 등에 속하는 새로운 종류의 생물이 계속 보고되고 있다.

	(가)	(나)	(다)		(가)	(나)	(다)
①	ㄱ	ㄴ	ㄷ	②	ㄴ	ㄱ	ㄷ
③	ㄴ	ㄷ	ㄱ	④	ㄷ	ㄱ	ㄴ
⑤	ㄷ	ㄴ	ㄱ				

자료 분석 | 정답과 해설 49쪽

19 지구에 살고 있는 생물이 다양해진 까닭으로 가장 옳은 것은?

① 부모에게서 같은 특성을 가진 자손만 태어나기 때문이다.
② 한 생물이 시간이 지남에 따라 몸이 조금씩 변하게 되었기 때문이다.
③ 생물이 같은 환경에서 계속 살아가는 과정에 특정한 기관이 발달하였기 때문이다.
④ 과거에 살았던 생물의 특성이 변하지 않고 같은 특성을 가진 자손을 낳았기 때문이다.
⑤ 생물에서 변이가 생기고, 이 생물이 환경에 적응하는 과정이 오랫동안 반복되었기 때문이다.

서술형 문제

20 그림은 옥수수가 자라는 밭을 나타낸 것이다.

이 밭은 옥수수만 재배하는 농경지이므로 급격한 날씨 변화에 의해 병충해가 생기면 피해를 크게 입을 수 있다. 그 까닭을 생물 다양성과 관련하여 서술하시오.

21 그림은 다양한 무당벌레의 겉 날개의 색깔과 무늬를 나타낸 것이다.

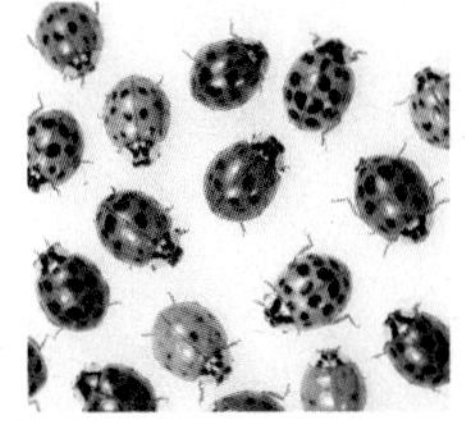

(1) 그림과 같이 같은 종류의 생물 사이에서 나타나는 특성의 차이를 무엇이라고 하는지 쓰시오.

(2) 무당벌레의 겉 날개 외에 (1)의 예를 2가지만 서술하시오.

22 다음은 생물이 다양해지는 과정을 나타낸 것이다.

(가) 부리의 모양과 크기에 조금씩 다른 변이가 있는 한 종류의 새가 있다.
(나) 새의 일부가 크고 딱딱한 씨앗이 많은 섬에 살게 되었다.
(다) [ ]
(라) 오랜 시간이 지나면서 크고 단단한 부리를 가진 새로운 종류의 새가 나타났다.

(다) 과정에 들어갈 내용을 다음 단어를 모두 포함하여 서술하시오.

씨앗, 부리, 자손

정답과 해설 50쪽

1 생물의 분류 방법

① 생물 ❶(　　): 다양한 생물을 일정한 기준에 따라 종류별로 무리 지어 나누는 것

② 생물 분류의 방법

사람의 편의에 따른 분류	사람의 이용 목적이나 서식지에 따라 분류하는 방법 예 약용 식물과 식용 식물, 육상 동물과 수중 동물
생물 고유의 특징에 따른 분류	생물이 가진 고유한 특징(생김새, 속 구조, 번식 방법, 유전적 특징 등)에 따라 생물을 분류하는 방법 예 꽃이 피는 식물과 꽃이 피지 않는 식물

③ 생물 분류의 목적: 생물을 체계적으로 연구할 수 있어 생물 ❷(　　)을 이해하는 데 도움이 된다.

2 생물의 분류 체계

① 생물의 분류 단계: 생물을 공통적인 특징으로 묶어 단계적으로 나타낸 것

② ❸(　　): 생물을 분류하는 가장 작은 단계 ➡ 자연 상태에서 짝짓기를 하여 생식 능력이 있는 자손을 낳을 수 있는 생물 무리

같은 종인 것과 다른 종인 것의 구분 예

- 암말과 수탕나귀 사이에서 태어난 노새는 생식 능력이 없다. ➡ 말과 당나귀는 ❹(　　) 종
- 암호랑이와 수사자 사이에서 태어난 라이거는 생식 능력이 없다. ➡ 호랑이와 사자는 ❺(　　) 종
- 불테리어와 불도그 사이에서 태어난 보스턴테리어는 생식 능력이 있다. ➡ 불테리어와 불도그는 ❻(　　) 종

3 계 수준에서의 생물 분류

① 계 수준에서의 생물 분류 기준: 세포 안에 핵막으로 둘러싸인 뚜렷한 핵이 있는지의 여부, 세포벽의 유무, ❼(　　) 생물인지 다세포 생물인지의 여부(세포 수), 광합성 여부, ❽(　　)의 발달 정도

② 계 수준에서의 생물 분류

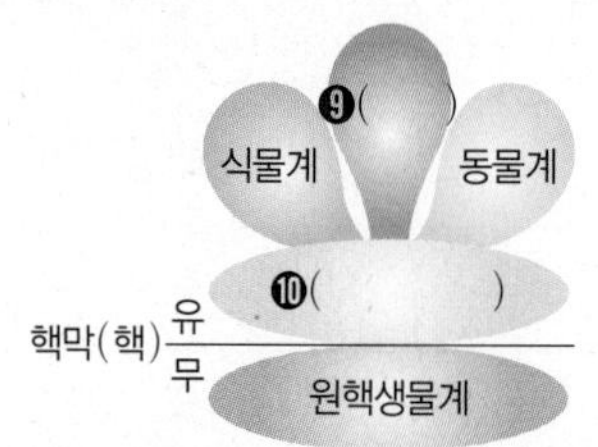

4 생물의 5계

⓫(　　)	• 핵막이 없어 핵이 뚜렷하게 구분되지 않는 세포로 이루어진 생물 무리 • 세포에 세포벽이 있으며, 단세포 생물이다. • 대부분 광합성을 하지 않는다. ➡ 남세균처럼 광합성을 하여 스스로 양분을 만드는 생물도 있다. 예 대장균, 폐렴균, 젖산균, 포도상 구균
원생생물계	• 핵막으로 둘러싸인 뚜렷한 핵이 있는 세포로 이루어진 생물 중 식물계, 균계, 동물계에 속하지 않는 생물 무리 • 대부분 단세포 생물이지만, 다세포 생물도 있다. ➡ 기관이 발달하지 않았다. • 먹이를 섭취하는 생물도 있고, 광합성을 하는 생물도 있다. • 대부분 물속에서 생활한다. 예 아메바, 짚신벌레, 미역, 해캄
⓬(　　)	• 핵막으로 둘러싸인 뚜렷한 핵이 있는 세포로 이루어진 생물 무리 • 광합성을 하여 스스로 양분을 만든다. • 세포벽이 있으며, 다세포 생물이다. • 뿌리, 줄기, 잎과 같은 기관이 발달해 있다. • 움직이지 않고 한 곳에 뿌리를 내리고 생활한다. 예 소나무, 고사리, 민들레, 이끼
균계	• 핵막으로 둘러싸인 뚜렷한 핵이 있는 세포로 이루어진 생물 무리 • 광합성을 하지 못하고 대부분 죽은 생물을 분해하여 양분을 얻는다. • 세포벽이 있으며, 대부분 다세포 생물이다. • 대부분 몸이 ⓭(　　)로 이루어져 있다. • 축축하고 어두운 곳에서 살며, 운동성이 없다. 예 표고버섯, 푸른곰팡이, 누룩곰팡이, 효모
⓮(　　)	• 핵막으로 둘러싸인 뚜렷한 핵이 있는 세포로 이루어진 생물 무리 • 다른 생물을 먹이로 섭취하여 양분을 얻는다. • 세포벽이 없으며, 다세포 생물이다. • 대부분 운동 기관이 있어 이동할 수 있다. • 먹이에 따라 다양한 곳에서 산다. 예 새, 호랑이, 개구리, 해파리

• 5계의 특징 정리

구분	핵막으로 둘러싸인 뚜렷한 핵	세포벽	단세포, 다세포	광합성	운동성
원핵생물계	없다.	있다.	단세포		
원생생물계	있다.		단세포, 다세포		
식물계	있다.	있다.	다세포	한다.	없다.
균계	있다.	⓯(　　).	대부분 다세포	⓰(　　).	없다.
동물계	있다.	없다.	다세포	못한다.	대부분 있다.

정답과 해설 50쪽

1 다양한 생물을 일정한 기준에 따라 종류별로 무리 지어 나누는 것을 (   )(이)라고 한다.

2 생물 고유의 특징에 따라 분류한 예를 〈보기〉에서 모두 고르시오.

보기
ㄱ. 약용 식물과 식용 식물
ㄴ. 꽃이 피는 식물과 꽃이 피지 않는 식물
ㄷ. 육상 동물과 수중 동물
ㄹ. 척추가 있는 동물과 척추가 없는 동물

3 다음은 생물의 분류 단계를 나타낸 것이다. ㉠~㉢에 알맞은 말을 쓰시오.

(㉠   )<속<과<목<(㉡   )<문<(㉢   )

4 생물을 분류하는 가장 작은 단계인 (㉠   )은/는 자연 상태에서 짝짓기를 하여 (㉡   ) 능력이 있는 자손을 낳을 수 있는 생물 무리이다.

5 핵막이 없어 핵이 뚜렷하게 구분되지 않는 세포로 이루어진 생물 무리는 (㉠   )이며, 핵막으로 둘러싸인 뚜렷한 핵이 있는 세포로 이루어진 생물 무리는 원생생물계, (㉡   ), 균계, 동물계가 있다.

6 그림은 여러 가지 생물들을 나타낸 것이다. 이 생물들이 속하는 계를 쓰시오.

▲ 아메바　▲ 짚신벌레　▲ 미역　▲ 해캄

7 표는 생물을 5계로 분류한 것이다. ㉠~㉣에 알맞은 말을 쓰시오.

구분	핵막으로 둘러싸인 뚜렷한 핵	세포벽	단세포, 다세포	광합성	운동성
원핵생물계	없다.	(㉠).	단세포		
원생생물계	있다.		단세포, 다세포		
(㉡)	있다.	있다.	다세포	한다.	(㉢).
균계	있다.	있다.	대부분 다세포	못한다.	없다.
동물계	있다.	(㉣).	다세포	못한다.	대부분 있다.

답안지
1
2
3
4
5
6
7

정답과 해설 50쪽

출제율 99%

01 표는 생물을 서로 다른 분류 방법 (가)와 (나)로 분류한 것이다.

(가)	식용 식물, 약용 식물
(나)	꽃이 피는 식물, 꽃이 피지 않는 식물

이에 대한 설명으로 옳지 않은 것은?

① (가)는 사람의 편의에 따라 분류한 것이다.
② (가)와 같은 분류 방법은 분류하는 사람에 따라 결과가 달라질 수 있다.
③ (나)는 생물 고유의 특징에 따라 분류한 것이다.
④ (가)로 분류하는 기준에는 척추의 유무, 유전적 특징 등이 있다.
⑤ (나)로 분류하는 기준에는 생김새, 속 구조, 번식 방법 등이 있다.

02 생물 분류의 목적에 대한 설명으로 옳은 것을 〈보기〉에서 모두 고른 것은?

보기
ㄱ. 생물 다양성을 이해하는 데 도움이 된다.
ㄴ. 생물 사이의 멀고 가까운 관계는 알 수 없다.
ㄷ. 새로 발견한 생물이 어떤 무리에 속하는지 찾거나 결정하는 데 도움이 된다.

① ㄱ ② ㄴ ③ ㄱ, ㄴ
④ ㄱ, ㄷ ⑤ ㄴ, ㄷ

03 종에 대한 설명으로 옳은 것을 모두 고르면? (2개)

① 여러 종이 모여 문을 이룬다.
② 생김새가 비슷한 생물을 종이라고 한다.
③ 생물의 분류 단계 중 가장 작은 단계이다.
④ 같은 종으로 분류하는 기준에는 서식지가 포함된다.
⑤ 자연 상태에서 짝짓기를 하여 생식 능력이 있는 자손을 낳을 수 있는 생물 무리이다.

출제율 99%

04 그림은 호랑이의 분류 단계를 나타낸 것이다.

이에 대한 설명으로 옳지 않은 것은?

① 고양이는 곰과 같은 목에 속한다.
② 사람과 호랑이는 같은 강에 속한다.
③ 사자는 호랑이와 같은 과에 속한다.
④ 개구리는 호랑이와 같은 목에 속한다.
⑤ 호랑이, 사자, 고양이, 곰, 사람, 개구리, 잠자리는 모두 동물계에 속한다.

05 그림은 암말과 수탕나귀가 자연 상태에서 짝짓기를 하고 노새를 얻은 결과를 나타낸 것이다.

이에 대한 설명으로 옳은 것은?

① 말과 노새는 같은 종이다.
② 말과 당나귀는 다른 종이다.
③ 당나귀와 노새는 같은 종이다.
④ 말, 당나귀, 노새는 모두 같은 종이다.
⑤ 노새는 자신을 닮은 자손을 낳을 수 있다.

06 다음은 어떤 생물에 대한 설명이다.

- 핵막이 없어 핵이 뚜렷하게 구분되지 않는 1개의 세포로 이루어져 있으며, 세포에 세포벽이 있다.
- 크기가 매우 작아 현미경을 사용하여 관찰할 수 있다.

이에 해당하는 생물로 옳은 것은?

① 이끼 ② 여우 ③ 대장균
④ 짚신벌레 ⑤ 느타리버섯

07 생물을 다음과 같이 (가)와 (나) 두 무리로 분류하였다.

(가)	(나)
해캄, 짚신벌레	옥수수, 소나무

(가)와 (나) 무리로 분류한 기준으로 옳은 것은?

① 광합성을 하는지의 여부
② 기관이 발달되어 있는지의 여부
③ 엽록체가 발달되어 있는지의 여부
④ 몸이 균사로 이루어져 있는지의 여부
⑤ 세포에 핵막으로 둘러싸인 뚜렷한 핵이 있는지의 여부

08 그림은 여러 가지 생물들을 나타낸 것이다.

▲ 호랑이

▲ 개구리

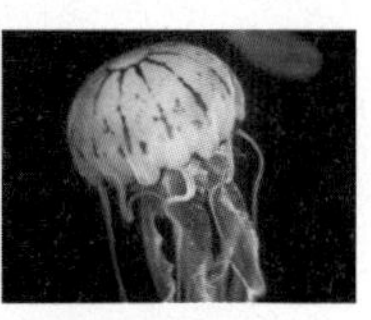
▲ 해파리

이 생물들의 공통적인 특징으로 옳지 않은 것은?

① 세포벽이 없다.
② 운동 기관이 있어 이동할 수 있다.
③ 몸이 1개의 세포로 이루어져 있다.
④ 다른 생물을 먹이로 섭취하여 양분을 얻는다.
⑤ 핵막으로 둘러싸인 뚜렷한 핵이 있는 세포로 이루어져 있다.

09 그림은 여러 가지 생물들을 나타낸 것이다.

▲ 개미

▲ 이끼

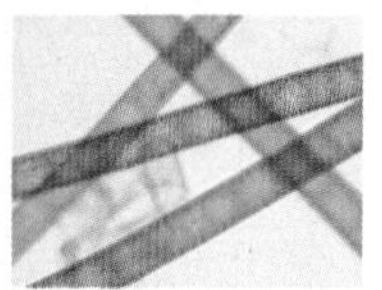
▲ 해캄

위 생물들이 속하는 계를 옳게 짝 지은 것은?

	개미	이끼	해캄
①	균계	원생생물계	식물계
②	식물계	균계	원생생물계
③	식물계	원생생물계	균계
④	동물계	식물계	원생생물계
⑤	동물계	원생생물계	식물계

[10~11] 그림은 생물을 5계로 분류한 모습을 나타낸 것이다.

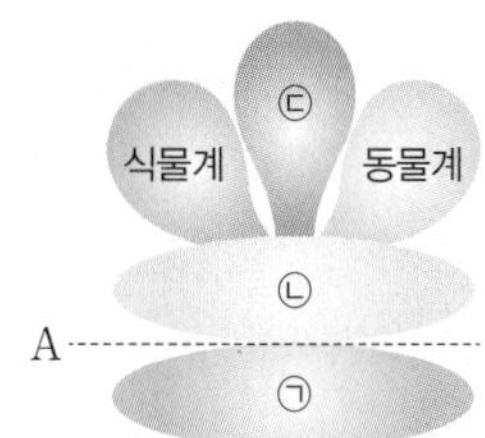

출제율 99%

10 이에 대한 설명으로 옳은 것을 모두 고르면? (2개)

① A는 핵막(핵)의 유무이다.
② ㉠은 몸이 여러 개의 세포로 이루어진 생물이다.
③ ㉡은 원생생물계이다.
④ ㉢에 속하는 생물에는 해캄, 이끼 등이 있다.
⑤ ㉡과 ㉢에 속하는 생물은 모두 운동성이 있다.

11 식물계와 ㉢을 구분하는 분류 기준으로 옳은 것은?

① 세포 수 ② 세포벽 유무
③ 운동성 여부 ④ 광합성 여부
⑤ 핵막(핵)의 유무

12 그림은 표고버섯을 나타낸 것이다. 표고버섯과 같은 계에 속하는 생물을 〈보기〉에서 모두 고른 것은?

▲ 여우 ▲ 푸른곰팡이 ▲ 효모 ▲ 고사리

① ㄱ, ㄴ ② ㄴ, ㄷ ③ ㄴ, ㄹ
④ ㄱ, ㄴ, ㄷ ⑤ ㄴ, ㄷ, ㄹ

13 표는 광합성 여부와 기관 발달 여부에 따라 사자, 해캄, 장미, 아메바를 구분한 것이다.

	광합성을 한다.	광합성을 하지 못한다.
기관이 발달되어 있다.	A	B
기관이 발달되어 있지 않다.	C	D

A~D에 해당하는 생물을 옳게 짝 지은 것은?

	A	B	C	D
①	해캄	장미	사자	아메바
②	해캄	사자	아메바	장미
③	장미	사자	해캄	아메바
④	장미	해캄	아메바	사자
⑤	아메바	사자	장미	해캄

자료 분석 | 정답과 해설 51쪽

[14~16] 그림은 생물을 원핵생물계, 원생생물계, 식물계, 균계, 동물계로 분류하는 과정을 나타낸 것이다.

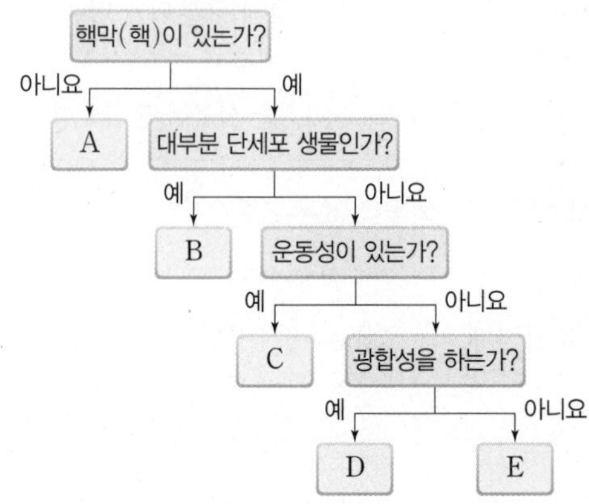

[주관식]

14 A~E에 해당하는 계를 각각 쓰시오.

자료 분석 | 정답과 해설 51쪽

15 다음은 여러 가지 생물들을 나타낸 것이다.

> 대장균, 폐렴균, 효모, 짚신벌레, 아메바, 송이버섯, 검은빵곰팡이, 포도상 구균

위 생물 중 A와 B에 해당하는 생물끼리 옳게 짝 지은 것은?

① A: 대장균, 효모, 포도상 구균
② A: 대장균, 폐렴균, 포도상 구균
③ B: 폐렴균, 짚신벌레, 아메바
④ B: 효모, 송이버섯, 검은빵곰팡이
⑤ B: 아메바, 송이버섯, 검은빵곰팡이

출제율 99%

16 D에 속하는 생물의 특징으로 옳지 않은 것은?

① 세포벽이 있으며, 다세포 생물이다.
② 광합성을 하여 스스로 양분을 만든다.
③ 뿌리, 줄기, 잎과 같은 기관이 발달해 있다.
④ 죽은 생물을 분해하여 양분을 얻기도 한다.
⑤ 움직이지 않고 한 곳에 뿌리를 내리고 생활한다.

고난도 문제

17 그림은 가상의 같은 과에 속하는 4종의 동물을 나타낸 것이다.

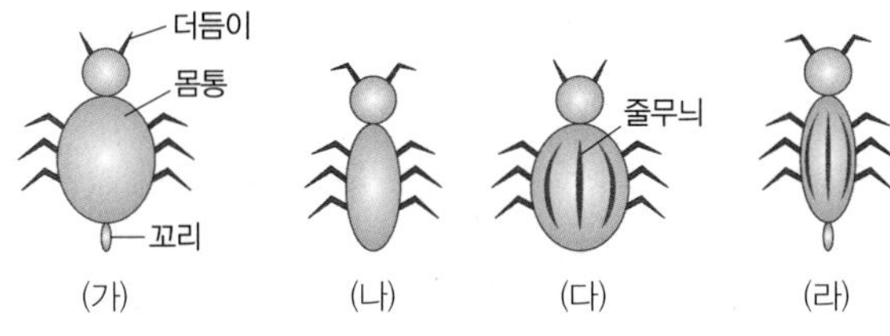

이에 대한 설명으로 옳지 않은 것은?

① (가)~(라)는 모두 같은 목에 속한다.
② 줄무늬의 수는 (다)와 (라)를 분류하는 기준에 해당한다.
③ 더듬이의 모양은 (가)~(라)를 분류하는 기준에 해당한다.
④ 꼬리의 유무를 기준으로 (가)와 (라), (나)와 (다)로 분류할 수 있다.
⑤ 몸통의 모양을 기준으로 (가)와 (다), (나)와 (라)로 분류할 수 있다.

자료 분석 | 정답과 해설 51쪽

18 그림은 대장균, 효모, 고사리의 공통점과 차이점을 나타낸 것이다.

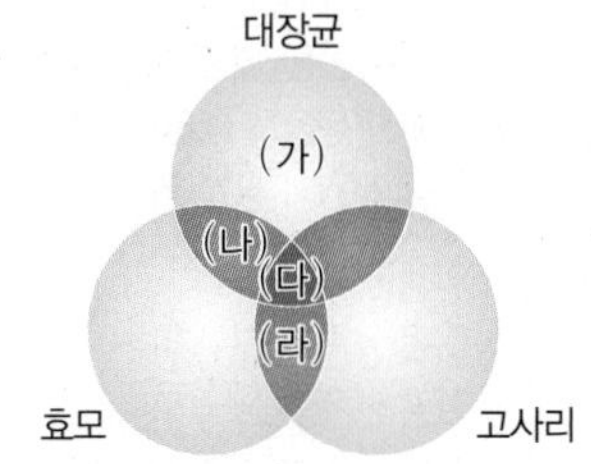

이에 대한 설명으로 옳은 것은?

① 대장균은 특징 (가)~(라)를 모두 갖는다.
② (가)는 대장균만 갖는 특징으로, '단세포 생물이다.'가 해당한다.
③ '기관이 발달되어 있다.'는 (나)에 해당한다.
④ '스스로 양분을 만들 수 있다.'는 (다)에 해당한다.
⑤ '세포에 핵막으로 둘러싸인 뚜렷한 핵이 있다.'는 (라)에 해당한다.

자료 분석 | 정답과 해설 51쪽

서술형 문제

19 그림은 불테리어와 불도그 사이에서 태어난 보스턴테리어를 나타낸 것이다.

위 교배 결과 불테리어와 불도그는 같은 종임을 알 수 있는데, 그 까닭을 서술하시오.

20 그림은 어떤 생물 무리를 분류한 결과를 나타낸 것이다.

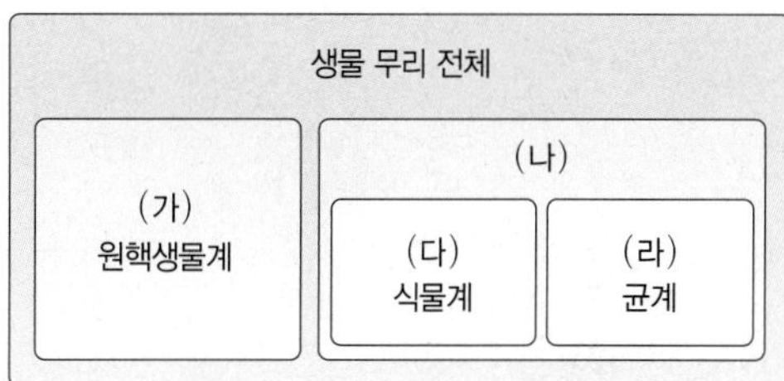

(1) (가)와 (나) 무리로 분류한 기준을 각 무리가 가지는 특성을 포함하여 서술하시오.

(2) 그림은 여러 가지 생물들을 나타낸 것이다.

장미, 이끼, 표고버섯, 푸른곰팡이, 소나무, 고사리

이 생물들이 (다)와 (라) 중 어떤 무리에 속하는지 분류하시오.

(3) (다)와 (라) 무리가 양분을 얻는 방법을 각각 서술하시오.

정답과 해설 52쪽

1 생물 다양성의 중요성 – 생태계 평형 유지

① ❶(   ): 생태계를 이루는 생물의 종류와 수가 크게 변하지 않고 안정된 상태를 유지하는 것

② 생태계 평형 유지: 생물 다양성이 높으면 생물이 멸종될 위험이 줄어들어 생태계는 안정적으로 유지될 수 있다. ➡ 생태계를 구성하는 생물의 종류가 많아 ❷(   )이 복잡하게 얽혀 있을 때 생태계 평형이 잘 유지된다.

생물 다양성이 ❸(   ) 생태계

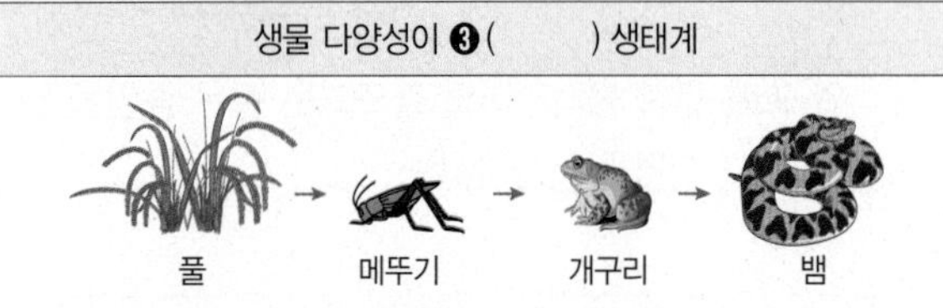

만약 개구리가 멸종되면 뱀도 멸종될 가능성이 높다.

생물 다양성이 ❹(   ) 생태계

뱀
부엉이
들쥐
개구리
토끼
메뚜기
풀

만약 개구리가 멸종되어도 뱀은 개구리 대신 토끼나 들쥐를 잡아먹을 수 있으므로 멸종될 가능성이 낮다.

2 생물 다양성의 중요성 – 인간에게 필요한 ❺(   ) 제공

생활에 필요한 다양한 재료를 제공	식량	벼, 보리, 밀
	옷감 재료	목화, 누에고치
	가구나 집의 재료	목재
	❻( ) 원료	• 주목: 항암제의 원료 • 푸른곰팡이: 항생제(페니실린)의 원료 • 버드나무: 진통 해열제의 원료
산업용 재료나 아이디어 제공	생물의 생김새나 생활 모습을 보고 아이디어를 얻어 유용한 도구를 발명하기도 한다. 예 ❼( )와 신발의 벨크로, 잠자리와 소형 비행기	
관광 자원으로 이용	생물 다양성이 보전된 건강하고 다양한 생태계는 우리에게 휴식과 안정을 제공한다. 예 산, 수목원	

3 생물 다양성의 중요성 – 지구 환경의 유지와 보전

① 울창한 숲은 대기의 이산화 탄소를 흡수하고, 생물에게 필요한 ❽(   )를 공급하며, 동물에게 서식처를 제공하기도 한다.

② 버섯, 곰팡이, 세균 등은 죽은 동식물의 사체나 배설물을 분해하여 토양을 비옥하게 만든다.

4 생물 다양성의 감소 원인과 대책

생물 다양성을 감소시키는 주된 원인은 과도한 인간의 활동이다.

구분	감소 원인	대책
❾( )	• 생물 다양성을 감소시키는 가장 심각한 원인 • 인간이 자연을 개발하는 과정에서 숲의 나무를 베거나 습지를 없애, 서식지를 잃은 생물은 사라지게 된다.	• 지나친 개발 자제 • 서식지 보전 • 보호 구역 지정 • ❿( ) 설치
불법 포획과 ⓫( )	무분별한 채집과 사냥으로 야생 동식물의 개체 수가 급격히 줄어들어 생물 다양성이 감소된다.	• 관련 법률 강화 • 멸종 위기 생물 지정
외래종 유입	• 사람들이 외래종을 의도적이거나 우연히 옮긴 것이다. • 외래종은 ⓬( )이 없어 원래 그 지역에 살던 토종 생물을 위협하여 생물 다양성을 감소시킨다.	• 외래종의 무분별한 유입 방지 • 외래종의 꾸준한 감시와 퇴치
환경 오염	환경이 오염되어 서식지의 환경이 변하고 생물들의 생존이 어려워져 멸종 위기에 처한 생물이 생긴다.	• 쓰레기 배출량 줄이기 • 환경 정화 시설 설치

5 생물 다양성 보전을 위한 활동

개인적 활동	• 쓰레기 분리 배출하기 • 친환경 농산물 이용하기 • 모피로 만든 제품 사지 않기 • 희귀한 동물을 애완용으로 기르지 않기 • 옥상 정원과 같은 생물의 서식지 만들기
⓭( )	• 외래종 제거하기 • 토종 얼룩소 키우기 • 환경 단체의 생태 모니터링 • 생물 다양성의 중요성 알리기 • 생물 다양성 보전을 위한 법률 제정 건의
⓮( )	• 종자 은행 설립 • 국립 공원 지정 • 환경 영향 평가 시행 • 생태계를 고려한 개발 • 멸종 위기종 관리 및 복원 사업 시행 • 야생 생물 보호 및 관리에 관한 법률 제정
국제적 활동	• 여러 나라가 함께 다양한 국제 협약을 체결하고 실행한다. • 국제 협약의 예: 생물 다양성 협약, 람사르 협약, CITES, 사막화 방지 협약, 기후 변화 협약

정답과 해설 52쪽

답안지

1 (　　　　　　)은/는 생태계의 평형을 유지하고, 인간에게 필요한 생물 자원을 제공해야 하며, 지구 환경을 유지하고 보전해야 하므로 중요하다.

2~3 그림은 생태계 (가)와 (나)의 먹이 사슬을 나타낸 것이다.

2 (가)와 (나) 중 생물 다양성이 높은 생태계를 쓰시오.

3 (가)와 (나) 중 개구리가 사라지면 안정적으로 유지되기 어려울 것으로 예상되는 생태계를 쓰시오.

4 다음은 인간에게 필요한 여러 가지 생물들을 나타낸 것이다.

벼, 보리, 목화, 목재, 주목, 밀, 누에고치, 푸른곰팡이

생활하는 데 필요한 재료로 이용되는 생물을 각각 쓰시오.

(1) 식량 (　　　　　) (2) 옷감 재료 (　　　　　)
(3) 가구나 집의 재료 (　　　　　) (4) 의약품 원료 (　　　　　)

5 생물 다양성을 감소시키는 가장 심각한 원인은 (　　　　　　)이다.

6 뉴트리아, 배스, 황소개구리 등과 같이 원래 살고 있던 지역을 벗어나 새로운 지역으로 들어가 자리를 잡고 사는 생물을 (　　　　)(이)라고 한다.

7 쓰레기 분리 배출, 모피로 만든 제품 사지 않기, 희귀한 동물을 애완용으로 기르지 않기 등의 활동은 생물 다양성 보전을 위한 (　　　　) 활동이다.

8 종자 은행 설립, 국립 공원 지정, 환경 영향 평가 시행, 멸종 위기종 관리 및 복원 사업 시행 등의 활동은 생물 다양성 보전을 위한 (　　　　) 활동이다.

9 지구에 사는 생물의 멸종을 막기 위해 동식물 및 천연자원을 보전하기 위한 협약은 (　　　　　　)이다.

1 ______
2 ______
3 ______
4 ______
5 ______
6 ______
7 ______
8 ______
9 ______

정답과 해설 52쪽

01 생물 다양성의 중요성에 대한 설명으로 옳은 것을 〈보기〉에서 모두 고른 것은?

보기
ㄱ. 인간에게 필요한 생물 자원이 제공된다.
ㄴ. 지구 환경의 유지에는 높은 수준의 과학 기술만 필요하다.
ㄷ. 생태계를 이루는 생물의 종류와 수가 변하지 않고 안정된 상태가 유지된다.

① ㄴ ② ㄷ ③ ㄱ, ㄴ
④ ㄱ, ㄷ ⑤ ㄱ, ㄴ, ㄷ

출제율 99%

02 생태계 평형에 대한 설명으로 옳지 않은 것은?

① 먹이 사슬이 단순하면 생태계 평형이 잘 유지된다.
② 생물 다양성이 높으면 생물이 멸종될 위험이 줄어든다.
③ 생물 다양성이 낮으면 생태계가 안정적으로 유지될 수 없다.
④ 생태계를 구성하는 생물의 종류가 많으면 먹이 사슬이 복잡하게 얽혀 있다.
⑤ 생태계 평형이란 생태계를 이루는 생물의 종류와 수가 크게 변하지 않고 안정된 상태를 유지하는 것이다.

03 생태계가 안정적으로 유지되기 위한 조건으로 옳지 않은 것은?

① 다양한 종류의 생물이 서식한다.
② 먹이 사슬이 복잡하게 얽혀 있다.
③ 같은 생물 사이에서 다양한 특징이 나타난다.
④ 생태계에서 한 종류의 생물이 대부분을 차지한다.
⑤ 한 생물이 사라져도 다른 생물을 먹이로 하여 살 수 있다.

[04~05] 그림은 생태계 (가)와 (나)의 먹이 사슬을 나타낸 것이다.

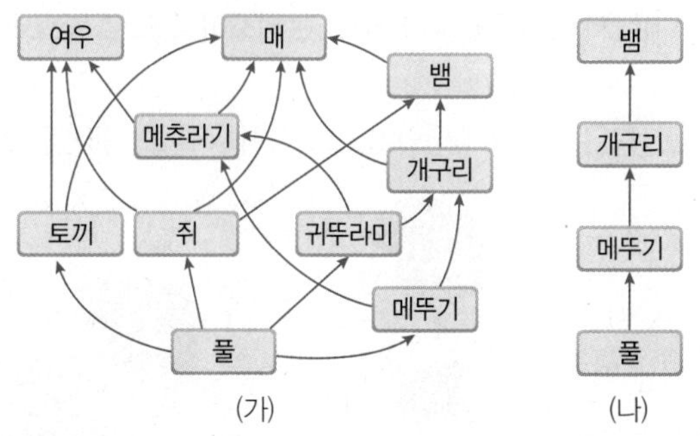

출제율 99%

04 이에 대한 설명으로 옳은 것을 〈보기〉에서 모두 고른 것은?

보기
ㄱ. (나)에서 개구리가 사라지면 메뚜기도 사라진다.
ㄴ. (가)보다 (나)의 먹이 사슬이 복잡하게 얽혀 있다.
ㄷ. (가)에서 개구리가 사라져도 뱀은 사라지지 않는다.

① ㄱ ② ㄷ ③ ㄱ, ㄴ
④ ㄱ, ㄷ ⑤ ㄴ, ㄷ

자료 분석 | 정답과 해설 53쪽

【주관식】

05 (가)와 (나) 중 ㉠ 생물 다양성이 높은 생태계와 ㉡ 생태계 평형이 잘 유지될 생태계를 각각 쓰시오.

06 인간이 생물 자원으로부터 얻을 수 있는 혜택으로 옳지 않은 것은?

① 의약품의 원료를 얻는다.
② 가구나 집의 재료를 얻는다.
③ 식량이나 옷감의 재료를 얻는다.
④ 산업용 재료나 아이디어를 제공한다.
⑤ 울창한 숲은 이산화 탄소의 양을 증가시킨다.

[07~08] 그림은 다양한 생물 자원들을 나타낸 것이다.

(가) 보리

(나) 목화

(다) 도꼬마리

(라) 누에고치

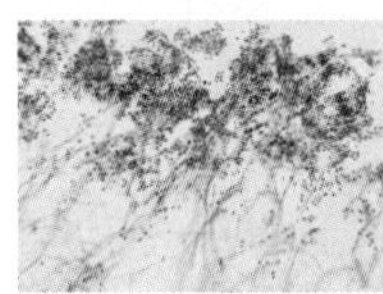
(마) 푸른곰팡이

(바) 수목원

[주관식]

07 다음 설명과 관계 있는 생물 자원의 기호를 쓰시오.

- 생물의 생김새나 생활 모습을 보고 아이디어를 얻어 유용한 도구를 발명하기도 한다.
- 옷에 붙어 잘 떨어지지 않는 이것을 보고 신발의 벨크로를 발명하였다.

08 옷감의 원료와 의약품의 원료로 이용되는 생물 자원끼리 각각 옳게 짝 지은 것은?

	옷감의 원료	의약품의 원료
①	(가), (나)	(다)
②	(가), (마)	(나), (다)
③	(나), (라)	(마)
④	(나), (라)	(다), (마)
⑤	(나), (바)	(가), (마)

09 생물 다양성이 지구 환경의 유지와 보전에 미치는 영향으로 옳은 것을 모두 고르면? (2개)

① 목재는 가구나 집의 재료가 된다.
② 주목은 항암제의 원료로 이용된다.
③ 울창한 숲은 동물에게 서식처를 제공하기도 한다.
④ 곤충의 나는 모습을 보고 소형 비행기를 창안하였다.
⑤ 버섯, 곰팡이, 세균 등은 죽은 동식물의 사체나 배설물을 분해하여 토양을 비옥하게 만든다.

출제율 99%

10 생물 다양성 감소에 대한 설명으로 옳은 것을 〈보기〉에서 모두 고른 것은?

보기

ㄱ. 무분별한 채집과 사냥은 생물 다양성 감소의 원인이 된다.
ㄴ. 생물 다양성을 감소시키는 주된 원인은 과도한 인간의 활동이다.
ㄷ. 환경이 오염되어도 환경 정화 시설을 설치하면 환경은 오염되기 전과 같은 상태가 된다.

① ㄱ　② ㄷ　③ ㄱ, ㄴ
④ ㄱ, ㄷ　⑤ ㄴ, ㄷ

[11~12] 그림은 산을 깎아 도로를 만드는 모습을 나타낸 것이다.

11 이와 같은 인간의 활동에 대한 설명으로 옳지 않은 것은?

① 서식지 파괴를 나타낸 것이다.
② 생물의 종류 수가 감소될 것이다.
③ 생물 다양성 감소의 가장 심각한 원인이다.
④ 생물들이 살아갈 수 있는 서식지가 감소될 것이다.
⑤ 인간이 자연을 개발하는 과정은 자연에 전혀 피해를 주지 않는다.

12 위 활동에 대한 직접적인 대책으로 옳지 않은 것은?

① 보호 구역을 지정한다.
② 생태 통로를 설치한다.
③ 쓰레기 배출량을 줄인다.
④ 지나친 개발을 자제한다.
⑤ 생물들의 서식지를 보전한다.

출제율 99%

13 그림은 여러 가지 생물들을 나타낸 것이다.

▲ 배스

▲ 뉴트리아

▲ 가시박

▲ 황소개구리

이 생물들에 대한 설명으로 옳은 것을 〈보기〉에서 모두 고른 것은?

보기
ㄱ. 사람들이 의도적이거나 우연히 옮긴 생물들이다.
ㄴ. 토종 생물들과 어울려 살아가며 생물 다양성을 증가시킨다.
ㄷ. 이 생물들이 무분별하게 유입되는 것을 방지하고, 꾸준히 감시하여 퇴치해야 한다.

① ㄱ ② ㄷ ③ ㄱ, ㄴ
④ ㄱ, ㄷ ⑤ ㄴ, ㄷ

14 그림은 불법 포획과 남획에 관련된 모습을 나타낸 것이다. 이에 대한 설명으로 옳지 않은 것은?

① 남획은 동물을 함부로 마구 잡는 것을 말한다.
② 불법 포획과 남획을 막기 위한 법률을 강화해야 한다.
③ 무분별한 채집과 사냥은 생물 다양성 감소의 원인이 된다.
④ 붉은귀거북, 반달가슴곰과 같은 멸종 위기종을 지정해야 한다.
⑤ 불법 포획과 남획을 통해 야생 동식물의 개체 수가 급격히 줄어들고 있다.

15 생물 다양성 보전을 위한 개인적 활동에 속하지 않는 것은?

① 쓰레기를 분리 배출한다.
② 친환경 농산물을 이용한다.
③ 생태 관련 수업을 제공한다.
④ 모피로 만든 제품을 사지 않는다.
⑤ 희귀한 동물을 애완용으로 기르지 않는다.

16 그림은 종자 은행과 국립 공원을 나타낸 것이다.

▲ 종자 은행

▲ 국립 공원

이에 대한 설명으로 옳은 것을 〈보기〉에서 모두 고른 것은?

보기
ㄱ. 종자 은행은 우리나라 고유의 우수한 종자를 보관하고 배양하여 보급하는 역할을 한다.
ㄴ. 생물 다양성 보전을 위해 국립 공원을 지정한다.
ㄷ. 종자 은행을 설립하고, 국립 공원을 지정하는 것은 국가가 주도하는 활동이다.

① ㄴ ② ㄷ ③ ㄱ, ㄴ
④ ㄱ, ㄷ ⑤ ㄱ, ㄴ, ㄷ

17 다음 설명에 해당하는 국제 협약을 옳게 짝 지은 것은?

(가) 지구에 사는 생물의 멸종을 막기 위해 동식물 및 천연자원을 보전하기 위한 협약
(나) 국제적으로 중요한 습지 보호에 관한 협약

	(가)	(나)
①	CITES	기후 변화 협약
②	생물 다양성 협약	CITES
③	생물 다양성 협약	람사르 협약
④	사막화 방지 협약	CITES
⑤	사막화 방지 협약	람사르 협약

고난도 문제

18 그림은 생태계 A~C의 먹이 사슬을 나타낸 것이다.

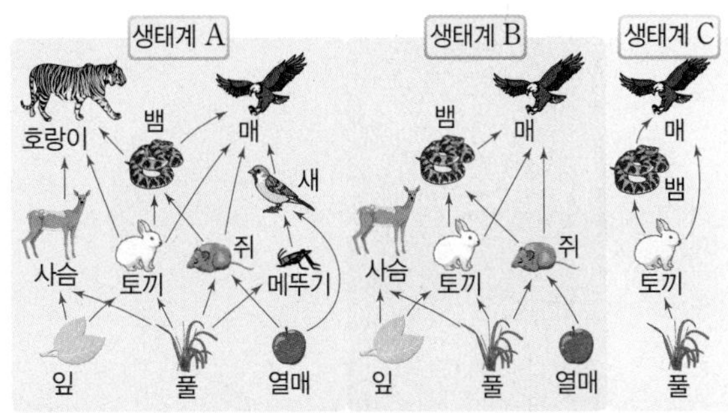

이에 대한 설명으로 옳은 것을 〈보기〉에서 모두 고른 것은?

보기
ㄱ. 생물 다양성이 가장 높은 생태계는 A이다.
ㄴ. C에서 뱀이 사라질 경우 매가 사라질 수 있다.
ㄷ. 토끼가 사라질 경우 B와 C에서는 매가 사라질 수 있다.

① ㄱ ② ㄷ ③ ㄱ, ㄴ
④ ㄴ, ㄷ ⑤ ㄱ, ㄴ, ㄷ

자료 분석 | 정답과 해설 54쪽

19 그림은 서식지 면적의 감소에 따라 줄어드는 생물 종류의 비율을 나타낸 것이다.

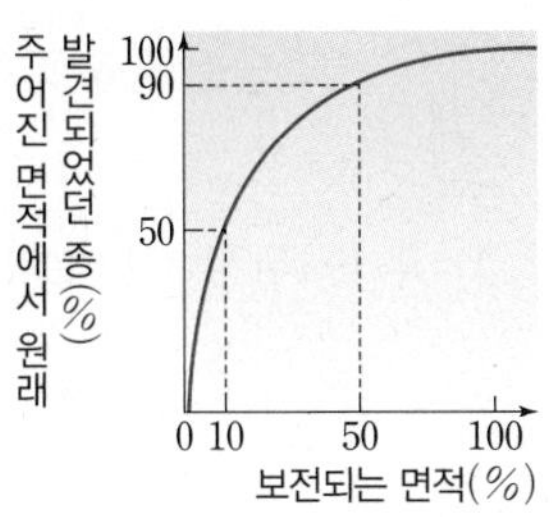

이에 대한 설명으로 옳은 것을 〈보기〉에서 모두 고른 것은?

보기
ㄱ. 서식지가 파괴되면 생물 다양성이 감소된다.
ㄴ. 생물의 서식지 면적이 줄어들면 생물의 수도 감소할 것이다.
ㄷ. 생물의 서식지 면적이 절반으로 줄어들면 생물 종류의 90 %가 감소한다.

① ㄱ ② ㄷ ③ ㄱ, ㄴ
④ ㄴ, ㄷ ⑤ ㄱ, ㄴ, ㄷ

자료 분석 | 정답과 해설 54쪽

서술형 문제

20 표는 생태계 (가)와 (나)에 살고 있는 생물의 종류와 수에 대해 나타낸 것이다.

(가)	• 풀, 메뚜기, 개구리, 뱀이 살고 있다. • 동물들의 총 수는 약 5만 마리이다.
(나)	• 풀, 나무, 메뚜기, 토끼, 들쥐, 개구리, 뱀, 부엉이가 살고 있다. • 동물의 총 수는 약 50만 마리이다.

(가)와 (나) 중 더 안정적으로 유지될 생태계를 쓰고, 그렇게 생각한 까닭을 서술하시오.

21 댐을 건설하거나 하천을 정비하는 일은 생물 다양성 감소 원인 중 무엇에 속하는지 쓰고, 생물 다양성에 어떤 영향을 미치는지 서술하시오.

22 그림과 같이 생물이 살아가는 서식지에 가운데를 가로지르는 도로가 생기면 넓은 지역에서 먹이를 찾고 짝짓기를 하는 동물의 이동에 제한을 받게 된다.

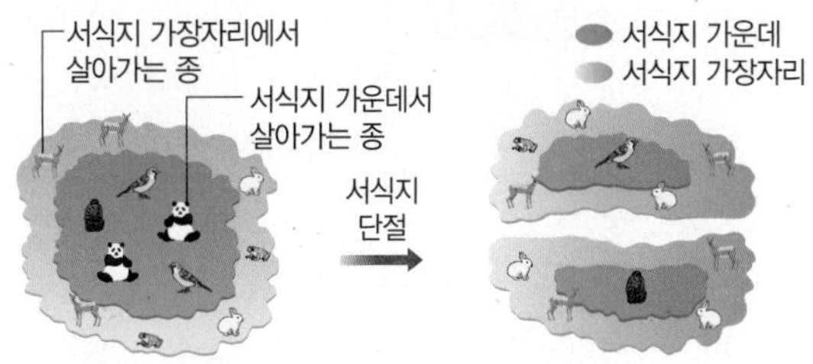

(1) 도로가 생긴 후 서식지 가운데에서 살아가는 동물의 수는 어떻게 변하는지 쓰시오.

(2) 그림과 같이 서식지가 나누어졌을 때 동물의 종류와 수를 최대한 유지하기 위한 대책을 1가지만 서술하시오.

VISUAL CONTENTS — 시험에 자주 나오는 그림 자료 모아 보기

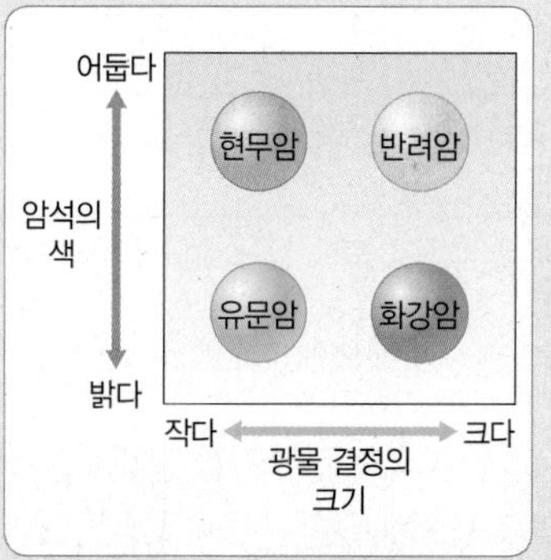

Ⅰ. 지권의 변화－화성암의 분류 그래프

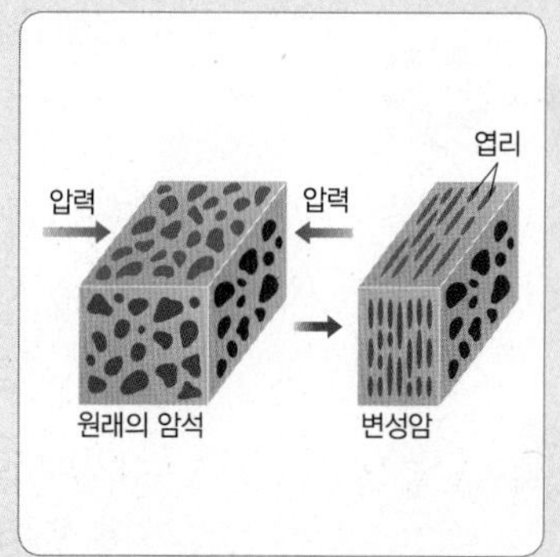

Ⅰ. 지권의 변화－엽리의 생성 원리

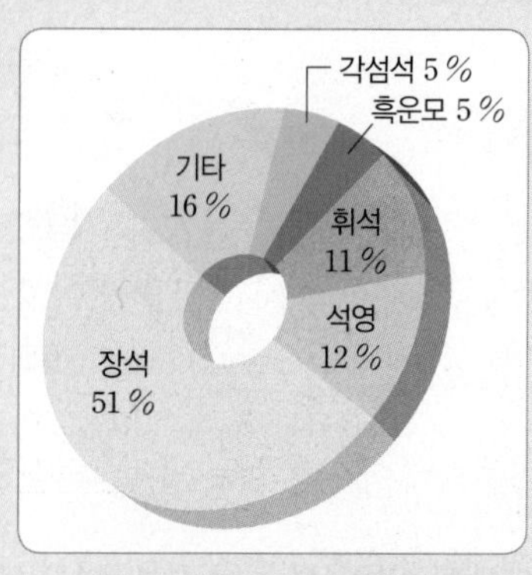

Ⅰ. 지권의 변화－조암 광물의 부피비

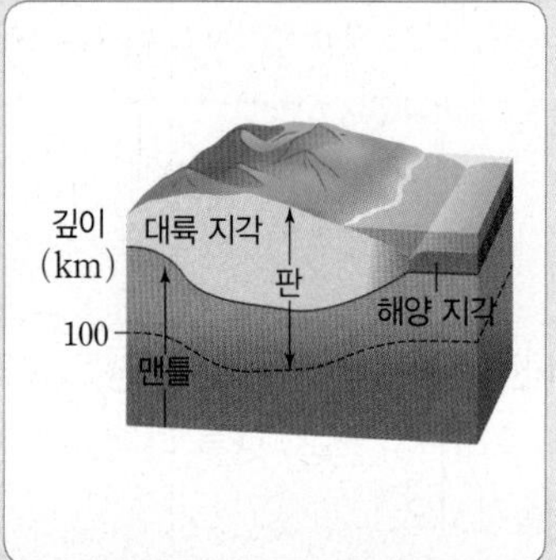

Ⅰ. 지권의 변화－판의 구조

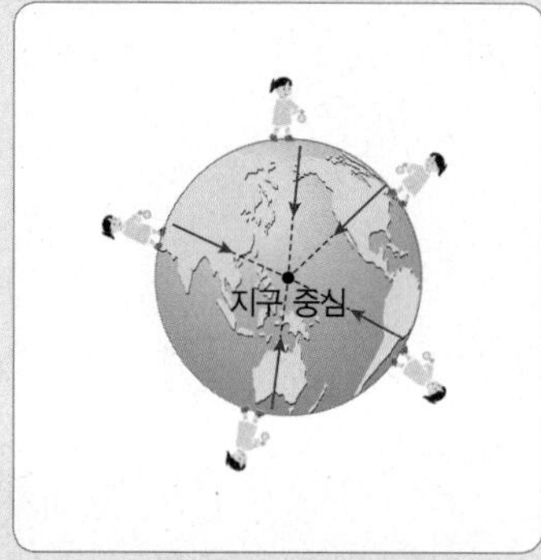

Ⅱ. 여러 가지 힘－중력의 방향

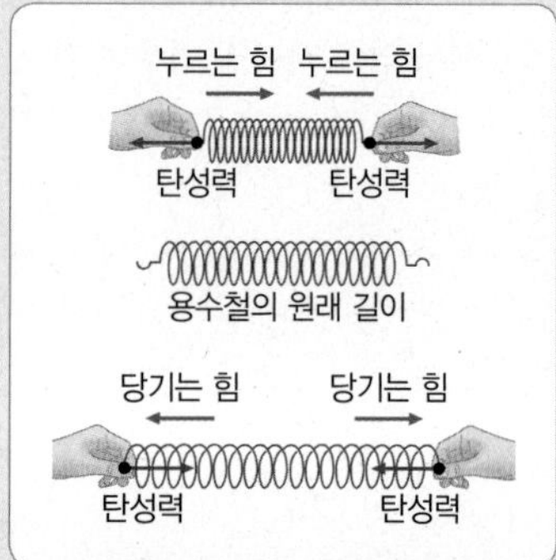

Ⅱ. 여러 가지 힘－용수철의 양쪽에서 힘을 가할 때 탄성력의 방향

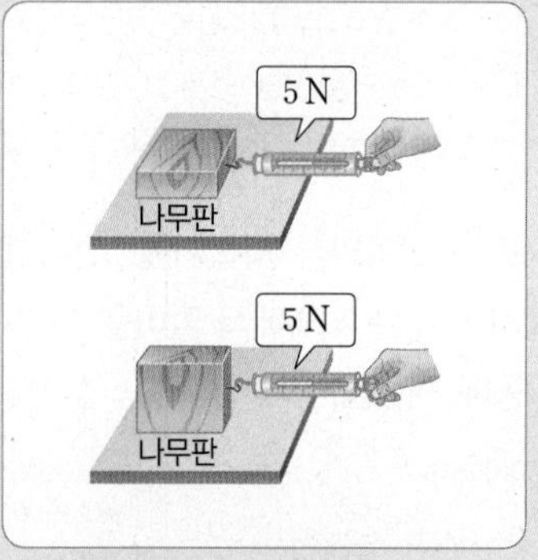

Ⅱ. 여러 가지 힘－접촉면의 넓이와 마찰력의 크기

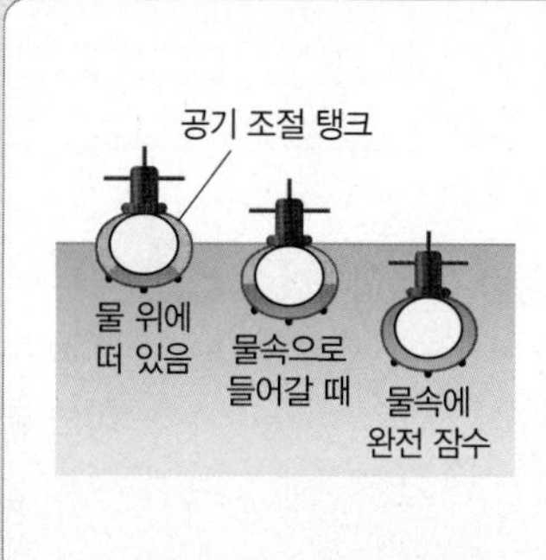

Ⅱ. 여러 가지 힘－잠수함의 원리

Ⅲ. 생물의 다양성－생물 종류의 다양한 정도

Ⅲ. 생물의 다양성－생태계의 다양한 정도

Ⅲ. 생물의 다양성－생물 사이의 멀고 가까운 관계 판단

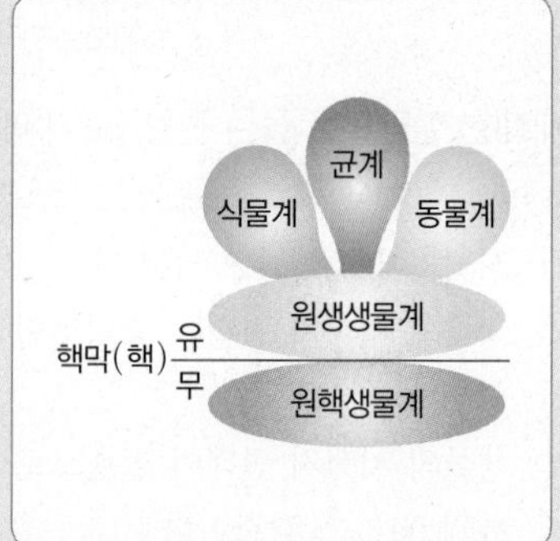

Ⅲ. 생물의 다양성－계 수준에서의 생물 분류

필독
중학 국어로 수능 잡기

중 | 학 | 도 | 역 | 시 EBS

원리 학습을 기반으로 하는 중학 과학의 새로운 패러다임

비욘드

정답과 해설

개념 탐구 적용 실전

체계적인 과학 실험 분석
모든 유형에 대한 적응

중학 과학

1·1

정답과 해설

I 지권의 변화

01 지구계와 지권의 구조

기초를 튼튼히! 개념 잡기 개념 학습 교재 11쪽

1 (1) × (2) ○ (3) ○ (4) × **2** (1) 기권 (2) 수권 (3) 지권 (4) 생물권 (5) 외권 **3** (1) (가) ㉡, ㉢ (나) ㉠, ㉣ (2) ㉣ **4** (1) A: 지각, B: 맨틀, C: 외핵, D: 내핵 (2) C (3) B (4) D **5** (1) A: 대륙 지각, B: 해양 지각, C: 모호면 (2) ㉠ A, ㉡ B

1 **오답 피하기** | (1) 지구를 이루는 육지, 바다, 대기, 생물과 이것을 둘러싸고 있는 우주 공간이 각각의 영역을 이루면서 서로 영향을 주고받는다.
(4) 지구계는 지권, 수권, 기권, 생물권, 외권으로 이루어져 있다.

2 기권은 지구를 둘러싸고 있는 대기를 말하며, 수권은 바다, 강, 호수, 지하수, 빙하 등 지구에 있는 물로 이루어져 있다. 지권은 지표와 지구 내부로 이루어져 있고, 생물권은 지구에 살고 있는 모든 생물을 말하며, 외권은 기권 바깥의 우주 공간을 말한다.

3 (1) 직접적인 조사 방법으로는 지표 부근을 조사할 수 있지만, 지구 내부 전체의 모습은 알 수 없다.
(2) 지진파는 모든 방향으로 전달되며, 통과하는 물질에 따라 전달되는 속도가 달라지기 때문에 지구 내부를 통과하는 지진파를 분석하면 지구 내부를 효과적으로 알아낼 수 있다.

4 (1) 지권은 지표에서부터 지각(A) - 맨틀(B) - 외핵(C) - 내핵(D)의 순서로 이루어져 있다.
(2) 지권에서 유일하게 액체 상태인 층은 외핵이다.
(3) 지권에서 부피가 가장 큰 층은 맨틀이다.
(4) 무거운 철과 니켈 등으로 이루어진 층은 외핵과 내핵이며, 외핵과 내핵 중 고체 상태로 추정되는 층은 내핵이다.

5 (1) 지각은 대륙 지각(A)과 해양 지각(B)으로 구분된다. 지각과 맨틀의 경계면은 모호면(C)이다.
(2) 대륙 지각은 화강암질 암석으로 되어 있고, 평균 두께가 약 35 km이다. 해양 지각은 현무암질 암석으로 되어 있고, 평균 두께가 약 5 km이다.

과학적 사고로! 탐구하기 개념 학습 교재 12쪽

Ⓐ ㉠ 4, ㉡ 지각, ㉢ 맨틀
1 (1) × (2) ○ (3) × (4) ○ (5) ○ **2** (1) ㉠ 64, ㉡ 2865, ㉢ 28.65 (2) (가) 22 cm (나) 13 cm

Ⓐ
1 **오답 피하기** | (1) 지구 내부는 4개의 층으로 이루어져 있다.
(3) 지구 내부 구조 중에서 두께가 가장 두꺼운 층은 맨틀이다.

2 (1) 모형에서의 두께는 실제 두께와 지구 반지름 사이의 비례식을 이용하여 구한다.

6400 km : 64 cm = 2865 km : 모형에서의 맨틀 두께(x)

$$x=\frac{64\text{ cm}\times 2865\text{ km}}{6400\text{ km}} \quad \therefore x=28.65\text{ cm}$$

(2) 모형에서의 외핵 두께 $=\frac{64\text{ cm}\times 2200\text{ km}}{6400\text{ km}}=22$ cm이다. 모형에서의 내핵 두께 $=\frac{64\text{ cm}\times 1300\text{ km}}{6400\text{ km}}=13$ cm이다.

Beyond 특강 개념 학습 교재 13쪽

1 D **2** (1) × (2) ○ (3) × (4) ○ (5) × (6) × (7) ○ **3** (1) 수권과 지권 (2) 수권과 기권 **4** 지권

1 기권의 기체를 이용하여 생물이 호흡이나 광합성을 한다.

2 **오답 피하기** | (1) 생물권과 지권의 상호 작용이다. ─ E
(3) 기권과 지권의 상호 작용이다. ─ A
(5) 수권과 지권의 상호 작용이다. ─ B
(6) 생물권과 지권의 상호 작용이다. ─ E

3 (1) 파도에 의해 해안가에 절벽이 만들어지는 것은 수권과 지권의 상호 작용이다.
(2) 수권에서 물이 증발하여 구름이 만들어지고 태풍이 발생하는 것은 수권과 기권의 상호 작용이다.

4 첫 번째 현상은 지권과 기권의 상호 작용, 두 번째 현상은 수권과 지권의 상호 작용, 세 번째 현상은 지권과 수권의 상호 작용 예이다. 세 가지 현상에 모두 작용하고 있는 지구계의 구성 요소는 지권이다.

실력을 키워! 내신 잡기 개념 학습 교재 14~16쪽

01 ③ **02** ① **03** ① **04** ③ **05** ① **06** ④ **07** ② **08** ③ **09** ② **10** ③ **11** ② **12** ② **13** ④ **14** ④ **15** ③ **16** ②, ④ **17** ② **18** ①

01 ①, ⑤ 계는 커다란 전체 안에서 서로 영향을 주고받는 구성 요소들의 집합으로 지구계 외에도 생태계, 소화계 등이 있다.
② 지구계를 구성하는 요소는 지권, 수권, 기권, 생물권, 외권이다.

④ 지구계를 구성하는 요소들은 끊임없이 영향을 주고받으므로 하나의 요소가 변하면 다른 요소에도 영향을 준다.

오답 피하기 | ③ 지구계를 구성하는 요소들은 물질과 에너지를 교환하며, 이들 상호 작용으로 여러 자연 현상과 크고 작은 변화가 일어난다.

02 지구계의 구성 요소에는 지권, 기권, 수권, 외권, 생물권의 5개 영역이 있다.

03 ① 지권은 지각, 맨틀, 외핵, 내핵으로 구성된다.

오답 피하기 | ② 수권은 바다, 빙하, 지하수, 강과 호수 등으로 이루어져 있다.

③ 생물권은 지권, 기권, 수권 영역에 넓게 분포한다.

④ 지권은 기권이나 수권보다 부피가 크다.

⑤ 생명체는 생물권에 포함된다.

04 ③ 외권 – 달(ㄷ), 태양(ㅁ) 등

오답 피하기 | ① 지권 – 암석(ㅅ) 등

② 기권 – 공기(ㄴ) 등

④ 수권 – 빙하(ㄱ), 강과 호수(ㅇ) 등

⑤ 생물권 – 고양이(ㄹ), 나뭇잎(ㅂ) 등

05 지권은 암석과 토양으로 이루어진 지구의 표면과 지구 내부로 이루어져 있다. 지권에는 다양한 생물이 살아가고 있으며, 지진과 화산 활동이 일어난다.

06 ㄱ. 기권에서는 구름, 비와 눈, 바람 등 날씨 변화가 나타난다.

ㄷ. 기권은 호흡에 필요한 산소와 식물 광합성에 필요한 이산화 탄소를 제공한다.

ㄹ. 대기는 우주로부터 오는 해로운 빛을 흡수하거나 차단하기도 한다.

오답 피하기 | ㄴ. 기권은 대부분 기체와 액체 상태로 되어 있다.

07 화산 활동이 대기에 미친 영향이므로 지권과 기권의 상호 작용이다.

08 강물은 수권에 해당하고, 지표면의 지형은 지권에 해당한다.

09 ㄴ. 시추는 조사 범위에 한계가 있기 때문에 지구 내부 전체의 구조를 알아낼 수는 없다.

오답 피하기 | ㄱ. 지구 내부 물질을 직접 확인할 수 있는 방법은 시추, 화산 분출물 조사와 같은 직접적인 방법이다. 운석 연구는 간접적인 조사 방법이다.

ㄷ. 지진파를 분석하는 것은 간접적인 조사 방법이다.

10 지진파 분석은 지구 내부를 통과하여 지표에 도달하는 지진파를 분석하여 지구 내부를 조사하는 방법으로, 지구 내부 전체 구조를 알아내는 데 가장 효과적인 방법이다.

11 A는 지각, B는 맨틀, C는 외핵, D는 내핵이다.

② 맨틀은 고체 상태이다.

오답 피하기 | ① 지구 내부로 갈수록 온도와 압력이 커진다. 따라서 A~D 중 온도가 가장 높은 층은 D이다.

③ C는 외핵, D는 내핵이다.

④ B는 지구 전체 부피의 약 80 %를 차지한다.

⑤ A는 대륙 지각과 해양 지각으로 구분된다.

12 지각이 위로 높이 솟아올라 있을수록 지각의 두께도 두껍다. 대륙 지각의 평균 두께는 약 35 km이고, 해양 지각의 평균 두께는 약 5 km이다.

13 A는 해양 지각, B는 대륙 지각, C는 맨틀, D는 모호면이다.

④ 맨틀(C)은 지각(A, B)보다 무거운 물질로 되어 있다.

오답 피하기 | ① A는 해양 지각이고, 평균 두께는 약 5 km이다.

② B는 대륙 지각이고, 평균 두께는 약 35 km이다.

③ B는 화강암질 암석으로 되어 있다.

⑤ D는 지각과 맨틀의 경계면이다.

14 A는 지각, B는 맨틀, C는 외핵, D는 내핵이다.

ㄱ. 지각은 지권의 가장 겉 부분이다.

ㄴ. 지권에서 두께가 가장 두꺼운 층은 맨틀이다.

ㄷ. 핵은 철과 니켈 같은 무거운 물질로 이루어져 있다.

오답 피하기 | ㄹ. 지진파 분석을 통해 지구 내부에 3개의 경계면(모호면, 구텐베르크면, 레만면)이 있다는 사실을 알아내었다.

15 (가) 맨틀은 지구 내부에서 가장 많은 부피를 차지한다.

(나) 핵은 철과 니켈 같은 무거운 물질로 이루어져 있다. 외핵은 액체 상태이고, 내핵은 고체 상태이다.

16 지진파 분석을 통해 지구 내부에 3개의 경계면이 있다는 사실을 알아내었다. 모호면은 지각과 맨틀의 경계면으로, 해양에서는 깊이 약 5 km, 대륙에서는 깊이 약 35 km에서 나타난다.

오답 피하기 | ② 깊이 약 5100 km에서는 레만면이 나타난다.

④ 모호면은 지각과 맨틀의 경계면으로 모호면의 위쪽은 지각, 아래쪽은 맨틀이다.

17 삶은 달걀을 지구 내부 구조에 비유했을 때, 달걀 껍질은 지각에 해당하고, 흰자는 맨틀, 노른자는 핵에 해당한다.

18 모형에서의 두께를 계산할 때 각 층의 두께는 다음과 같이 비례식을 세워 구할 수 있다.

- 6400 km : 64 cm=35 km : 모형에서의 지각 두께
- 6400 km : 64 cm=2865 km : 모형에서의 맨틀 두께
- 6400 km : 64 cm=2200 km : 모형에서의 외핵 두께
- 6400 km : 64 cm=1300 km : 모형에서의 내핵 두께

따라서 모형에서 구한 각 층의 두께는 지각은 0.35 cm, 맨틀은 28.65 cm, 외핵은 22 cm, 내핵은 13 cm이다.

ㄱ. ㉠은 $\frac{64\text{ cm}\times 35\text{ km}}{6400\text{ km}}=0.35\text{ cm}$이다.

오답 피하기 | ㄴ. '6400 km : 64 cm=2865 km : ㉡'의 비례식 또는 '6400 km : 2865 km=64 cm : ㉡'의 비례식을 이용하여 구한 ㉡은 $\frac{64\text{ cm}\times 2865\text{ km}}{6400\text{ km}}=28.65\text{ cm}$이다.

ㄷ. 모형에서 구한 외핵의 두께는 $\frac{64\text{ cm}\times2200\text{ km}}{6400\text{ km}}=22\text{ cm}$로, 외핵은 지구 내부 구조 모형에서 두께가 가장 두꺼운 층은 아니다. 두께가 가장 두꺼운 층은 맨틀이다.

실력의 완성! **서술형 문제** 개념 학습 교재 17쪽

1 모범 답안 지구에는 대기로 이루어진 기권이 있으나, 달에는 대기가 없어 기권이 없기 때문이다.

채점 기준	배점
지구계의 구성 요소인 기권을 넣어 옳게 서술한 경우	100 %
지구계의 구성 요소 없이 서술한 경우	50 %

2 모범 답안 (가): 지구 내부의 정확한 정보를 얻을 수 있다. (나): 지구 전체 내부 구조를 알 수 있다.

채점 기준	배점
(가)와 (나)의 장점을 모두 옳게 서술한 경우	100 %
(가)와 (나)의 장점 중 1가지만 옳게 서술한 경우	50 %

2-1 모범 답안 (가): 직접적인 방법, (나): 간접적인 방법

3 모범 답안 (1) C, 외핵
(2) 지진파를 분석한다.
(3) 지진파는 모든 방향으로 전달되며, 통과하는 물질에 따라 전달되는 속도가 달라지기 때문이다.

	채점 기준	배점
(1)	기호와 이름을 모두 옳게 쓴 경우	30 %
(2)	효과적인 방법을 옳게 서술한 경우	30 %
(3)	(2)와 같은 방법을 이용하는 까닭을 옳게 서술한 경우	40 %

4 모범 답안 공통점: 물질의 구성 성분이 철과 니켈이다.
차이점: 외핵은 액체 상태이고, 내핵은 고체 상태이다.

채점 기준	배점
공통점과 차이점을 모두 옳게 서술한 경우	100 %
공통점과 차이점 중 1가지만 옳게 서술한 경우	50 %

02 지각의 구성_암석

기초를 튼튼히! **개념 잡기** 개념 학습 교재 19, 21쪽

1 (1) 과정 (2) ㉠ 현무암, ㉡ 역암, ㉢ 대리암 **2** (1) ○ (2) × (3) × **3** (1) A (2) B (3) (가) A (나) B **4** ㉠ 심성암, ㉡ 현무암 **5** A: 반려암, B: 화강암, C: 현무암, D: 유문암 **6** (1) ○ (2) × (3) ○ **7** (1) 역암 (2) 셰일 (3) 사암 **8** 석회암, 셰일 **9** ㉠ 엽리, ㉡ 수직으로 **10** ㉠ 규암, ㉡ 대리암, ㉢ 편마암 **11** ㉠ 퇴적물, ㉡ 화성암, ㉢ 변성암

1 (1) 화성암은 마그마가 식어서 만들어진 암석이고, 퇴적암은 퇴적물이 쌓이고 굳어져 만들어진 암석이며, 변성암은 높은 열과 압력에 의해 만들어진 암석이다.
(2) 현무암과 화강암은 화성암에 속하고, 역암과 사암은 퇴적암에 속하며, 대리암과 편마암은 변성암에 속한다.

2 **오답 피하기** | (2), (3) 마그마가 천천히 식으면 암석을 이루는 광물 결정이 충분히 자라서 크기가 크고, 마그마가 빨리 식으면 암석을 이루는 광물 결정이 자라지 못해 크기가 작다.

3 (1), (2) 화산암은 마그마가 지표에서 빠르게 냉각되어 만들어진 화성암으로 광물 결정의 크기가 작고, 심성암은 마그마가 지하 깊은 곳에서 천천히 냉각되어 만들어진 화성암으로 광물 결정의 크기가 크다.
(3) 현무암과 유문암은 화산암에 속하고, 반려암과 화강암은 심성암에 속한다.

4 화산암은 지표 부근에서 빨리 식어 만들어진 암석이고, 심성암은 지하 깊은 곳에서 천천히 식어 만들어진 암석이다. 화산암에는 현무암(어두운색), 유문암(밝은색)이 있고, 심성암에는 반려암(어두운색), 화강암(밝은색)이 있다.

5 A는 결정의 크기가 크고 어두운색을 띠는 반려암이고, B는 결정의 크기가 크고 밝은색을 띠는 화강암이다. C는 결정의 크기가 작고 어두운색을 띠는 현무암이고, D는 결정의 크기가 작고 밝은색을 띠는 유문암이다.

6 **오답 피하기** | (2) 해안가에서 멀어질수록 크기가 작은 퇴적물이 쌓인다.

7 역암은 자갈이, 셰일은 진흙이, 사암은 모래가 퇴적되어 굳어져 생성된 퇴적암이다.

8 층리와 화석이 발견되는 암석은 퇴적암으로, 석회암과 셰일이 퇴적암이다. 현무암과 화강암은 화성암이고, 대리암과 편마암은 변성암이다.

9 엽리가 발달된 암석에는 편암이나 편마암이 있다.

10 변성 작용에 의해 사암은 규암으로 변하고, 석회암은 대리암으로 변한다. 또한 셰일은 편암과 편마암으로 변하고, 화강암은 편마암으로 변한다.

11 마그마가 식어 굳어지면 화성암이 된다. 암석이 잘게 부서지면 퇴적물이 된다. 암석이 높은 열과 압력을 받으면 변성암이 된다.

과학적 사고로! **탐구하기** 개념 학습 교재 22쪽

A ㉠ 화성암, ㉡ 퇴적암, ㉢ 변성암, ㉣ 화성암, ㉤ 크다, ㉥ 엽리
1 (1) × (2) × (3) ○ (4) ○ (5) ×
2 (1) 암석을 이루는 알갱이(광물 결정)의 크기가 큰가?
(2) A: 편마암, B: 반려암

A

1 **오답 피하기** | (1) '암석을 이루는 알갱이가 주로 모래나 자갈 등으로 이루어져 있는가?'라는 질문은 퇴적암을 구분하기 위한 질문이다.
(2) 암석을 이루는 알갱이가 주로 자갈로 이루어져 있는 암석은 (다) 역암이다.
(5) (나) 화강암은 (가) 현무암보다 지하 깊은 곳에서 마그마가 식어서 만들어진 암석이다.

2 편마암은 엽리가 나타난다. 현무암과 반려암은 모두 화성암이지만 암석이 생성되는 장소가 다르다. 현무암은 마그마가 지표에서 식어서 생성된 암석으로 암석을 이루는 알갱이(광물 결정)의 크기가 작고, 반려암은 마그마가 지하 깊은 곳에서 식어서 생성된 암석으로 암석을 이루는 알갱이(광물 결정)의 크기가 크다.

Beyond 특강 개념 학습 교재 23쪽

1 ① **2** 현무암

1 채석강의 층리는 퇴적암에 나타나는 특징이다.

2 제주도의 주상 절리와 용두암을 이루는 암석의 종류는 지하 깊은 곳의 마그마가 화산 활동을 통해 지표로 흘러나와 식어서 생긴 어두운색의 암석인 현무암이다.

실력을 키워! **내신 잡기** 개념 학습 교재 24~26쪽

01 ③ **02** ③ **03** ③ **04** ④ **05** ② **06** ③ **07** ⑤ **08** ③
09 ⑤ **10** ② **11** ②, ⑤ **12** ② **13** ② **14** ② **15** ① **16** ②
17 ③ **18** ④ **19** ① **20** ㄱ, ㄷ

01 암석을 화성암, 퇴적암, 변성암으로 분류하는 기준은 암석의 생성 과정이다. 화성암은 마그마가 식어 굳어진 암석이고, 퇴적암은 퇴적물이 굳어져 만들어진 암석이며, 변성암은 암석이 높은 열과 압력을 받아 성질이 변하여 만들어진 암석이다.

02 마그마가 식어서 만들어진 암석은 화성암이다. 현무암, 화강암, 반려암, 유문암은 화성암이다.
오답 피하기 | ③ 편마암은 변성암이다.

03 ③ (가)는 지표에서 마그마가 빠르게 식어서 암석을 이루는 알갱이의 크기가 작은 화산암이고, (나)는 지하 깊은 곳에서 마그마가 천천히 식어서 암석을 이루는 알갱이의 크기가 큰 심성암이다.

04 ④ 마그마가 천천히 식어 만들어진 암석은 심성암이고, 그중 어두운색 광물을 많이 포함한 암석은 반려암이다.

05 ③, ④, ⑤ A에서 생성되는 암석은 화산암으로 광물 결정의 크기가 작고, B에서 생성되는 암석은 심성암으로 광물 결정의 크기가 크다. 마그마의 냉각 속도가 느릴수록 화성암을 이루는 광물 결정의 크기가 커진다.
오답 피하기 | ② A에서 생성되는 암석은 화산암으로 어두운색 화성암만 생성되는 것은 아니다. 화산암에는 어두운색 화성암과 밝은색 화성암이 모두 있다.

06 A에서 생성되는 암석은 화산암으로 현무암과 유문암이 대표적인 예이다.
오답 피하기 | ㄴ, ㄷ. 반려암과 화강암은 심성암이다.

07 ㉠은 지표 부근에서 생성된 화산암, ㉡은 지하 깊은 곳에서 생성된 심성암이고, A는 유문암, B는 반려암이다.
오답 피하기 | ⑤ 화산암인 유문암은 심성암인 반려암보다 마그마가 빨리 식어서 만들어졌다.

08 ㄴ. 화강암은 현무암보다 암석의 색이 밝다.
ㄷ. 화강암은 심성암이고 현무암은 화산암으로, 화강암은 현무암보다 마그마가 천천히 식어 굳어진 암석이다.
오답 피하기 | ㄱ. (가)는 화강암이고, (나)는 현무암이다.
ㄹ. (가)와 (나)의 색이 다른 까닭은 암석을 구성하는 광물의 종류와 비율이 다르기 때문이다.

09 A는 결정의 크기가 작으며 어두운색을 띠고, B는 결정의 크기가 크며 어두운색을 띤다. C는 결정의 크기가 작으며 밝은색을 띠고, D는 결정의 크기가 크며 밝은색을 띤다. A는 현무암, B는 반려암, C는 유문암, D는 화강암에 해당한다.

10 ㄴ. 유문암과 화강암의 색은 밝다.
오답 피하기 | ㄱ. 유문암은 화산암이고, 화강암은 심성암이다.
ㄷ. 유문암은 암석을 구성하는 광물 결정의 크기가 작고, 화강암은 암석을 구성하는 광물 결정의 크기가 크다.

11 ② 녹인 스테아르산은 마그마, 얼음물은 지표, 더운물은 지하 깊은 곳에 해당한다.
⑤ (가)보다 (나)와 같은 원리로 생성된 암석이 마그마의 냉각 속도가 더 느려 암석을 구성하는 광물 결정의 크기가 더 크다.
오답 피하기 | ① (가)는 화산암의 생성 원리를 나타낸다.
③ 마그마의 냉각 속도와 관련이 깊은 것은 암석을 이루는 광물 결정의 크기이다.

④ (나)와 같은 원리는 지하 깊은 곳에서 나타난다.

12 ㄴ. 퇴적암은 퇴적물의 종류나 크기가 다른 퇴적물이 쌓여서 나타나는 줄무늬인 층리가 발견되기도 한다.
오답 피하기| ㄱ. 퇴적암은 화석이 발견되기도 한다.
ㄷ. 열과 압력에 의해 구조나 성질이 변하는 암석은 변성암이다.

13 ② 퇴적물이 운반되어 두껍게 계속 쌓이면(가) 위층이 아래층을 눌러서 퇴적물이 다져지고(나), 퇴적물 사이의 광물질이 침전되면서 알갱이들을 결합시키며(라), 오랜 세월에 걸쳐 퇴적물이 점점 굳어져서 퇴적암이 된다(다).

14 **오답 피하기**| ① 역암은 주로 자갈이 쌓여 만들어진다.
③ 셰일은 진흙이 쌓여 만들어지는 퇴적암이다.
④ 물속에 녹아 있던 석회 물질이 가라앉아 쌓이거나 산호, 조개껍데기처럼 석회 물질로 이루어진 생물체의 유해가 쌓여 굳어지면 석회암이 만들어진다.
⑤ 암염은 물에 녹아 있던 소금이 가라앉아 쌓여 만들어진다.

15 층리와 화석은 퇴적암에서 발견되는 특징이다.
오답 피하기| ②, ⑤ 규암은 사암이 변성 작용을 받아 만들어진 변성암이고, 대리암은 석회암이 변성 작용을 받아 만들어진 변성암이다.
③, ④ 화강암과 현무암은 화성암이다.

16 ㄷ. 편암과 편마암에서는 엽리가 잘 발달되어 있다.
오답 피하기| ㄱ. 엽리는 압력에 수직인 방향으로 만들어진다.
ㄴ. 엽리는 변성암에서 나타나는 줄무늬이다.

17 ③ 화강암이나 셰일이 높은 열과 압력을 받아 생성된 변성암은 편마암이다. 편마암에서는 엽리가 잘 나타난다.
오답 피하기| ①, ② 규암이나 대리암은 열의 영향을 크게 받은 변성암으로 엽리가 발달하지 않는다. 규암은 사암이, 대리암은 석회암이 변성 작용을 받아 생성된다.
④ 석회암은 퇴적암이다.
⑤ 화강암은 화성암이다.

18 A는 편마암, B는 편암, C는 편마암, D는 규암, E는 석회암이다. 열과 압력이 높아질수록 셰일은 편암 → 편마암으로 변한다.

19 A는 풍화·침식 과정, B는 다져짐·굳어짐 과정, C는 높은 열과 압력을 받는 과정, D는 녹는 과정, E는 식는 과정이다.

20 ㄱ. 사암(A)은 주로 모래가 쌓이고 굳어져 만들어진 퇴적암이다.
ㄷ. 화강암(C)은 심성암으로 마그마가 지하 깊은 곳에서 천천히 식어서 만들어진다.
오답 피하기| ㄴ. 사암(A)이 열과 압력을 받으면 규암이 생성될 수 있다. 편마암(B)은 셰일이나 화강암이 열과 압력을 받아 생성될 수 있는 암석이다.

실력의 완성! 서술형 문제

개념 학습 교재 27쪽

1 **모범 답안** (1) 심성암은 마그마가 지하 깊은 곳에서 천천히 식어 만들어졌고, 화산암은 마그마가 지표 부근에서 빠르게 식어 만들어졌다.
(2) A, 화산암: C, D, 심성암: A, B

	채점 기준	배점
(1)	심성암과 화산암의 특징을 주어진 용어를 포함하여 옳게 서술한 경우	60 %
	심성암과 화산암의 특징 중 1가지만 옳게 서술한 경우	30 %
(2)	A~D 중 반려암을 옳게 고른 경우	20 %
(2)	화산암과 심성암으로 옳게 구분한 경우	20 %

1-1 **모범 답안** B, 화강암은 암석의 색이 밝고, 암석을 이루는 알갱이의 크기가 크다.

2 **모범 답안** A: 역암, B: 사암, C: 셰일, 해안에서 멀어질수록 퇴적암을 구성하는 퇴적물의 크기가 작아진다.

채점 기준	배점
퇴적암의 이름과 특징을 모두 옳게 서술한 경우	100 %
퇴적암의 이름만 옳게 쓴 경우	30 %

3 **모범 답안** 엽리, 압력에 수직인 방향으로 생성된다.

채점 기준	배점
줄무늬의 이름과 생성되는 방향 모두 옳게 서술한 경우	100 %
줄무늬의 이름만 옳게 쓴 경우	30 %

4 **모범 답안** (1) 층리: (가), 엽리: (나)
(2) (가) 풍화, 침식, 운반, 퇴적, 다져짐, 굳어짐 (나) 높은 열과 압력

	채점 기준	배점
(1)	층리와 엽리가 만들어지는 과정을 옳게 고른 경우	40 %
(2)	(가)와 (나) 과정의 변화를 모두 옳게 서술한 경우	60 %
	(가)와 (나) 중 1가지만 옳게 서술한 경우	30 %

03 지각의 구성_광물과 토양

기초를 튼튼히! **개념 잡기** 개념 학습 교재 29, 31쪽

1 (1) ○ (2) ○ (3) × (4) ○ (5) × **2** 색, 조흔색, 굳기, 자성, 염산 반응 **3** 색 **4** (1) 노란색 (2) 녹흑색 (3) 검은색 **5** (1) 방해석 (2) 방해석 (3) 자철석 **6** (1) × (2) ○ (3) × (4) ○ **7** (1) ○ (2) ○ (3) × (4) × (5) ○ **8** 산소 **9** ㉠ 뿌리, ㉡ 넓어 **10** ㉠ 풍화, ㉡ 토양 **11** (1) A (2) D (3) C (4) B

1 **오답 피하기** | (3) 조암 광물 중 장석이 차지하는 부피비가 가장 크다.
(5) 암석의 색은 구성 광물의 종류와 비율에 따라 달라진다. 밝은색 광물이 많이 포함되어 있는 암석의 색은 밝은색을 띤다.

2 광물의 질량, 부피는 광물의 고유한 특성이 아니므로 광물을 구별하는 기준이 될 수 없다.

3 A는 밝은색 광물이고, B는 어두운색 광물이다.

4 조흔판에 광물을 긁었을 때 나타나는 광물 가루의 색을 조흔색이라고 한다.

5 (1) 석영은 방해석보다 단단하므로 석영과 방해석을 서로 긁어 보면 방해석 표면에 흠집이 생긴다.
(2) 방해석은 묽은 염산과 반응한다.
(3) 자철석은 자성을 나타내는 광물이다.

6 **오답 피하기** | (1) 풍화는 오랜 시간에 걸쳐 암석이 잘게 부서지거나 성분이 변하는 현상이다.
(3) 암석의 틈에 스며든 물이 얼면 물의 부피가 증가하기 때문에 암석이 쪼개진다.

7 **오답 피하기** | (3) 암석이 높은 열과 압력에 의해 성질이 변하는 작용은 변성 작용으로, 이를 통해 변성암이 생성된다.
(4) 퇴적물이 운반되고 퇴적되는 작용이다.

8 쇠못이 공기 중에 노출되어 있으면 녹스는 것처럼, 암석이 공기 중의 산소와 반응하면 색이 붉게 변하고 약화된다.

9 암석의 틈 사이로 식물이 뿌리를 내리면 뿌리가 자라면서 암석의 틈이 점점 벌어져 암석이 부서진다. 암석의 표면적이 넓을수록 풍화가 잘 일어난다.

10 풍화 작용은 암석이 오랜 시간에 걸쳐 물이나 공기, 생물 등의 작용으로 부서지거나 성분이 변하는 현상이다. 이러한 풍화 작용에 의해 토양이 만들어진다.

11 D는 풍화를 받지 않은 암석이고, C는 D가 풍화되어 암석 조각과 모래 등으로 이루어진 층이다. C가 더 잘게 부서져 겉 부분의 흙인 A를 형성하고, A에서 물에 녹는 물질과 진흙 등이 아래로 내려와 쌓이면 B가 생성된다. 즉, 토양의 생성 순서는 D → C → A → B이다.

과학적 사고로! **탐구하기** 개념 학습 교재 32~33쪽

Ⓐ ㉠ 자성, ㉡ 조흔색, ㉢ 단단하다
1 (1) × (2) × (3) ○ (4) × (5) × (6) ○ **2** (1) (가) < (나) < (2) A<B<C **3** (1) × (2) ○ (3) × (4) ○ **4** ⑤ **5** ②

Ⓐ

1 (3) 석영의 조흔색을 확인하기 위해서는 석영을 부수어 가루로 만들어야 한다.
오답 피하기 | (1) 광물의 부피는 광물의 특성이 아니다.
(2) 황동석과 황철석은 겉보기 색은 같지만 조흔색은 다르다.
(4) 석영은 방해석보다 더 단단하다.
(5) 클립을 끌어당기는 광물은 자철석이다.

2 (1) (가) 광물 A가 긁혔으므로 광물 B가 더 단단하다. (나) 광물 B가 긁혔으므로 광물 C가 더 단단하다.
(2) 광물 A, B, C의 굳기를 비교하면, 광물 A가 가장 무르고, 광물 C가 가장 단단하다.

3 **오답 피하기** | (1) 석영과 방해석 모두 무색투명하므로, 색으로는 두 광물을 구별할 수 없다.
(3) 석영과 방해석 모두 자성이 없으므로, 자성으로 두 광물을 구별할 수 없다.

4 자철석만 자성을 가지기 때문에 A는 자성이 될 수 있다. 방해석은 묽은 염산과 반응하여 기체가 발생하고 석영은 반응하지 않기 때문에 B는 염산 반응이 될 수 있다.

5 **오답 피하기** | ㄴ. 묽은 염산을 떨어뜨렸을 때 거품이 발생하는 광물은 방해석이다.
ㄷ. 두 광물을 서로 긁어 보았을 때 흠집이 생기는 광물이 더 무르다.

실력을 키워! **내신 잡기** 개념 학습 교재 34~36쪽

01 ③ **02** ① **03** ② **04** ① **05** ① **06** ① **07** (가) 흑운모 (나) 적철석 (다) 자철석 **08** ④ **09** ⑤ **10** ③ **11** ② **12** ⑤ **13** ② **14** ④ **15** ④ **16** ② **17** ④ **18** ④ **19** ②

01 광물은 암석을 이루는 작은 알갱이로, 암석은 다양한 광물로 이루어져 있다.
오답 피하기 | ③ 화강암은 분홍색이나 흰색을 띠는 장석, 검은색을 띠고 반짝이는 흑운모, 무색투명하거나 반투명한 석영 등으로 이루어져 있다.

02 조암 광물 중 부피비가 가장 큰 광물은 장석(A)이고, 부피비가 두 번째로 큰 광물은 석영(B)이다.

03 화강암은 석영, 장석, 흑운모 등으로 이루어져 있다. 석영은

무색투명하고, 장석은 흰색이나 분홍색이며, 흑운모는 검은색이다.
ㄴ. 장석(B)은 조암 광물 중 부피비가 가장 크고 색이 밝다.
오답 피하기| ㄱ. A는 흑운모, B는 장석, C는 석영이다.
ㄷ. 지각에서 가장 많은 양을 차지하는 광물은 장석(B)이다.

04 광물을 구별하는 고유한 특성에는 색, 조흔색, 굳기, 염산 반응, 자성 등이 있다.
오답 피하기| ① 광물의 무게, 부피, 질량, 크기 등은 광물의 고유한 특성이 아니므로 광물을 구별하는 기준이 될 수 없다.

05 **오답 피하기**| ② 장석은 도자기의 원료로 쓰인다.
③, ④ 휘석과 감람석은 어두운색 광물이다.
⑤ 흑운모는 어두운색 광물이며, 얇은 판처럼 뜯어지는 특징이 있고 광택이 있다.

06 **오답 피하기**| ② 흑운모의 색은 검은색이고, 조흔색은 흰색이다.
③ 묽은 염산을 떨어뜨렸을 때 거품이 발생하는 광물은 방해석이다.
④ 자석을 가까이 했을 때 달라붙는 광물은 자철석이다.
⑤ 얇은 판처럼 뜯어지는 광물은 흑운모이다.

07 조흔색은 조흔판에 광물을 긁었을 때 나타나는 광물 가루의 색으로 겉보기 색이 같은 광물을 구분할 때 이용한다. 흑운모, 적철석, 자철석은 모두 검은색이지만, 조흔색은 각각 흰색, 적갈색, 검은색이다.

08 방해석은 무색투명하고, 석영보다 무르며, 자성이 없고, 묽은 염산과 반응한다.

09 A와 B를 서로 긁었을 때 A에 흠집이 생겼으므로 B가 더 단단한 광물이다. B와 C를 서로 긁었을 때 B에 흠집이 생겼으므로 C가 더 단단한 광물이다. D는 A와 B에 긁혔으므로 가장 무른 광물이다. 따라서 광물의 굳기는 D<A<B<C 순이다.

10 석영은 무색이며 염산에 반응하지 않는다. 방해석은 무색이며 염산에 반응한다. 흑운모는 검은색이며 자성이 없다. 자철석은 검은색이며 자성이 있다.

11 ㄴ. 묽은 염산을 떨어뜨리면 방해석은 흰색 거품이 발생하고, 석영은 아무런 반응도 없다.
ㄷ. 석영과 방해석은 굳기가 다르므로 서로 긁어 보면 방해석에 흠집이 생긴다.
오답 피하기| ㄱ. 석영과 방해석 모두 자성이 없으므로, 자성으로 석영과 방해석을 구별할 수 없다.
ㄹ. 부피를 구하는 것은 두 광물을 구별하는 특성이 될 수 없다.

12 풍화는 매우 오랜 시간에 걸쳐서 지표에서 끊임없이 일어나고 지표를 변하게 한다.

13 ① 공기 중의 산소가 암석의 성분을 변화시켜 암석의 색이 붉게 변하고, 표면이 약해진다.
③ 암석의 틈에 스며든 물이 얼면 부피가 커지고 틈을 넓혀 암석이 부서진다.
④ 암석 표면에서 자라는 이끼가 암석의 성분을 변화시키고, 암석을 녹인다.
⑤ 이산화 탄소가 녹아 있는 지하수가 석회암을 녹여 동굴이 만들어진다.
오답 피하기| ② 높은 열과 압력은 암석의 변성 작용이 일어나는 원인이다.

14 ㄴ. 물이 어는 작용은 기온이 낮은 지역에서 잘 일어난다.
ㄷ. 암석이 잘게 부서질수록 표면적이 늘어난다.
오답 피하기| ㄱ. 암석의 틈 사이에 스며든 물이 얼면 부피가 커지고 암석의 틈을 넓혀 암석이 부서진다.

15 암석의 풍화에는 암석이 잘게 부서지는 현상과 암석의 성분이 변하는 현상이 있다. 암석이 잘게 부서지는 현상에는 물이 어는 작용, 압력의 변화, 식물 뿌리의 작용 등이 있다. 암석의 성분이 변하는 현상에는 지하수의 용해 작용, 산소의 작용, 이끼의 작용 등이 있다.
오답 피하기| ④ 석회 동굴은 지하수에 석회암이 녹아서 생성되는 것이므로 지구계의 수권(지하수)과 지권(석회암)이 상호 작용한 것이다.

16 ② 겉 부분의 흙에서 식물이 자라면서 더 고운 흙이 만들어지고 이것이 아래로 스며든다. 따라서 토양에서 가장 나중에 만들어진 층은 겉 부분 층의 아래쪽에 놓인 층이다.

17 단단한 암석층인 D가 풍화되어 암석 조각과 모래 등으로 이루어진 C가 만들어지고, 이 층이 풍화되면 식물이 자랄 수 있는 A가 만들어지며, 여기에 스며든 물에 녹은 물질과 진흙 등이 아래로 이동하여 B를 형성한다. 따라서 생성 순서는 D → C → A → B이다.

18 ㄱ. A는 작은 암석 조각이나 모래 등이 풍화되어서 만들어진 부드러운 토양으로 식물이 자랄 수 있는 흙이 된다.
ㄷ, ㄹ. 풍화되지 않은 암석(D)이 지표에 드러나면 풍화되어 작은 돌 조각과 모래 등으로 이루어진 층(C)이 된다.
오답 피하기| ㄴ. C가 더 풍화 작용을 받으면 A가 만들어진다.

19 B는 A에서 녹은 물질이나 진흙 등이 아래로 내려와 쌓인 층이다.

실력의 완성! **서술형 문제** 개념 학습 교재 37쪽

1 모범 답안 (1) 조흔색으로 구별한다.
(2) 금의 조흔색은 노란색, 황동석은 녹흑색, 황철석은 검은색으로, 각 광물의 조흔색이 달라 구별할 수 있다.

	채점 기준	배점
(1)	광물의 특성인 조흔색을 쓴 경우	30 %
(2)	세 광물의 조흔색을 비교하여 구별 방법을 옳게 서술한 경우	70 %

1-1 모범 답안 금: 노란색, 황동석: 녹흑색, 황철석: 검은색

2 모범 답안 흑운모와 방해석의 색이 다르고, 염산과의 반응 여부가 다르므로 이를 이용하여 구별할 수 있다.

채점 기준	배점
2가지 방법을 모두 포함하여 옳게 서술한 경우	100 %
2가지 방법 중 1가지만 포함하여 서술한 경우	50 %

3 모범 답안 (가) 암석 조각과 모래가 더 잘게 부서져 식물이 자랄 수 있는 겉 부분의 흙이 만들어진다.
(나) 겉 부분의 흙에서 물에 녹은 물질과 진흙 등이 아래로 내려와 쌓인다.

채점 기준	배점
(가)와 (나) 과정의 변화를 모두 옳게 서술한 경우	100 %
(가)와 (나) 과정의 변화 중 1가지만 옳게 서술한 경우	50 %

3-1 모범 답안 ㉠ → ㉢ → ㉡ → ㉣

04 지권의 운동

기초를 튼튼히! **개념 잡기** 개념 학습 교재 39, 41쪽

1 (1) ○ (2) × (3) ○ **2** 판게아 **3** ㄱ, ㄴ, ㄷ **4** A: 맨틀, B: 대륙판, C: 해양판 **5** (1) 여러 (2) 움직인다 (3) 다르다 (4) 일어난다 **6** (1) ○ (2) × (3) ○ (4) × (5) ○ **7** (1) 규모 (2) 진도 (3) 아라비아 숫자 (4) 작아지는 (5) ㉠ 진도, ㉡ 규모 **8** (1) ○ (2) ○ (3) × (4) × (5) × **9** ㉠ 경계, ㉡ 많이

1 **오답 피하기** | (2) 베게너는 거대한 대륙을 이동시키는 원동력을 설명하지 못하여 당시 과학자들의 지지를 받지 못하였다.

2 과거에는 지구상의 모든 대륙이 하나로 붙어 판게아라는 거대한 대륙을 형성하였다.

3 베게너는 해안선 모양의 일치, 산맥의 연결, 빙하의 이동 흔적, 같은 종류의 생물 화석 분포 등을 대륙 이동의 증거로 제시하였다.
오답 피하기 | ㄹ. 화산대와 지진대가 일치하는 것은 판 구조론을 뒷받침한다.

4 판은 지각과 맨틀의 윗부분을 포함하는 단단한 암석층이다. 대륙판은 대륙 지각을 포함하고, 해양판은 해양 지각을 포함한다.

5 (1) 지구의 표면은 10여 개의 판으로 이루어져 있다.
(2), (4) 판과 판이 서로 움직이면서 판의 경계에서는 화산 활동이나 지진이 발생한다.
(3) 각 판이 움직이는 방향과 속도는 서로 다르므로, 판의 경계에서는 판들이 서로 부딪치고, 갈라지고, 어긋난다.

6 **오답 피하기** | (2) 지진은 지구 내부에서 일어나는 급격한 변동으로 땅이 흔들리거나 갈라지는 현상이다.
(4) 대부분의 지진은 암석이 오랫동안 큰 힘을 받아서 끊어질 때 발생하며, 화산이 폭발하거나 마그마가 이동할 때도 발생한다.

7 (1) 규모는 지진의 세기를 나타내는 단위로, 지진이 발생할 때 방출되는 에너지의 양이다.
(2) 진도는 지진의 세기를 나타내는 단위로, 실제 느낀 지진의 피해 정도를 나타낸 것이다.
(3) 규모는 아라비아 숫자(1, 2, 3, …)로 표기하고, 숫자가 클수록 강한 지진이다.
(4) 진도는 지진 발생 지점으로부터 멀어질수록 대체로 작게 나타난다.
(5) 지진이 발생하면 규모는 일정하지만, 진도는 관측 지점에 따라 달라진다.

8 **오답 피하기** | (3) 화산대와 지진대는 전 세계에 고르게 분포하지 않고 특정한 지역에 띠 모양으로 분포한다.
(4) 지진이 발생하는 곳에서 반드시 화산 활동이 일어나는 것은 아니다.

(5) 화산대와 지진대는 판의 경계와 거의 일치한다.

9 화산 활동이나 지진은 우리나라보다 판의 경계에 더 가까운 일본에서 많이 발생한다.

실력을 키워! **내신 잡기** 개념 학습 교재 42~44쪽

01 ④ **02** ② **03** ① **04** ② **05** ⑤ **06** ①, ⑤ **07** ③ **08** ⑤ **09** ② **10** ③ **11** ④ **12** ② **13** ② **14** ③ **15** ㄱ, ㄴ, ㄷ **16** ②, ④ **17** ③

01 대륙 이동설에 따르면 과거에 대륙은 하나로 붙어 있던 거대한 대륙인 판게아를 이루고 있었으며, 그 후 서서히 이동하여 현재와 같은 대륙 분포가 되었다.

오답 피하기 | ㄴ. 대륙을 포함한 판이 이동하는 동안 갈라지는 지역이나 가까워지는 지역이 생기기 때문에 지구의 크기가 커지지는 않는다.

02 베게너는 대륙 이동설에서 과거에는 지구상의 모든 대륙이 하나로 붙어 판게아라는 거대한 대륙을 형성하였고, 과거 어느 시기에 여러 대륙이 분리하기 시작하여 현재와 같은 모습이 되었다고 주장하였다.

03 북아메리카 대륙과 유럽 대륙 산맥의 연속성, 남아메리카 동쪽 해안선과 아프리카 서쪽 해안선 모양의 일치, 여러 대륙에 남은 빙하의 흔적이나 멀리 떨어진 대륙에서 나타나는 같은 종의 화석 분포 지역이 연결되는 것은 대륙 이동의 증거이다.

오답 피하기 | ① 지진대와 화산대가 판의 경계와 대체로 일치하는 것은 판이 이동하면서 서로 멀어지거나 부딪치거나 어긋나면서 지진이나 화산 활동이 일어나기 때문이다.

04 더운 적도 부근 지방에서도 빙하의 흔적이 발견되는 까닭은 과거에 매우 추운 지역에 있었던 대륙이 서서히 적도 쪽으로 이동했기 때문이다.

05 ①, ②, ④ 판은 지각과 맨틀의 윗부분을 포함하는 단단한 암석층으로, 1년에 수 cm씩 느리게 이동한다. 대륙판은 대륙 지각을, 해양판은 해양 지각을 포함한다.
③ 대륙판은 해양판보다 두껍다.

오답 피하기 | ⑤ 지구의 표면은 크고 작은 여러 개의 판으로 이루어져 있다.

06 판은 오랜 시간에 걸쳐 서서히 이동하며, 판의 움직임으로 인해 판에 있는 대륙이 이동한다. 지구의 겉 부분은 여러 조각의 판으로 이루어져 있으며, 판의 이동으로 대륙의 분포가 달라진다.

오답 피하기 | ② 대륙은 지각과 맨틀의 상층부를 포함하고 있는 판이 이동하면서 함께 이동한다.
③ 판은 서로 다른 방향으로 이동한다.
④ 각 판마다 이동 속도가 다르다.

07 판은 지각과 맨틀의 윗부분을 포함하는 깊이 약 100 km까지의 단단한 암석층이다.

08 ㄷ. 판은 판 아래의 맨틀의 움직임에 따라 천천히 이동한다.
ㄹ. D는 맨틀로 고체 상태이다.

오답 피하기 | ㄱ, ㄴ. A는 대륙 지각이고, B는 해양 지각이다.

09 ① 태평양판은 해양판에 속한다.
③ 지구의 표면은 10여 개의 판으로 이루어져 있다.
④, ⑤ 판의 경계에서는 판들이 서로 부딪치고, 갈라지고, 어긋나면서 화산 활동이나 지진과 같은 지각 변동이 일어난다.

오답 피하기 | ② 각 판마다 이동 방향과 속도는 서로 다르다.

10 화산 쇄설물은 화산재를 비롯하여 화산 폭발로 분출되는 크고 작은 고체 물질이다.

오답 피하기 | ③ 화산 활동에 의해 지진이 발생하기도 한다.

11 **오답 피하기** | ㄷ. 화산재로 인해 항공기 운항에 차질이 생기고, 기온이 떨어진다.

12 **오답 피하기** | ① 진도는 지진으로 발생한 피해 정도를 나타낸 것이고, 규모는 지진이 발생할 때 방출된 에너지의 양을 나타낸 것이다.
③ 동일한 지진은 발생 지점으로부터의 거리에 관계없이 같은 규모를 갖는다.
④ 진도는 지진 발생 지점으로부터의 거리나 지층의 구조 등에 따라 달라진다.
⑤ 규모는 아라비아 숫자로 표기하고, 진도는 로마자로 표기한다.

13 지진의 세기는 규모와 진도로 나타낸다. 규모는 지진이 발생할 때 방출된 에너지의 양을 기준으로 하고, 진도는 어떤 지역에서 사람이 지진을 느끼는 정도나 건물의 피해 정도를 기준으로 나타내므로, 규모는 지진이 발생한 지점으로부터의 거리와 관계없이 일정하지만 진도는 거리에 따라 달라지는 경향이 있다.

[거리에 따른 진도]

단계	영향
Ⅱ	매달린 물체가 약하게 흔들리며 일부의 사람만 느낀다.
Ⅳ	정지한 자동차가 흔들린다.
Ⅵ	모든 사람이 진동을 느끼며 무거운 가구나 굴뚝이 흔들린다.
Ⅷ	무거운 가구가 넘어지고 굴뚝, 기념탑 등이 붕괴한다.
Ⅹ	지표면이 갈라지고 기차선로가 휘어진다.
Ⅻ	물체가 공중으로 튀어 오르고 땅이 출렁거린다.

오답 피하기 | ㄱ. 동일한 지진은 관측 지점에 관계없이 규모가 같다.
ㄷ. 지진 발생 지점으로부터 멀어질수록 진도는 대체로 작게 나타난다. 서울, 경주, 부산 중 진도가 가장 크게 나타나는 지역은 경주이고, 진도가 가장 작게 나타나는 지역은 서울이다.

14 **오답 피하기** | ③ 지진이 발생했을 때는 엘리베이터 작동이 갑자기 멈출 수 있다. 그러므로 지진 발생 시 건물 밖으로 나갈 때는 계단을 이용하여 대피한다.

[지진 대처 요령]

- 지진으로 흔들리는 동안은 탁자 밑으로 들어가서 머리를 보호한다.
- 흔들림이 멈추면 문을 열어 출구를 확보한다.
- 가스와 전기를 차단하여 화재를 예방한다.
- 엘리베이터는 이용하지 않는다.
- 건물, 담장, 가로등, 전선 등에서 멀리 떨어진다.
- 라디오나 공공 기관의 방송 등 올바른 정보에 따라 행동한다.

15 ㄱ, ㄴ. 화산 활동이 자주 일어나는 지역을 화산대라 하고, 지진이 자주 발생하는 지역을 지진대라고 한다.
ㄷ. 화산 활동과 지진이 자주 발생하는 지역은 전 세계에 고르게 분포하지 않고 특정한 지역에 띠 모양으로 분포한다.

16 ① 전 세계에서 발생하는 화산 활동의 대부분은 환태평양 화산대에서 발생한다.
③ 화산 활동이 일어날 때는 지진이 발생하기도 한다. 그러나 지진이 발생하는 곳에서는 화산 활동이 반드시 일어나는 것은 아니다.
⑤ 화산대와 지진대는 판의 경계와 거의 일치한다.
오답 피하기 | ② 대륙의 중앙부는 대체로 판의 안쪽이다. 대부분의 화산 활동과 지진은 판의 경계에서 활발하므로, 대륙에서는 중앙부보다 경계부에서 지진이 많이 발생한다.
④ 대서양에서 지진대는 주로 대양의 중앙부에 위치한다.

17 ③ 판의 경계 부근에서는 화산 활동이나 지진이 자주 발생한다.
오답 피하기 | ① 우리나라는 유라시아판에 속하고, 일본은 유라시아판과 필리핀판, 태평양판이 만나는 경계 부근에 위치한다.
②, ④ 일본은 우리나라보다 판의 경계에 가까이 위치해 있어 화산 활동이나 지진이 더 많이 발생한다.
⑤ 우리나라도 지진의 안전지대가 아니므로 지진에 대비해야 한다.

실력의 완성! 서술형 문제

개념 학습 교재 45쪽

1 **모범 답안** (1) 대륙 이동설, A: 판게아
(2) 대륙을 움직이게 하는 원동력을 제시하지 못했기 때문이다.

	채점 기준	배점
(1)	학설과 A의 명칭을 모두 옳게 쓴 경우	40 %
	학설과 A의 명칭 중 1가지만 옳게 쓴 경우	20 %
(2)	베게너의 주장이 인정받지 못했던 까닭을 옳게 서술한 경우	60 %

1-1 **모범 답안** 더 넓어질 것이다.

2 **모범 답안** 과거에 한 덩어리였던 대륙이 갈라져 이동하였기 때문이다.

채점 기준	배점
한 덩어리였던 대륙이 갈라져 이동하였다는 의미로 서술한 경우	100 %
과거에는 두 대륙이 붙어 있었다는 의미로만 서술한 경우	70 %

3 **모범 답안** 지진이 발생한 지역에 관계없이 규모는 같지만, 지진이 발생한 지점에서 멀어지면 땅이 흔들리는 정도가 작아지므로 피해 정도를 나타내는 진도는 지역에 따라 다르다.

채점 기준	배점
규모와 진도를 포함하여 옳게 서술한 경우	100 %
규모와 진도 중 1가지만 포함하여 서술한 경우	50 %

4 **모범 답안** 화산 활동이나 지진과 같은 지각 변동은 판의 경계에서 주로 발생하기 때문이다.

채점 기준	배점
화산 활동과 지진은 판의 경계에서 발생한다는 내용이 포함되어 서술한 경우	100 %
화산대와 지진대가 판의 경계와 일치한다고만 서술한 경우	70 %

4-1 **모범 답안** 판의 경계에서는 판의 이동(판이 서로 가까워지거나 갈라지거나 어긋남)으로 지각의 움직임이 활발하여 화산 활동이나 지진이 자주 발생하기 때문이다.

핵심만 모아모아! **단원 정리하기** 개념 학습 교재 46쪽

1 ❶ 지권 ❷ 수권 ❸ 기권 ❹ 생물권 ❺ 외권
2 ❶ 맨틀 ❷ 모호면 ❸ 액체 ❹ 내핵
3 ❶ 화산암 ❷ 심성암 ❸ 현무암 ❹ 화강암
4 ❶ 층리 ❷ 역암 ❸ 사암 ❹ 압력 ❺ 대리암 ❻ 순환
5 ❶ 조흔색 ❷ 굳기 ❸ 방해석 ❹ 자철석
6 ❶ 풍화 ❷ 물 ❸ 토양 ❹ 풍화 ❺ 식물
7 ❶ 해안선 ❷ 화석 ❸ 산맥 ❹ 빙하
8 ❶ 띠 ❷ 일치 ❸ 경계

실전에 도전! **단원 평가하기** 개념 학습 교재 47~51쪽

01 ② **02** ② **03** ② **04** C, 외핵 **05** ②, ④ **06** ② **07** ③ **08** ③ **09** (나), B **10** ① **11** ⑤ **12** (가) → (다) → (라) → (나) **13** ② **14** ⑤ **15** ② **16** A: ㄴ, B: ㄱ, C: ㄹ, D: ㄷ **17** ⑤ **18** ⑤ **19** ③, ⑤ **20** ④ **21** ⑤ **22** ③ **23** ③ **24** ④ **25** ② **26** ⑤ **27** ③ **28** ④ **29** 해설 참조 **30** 해설 참조 **31** 해설 참조

01 ② 지구계는 지구를 구성하는 여러 요소들이 서로 영향을 주고받으며 이루는 계이다.

오답 피하기 | ① 수권은 대부분 바다가 차지한다.
③ 지구계는 지권, 수권, 기권, 생물권, 외권으로 이루어져 있다.
④ 생물권은 지권, 수권, 기권에 걸쳐 넓은 영역에 분포한다.
⑤ 지구계를 이루는 각 구성 요소들은 서로 영향을 주고받는다.

02 수권은 여러 생물들이 살아가는 공간을 제공하며 침식 작용으로 지표의 모습을 변화시키기도 한다. 바다, 빙하, 지하수, 강, 호수는 수권에 포함된다.

03 지구 내부를 조사하는 직접적인 방법은 시추와 화산 분출물 조사이지만 이러한 방법으로는 지구 내부 깊은 곳까지 조사할 수 없다. 지구 내부를 알아내는 데 가장 효과적인 방법은 지구 내부까지 전파되는 지진파를 분석하는 것이다.

04 A는 지각, B는 맨틀, C는 외핵, D는 내핵이다. 지각, 맨틀, 내핵은 고체 상태이고, 외핵은 액체 상태이다.

05 자료 분석

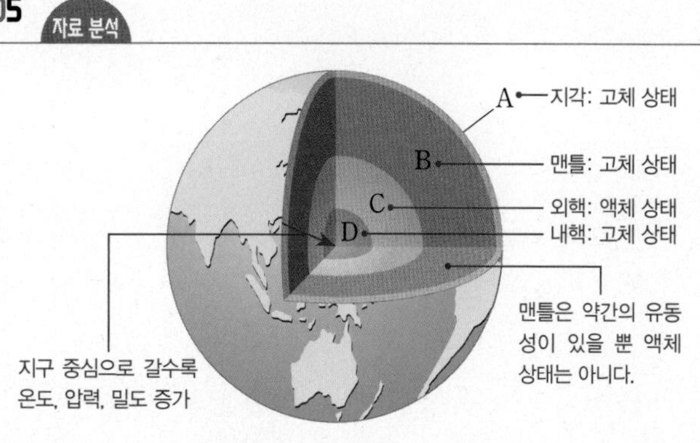

- 지각: 지권의 가장 바깥에 있는 층이며, 두께가 가장 얇은 층이다. 지각은 대륙 지각과 해양 지각으로 구분된다.
- 맨틀: 지권의 구조 중 가장 큰 부피를 차지한다.
- 외핵: 맨틀 아래에서부터 약 5100 km 깊이까지의 층이다. 주로 철과 니켈로 이루어져 있다.
- 내핵: 외핵 아래에서부터 지구 중심까지의 층이다. 내핵은 외핵과 거의 같은 물질로 이루어져 있지만 고체 상태이다.

오답 피하기 | ②, ④ 맨틀은 고체 상태로 유동성이 있으며, 지구 전체 부피의 약 80 %를 차지한다.

06 (가)는 퇴적암, (나)는 화성암, (다)는 변성암이다. 퇴적암은 퇴적물이 쌓이고 굳어져 만들어진 암석이고, 화성암은 마그마가 식어 굳어져 만들어진 암석이다. 변성암은 높은 열과 압력에 의해 만들어진 암석이다.

07 (가) 현무암과 유문암은 화산암으로 마그마가 지표에서 빠르게 식어 만들어진 화성암이고, (나) 반려암과 화강암은 심성암으로 마그마가 지하 깊은 곳에서 천천히 식어서 만들어진 화성암이다.

[08~09] 자료 분석

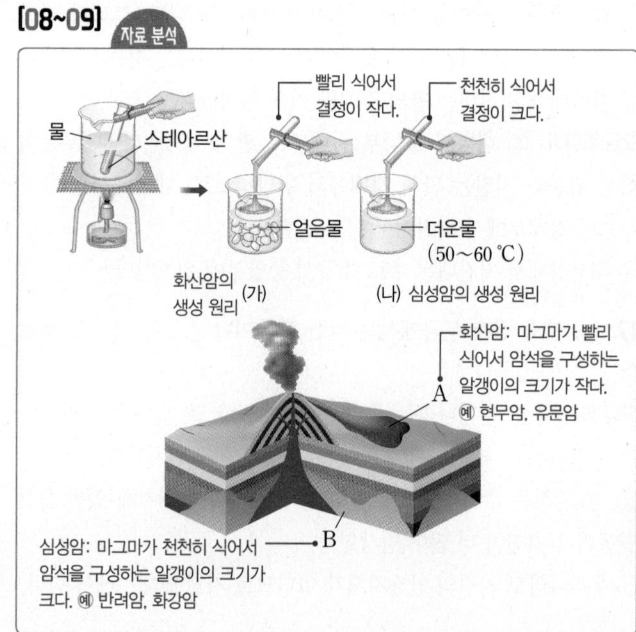

08 (가) 녹인 스테아르산을 얼음물에 띄운 페트리 접시에 붓고 식힌 후 관찰한 결정의 크기는 작다. (가)의 실험은 A에서 생성된 화성암의 생성 원리를 알아보기 위한 것이다.
(나) 녹인 스테아르산을 더운물에 띄운 페트리 접시에 붓고 식힌 후 관찰한 결정의 크기는 크다. (나)의 실험은 B에서 생성된 화성암의 생성 원리를 알아보기 위한 것이다.

오답 피하기 | ① (가)는 (나)보다 스테아르산이 빨리 식는다.
② 지표는 지하 깊은 곳보다 마그마가 빨리 식으므로, A에서 생성된 암석은 B에서 생성된 암석보다 암석을 구성하는 알갱이의 크기가 작다.
④ (가)와 같은 원리로 생성되는 화성암은 A에서 만들어지는 화산암이다.
⑤ (나)와 같은 원리로 생성되는 화성암은 암석을 구성하는 알갱이

의 크기가 크며 B에서 산출된다.

09 자료 분석

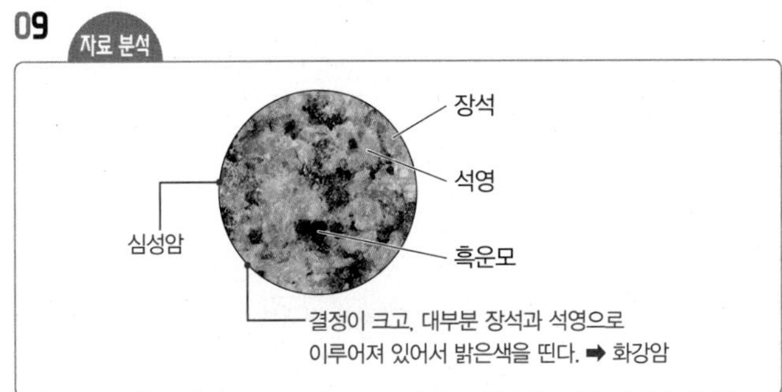

주어진 자료의 암석은 화강암이다. 화강암은 스테아르산이 천천히 식는 (나)의 원리로 만들어진다. 그리고 화강암은 심성암으로 B와 같이 지하 깊은 곳에서 마그마가 천천히 냉각되어 만들어진다.

10 자료 분석

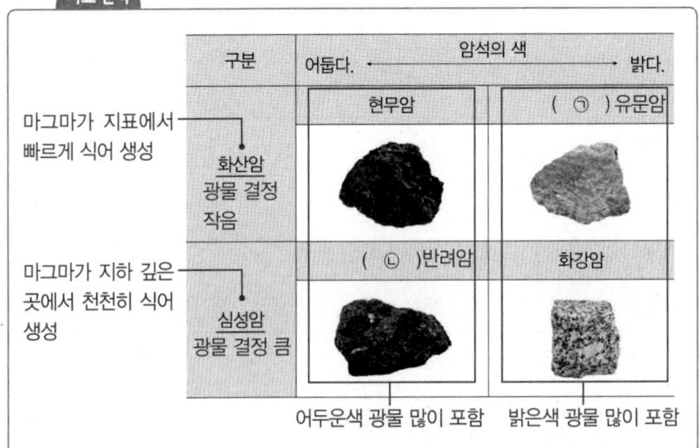

㉠은 화산암 중 밝은색을 띠는 암석인 유문암이고, ㉡은 심성암 중 어두운색을 띠는 암석인 반려암이다.

11 자료 분석

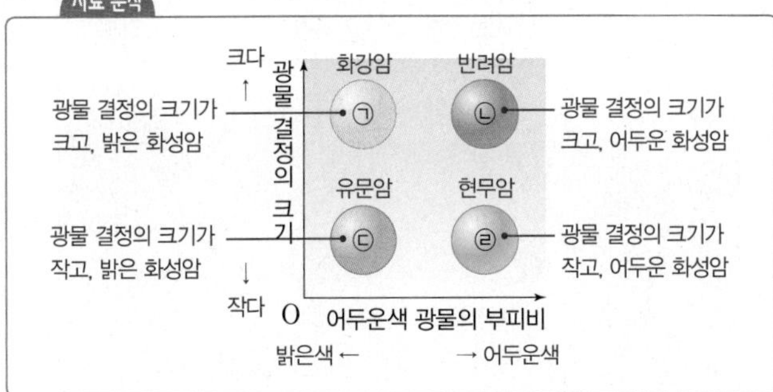

현무암은 마그마가 지표 근처에서 빨리 식어 광물 결정의 크기가 작고 어두운색 광물의 부피비가 크다. 화강암은 마그마가 지하 깊은 곳에서 천천히 식어 광물 결정의 크기가 크고 밝은색 광물의 부피비가 크다.

12 퇴적물이 운반되어 두껍게 계속 쌓이면(가) 새로 쌓인 퇴적물들의 무게로 인해 다져지고(다), 물속에 녹아 있던 물질들이 침전되면서 알갱이들을 결합시키며(라), 오랜 세월에 걸쳐 퇴적물이 점점 굳어져서 퇴적암이 된다(나).

13 퇴적암은 퇴적물이 다져지고 굳어져서 만들어지며 층리와 화석이 나타난다.

오답 피하기 | ② 지하 깊은 곳에서 높은 열과 압력을 받아 만들어지는 암석은 변성암이다.

14 통식빵에 마시멜로를 끼우고 위에서 누르면 누르는 힘의 수직 방향으로 마시멜로가 납작해진다. 이는 엽리가 형성되는 원리로, 변성암 중 편암이나 편마암에서 나타난다.

오답 피하기 | 사암과 석회암은 퇴적암이고, 현무암과 화강암은 화성암이다.

15 ㄷ. 엽리는 암석이 받은 압력의 수직 방향으로 알갱이가 배열되면서 만들어진 줄무늬로 변성암의 특징이다.

오답 피하기 | ㄱ. 석회암은 퇴적암이고, 편마암은 변성암이다.

ㄴ. 석회암은 열과 압력을 받으면 대리암이 된다. 화강암 또는 셰일이 열과 압력을 받으면 편마암으로 변한다.

16 A는 역암, B는 현무암, C는 편마암, D는 셰일의 특성이다. C(편마암)에서 보이는 희고 검은 줄무늬는 엽리이고, 층리는 퇴적암의 특징이다.

17 자료 분석

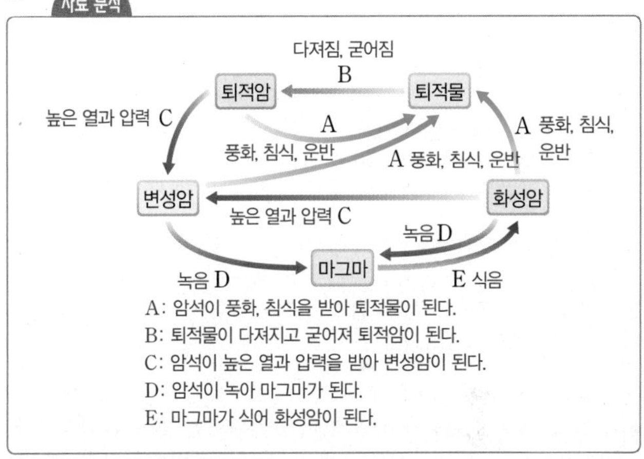

A는 잘게 부서지고 운반되는 과정, B는 다져지고 굳어지는 과정, C는 높은 열과 압력을 받는 과정, D는 녹는 과정, E는 식어서 굳어지는 과정이다.

18 두 광물의 특성을 비교한 결과가 다르게 나타나면, 이를 이용하여 두 광물을 구별할 수 있다.

⑤ A와 B를 서로 긁어 보았을 때 긁히지 않는 A가 긁히는 B보다 굳기가 크다.

오답 피하기 | ① A, B 두 광물 모두 색이 무색투명하므로 색으로 두 광물을 비교할 수는 없다.

②, ③ 부피와 질량은 광물의 특성이 아니다.

④ A, B 두 광물 모두 자성이 없으므로 자성으로 두 광물을 비교할 수는 없다.

19 ③ 석영과 방해석을 서로 긁었을 때 긁히는 광물은 방해석이다.

⑤ 염산과 반응시켰을 때 거품이 발생하는 것은 방해석이고, 석영은 염산과 반응하지 않는다.

오답 피하기 | ① 석영과 방해석은 색이 무색으로 같아서 겉으로 보았을 때는 구분이 어렵다.

② 부피는 광물을 구별하는 고유한 특성이 아니다.
④ 석영과 방해석 모두 자성을 띠지 않는다.

20 자철석은 겉보기 색과 조흔색 모두 검은색이며, 쇠붙이를 끌어당기는 자성을 띤다.

21 **오답 피하기** | ⑤ 풍화가 일어나면 거대한 바위는 매우 오랜 시간에 걸쳐 흙으로 변한다.

22 토양은 암석이 풍화 작용을 받아 형성된다.

23 **오답 피하기** | ㄷ. (나)는 석회암 지대에서 지하수의 용해 작용으로 만들어진 석회 동굴의 모습이다.

24 자료 분석

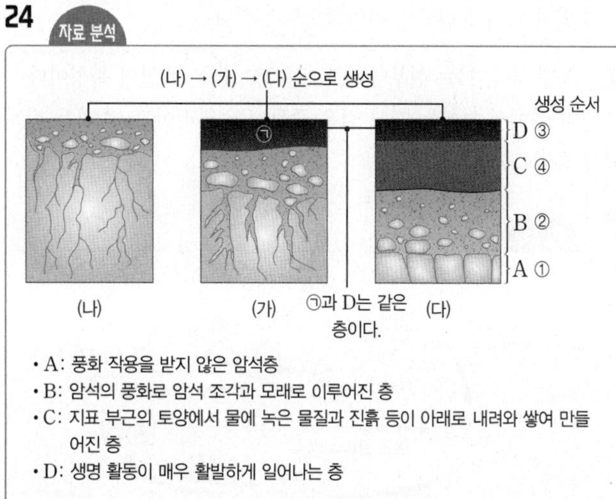

• A: 풍화 작용을 받지 않은 암석층
• B: 암석의 풍화로 암석 조각과 모래로 이루어진 층
• C: 지표 부근의 토양에서 물에 녹은 물질과 진흙 등이 아래로 내려와 쌓여 만들어진 층
• D: 생명 활동이 매우 활발하게 일어나는 층

오답 피하기 | ④ 토양은 A → B → D → C 순으로 생성되므로 C층이 가장 나중에 생성되었다.

25 판은 지각과 맨틀의 위쪽 일부를 포함하는 암석층으로, 대륙 지각을 포함하는 판을 대륙판, 해양 지각을 포함하는 판을 해양판이라고 한다. 지구의 표면은 크고 작은 여러 개의 판으로 이루어져 있다.
오답 피하기 | ② 판의 이동 방향과 속도는 모두 다르다.

26 베게너는 과거에는 지구상의 모든 대륙이 하나로 붙어 판게아라는 거대한 대륙을 형성하였고 과거 어느 시기에 여러 대륙으로 분리되기 시작하여 현재와 같은 모습이 되었다고 주장하였는데, 이를 뒷받침하는 증거로 해안선 모양 일치, 화석의 분포, 산맥의 연속성, 빙하의 흔적 등을 제시하였다.

27 베게너는 대륙 이동설 발표 당시 대륙을 움직이는 원동력을 설명하지 못해서 인정받지 못하였다.

28 **오답 피하기** | ㄱ. 화산 활동과 지진이 자주 발생하는 지역은 전 세계에 고르게 분포하는 것이 아니라 특정한 지역에 띠 모양으로 분포한다.
ㄷ. 화산 활동은 주로 판의 경계 부근에서 일어난다.

29 모범 답안 화강암은 밝은색 광물이 많이 포함되어 있고, 현무암은 어두운색 광물이 많이 포함되어 있기 때문이다.

채점 기준	배점
밝은색과 어두운색을 띠는 까닭을 광물과 관련지어 서술한 경우	100 %
밝은색과 어두운색 중 1가지만 광물과 관련지어 서술한 경우	50 %

30 자료 분석

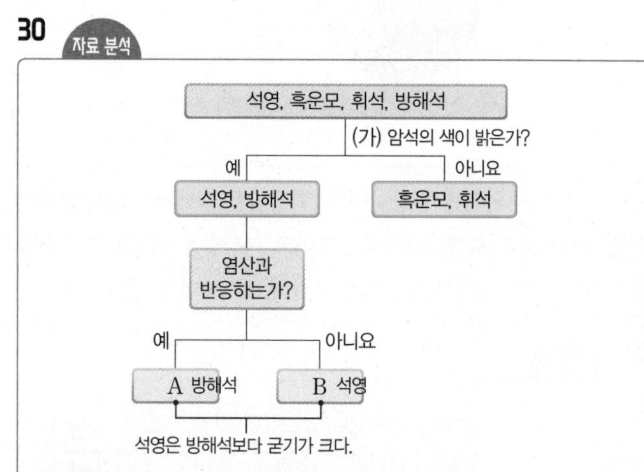

모범 답안 (1) 밝은색 광물과 어두운색 광물로 구분한다.
(2) A: 방해석, B: 석영
(3) 두 광물을 서로 긁어서 굳기를 비교한다.

	채점 기준	배점
(1)	분류 기준을 옳게 서술한 경우	30 %
(2)	A와 B의 이름을 옳게 쓴 경우	30 %
(3)	염산 반응 외에 구별할 수 있는 특성을 옳게 서술한 경우	40 %

31 자료 분석

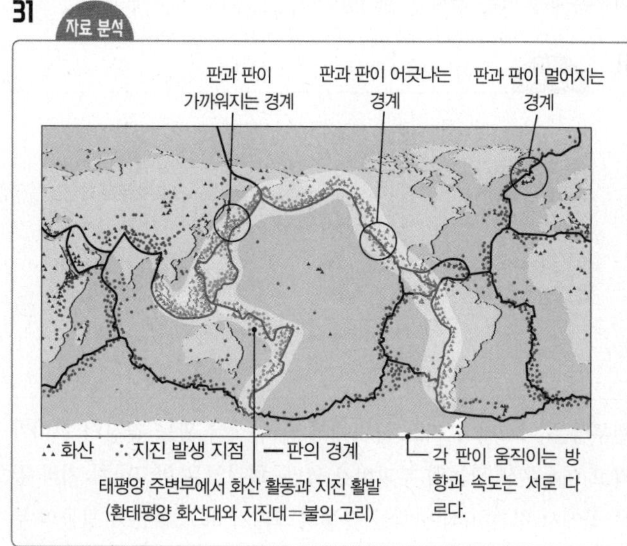

모범 답안 (1) 환태평양 화산대와 지진대
(2) 판과 판이 움직이면서 판의 경계에서 판이 서로 부딪치고 갈라지고 어긋나면서 지각 변동이 일어나기 때문이다.

	채점 기준	배점
(1)	명칭을 옳게 쓴 경우	30 %
(2)	화산 활동과 지진이 특정한 지역에 집중적으로 나타나는 까닭을 옳게 서술한 경우	70 %

Ⅱ 여러 가지 힘

01 중력과 탄성력

기초를 튼튼히! **개념 잡기** 개념 학습 교재 55, 57쪽

1 (1) 모양 (2) 운동 (3) 동시 (4) 운동 **2** (1) × (2) ○ (3) × **3** ③
4 (1) 당기는 (2) 연직 아래 (3) 무게 (4) ㉠ 클수록, ㉡ 가까울수록
5 (1) 무게 (2) 무게 (3) 질량 (4) 질량 **6** (1) 29.4 N (2) 3 kg (3) 4.9 N
7 A **8** (1) ↑ (2) ↓ (3) → (4) ← **9** (1) ○ (2) ○ (3) × (4) × **10** (1) 5 N (2) 9 cm (3) 5개

1 물체에 힘이 작용하면 물체의 모양이나 운동 상태가 변한다.

2 (2) 힘을 화살표로 나타낼 때 화살표의 길이는 힘의 크기, 화살표의 방향은 힘의 방향, 화살표의 시작점은 힘의 작용점을 나타낸다.
오답 피하기 | (1) 힘의 단위로는 N(뉴턴)을 사용한다. kg(킬로그램)은 질량의 단위이다.
(3) 물체에 힘이 작용하면 물체의 모양이나 운동 상태가 변한다.

3 물체는 중력이 작용하는 방향, 즉 지구 중심 방향으로 떨어진다.

4 (2) 중력의 방향은 지구 중심 방향, 즉 연직 아래 방향이다.

5 (1) 무게의 단위로는 N(뉴턴)을 사용하고, 질량의 단위로는 g(그램), kg(킬로그램)을 사용한다.
(4) 무게는 용수철저울이나 가정용저울로 측정하고, 질량은 윗접시저울이나 양팔저울로 측정한다.

6 (1) 3 kg의 추와 수평을 이루었으므로 이 물체의 질량은 3 kg이다. 따라서 지구에서의 무게$=9.8\times3=29.4$(N)이다.
(2) 질량은 장소에 따라 변하지 않는 고유한 양이므로 달에서의 질량도 3 kg이다.
(3) 달에서의 중력은 지구에서 중력의 $\frac{1}{6}$이므로 달에서의 무게는 지구에서 무게의 $\frac{1}{6}$인 29.4 N$\times\frac{1}{6}=4.9$ N이다.

7 질량이 다른 물체에 같은 크기의 힘을 가하면 질량이 작은 물체가 더 빨리 밀려난다. 따라서 A가 질량이 더 작은 공이다.

8 탄성력의 방향은 용수철에 작용한 힘의 방향과 반대 방향이다.

9 **오답 피하기** | (3) 탄성력은 탄성체가 변형된 방향과 반대 방향으로 작용한다.
(4) 탄성력의 크기는 탄성체에 작용하는 힘의 크기와 같다. 즉, 탄성체에 작용하는 힘의 크기가 커질수록 탄성력의 크기도 커진다.

10 (1) 추 1개의 무게만큼 용수철에 중력이 작용하므로 탄성력의 크기는 5 N이다.
(2) 추 1개를 매달았을 때 3 cm 늘어났으므로 추 3개를 매달면 3 cm$\times3=9$ cm 늘어난다.
(3) 1개 : 3 cm$=x$: 15 cm에서 $x=5$개이다.

과학적 사고로! **탐구하기** 개념 학습 교재 58쪽

A ㉠ 비례, ㉡ 무게
1 (1) ○ (2) ○ (3) ○ (4) × **2** ④

A

1 **오답 피하기** | (4) 용수철에 매단 추의 무게가 2배가 되면 용수철이 늘어난 길이가 2배가 된다.

2 10 N : 5 cm$=$25 N : x에서 용수철이 늘어난 길이는 $x=$12.5 cm이다.

Beyond 특강 개념 학습 교재 59쪽

1 (1) 58.8 N (2) 6 kg (3) 9.8 N **2** (1) 6 kg (2) 6 kg (3) 9.8 N
3 (1) 9.8 N (2) 6 kg (3) 58.8 N **4** (1) 58.8 N (2) 6 kg
5 (1) 20 kg (2) 0

1 (1) $9.8\times6=58.8$(N)
(2) 질량은 변하지 않는 고유한 양이므로 달에서도 지구에서와 같은 6 kg이다.
(3) 달에서의 중력은 지구에서 중력의 $\frac{1}{6}$이므로 달에서의 무게도 지구에서 무게의 $\frac{1}{6}$인 58.8 N$\times\frac{1}{6}=9.8$ N이다.

2 (1) $58.8\div9.8=6$(kg)
(2) 질량은 변하지 않는 고유한 양이므로 달에서도 지구에서와 같은 6 kg이다.
(3) 달에서의 무게는 지구에서 무게의 $\frac{1}{6}$인 58.8 N$\times\frac{1}{6}=9.8$ N이다.

3 (1) $9.8\times6\times\frac{1}{6}=9.8$(N)
(2) 질량은 변하지 않는 고유한 양이므로 지구에서도 달에서와 같은 6 kg이다.
(3) $9.8\times6=58.8$(N)

4 (1) 지구에서의 중력은 달에서 중력의 6배이므로 $9.8\times6=58.8$(N)이다.
(2) $58.8\div9.8=6$(kg)

5 (1) 질량은 변하지 않는 고유한 양이므로 우주 정거장에서도 지구에서와 같은 20 kg이다.

(2) 우주 정거장은 중력이 거의 작용하지 않는 무중력 상태와 같으므로 모든 물체의 무게가 0이다.

실력을 키워! **내신 잡기** 개념 학습 교재 60~62쪽

01 ② **02** ④ **03** ③ **04** ④ **05** ② **06** 중력 **07** ③ **08** ③ **09** ㄱ, ㄷ **10** ⑤ **11** ③ **12** ③ **13** (라) **14** 크다 **15** ② **16** ④ **17** ④ **18** ④

01 ㄴ. 힘의 단위로 N(뉴턴)을 사용한다.
오답 피하기 | ㄱ. 힘은 물체의 모양이나 운동 상태를 변화시킨다.
ㄷ. 힘의 크기는 화살표의 길이, 힘의 방향은 화살표의 방향, 힘의 작용점은 화살표의 시작점으로 나타낸다.

02 **오답 피하기** | ①, ②는 모양만 변한 경우, ③, ⑤는 운동 상태만 변한 경우이다.

03 화살표의 길이는 힘의 크기, 화살표의 방향은 힘의 방향을 나타낸다. 따라서 주어진 화살표는 크기가 5 N인 힘이 남서쪽으로 작용하는 것을 나타낸다.

04 **오답 피하기** | ① 중력은 지구(천체)가 물체를 당기는 힘이다.
②, ③ 다른 천체에서도 중력이 작용하며, 달에서의 중력은 지구에서 중력의 $\frac{1}{6}$이다.
⑤ 지구에서 물체에 작용하는 중력의 방향은 지표면에 수직인 방향, 즉 지구 중심 방향(=연직 아래 방향)이다.

05 물체에는 지구 중심 방향으로 중력이 작용한다.

06 제시된 현상들은 중력에 의한 현상이다. 공기도 질량이 있기 때문에 지구의 중력에 의해 대기가 만들어지는 것이다.

07 **오답 피하기** | ③ 질량은 물체의 고유한 양이고, 무게는 물체에 작용하는 중력의 크기이다.

08 ㄷ. B의 지구에서의 무게는 147 N×6=882 N이다.
오답 피하기 | ㄱ. A의 질량은 147÷9.8=15(kg)이고, B의 질량은 147×6÷9.8=90(kg)이다.
ㄴ. A의 달에서의 무게는 147 N$\times\frac{1}{6}$=24.5 N이다.

09 ㄱ, ㄷ. 달에서의 중력이 지구에서의 중력보다 작으므로 역도 선수, 멀리뛰기 선수, 장대높이뛰기 선수의 기록이 모두 지구에서보다 좋아진다.
오답 피하기 | ㄴ. 멀리뛰기 선수의 기록이 지구에서보다 좋아진다.
ㄹ. 달에서의 중력은 달의 중심 방향으로 작용하므로 빗면 위에 공을 가만히 놓으면 공이 위에서 아래로 굴러 내려간다.

10 질량은 측정 장소에 관계없이 변하지 않는 고유한 양이므로 모두 같게 측정된다.

11 물체에 작용하는 중력이 클수록 물체의 무게가 크다. 따라서 물체의 무게는 목성에서 가장 크게 측정되고, 달에서 가장 작게 측정된다.

12 탄성력의 방향은 용수철에 작용한 힘의 방향과 반대 방향이고, 탄성력의 크기는 용수철에 작용한 힘의 크기와 같다.

5 N 오른쪽 5 N

(가)

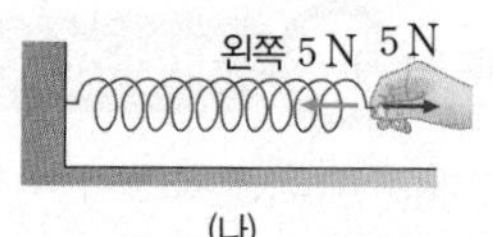

(나)

13 용수철은 추에 작용하는 중력에 의해 아래로 늘어난다. 따라서 용수철에 매단 추의 질량이 가장 큰 (라)에서 용수철에 작용하는 탄성력의 크기가 가장 크다.

14 종이 뭉치가 두꺼워 집게가 많이 변형된 (나)에서 작용하는 탄성력의 크기가 (가)에서보다 크다.

15 고무줄의 변형된 길이가 점점 커지므로 탄성력의 크기도 점점 커진다.

16 ④ 용수철에 추를 매달면 추의 무게에 비례하여 용수철이 늘어난다. 이를 이용하여 물체의 무게를 측정할 수 있다.
오답 피하기 | ① 추에 작용하는 중력의 방향은 아래 방향이고, 탄성력의 방향은 위 방향이다.
② 탄성력의 크기는 탄성체의 변형된 길이에 비례한다. 따라서 용수철이 늘어난 길이가 길수록 탄성력의 크기가 크다.
③ 추에 작용하는 중력에 의해 용수철이 아래로 늘어난다.
⑤ 용수철이 늘어난 길이는 용수철에 매단 추의 무게에 비례한다.

17 필통에 작용하는 탄성력의 크기는 필통의 무게와 같다. 필통을 매달았을 때 용수철이 15 cm 늘어났으므로 4 N : 3 cm=x : 15 cm에서 필통의 무게는 x=20 N이다.

18 용수철이 늘어난 길이는 용수철에 매단 추의 질량에 비례하고, 질량이 5 kg인 추를 매달았을 때 2 cm 늘어난다. 따라서 질량이 15 kg인 추를 매달았을 때는 6 cm 늘어나므로 전체 길이는 10 cm+6 cm=16 cm가 된다.

실력의 완성! **서술형 문제** 개념 학습 교재 63쪽

1 **모범 답안** 양팔저울은 질량을 측정하는 도구이며, 질량은 측정 장소에 따라 변하지 않는 고유한 양이므로 달에서도 0.5 kg의 추와 수평을 이룬다.

채점 기준	배점
제시된 단어를 모두 포함하여 옳게 서술한 경우	100 %
제시된 단어를 일부만 포함하여 서술한 경우	50 %

2 모범 답안 두 물체를 동시에 입으로 불 때 더 빨리 밀려나는 물체의 질량이 더 작은 것이다. 또는 두 물체를 같은 크기의 힘으로 밀 때 더 빨리 밀려나는 물체의 질량이 더 작은 것이다.

채점 기준	배점
모범 답안과 같이 서술한 경우	100 %
두 물체에 같은 크기의 힘을 작용한다고만 쓴 경우	40 %

2-1 모범 답안 중력이 작용하지 않으므로 두 물체의 무게는 질량에 관계없이 모두 0이다.

3

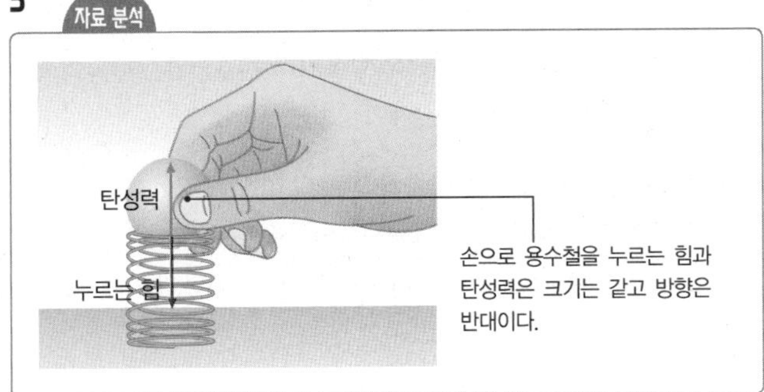

모범 답안 (1) 손으로 누르는 힘의 방향과 반대 방향인 위쪽으로 작용한다.

(2) 용수철이 압축된 정도가 클수록 탁구공에 작용하는 탄성력의 크기가 크므로 용수철을 많이 압축시켰다가 놓을수록 탁구공이 더 높이 올라간다.

	채점 기준	배점
(1)	모범 답안과 같이 서술한 경우	50 %
	위쪽으로 작용한다고만 쓴 경우	20 %
(2)	용수철이 압축된 정도와 관련지어 탁구공의 움직임을 옳게 서술한 경우	50 %

02 마찰력과 부력

기초를 튼튼히! **개념 잡기** 개념 학습 교재 65, 67쪽

1 (1) ○ (2) × (3) × **2** (1) A (2) A (3) C (4) C **3** (1) 크다 (2) 크다 (3) 같다 **4** 10 N **5** (1) 작게 (2) 크게 (3) 작게 (4) 크게 (5) 크게 **6** (1) ○ (2) × (3) ○ **7** (1) B (2) A **8** 3 N **9** ㉠ 작다, ㉡ 가라앉, ㉢ 뜬 **10** (1) ○ (2) × (3) ○ (4) ×

1 **오답 피하기** | (2) 힘이 작용하는 방향과 반대 방향으로 마찰력이 작용하므로 물체가 정지해 있는 것이다.
(3) 물체의 운동 방향과 반대 방향으로 마찰력이 작용한다.

2 마찰력은 물체가 운동하거나 운동하려는 방향과 반대 방향으로 작용한다.

3 (3) 물체에 작용하는 힘과 같은 크기의 마찰력이 반대 방향으로 작용하므로 물체가 정지해 있는 것이다.

4 물체가 움직이지 않았으므로 물체를 끌어당기는 10 N의 힘과 같은 크기의 마찰력이 반대 방향으로 작용한다.

5 (2), (4), (5) 미끄러짐을 예방하기 위해 마찰력을 크게 한다.

6 (3) 부력이 위로 작용하므로 물체가 가벼워진다.
오답 피하기 | (2) 액체나 기체가 그 속에 있는 물체를 위로 밀어 올리는 힘을 부력이라고 한다.

7 (1) 중력은 지구 중심 방향인 아래 방향으로 작용한다.
(2) 부력은 중력과 반대 방향인 위 방향으로 작용한다.

8 물속에 잠긴 추가 받는 부력의 크기=공기 중에서 추의 무게−물속에서 추의 무게=10 N−7 N=3 N

9 물속에 잠긴 물체의 부피가 클수록 부력이 크므로 배 모양인 B에 작용하는 부력이 더 커서 B는 물 위에 뜬다.

10 **오답 피하기** | (2) 운동 방향과 반대 방향으로 공에 마찰력이 작용하여 공이 멈춘다.
(4) 탄성력에 의한 현상이다.

과학적 사고로! **탐구하기** 개념 학습 교재 68~69쪽

A ㉠ 거칠, ㉡ 크다
1 (1) × (2) × (3) ○ (4) ○ **2** (다)
B ㉠ 부력, ㉡ 부력, ㉢ 크
1 (1) ○ (2) × (3) ○ **2** 50 N

A

1 **오답 피하기** | (1) 접촉면의 거칠기에 따른 마찰력의 크기에 대해 알아보는 실험이다.

⑵ 나무 도막이 빗면에서 미끄러지기 전에도 마찰력은 작용한다. 단지 미끄러져 내려가려는 힘의 크기가 마찰력의 크기와 같아 물체가 정지해 있는 것이다.

2 나무 도막이 미끄러지기 시작하는 각도가 클수록 나무 도막에 작용하는 마찰력이 큰 것이다.

B

1 **오답 피하기|** ⑵ 과정 ❷보다 과정 ❸에서 용수철저울로 측정한 추의 무게가 더 작다. 이는 과정 ❸에서 추가 받는 부력의 크기가 더 크기 때문이다.

2 물에 잠긴 물체는 중력과 반대 방향으로 부력을 받는다. 따라서 물체가 받는 부력의 크기는 감소한 용수철저울의 눈금과 같다. 즉, 200 N−150 N=50 N이다.

Beyond 특강

개념 학습 교재 70쪽

1 ❶ 5 N ❷ 반대 ❸ 같다 ❹ 5 N **2** ❶ 클 ❷ 크다 ❸ 같다 ❹ 크다 ❺ 크다 **3** ② **4** ③

1 나무 도막이 물 위에 떠 있으므로 나무 도막에 작용하는 중력과 부력의 크기가 같다.

2 자료 분석

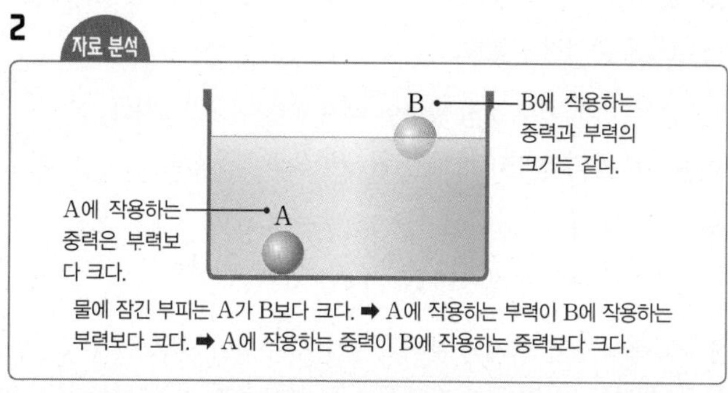

물에 잠긴 부피는 A가 B보다 크다. ➡ A에 작용하는 부력이 B에 작용하는 부력보다 크다. ➡ A에 작용하는 중력이 B에 작용하는 중력보다 크다.

물체가 바닥에 가라앉아 있을 때 물체에 작용하는 중력의 크기가 부력의 크기보다 크다.

3 ① A와 B가 물속에 잠긴 부피가 같으므로 A와 B가 받는 부력의 크기도 같다.

③ B는 물속에 떠 있으므로 B에 작용하는 부력의 크기와 중력의 크기는 같다.

④ C는 물 위에 떠 있으므로 C에 작용하는 부력의 크기와 중력의 크기는 같다.

⑤ 물속에 잠긴 부피가 가장 작은 C에 작용하는 부력의 크기가 가장 작다.

오답 피하기| ② A와 B가 받는 부력의 크기는 같지만 A가 받는 중력의 크기는 부력의 크기보다 크고, B가 받는 중력의 크기는 부력의 크기와 같다. 즉, A가 받는 중력의 크기가 B가 받는 중력의 크기보다 크다.

4 잠수함이 물속에 잠긴 부피는 변하지 않으므로 부력의 크기는 일정하고, 공기 조절 탱크에서 물을 내보내므로 잠수함의 무게는 감소한다. 즉, 잠수함에 작용하는 중력의 크기는 감소한다.

실력을 키워! 내신 잡기

개념 학습 교재 71~73쪽

01 ④ **02** (가) C, (나) A **03** ① **04** ④ **05** C **06** (다)>(나)>(가) **07** ④ **08** ③ **09** ④ **10** ④ **11** ④ **12** ④ **13** (가)>(나)>(다) **14** ① **15** ②, ③ **16** 5 N **17** ③ **18** ①

01 **오답 피하기|** ④ 마찰력은 물체의 질량이 클수록, 즉 물체의 무게가 무거울수록 크게 작용하고, 접촉면이 거칠수록 크게 작용한다. 그러나 물체의 부피와는 관계가 없다.

02 마찰력은 물체의 운동 방향과 반대 방향으로 작용한다. (가)에서는 A 방향으로 물체가 운동하므로 마찰력은 C 방향으로 작용하고, (나)에서는 물체가 C 방향으로 운동하므로 마찰력은 A 방향으로 작용한다.

03 힘을 작용해도 물체가 정지해 있으므로 마찰력은 물체에 작용한 힘과 반대 방향으로 같은 크기만큼 작용한다. 즉, 오른쪽으로 10 N의 힘이 작용했으므로 마찰력은 왼쪽으로 10 N만큼 작용한다.

04 나무 도막이 움직이는 순간 용수철저울의 눈금은 나무 도막에 작용하는 마찰력의 크기를 의미한다. 마찰력은 나무 도막의 무게가 무거울수록, 접촉면이 거칠수록 크므로 ④에서 가장 크다.

05 가장 먼저 미끄러진 B가 마찰력이 가장 작은 신발이고, 가장 나중에 미끄러진 C가 마찰력이 가장 큰 신발이다.

06 용수철저울의 눈금은 마찰력의 크기를 나타낸다. 마찰력의 크기는 접촉면이 거칠수록, 물체의 무게가 무거울수록 크다.

07 자료 분석

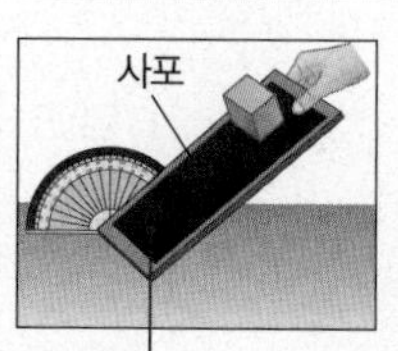

접촉면이 가장 거칠다. 마찰력이 가장 크게 작용하므로 빗면과 수평면이 이루는 각도가 가장 크다.

접촉면이 가장 매끄럽다. 마찰력이 가장 작게 작용하므로 빗면과 수평면이 이루는 각도가 가장 작다.

빗면과 수평면이 이루는 각도가 클수록 나무 도막에 작용하는 마찰력이 크다. 빗면과 수평면이 이루는 각도가 사포판>나무판>아크릴판 순이므로, 나무 도막에 작용하는 마찰력의 크기도 사포판>나무판>아크릴판 순이다.

08 ㄱ. 나무 도막의 무게는 모두 같고 접촉면의 거칠기만 달리하면서 나무 도막이 미끄러지는 순간 빗면과 수평면이 이루는 각도를 측정하였다. 나무 도막에 작용하는 마찰력이 클수록 빗면과 수평면이 이루는 각도가 크므로 이 실험을 통해 마찰력의 크기가 접

측면의 거칠기에 따라 어떻게 달라지는지 알 수 있다.
ㄴ. 마찰력은 나무 도막이 미끄러져 내려가는 방향, 즉 운동 방향과 반대 방향으로 작용한다.
오답 피하기| ㄷ. 마찰력이 작을수록 나무 도막이 미끄러지기 시작하는 순간 빗면과 수평면이 이루는 각도가 작다.

09 ④ 마찰력을 크게 하려면 접촉면을 거칠게 해야 한다.
오답 피하기| 나머지는 모두 마찰력을 작게 한 경우의 예이다.

10 ④ 물체에 작용하는 부력과 중력의 크기가 같으면 물체는 물에 떠 있고, 중력이 부력보다 크게 작용하면 물체는 가라앉는다.
오답 피하기| ① 부력은 물과 같은 액체에서도 작용하지만 기체에서도 작용한다.
② 물체에 작용하는 부력의 방향은 중력의 방향과 반대 방향이다.
③ 물속에 가라앉아 있는 물체에도 부력이 작용한다. 단지 부력보다 중력이 더 크게 작용하여 가라앉아 있을 뿐이다.
⑤ 물속에 잠긴 물체의 부피가 클수록 물체에 작용하는 부력의 크기가 크다. 질량과 부력의 크기는 관계가 없다.

11 우주 정거장 안은 무중력 상태이므로 물병에 중력이 작용하지 않아 물병이 떠다닌 것이다.

12 중력은 지구 중심 방향인 C 방향으로 작용하고, 부력은 중력과 반대 방향인 A 방향으로 작용한다.

13 자료 분석

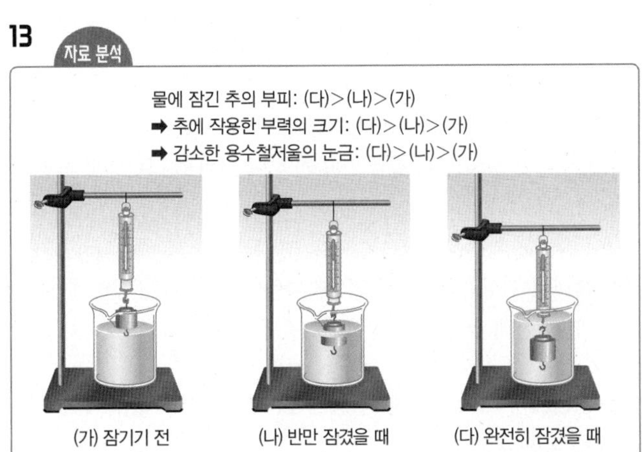

(가) 잠기기 전 (나) 반만 잠겼을 때 (다) 완전히 잠겼을 때

물에 잠긴 추의 부피가 클수록 부력을 크게 받으므로 용수철저울이 측정한 무게는 감소한다.

14 ㄱ. (나)에서 추에는 부력이 작용하므로 용수철저울의 눈금은 2 N보다 작다.
오답 피하기| ㄴ. (다)에서 용수철저울의 눈금이 1.2 N이라면 추에 작용한 부력의 크기는 공기 중에서 추의 무게－물속에서 추의 무게 $=2.0\ \mathrm{N}-1.2\ \mathrm{N}=0.8\ \mathrm{N}$이다.
ㄷ. 추에는 항상 중력이 작용한다. 물속에 잠긴 추에 중력과 반대 방향으로 부력이 작용하여 용수철저울의 눈금이 감소하는 것이다.

15 ② 부력은 항상 중력과 반대 방향으로 작용한다.
③ 화물을 실었으므로 중력의 크기는 증가하고, 화물선이 물속에 잠기는 부피가 커지므로 부력의 크기도 증가한다.

16 추가 물속에 잠기면서 물을 밀어내므로 넘친 물의 무게는 추에 작용하는 부력의 크기와 같다.

17 물속에 잠긴 물체의 부피가 클수록 작용하는 부력이 크다. 부력의 크기는 질량과는 관계가 없다.

18 자료 분석

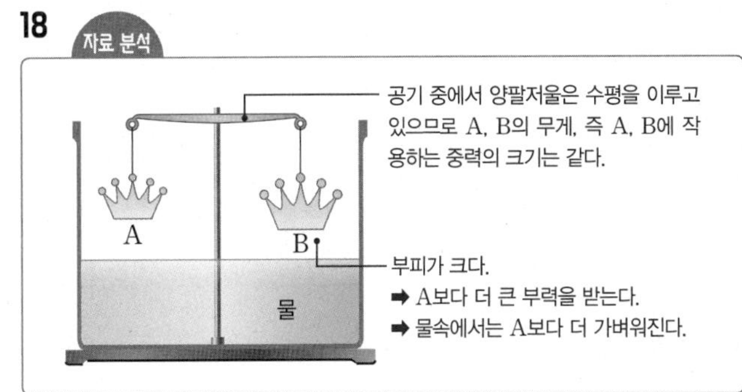

① 물속에서 A, B에 작용하는 중력은 같지만 부피가 큰 B에 작용하는 부력이 A에 작용하는 부력보다 크다. 따라서 양팔저울은 A 쪽으로 기운다.
오답 피하기| ②, ④ 양팔저울은 A 쪽으로 기운다.
③ 부피가 큰 B에 작용하는 부력의 크기가 더 크다.
⑤ A, B 모두 중력과 반대 방향인 위쪽으로 부력을 받는다.

실력의 완성! 서술형 문제

개념 학습 교재 74쪽

1 모범 답안 나무 도막이 미끄러지는 순간 나무판의 기울기가 클수록 마찰력의 크기가 크다.

채점 기준	배점
모범 답안과 같이 서술한 경우	100 %
기울기가 작으면 마찰력의 크기가 작다고 서술한 경우	100 %

2 자료 분석

• (가)와 (나) 비교: 접촉면의 거칠기는 같고 물체의 무게는 다르다. ➡ 물체의 무게가 무거울수록 마찰력의 크기가 크다는 것을 알 수 있다.

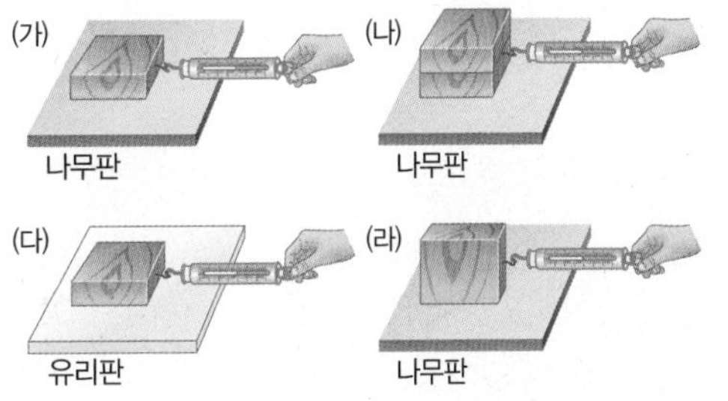

• (가)와 (다) 비교: 물체의 무게는 같고 접촉면의 거칠기가 다르다. ➡ 접촉면이 거칠수록 마찰력의 크기가 크다는 것을 알 수 있다.
• (가)와 (라) 비교: 물체의 무게와 접촉면의 거칠기는 같고 접촉면의 넓이가 다르다. ➡ 접촉면의 넓이는 마찰력의 크기와 관계가 없다는 것을 알 수 있다.

모범 답안 마찰력의 크기는 물체의 무게가 무거울수록, 접촉면의 거칠기가 거칠수록 크다. 그러나 접촉면의 넓이와는 관계가 없다.

채점 기준	배점
제시된 단어를 모두 포함하여 옳게 서술한 경우	100 %
제시된 단어를 일부만 포함하여 서술한 경우	50 %

2-1 **모범 답안** 물체의 무게, 접촉면의 거칠기

3 **모범 답안** 왕관, 물속에 잠긴 부피가 클수록 더 큰 부력을 받아 물속에서의 무게가 가벼워지기 때문이다.

채점 기준	배점
왕관을 고르고, 그 까닭을 옳게 서술한 경우	100 %
왕관만 고른 경우	40 %

4 **모범 답안** (1) 공기 조절 탱크에서 물을 밖으로 내보낸다.
(2) 잠수함의 부피가 일정하므로 잠수함에 작용하는 부력의 크기는 일정하다. 따라서 물을 밖으로 내보내어 잠수함에 작용하는 중력의 크기를 감소시켜야 한다.

채점 기준		배점
(1)	모범 답안과 같이 쓴 경우	40 %
(2)	부력의 크기는 일정하다는 것과 중력의 크기를 감소시켜야 한다는 내용을 모두 포함하여 옳게 서술한 경우	60 %
	부력의 크기에 대한 언급없이 중력의 크기를 감소시켜야 한다고만 서술한 경우	30 %

핵심만 모아모아! **단원 정리하기** 개념 학습 교재 75쪽

1 ❶ 모양 ❷ N ❸ 운동 상태 ❹ 화살표
2 ❶ 당기는 ❷ 중심 ❸ 클수록 ❹ 가까울수록
3 ❶ 중력 ❷ 양팔 ❸ 비례 ❹ $\frac{1}{6}$ ❺ 0
4 ❶ 반대 ❷ 반대 ❸ 크다 ❹ 같다
5 ❶ 접촉면 ❷ 반대 ❸ 거칠 ❹ 크게 ❺ 작게
6 ❶ 액체 ❷ 반대 ❸ 부피 ❹ 물속

실전에 도전! **단원 평가하기** 개념 학습 교재 76~79쪽

01 ① **02** ⑤ **03** 지구 중심 방향(=연직 아래 방향) **04** ④ **05** ⑤ **06** (가)>(다)>(나) **07** ② **08** C **09** ② **10** ① **11** ② **12** 6 N **13** 중력의 방향: B, 마찰력의 방향: A **14** ② **15** ④ **16** ②, ③ **17** ③ **18** ⑤ **19** ④ **20** ③ **21** ④ **22** 해설 참조 **23** 해설 참조 **24** 해설 참조

01 물체에 힘이 작용하면 모양이나 운동 상태가 변한다.
오답 피하기 | ① 물질의 상태 변화는 힘에 의해 나타나는 현상이 아니다.

02 ㄱ. 축구공을 발로 힘껏 차면 축구공의 모양이 찌그러지면서 축구공이 날아간다. 따라서 축구공의 모양과 운동 상태가 동시에 변한다.
ㄴ. 화살표의 방향은 축구공에 작용한 힘의 방향을 나타낸다.
ㄷ. 화살표의 길이는 물체에 작용한 힘의 크기를 나타내므로 화살표의 길이가 길수록 작용하는 힘의 크기가 큰 것이다.

03 제시된 현상들은 중력에 의해 나타나며, 중력은 지구 중심 방향(=연직 아래 방향)으로 작용한다.

04 물체의 위치에 관계없이 물체에는 항상 지구 중심 방향으로 중력이 작용한다.

05 윗접시저울, 양팔저울은 질량을 측정하는 도구이고, 용수철저울, 가정용저울은 무게를 측정하는 도구이다.

06 사람에게 작용하는 중력의 크기가 몸무게이고, 중력의 크기는 지구 중심에 가까울수록 크다. 지구가 적도 지방의 반지름이 극지방의 반지름보다 큰 타원체이므로 지구 중심까지의 거리는 극지방이 적도 지방보다 가깝다. 따라서 (가)−(다)−(나) 순으로 지구 중심에 가까우므로 몸무게는 (가)>(다)>(나) 순이다.

07 지구에서 물체의 질량은 294÷9.8=30(kg)이다. 질량은 장소에 따라 변하지 않는 고유한 양이므로 지구에서나 달에서나 윗접시저울에 올려놓았을 때 30 kg의 추와 수평을 이룬다.

08 물체의 질량은 모두 같으므로 무게가 가장 큰 물체에 작용하는 중력의 크기가 가장 크다.

09 자료 분석

탄성력 힘
A 힘 탄성력 B
힘의 방향이 아래쪽이므로 탄성력의 방향은 위쪽이다.
힘의 방향이 위쪽이므로 탄성력의 방향은 아래쪽이다.

ㄴ. A는 압축되었으므로 탄성력의 방향은 위쪽이고, B는 늘어났으므로 탄성력의 방향은 아래쪽이다.

오답 피하기 | ㄱ. 시소가 왼쪽으로 기울었으므로 왼쪽에 탄 사람의 무게가 더 큰 것이다. 즉, 왼쪽에 탄 사람의 질량이 더 크다.
ㄷ. A, B 모두 변형되었으므로 A, B에는 모두 탄성력이 작용한다.

10 달에서 물체의 무게는 $30\ \text{N} \times \frac{1}{6} = 5\ \text{N}$이고 용수철이 늘어난 길이는 용수철에 매단 물체의 무게에 비례한다. 따라서 $30\ \text{N} : 6\ \text{cm} = 5\ \text{N} : x$에서 달에서 용수철이 늘어난 길이는 $x = 1\ \text{cm}$이다.

11 용수철은 용수철에 매단 물체의 무게, 즉 작용한 힘의 크기에 비례하여 늘어나기 때문에 이를 이용하여 물체의 무게를 측정할 수 있다.

12 용수철에 작용하는 1 N의 힘에 의해 1.5 cm만큼 늘어나므로 $1\ \text{N} : 1.5\ \text{cm} = x : 9\ \text{cm}$에서 9 cm 늘어났을 때 작용하는 힘은 $x = 6\ \text{N}$이다. 탄성력의 크기는 용수철에 작용한 힘의 크기와 같으므로 6 N이다.

13 중력은 지구 중심 방향인 B 방향으로 작용하고, 마찰력은 운동 방향과 반대 방향인 A 방향으로 작용한다.

14 정지해 있는 물체가 움직이기 시작하는 순간 작용한 힘의 크기가 마찰력의 크기와 같으므로 물체에 작용한 마찰력의 크기는 5 N이고, 마찰력의 방향은 물체에 작용한 힘의 방향과 반대 방향이다.

15 자료 분석

(가)의 나무 도막이 먼저 미끄러졌으므로 마찰력은 (가)<(나)이다.
접촉면은 같고 물체의 무게는 다르다.
➡ 물체의 무게와 마찰력의 관계를 알 수 있다.
나무판 나무판
(가) (나)

(가)의 나무 도막이 먼저 미끄러진 것은 (가)의 나무 도막에 작용하는 마찰력의 크기가 더 작기 때문이다. 즉, 물체의 무게가 무거울수록 마찰력의 크기가 크다는 것을 알 수 있다.

16 ① A는 B보다 접촉면이 매끄러우므로 작용하는 마찰력의 크기가 B보다 작다. 따라서 A가 먼저 미끄러진다.
④ 나무 도막의 무게는 같고 접촉면만 다르게 하여 실험을 했으므로, 이 실험을 통해 접촉면의 거칠기와 마찰력의 크기의 관계를 알 수 있다.
⑤ 마찰력은 접촉면에서 물체의 운동을 방해하는 힘이다. 따라서 미끄러지는 순간 나무판의 기울기가 클수록 나무 도막에 작용하는 마찰력이 큰 것이다.

오답 피하기 | ② A와 B 모두 빗면을 따라 미끄러지려고 하므로 이를 방해하는 방향인 빗면 위쪽으로 마찰력이 작용한다.
③ 이 실험을 통해 접촉면의 거칠기와 마찰력의 크기 관계를 알 수 있다.

17 윤활유를 뿌리면 접촉면이 매끄러워져 마찰력이 작아지므로 자전거 바퀴를 움직이기 쉬워진다.

18 자료 분석

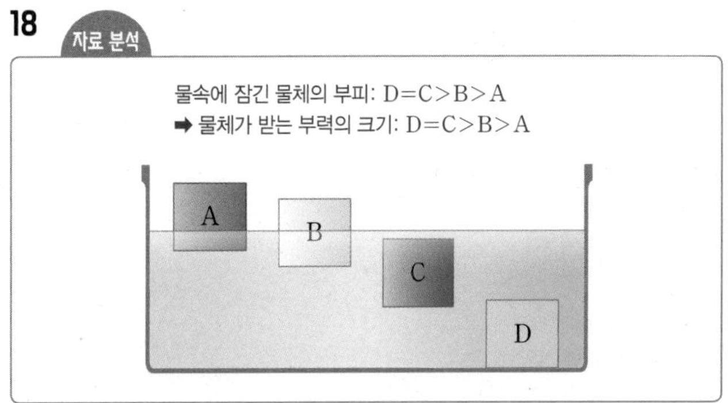

물속에 잠긴 부피가 클수록 부력을 크게 받는다.

19 자료 분석

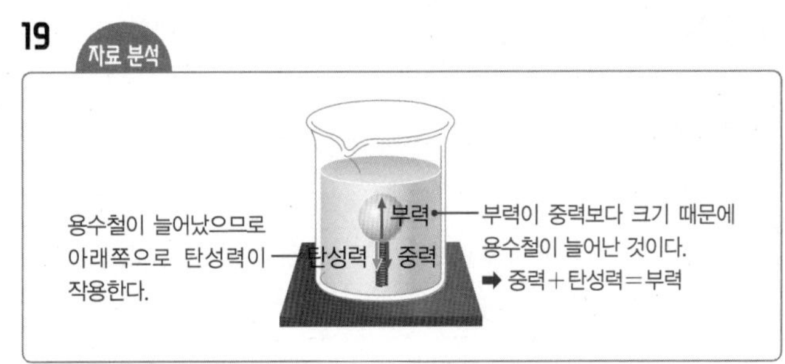

ㄱ, ㄴ. 중력은 아래쪽으로 작용하고, 중력과 반대 방향으로 작용하는 부력은 위쪽으로 작용한다.

오답 피하기 | ㄷ. 부력에 의해 용수철이 위쪽으로 늘어났다. 탄성력은 용수철이 변형된 방향과 반대 방향으로 작용하므로 아래쪽으로 작용한다.

20 ㄱ, ㄴ. 물속에 잠긴 부피가 더 큰 (나)에서 부력이 더 크게 작용한다. 따라서 손이 받는 힘은 (가)에서보다 (나)에서 더 크다.

오답 피하기| ㄷ. (나)에서 플라스틱 병을 누르고 있는 손을 떼면 부력에 의해 플라스틱 병이 물 위로 떠오른다.

21 ④ 수영장에서 튜브를 이용해 물 위에 뜨는 것은 물속에서 받는 부력에 의한 현상이다.

오답 피하기| ①은 중력, ②는 탄성력, ③은 부력, ⑤는 마찰력에 의한 현상이다.

22 A는 가정용저울을 이용해 무게를 측정하여 금을 사고판다. 무게는 지구 중심에 가까울수록 크므로 같은 질량의 금이라도 고도가 낮은 도시에서 무게가 더 크다. 따라서 고도가 낮은 도시에서 산 것과 같은 무게만큼의 금을 산꼭대기 오지 마을에서 팔려면 더 많은 질량의 금을 제시해야 한다.

모범 답안 (1) A: 무게, B: 질량

(2) A, 산꼭대기 오지 마을에서는 중력의 크기가 감소하기 때문이다.

채점 기준		배점
(1)	A, B 모두 옳게 쓴 경우	40 %
	A, B 중 1가지만 옳게 쓴 경우	20 %
(2)	A를 고르고, 그 까닭을 옳게 서술한 경우	60 %
	A만 고른 경우	30 %

23 자료 분석

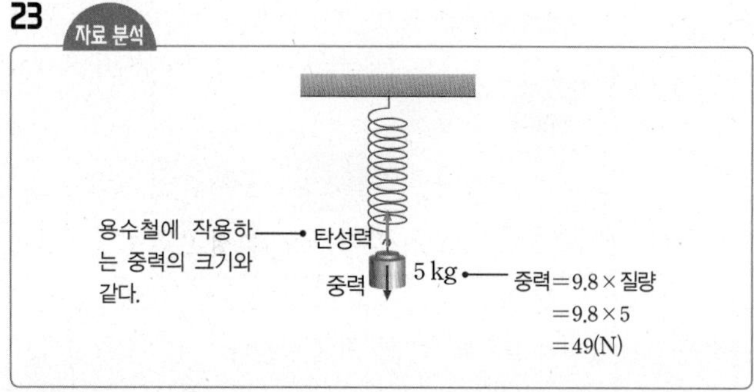

모범 답안 (1) 아래(↓) 방향으로 49 N의 중력이 작용한다.

(2) 위(↑) 방향으로 49 N의 탄성력이 작용한다.

채점 기준		배점
(1)	중력의 방향과 크기를 모두 옳게 서술한 경우	50 %
	중력의 방향과 크기 중 1가지만 옳게 서술한 경우	20 %
(2)	탄성력의 방향과 크기를 모두 옳게 서술한 경우	50 %
	탄성력의 방향과 크기 중 1가지만 옳게 서술한 경우	20 %

24 자료 분석

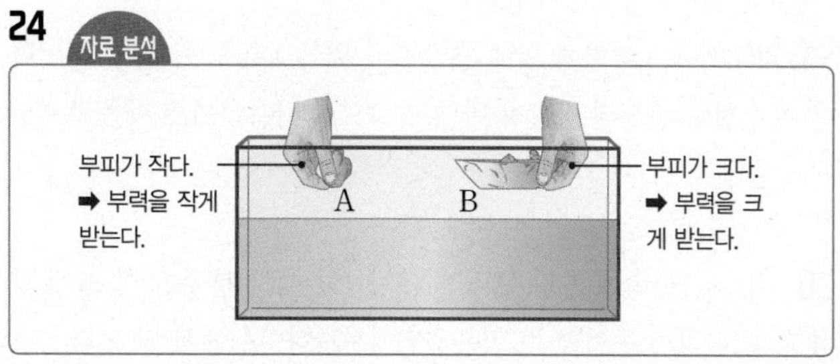

모범 답안 A, B에 작용하는 중력의 크기는 같지만 부피가 큰 B에 작용하는 부력의 크기가 더 커서 B만 물 위에 뜨는 것이다.

채점 기준	배점
제시된 단어를 모두 포함하여 옳게 서술한 경우	100 %
그 외의 경우	0 %

Ⅲ 생물의 다양성

01 생물 다양성

기초를 튼튼히! **개념 잡기** 개념 학습 교재 83, 85쪽

1 ㉠ 생물, ㉡ 특성(유전자), ㉢ 생태계 **2** (1) ○ (2) × (3) × (4) ○ (5) ○ **3** ㉠ 많을수록, ㉡ 다양할수록, ㉢ 다양할수록 **4** (1) (가) 지역: 3종류, (나) 지역: 5종류 (2) (가) 지역: 10그루, (나) 지역: 10그루 (3) (나) 지역 **5** 변이 **6** ㉠ 낮은, ㉡ 높은 **7** (1) ○ (2) ○ (3) × (4) × (5) × **8** (가) → (라) → (나) → (다)

1 생물 다양성은 어떤 지역에 살고 있는 생물의 다양한 정도로, 생물 종류의 다양한 정도, 같은 종류의 생물에서 나타나는 특성(유전자)의 다양한 정도, 생태계의 다양한 정도를 모두 포함한다.

2 (1) 생물의 특성이 다양할수록 생물들이 멸종할 가능성이 작아진다.
(4) 생태계의 종류에 따라 살고 있는 생물이 다르다. 그러므로 생태계가 다양할수록 생물 다양성이 높다.
(5) 생물 다양성 중 생물 종류의 다양한 정도는 일정한 지역에 얼마나 많은 종류의 생물이 살고 있는지를 나타낸다.
오답 피하기 | (2) 지구상에는 숲, 초원, 갯벌, 바다, 사막, 열대 우림, 습지 등의 다양한 생태계가 있다.
(3) 같은 종류의 생물 사이에서 특성이 다양하게 나타날수록 생물 다양성이 높다.

3 생물의 종류가 많을수록, 같은 종류에 속하는 생물의 특성이 다양할수록, 생태계의 종류가 다양할수록 생물 다양성이 높다.

4 (3) (나) 지역은 (가) 지역보다 더 많은 종류의 식물이 고르게 분포한다. 그러므로 생물 다양성은 (나) 지역이 (가) 지역보다 높다.

5 변이는 같은 종류의 생물 사이에서 나타나는 특성의 차이이다. 코스모스의 꽃잎 색이 다양한 것, 무당벌레의 겉 날개의 색깔과 무늬가 다양한 것 등은 변이의 예에 해당한다.

6 추운 북극에 사는 북극여우는 귀가 작고 몸집이 커서 열의 손실을 줄일 수 있는데, 이는 낮은 기온에 적응한 결과이다. 더운 사막에 사는 사막여우는 귀가 크고 몸집이 작아 몸의 열을 방출하기 쉬운데, 이는 높은 기온에 적응한 결과이다.

7 (1) 생물은 빛, 온도, 물, 먹이, 물살의 세기 등의 여러 가지 환경에 적응하여 살아간다.
(2) 물살이 센 곳에 사는 소라는 껍데기에 뿔이 발달되어 있어 물에 잘 떠내려가지 않는다.
오답 피하기 | (3) 바람이 세게 부는 높은 산 위에 사는 눈잣나무는 땅에 붙어서 옆으로 누워 자란다.
(4) 같은 종류의 생물이 오랜 시간 동안 서로 다른 환경에서 살아가면 서로 다른 생김새와 특성을 지닌 무리로 나누어질 수 있다.
(5) 여름에 태어난 호랑나비는 봄에 태어난 호랑나비에 비해 몸의 크기가 크고 색깔이 진하다.

8 한 종류의 생물 무리에 다양한 변이가 있으며, 무리에서 환경에 알맞은 변이를 가진 생물이 더 많이 살아남아 자손을 남겨 자신의 특징을 전달한다. 이 과정이 오랜 세월 동안 반복되면 원래의 생물과 다른 특성을 지닌 생물이 나타날 수 있다.

실력을 키워! **내신 잡기** 개념 학습 교재 86~88쪽

01 ④ **02** ⑤ **03** ② **04** ④ **05** ② **06** ④ **07** ② **08** ㄱ, ㄷ **09** ①, ② **10** ③ **11** ② **12** ④, ⑤ **13** 환경 **14** ④ **15** ⑤ **16** ③ **17** ⑤

01 ①, ②, ⑤ 생물 다양성은 생물 종류의 다양한 정도, 같은 종류의 생물에서 나타나는 특성의 다양한 정도, 생태계의 다양한 정도를 모두 포함한다.
③ 생물 다양성은 어떤 지역에 살고 있는 생물의 다양한 정도이다.
오답 피하기 | ④ 생태계의 종류에 따라 살고 있는 생물의 종류가 다르다.

02 (가)는 생태계의 다양한 정도, (나)는 생물 종류의 다양한 정도, (다)는 같은 종류의 생물에서 나타나는 특성(유전자)의 다양한 정도를 나타낸 것이다.

03 ㄴ. (다)는 같은 종류의 생물 사이에서 특성의 다양한 정도를 나타낸 것이며, 특성이 다양할수록 급격한 환경 변화에 살아남는 것이 있어서 멸종할 가능성이 작아진다.
오답 피하기 | ㄱ. 지구에는 숲, 초원, 갯벌, 바다 등 다양한 생태계가 있다. 생태계의 다양한 정도를 나타낸 것은 (가)이다.
ㄷ. 생물 종류의 다양한 정도를 나타낸 것은 (나)이다.

04 우포늪을 나타낸 것으로, 육지와 물을 이어 주어 다양한 생물들이 살고 있는 곳은 습지이다.

05 ㄴ. 갯벌은 육지와 바다를 이어 주는 곳으로, 두 생태계의 자원을 이용하는 다양한 생물이 살고 있다. 적은 종류의 생물이 사는 논보다 많은 종류의 생물이 사는 갯벌의 생물 다양성이 더 높다.
오답 피하기 | ㄱ. 사람의 필요에 의해 만든 논도 생태계의 종류에 포함된다.
ㄷ. 1가지 작물을 재배하는 논에 사는 생물의 종류는 적지만 갯벌에 살고 있는 생물의 종류는 많다.

06 한 품종의 농작물만 재배하면 농작물이 급격한 환경 변화나 전염병에 살아남기 어려워 멸종할 가능성이 커진다.

07 ① 한 종류의 생물에서도 다양한 특성이 나타나 같은 종류의 생물들도 다양한 차이를 보인다.

③ 모래로 덮여 있는 사막에는 건조한 환경에 적응한 생물이 살고 있다.
④ 2017년까지 발견된 생물의 종류는 약 172만 종이고, 최근에도 새로운 종이 계속 발견되고 있다.
⑤ 과학자들은 지구에 살고 있는 생물의 종 수를 1000만 종 이상으로 예상한다.
오답 피하기 | ② 아마존과 같은 열대 우림에는 식물이 무성하게 자라고, 이를 터전으로 하는 수많은 종류의 생물이 살고 있다.

08 일정한 지역에 살고 있는 생물의 종류가 많을수록, 같은 종류에 속하는 생물의 특성이 다양할수록, 생태계의 종류가 다양할수록 생물 다양성이 높다.

09 (가) 지역에서 생물의 수는 20, 생물의 종류 수는 4이며, (나) 지역에서 생물의 수는 20, 생물의 종류 수는 3이다.
① (가) 지역은 (나) 지역보다 생물의 종류가 많고, 생물이 고르게 분포하므로 (가) 지역이 (나) 지역보다 생물 다양성이 높다.
② (가)와 (나) 지역에 살고 있는 생물의 수는 20으로 같다.
오답 피하기 | ③ (가)와 (나) 지역에 살고 있는 생물의 종류는 다르다.
④ (가) 지역에는 4종류의 생물이 고르게 분포하고, (나) 지역에는 한 생물이 대부분을 차지하여 분포한다.
⑤ (나) 지역보다 (가) 지역에 여러 종의 생물이 고르게 분포한다.

10 ① 같은 종류의 생물 사이에서 변이가 다양하게 나타날수록 생물 다양성이 높다.
② 환경에 따라 생존에 유리한 변이가 다르므로 환경이 달라지면 생존에 유리한 변이도 달라진다.
④ 생물이 살아가는 환경이나 각 생물의 유전적인 영향으로 다양한 변이가 나타난다.
⑤ 변이는 같은 종류의 생물 사이에서 나타나는 특성의 차이이다.
오답 피하기 | ③ 변이가 다양할수록 생물이 생존하는 데 유리하다.

11 변이는 같은 종류의 생물 사이에서 나타나는 특성의 차이이다. 개와 고양이는 다른 종류이므로 생김새의 차이를 변이라고 할 수 없다.

12 ④ 변이는 같은 종류의 생물 사이에서 나타나는 특성의 차이이다. 그러므로 얼룩말의 줄무늬가 조금씩 다른 것은 변이의 예에 해당한다.
⑤ 얼룩말의 줄무늬가 다양할수록 생물 다양성이 높으므로 얼룩말의 생존에 유리하다.
오답 피하기 | ①, ② 얼룩말에서 볼 수 있는 다양한 줄무늬는 같은 종류의 생물에서 나타나는 특성의 다양함이다.
③ 얼룩말의 줄무늬가 다양할수록 생물 다양성이 높다.

13 같은 종류였던 생물이 다양한 환경에 적응하는 과정에서 각 환경에 유리한 변이를 가진 생물만 살아남아 자손을 남긴다.

14 ㄱ. 북극여우와 사막여우의 생김새가 다른 까닭은 살아가는 환경의 기온(온도)이 다르기 때문이다.
ㄷ. 북극여우가 추운 곳, 사막여우가 더운 곳에 적응하는 과정을 통해 생물 다양성이 높아진 것이다.
오답 피하기 | ㄴ. 북극여우는 귀가 작고 몸집이 커서 열의 손실을 줄이기에 유리하고, 사막여우는 귀가 크고 몸집이 작아 몸의 열을 방출하기에 유리하다.

15 ① 평지의 눈잣나무는 바람이 약하게 불어 위로 곧게 자란다.
② 높은 산 위의 눈잣나무는 바람이 세게 불어 땅에 붙어서 옆으로 누워 자란다.
③ 물살이 약한 곳에 사는 소라는 떠내려갈 가능성이 작기 때문에 껍데기에 뿔이 없다.
④ 물살이 센 곳에 사는 소라는 떠내려갈 가능성이 크기 때문에 껍데기에 뿔이 있다.
오답 피하기 | ⑤ 눈잣나무의 모습은 사는 곳에 따라 다르게 나타난다.

16 한 종류의 생물 무리에 다양한 변이가 있는데(나), 환경에 알맞은 변이를 가진 개체가 많이 살아남아(라) 자신의 특징을 자손에게 물려주는 과정이 반복된다(다). 이 과정이 오랜 세월 동안 반복되면 원래의 생물과 다른 특성을 지닌 생물이 나타나(마) 생물 다양성이 높아진다(가).

17 ㄱ. 서식지에 따라 먹이의 종류가 다르며, 핀치의 부리 모양과 크기가 달라진 것으로 보아 핀치는 다양한 환경에 적응하며 살아왔다는 것을 알 수 있다.
ㄴ, ㄷ. 원래 핀치는 부리 모양과 크기에 다양한 변이가 있었는데, 서식지에 따라 먹이의 종류가 다르기 때문에 각 환경에 적응하기 유리한 핀치가 살아남아 현재 핀치의 부리는 다양하게 변했다.

실력의 완성! 서술형 문제

개념 학습 교재 89쪽

1 밭에는 적은 종류의 생물이 살고 있으며, 갯벌에는 많은 종류의 생물이 살고 있으므로 갯벌이 밭보다 생물 다양성이 더 높다.
모범 답안 갯벌, 갯벌에 살고 있는 생물의 종류는 밭에 살고 있는 생물의 종류보다 많기 때문이다.

채점 기준	배점
갯벌을 쓰고, 그렇게 생각한 까닭을 옳게 서술한 경우	100 %
갯벌만 쓴 경우	30 %

2 생물의 종류가 많고, 각 생물이 고르게 분포할수록 생물 다양성이 높다. 생물의 수는 (가)와 (나)에서 같고, 생물의 종류 수는 (가)가 (나)보다 많다.
모범 답안 (1) ㉠ 5, ㉡ 3, ㉢ 3, ㉣ 4, ㉤ 12, ㉥ 2, ㉦ 1, ㉧ 0
(2) (가) 지역, (가) 지역이 (나) 지역보다 나무의 종류 수가 더 많고, 각 종류가 고르게 분포하기 때문이다.

채점 기준		배점
(1)	(가)와 (나) 지역에 서식하는 나무의 종류 수를 모두 옳게 쓴 경우	40 %
(2)	(가) 지역을 쓰고, 그렇게 생각한 까닭을 옳게 서술한 경우	60 %
	(가) 지역만 쓴 경우	20 %

3 생물의 종류가 다양해지는 과정은 다음과 같다.

한 종류의 생물 무리에 다양한 변이가 있다.

⬇

무리에서 환경에 알맞은 변이를 가진 생물이 더 많이 살아남아 자손을 남겨 자신의 특징을 전달한다.

⬇

이 과정이 오랜 세월 동안 반복되면 원래의 생물과 다른 특성을 지닌 생물이 나타날 수 있다.

모범 답안 목이 긴 거북이 목이 짧은 거북보다 많이 살아남아 자손을 남기는 과정이 오랫동안 반복되어 목이 긴 종류의 거북이 나타났다.

채점 기준	배점
제시된 단어를 모두 포함하여 옳게 서술한 경우	100 %
제시된 단어 중 2가지만 사용하여 서술한 경우	50 %

3-1 **모범 답안** 같은 종류의 생물 사이에서 나타나는 특성의 차이이다.

02 생물의 분류

기초를 튼튼히! **개념 잡기** 개념 학습 교재 91, 93쪽

1 (1) 편의 (2) 고유 (3) 편의 (4) 고유 (5) 고유 **2** (1) × (2) × (3) ○ (4) ○ (5) ○ **3** A: 속, B: 과, C: 목, D: 강, E: 문 **4** ㉠ 작은, ㉡ 있는, ㉢ 없으므로, ㉣ 다른 **5** ㉠ 핵, ㉡ 다세포 **6** (1) ㉠ 원핵생물계, ㉡ 원생생물계, ㉢ 균계 (2) 핵막(핵)의 유무 **7** (1) 식물계 (2) 균계 (3) 원생생물계 (4) 원핵생물계 (5) 동물계 **8** 균계

1 생물 분류의 방법은 사람의 편의에 따른 분류와 생물 고유의 특징에 따른 분류로 나눌 수 있다.

(1) 사람의 이용 목적에 따라 약용 식물과 식용 식물로 분류한 것은 사람의 편의에 따른 분류이다.

(2) 꽃이 피는 식물과 꽃이 피지 않는 식물로 분류한 것은 생물 고유의 특징에 따른 분류이다.

(3) 서식지에 따라 육지에서 사는 동물과 물속에서 사는 동물로 분류한 것은 사람의 편의에 따른 분류이다.

(4) 번식 방법에 따라 새끼를 낳는 동물과 새끼를 낳지 않는 동물로 분류한 것은 생물 고유의 특징에 따른 분류이다.

(5) 광합성 여부에 따라 광합성을 하는 생물과 광합성을 하지 않는 생물로 분류한 것은 생물 고유의 특징에 따른 분류이다.

2 (3), (5) 생물 분류를 통해 생물 사이의 멀고 가까운 관계를 알 수 있고, 같은 무리에 속하는 생물의 특징을 미루어 짐작할 수 있다. 또한 새로 발견한 생물이 어떤 생물 무리에 속하는지 찾거나 결정하는 데 도움이 된다.

(4) 사람의 편의에 따른 분류는 분류하는 사람에 따라 결과가 달라질 수 있고, 생물이 가진 고유의 특징을 제대로 나타내지 못한다.

오답 피하기 | (1) 생물 분류를 통해 생물을 체계적으로 연구할 수 있어 생물 다양성을 이해하는 데 도움이 된다.

(2) 사람의 이용 목적 등 사람의 편의에 따라 생물을 분류할 수 있으나, 과학에서는 생물을 고유의 특징을 기준으로 분류한다.

3 생물의 분류 단계는 생물을 공통적인 특징으로 묶어 단계적으로 나타낸 것으로, 종<속<과<목<강<문<계 순으로 나타낼 수 있다. 종은 가장 작은 단계이며, 계는 가장 큰 단계이다.

4 종은 생물을 분류하는 가장 작은 단계이며, 자연 상태에서 짝짓기를 하여 생식 능력이 있는 자손을 낳을 수 있는 생물 무리이다.

5 생물을 5계로 분류하는 기준에는 세포 안에 핵막으로 둘러싸인 뚜렷한 핵이 있는지의 여부, 세포벽의 유무, 단세포 생물인지 다세포 생물인지의 여부(세포 수), 기관의 발달 정도 등이 있다.

6 (1) 5계 중 ㉠은 원핵생물계, ㉡은 원생생물계, ㉢은 균계이다.

(2) 원핵생물계와 나머지 계를 분류하는 기준(A)은 핵막(핵)의 유무이다.

7 (1) 식물계에 속한 생물은 광합성을 하며, 뿌리, 줄기, 잎과 같은 기관이 발달해 있다.
(2) 균계에 속한 생물은 광합성을 하지 못하고, 대부분 죽은 생물을 분해하여 양분을 얻는다.
(3) 원생생물계에 속한 생물은 대부분 단세포 생물이지만, 기관이 발달하지 않은 다세포 생물도 있다.
(4) 핵막이 없어 핵이 뚜렷하게 구분되지 않는 세포로 이루어진 생물 무리는 원핵생물계이다. 나머지 생물 무리는 핵막으로 둘러싸인 뚜렷한 핵이 있는 세포로 이루어져 있다.
(5) 동물계에 속한 생물은 세포벽이 없으며, 운동성이 있고, 다른 생물을 먹이로 섭취하여 양분을 얻는다.

8 표고버섯, 푸른곰팡이, 효모, 검은빵곰팡이가 속하는 생물 무리는 균계이다.

Beyond 특강 개념 학습 교재 94~95쪽

ⓐ [5계 분류 체계 정리하기]
1 ⑤ **2** ③
ⓑ [여러 가지 생물을 계 수준에서 분류하기]
1 (가), (나), (다), (라), (바), (사), (아), (자), (차), (타) / (마), (카) **2** (다), (바) / (가), (나), (라), (사), (아), (자), (차), (타) **3** (가), (라), (사), (자), (차), (타) / (나), (아) **4** (가), (라), (차) / (사), (자), (타) **5** A: 원핵생물계, B: 균계, C: 원생생물계, D: 식물계, E: 동물계 **6** ㄱ, ㄴ, ㄷ, ㄹ

ⓐ [5계 분류 체계 정리하기]

1 원핵생물계는 세포에 핵막으로 둘러싸인 뚜렷한 핵이 없는 생물 무리이며, 원생생물계, 식물계, 균계, 동물계는 세포에 핵막으로 둘러싸인 뚜렷한 핵이 있는 생물 무리이다.

2 (가) 무리에 속하는 생물은 모두 광합성을 하지 못하지만 (나) 무리에 속하는 생물은 모두 광합성을 한다.

ⓑ [여러 가지 생물을 계 수준에서 분류하기]

1 원핵생물계에 속하는 생물은 세포에 핵막으로 둘러싸인 뚜렷한 핵이 없다.

2 균계에 속하는 생물은 대부분 몸이 균사로 되어 있다.

3 균계, 식물계, 동물계 외에 몸을 구성하는 기관이 제대로 발달하지 않은 생물의 무리는 원생생물계이다.

4 식물계에 속하는 모든 생물은 엽록체를 가지고 있어 광합성을 한다.

5 생물은 원핵생물계, 원생생물계, 식물계, 균계, 동물계의 5계로 분류할 수 있다. 분류 기준에 따라 A는 원핵생물계, B는 균계, C는 원생생물계, D는 식물계, E는 동물계이다.

6 호랑이(사)는 동물계에 속하는 생물로, 세포벽이 없으며, 운동성이 있고, 광합성을 하지 못하므로 다른 생물을 섭취하여 양분을 얻는다. 민들레(차)는 식물계에 속하는 생물로, 세포벽이 있으며, 운동성이 없고, 광합성을 하여 스스로 양분을 만든다.

실력을 키워! 내신 잡기 개념 학습 교재 96~98쪽

01 ③ **02** ①, ③ **03** ④ **04** ② **05** ⑤ **06** 종 **07** ⑤ **08** ③, ⑤ **09** 개구리, 잠자리 **10** ④ **11** 원핵생물계 **12** ③ **13** ③ **14** ③ **15** ③, ④ **16** ③ **17** 동물계 **18** ①

01 ①, ④ 생물의 생김새, 속 구조, 번식 방법, 유전적 특징 등은 생물 고유의 특징이고, 이를 기준으로 생물을 분류할 수 있다.
② 사람의 편의에 따라 생물을 분류할 수 있지만, 과학에서는 생물을 고유의 특징을 기준으로 분류한다.
⑤ 생물 분류는 다양한 생물을 일정한 기준에 따라 종류별로 무리 지어 나누는 것이다.
오답 피하기 | ③ 사람의 이용 목적에 따라 생물을 분류하면 분류하는 사람에 따라 결과가 달라질 수 있다.

02 약용 식물과 식용 식물, 육지에 사는 동물과 물속에 사는 동물로 생물을 분류한 것은 사람의 편의에 따른 분류이다.

03 ㄱ. 생물 분류를 통해 생물 사이의 멀고 가까운 관계를 알 수 있다.
ㄴ. 생물 분류를 통해 같은 무리에 속하는 생물의 특징을 미루어 짐작할 수 있다.
오답 피하기 | ㄷ. 생물 분류를 통해 새로 발견한 생물이 어떤 생물 무리에 속하는지 찾거나 결정하는 데 도움이 된다.

04 생물 분류의 과정은 생물의 특징 관찰하기 → 생물의 공통점과 차이점 찾기 → 분류 기준 정하기 → 비슷한 생물끼리 무리를 지어 나누기 순이다.

05 생물의 분류 단계 중 가장 큰 단계인 G는 계이고, 가장 작은 단계인 A는 종이다. B는 속, C는 과, D는 목, E는 강, F는 문이다.

06 생물을 분류하는 가장 작은 단계는 종이다. 종은 자연 상태에서 짝짓기를 하여 생식 능력이 있는 자손을 낳을 수 있는 생물 무리이다.

07 ①, ② 생물의 분류 단계는 종 $<$ 속 $<$ 과 $<$ 목 $<$ 강 $<$ 문 $<$ 계 순이므로 여러 종이 모여 속을 이루고, 여러 과가 모여 목을 이룬다.
③ 생물의 분류 단계에서 가장 높은 분류 단계는 계이다.
④ 과보다 낮은 단계가 속이므로 비슷한 속을 묶어 과로 분류한다.
오답 피하기 | ⑤ 낮은 분류 단계에 같이 속해 있는 생물일수록 가까운 관계이다.

08 불테리어와 불도그 사이에서 태어난 보스턴테리어가 생식 능력이 있으므로 불테리어와 불도그는 같은 종이며, 보스턴테리어도 같은 종이다.

오답 피하기 | 암말과 수탕나귀 사이에서 태어난 노새가 생식 능력이 없으므로 말과 당나귀는 다른 종이다. 암호랑이와 수사자 사이에서 태어난 라이거는 생식 능력이 없으므로 호랑이와 사자는 다른 종이다.

09 개구리와 잠자리는 호랑이와 다른 강에 속한다. 개구리는 호랑이와 같은 문에 속하며, 잠자리는 호랑이와 같은 계에 속한다.

10 꽃이 피는지의 여부는 계 수준에서의 생물 분류 기준에 속하지 않는다.

11 원핵생물계는 5계 중 유일하게 핵막이 없어 핵이 뚜렷하게 구분되지 않는 세포로 이루어진 생물 무리이다.

12 고사리는 식물계, 짚신벌레는 원생생물계, 효모는 균계에 속하는 생물이다.

13 ㄱ. ㉠과 나머지 계를 나누는 분류 기준 A는 핵막(핵)의 유무이다.
ㄴ. ㉠은 원핵생물계, ㉡은 원생생물계, ㉢은 균계이다.

오답 피하기 | ㄷ. 균계(㉢)에 속하는 생물에는 곰팡이, 효모 등이 있다. 해캄은 원생생물계(㉡)에 속하는 생물이다.

14 (가)에 속하는 짚신벌레와 아메바는 원생생물계에 속하는 생물로, 단세포 생물이며 기관이 발달되어 있지 않다. (나)에 속하는 민들레는 식물계, 고양이는 동물계에 속하는 생물로, 다세포 생물이며 기관이 발달되어 있다. 따라서 (가)와 (나)로 분류한 기준에 해당하는 것은 '기관이 발달되어 있는가?'이다.

15 동물계는 운동성이 있으며, 엽록체가 없어 광합성을 하지 못한다. 식물계는 운동성이 없으며, 엽록체가 있어 광합성을 한다.

16 ① 표고버섯과 푸른곰팡이는 균계에 속하는 생물이다.
② 표고버섯과 푸른곰팡이는 균사로 이루어져 있다.
④ 균계에 속하는 생물은 세포에 핵막으로 둘러싸인 뚜렷한 핵이 있다.
⑤ 표고버섯과 푸른곰팡이는 여러 개의 세포로 이루어진 다세포 생물이다.

오답 피하기 | ③ 균계에 속하는 생물은 엽록체가 없어 광합성을 하지 못한다.

17 핵막(핵)이 있으며, 여러 개의 세포로 이루어진 다세포 생물로, 기관이 발달되어 있고, 광합성을 하지 않으며, 운동성이 있는 생물이 속하는 계는 동물계이다.

18 대장균은 원핵생물계, 푸른곰팡이는 균계, 고사리는 식물계에 속한다.
ㄱ. (가)는 대장균만 가지는 특징이므로 '단세포 생물이다.'는 (가)에 해당한다.

오답 피하기 | ㄴ. (나)는 대장균과 푸른곰팡이의 공통적인 특징이므로 '광합성을 한다.'는 (나)에 해당하지 않는다. '광합성을 하지 못한다.'는 (나)에 해당한다.
ㄷ. (다)는 대장균, 푸른곰팡이, 고사리의 공통적인 특징이므로 '운동성이 있다.'는 (다)에 해당하지 않는다. '세포벽이 있다.'는 (다)에 해당한다.

실력의 완성! 서술형 문제

개념 학습 교재 99쪽

1 암말과 수탕나귀 사이에서 태어난 노새는 생식 능력이 없으므로 말과 당나귀는 다른 종이다.

모범 답안 종은 자연 상태에서 짝짓기를 하여 생식 능력이 있는 자손을 낳을 수 있는 생물 무리인데, 암말과 수탕나귀 사이에서 태어난 노새는 생식 능력이 없기 때문이다.

채점 기준	배점
말과 당나귀가 다른 종인 까닭을 옳게 서술한 경우	100 %
종은 생식 능력이 있는 자손을 낳을 수 있는 생물 무리라고만 서술한 경우	50 %

2 핵막(핵)이 없는 생물은 젖산균, 단세포 생물은 짚신벌레, 몸이 균사로 되어 있는 생물은 누룩곰팡이, 광합성을 하는 생물은 우산이끼, 광합성을 하지 못하는 생물은 해파리이다.

모범 답안 (1) A: 젖산균, B: 짚신벌레, C: 누룩곰팡이, D: 우산이끼, E: 해파리
(2) 우산이끼(D)는 세포벽이 있으며, 운동성이 없다. 해파리(E)는 세포벽이 없으며, 운동성이 있다.

	채점 기준	배점
(1)	A~E에 해당하는 생물을 모두 옳게 쓴 경우	50 %
(2)	D와 E의 차이점을 2가지씩 옳게 서술한 경우	50 %
	D와 E의 차이점을 1가지만 옳게 서술한 경우	30 %

3 대장균, 폐렴균, 젖산균, 포도상 구균은 모두 원핵생물계에 속하는 생물이다.

모범 답안 원핵생물계, 핵막이 없어 핵이 뚜렷하게 구분되지 않는 세포로 이루어진 생물 무리이며, 세포에 세포벽이 있고, 세포 수가 1개인 생물이다.

채점 기준	배점
제시된 단어를 모두 포함하여 옳게 서술한 경우	100 %
제시된 단어 중 2가지만 사용하여 서술한 경우	50 %

3-1 **모범 답안** 세포에 핵막으로 둘러싸인 뚜렷한 핵이 있는지의 여부이다.

03 생물 다양성 보전

기초를 튼튼히! **개념 잡기** 개념 학습 교재 101, 103쪽

1 (1) × (2) × (3) ○ (4) ○ **2** (1) (가) (2) (나) **3** (1) ㉡ (2) ㉠ (3) ㉢ (4) ㉤ (5) ㉣ **4** ㉠ 이산화 탄소, ㉡ 산소 **5** (1) 불법 포획과 남획 (2) 서식지 파괴 (3) 외래종 유입 (4) 환경 오염 **6** 생태 통로 **7** 외래종 **8** (1) 국 (2) 인 (3) 국 (4) 인 (5) 인 (6) 국

1 (3) 생태계를 구성하는 생물의 종류가 많으면 먹이 사슬이 복잡하게 얽혀 있다. 이러한 경우 생태계 평형이 잘 유지된다.
(4) 생태계를 이루는 생물의 종류와 수가 크게 변하지 않고 안정된 상태를 유지하는 것을 생태계 평형이라고 한다.
오답 피하기 | (1) 생물 다양성이 낮은 생태계는 생태계 평형 유지가 어렵고, 생물 다양성이 높은 생태계는 생태계 평형이 잘 유지된다.
(2) 생물 다양성이 높은 생태계에서는 한 생물이 멸종되어도 다른 생물이 멸종될 가능성이 낮고, 생물 다양성이 낮은 생태계에서는 한 생물이 멸종되면 다른 생물도 멸종될 가능성이 높다.

2 (1) (나)보다 (가)를 구성하는 생물의 종류가 많으므로 (가)가 (나)보다 생물 다양성이 더 높다.
(2) (나)에서 메뚜기가 멸종되면 메뚜기를 먹이로 하는 개구리도 멸종되고, 개구리를 먹이로 하는 뱀도 멸종된다.

3 생물은 인간의 생활에 필요한 다양한 재료를 제공하고, 산업용 재료나 아이디어를 제공하며, 관광 자원으로 이용된다.
벼, 보리, 밀은 식량을 제공하고, 목화, 누에고치는 옷감 재료를 제공한다. 주목은 항암제의 원료로, 푸른곰팡이는 항생제인 페니실린의 원료로 사용된다. 도꼬마리는 신발의 벨크로 발명에 아이디어를 제공하였고, 잠자리를 보고 소형 비행기를 창안하였다.

4 생물 다양성이 보전된 생태계는 맑은 공기, 깨끗한 물, 비옥한 토양 등을 제공한다.

5 생물 다양성을 감소시키는 주된 원인은 과도한 인간의 활동으로, 환경 오염, 서식지 파괴, 외래종 유입, 불법 포획과 남획 등이 등 있다.

6 서식지 파괴로 인한 생물 다양성의 감소를 막기 위해 도로 건설 등에 의해 끊어진 생태계를 연결하는 생태 통로를 만든다.

7 외래종은 사람들이 의도적이거나 우연히 옮긴 것으로, 천적이 없어 과도하게 번식하여 원래 그 지역에 살던 토종 생물의 생존을 위협하고 먹이 사슬에 변화를 일으켜 생물 다양성을 감소시킨다.

8 국립 공원 지정하기, 종자 은행 설립하기, 야생 동물 보호 및 관리에 관한 법률 제정하기는 국가적 활동이고, 쓰레기 분리 배출하기, 친환경 농산물 이용하기, 희귀한 동물을 애완용으로 기르지 않기는 개인적 활동이다.

실력을 키워! **내신 잡기** 개념 학습 교재 104~106쪽

01 ⑤ **02** ④ **03** ② **04** ①, ⑤ **05** ④ **06** 생물 자원 **07** ⑤ **08** ④ **09** ③, ⑤ **10** ④ **11** ⑤ **12** ③ **13** 서식지 파괴 **14** ⑤ **15** ④ **16** ⑤ **17** ㄷ, ㄹ, ㅅ **18** 생물 다양성 협약

01 ① 생물 다양성이 높으면 생물의 종류가 많아 생물이 멸종될 위험이 줄어든다.
②, ④ 생물 다양성이 높아 생태계를 구성하는 먹이 사슬이 복잡하면 생태계 평형이 잘 유지되어 생태계가 안정적으로 유지될 수 있다.
③ 생물 다양성은 생태계 평형을 유지하는 데 중요한 요인이 된다.
오답 피하기 | ⑤ 생물 다양성이 높은 생태계에서는 한 생물이 멸종되어도 나머지 생물은 다른 생물을 먹이로 할 수 있으므로 멸종 가능성이 낮다.

02 ㄱ. 먹이 그물이 복잡할수록 생태계는 안정적으로 유지된다.
ㄷ. 생태계에 살고 있는 생물의 종류가 다양하고 수가 많아야 생태계 평형이 잘 유지되며 생태계가 안정적으로 유지될 수 있다.
오답 피하기 | ㄴ. 생태계에 살고 있는 생물들은 인간에게 직접적·간접적으로 영향을 준다.

03 이 생태계에서 참새의 수가 눈에 띄게 감소하면 단기적으로 참새가 먹이로 하는 메뚜기의 수는 증가하고, 참새를 먹이로 하는 부엉이의 수는 감소한다.

04 (가)는 생물의 종류가 적으므로 생물 다양성이 낮아 생태계 평형이 잘 유지될 수 없다. (나)는 생물의 종류가 많으므로 생물 다양성이 높아 생태계 평형이 잘 유지될 수 있다.
① 생물의 종류가 많은 (나)가 생물의 종류가 적은 (가)보다 생물 다양성이 높다.
⑤ (나)에서 개구리가 사라져도 매는 뱀이나 올빼미, 토끼를 먹이로 살아갈 수 있다.
오답 피하기 | ② (가)보다 (나)가 안정적으로 유지될 수 있다.
③ 개구리가 사라지면 (가)에서는 뱀이 사라지며, (나)에서는 뱀이 다른 생물을 먹이로 하여 살아가므로 사라지지 않는다.
④ (가)에서 개구리가 사라지면 메뚜기의 수는 단기적으로는 증가하지만 장기적으로는 메뚜기의 먹이인 풀이 사라져 메뚜기의 수도 감소한다.

05 ① 인간의 생활에 필요한 생물 자원을 제공한다.
② 울창한 숲은 동물이 살아갈 수 있는 서식처를 제공한다.
③ 생물 다양성이 높으면 생태계의 평형을 유지하고 생태계가 안정적으로 유지될 수 있다.
⑤ 버섯, 곰팡이, 세균 등은 죽은 동식물의 사체나 배설물을 분해하여 토양을 비옥하게 만든다.
오답 피하기 | ④ 숲은 대기의 이산화 탄소를 흡수하고, 생물에게 필요한 산소를 공급한다.

06 생물 자원은 인간이 생활에 이용하는 자원 중 생물에서 유래한 것이다.

07 ㄱ. 생물 자원은 우리에게 휴식과 안정을 제공하는 관광 자원으로 이용된다.
ㄴ. 생물 자원은 인간에게 생활에 필요한 다양한 재료를 제공한다.
ㄷ. 생물 자원은 플라스틱 등의 산업용 재료나 아이디어를 제공한다.

08 주목은 항암제의 원료로, 푸른곰팡이는 항생제인 페니실린의 원료로 이용된다.

09 ③, ⑤ 도꼬마리를 보고 벨크로를 발명한 것은 생물의 생김새나 생활 모습을 보고 아이디어를 얻어 생활에 유용한 도구를 발명한 예이다.
오답 피하기 | ① 인간에게 필요한 의약품의 원료에는 주목, 푸른곰팡이, 버드나무 등이 있다.
② 인간에게 휴식과 안정을 제공할 관광 자원은 산, 수목원 등이 있다.
④ 생물로부터 얻는 식량 자원은 벼, 보리, 밀 등이 있으며, 옷감 재료는 목화, 누에고치 등이 있다.

10 ㄱ, ㄷ. 생물 다양성을 보전해야 하는 까닭은 생태계를 안정적으로 유지하고, 생태계에서 인간에게 필요한 여러 가지 자원을 얻기 위해서이다.
오답 피하기 | ㄴ. 생물의 종류를 인간이 인위적으로 제한하는 것은 생물 다양성을 보전해야 하는 까닭과 관계가 없다.

11 생물 다양성의 감소 원인은 환경 오염, 외래종 유입, 서식지 파괴, 불법 포획과 남획이 있다.
오답 피하기 | ⑤ 환경 정화 시설 설치하기는 환경 오염에 대한 대책이다.

12 ① 서식지 파괴는 생물 다양성을 감소시키는 가장 심각한 원인이다.
② 인간의 개발로 인해 서식지가 파괴되므로 지나친 개발을 자제하여 서식지 파괴를 막아야 한다.
④ 인간의 필요에 의해 열대 우림을 파괴하면 열대 우림에서 살아가던 생물은 서식지를 잃고 사라진다.
⑤ 제시된 그림은 인간이 열대 우림을 개발하는 과정에서 나무를 베거나 습지를 없애는 것이다.
오답 피하기 | ③ 생물 다양성을 감소시키는 주요 원인은 인간의 활동이다.

13 생태 통로는 도로 건설 등에 의해 끊어진 생태계를 연결하여 야생 동식물의 이동을 돕기 위한 구조물이다. 생태 통로를 설치하는 것은 생물 다양성 감소 원인 중 서식지 파괴에 대한 대책이다.

14 ㄴ. 뉴트리아, 황소개구리, 배스는 모두 외래종으로, 생물 다양성을 감소시키는 원인이 되는 생물이다.
ㄷ. 외래종은 원래 살고 있던 지역을 벗어나 새로운 지역으로 들어가 자리를 잡고 사는 생물이다.
오답 피하기 | ㄱ. 멸종 위기종을 보전하기 위한 복원 사업은 외래종과 관계없다.

15 ④ 불법 포획과 남획을 막기 위해 관련 법률을 강화하고, 멸종 위기 생물을 지정한다.
오답 피하기 | ①, ③ 비오톱을 설치하고, 지나친 개발을 자제하는 것은 서식지 파괴에 대한 대책이다.
② 쓰레기 배출량을 줄이는 것은 환경 오염에 대한 대책이다.
⑤ 외래종의 무분별한 유입 방지는 외래종 유입에 대한 대책이다.

16 도시를 개발하기 위한 사업을 시행하기 전에는 그 사업이 환경에 얼마나 영향을 주는지 알아보는 환경 영향 평가를 시행해야 한다.

17 국립 공원 지정하기, 종자 은행 설립하기, 멸종 위기종 관리 및 복원 사업 시행하기는 생물 다양성 보전을 위한 국가적 활동이다.
오답 피하기 | 우리 밀 살리기, 외래종 제거하기, 환경 단체의 생태 모니터링, 생물 다양성 보전을 위한 법률 제정 건의하기는 사회적 활동이며, 국제 협약 체결 및 실행하기는 국제적 활동이다.

18 생물 다양성 보전을 위해 여러 나라가 함께 다양한 국제 협약을 체결하고 실행한다. 이러한 국제 협약에는 생물 다양성 협약, 람사르 협약, CITES, 사막화 방지 협약, 기후 변화 협약 등이 있다.

실력의 완성! 서술형 문제

개념 학습 교재 107쪽

1 (가)는 생물의 종류가 적어 먹이 사슬이 단순하고, (나)는 생물의 종류가 많아 먹이 사슬이 복잡하게 얽혀 있다. 그러므로 (나)는 (가)에 비해 생물 다양성이 높고 생태계가 안정적으로 유지된다. (가)에서 토끼가 사라지면 뱀은 먹이가 없어 수가 급격히 감소하고, 매도 먹이가 부족하여 수가 감소한다.

모범 답안 (1) 뱀, 매
(2) (나)
(3) (나)는 (가)에 비해 생태계를 구성하는 생물의 종류가 많고 먹이 사슬이 복잡하게 얽혀 있기 때문이다. (또는 (나)는 (가)에 비해 생물 다양성이 높기 때문이다.)

	채점 기준	배점
(1)	수가 급격하게 감소하는 생물을 모두 옳게 쓴 경우	30 %
(2)	안정적으로 유지되는 생태계를 옳게 쓴 경우	30 %
(3)	(2)와 같이 생각한 까닭을 옳게 서술한 경우	40 %
	생물의 종류가 많기 때문이라고만 서술한 경우	20 %

2 숲을 가로질러 도시를 만들면 생태계가 끊어져 생물이 이동을 할 수 없게 되어 생물 다양성이 감소하게 된다. 그러므로 이를 보

완하기 위한 대책으로 끊어진 숲을 연결하여 동식물의 이동을 돕기 위한 생태 통로를 만든다.

모범 답안 서식지 파괴, 숲을 연결하여 생물이 이동할 수 있는 구조물인 생태 통로를 만든다.

채점 기준	배점
서식지 파괴를 쓰고, 대책을 제시된 단어를 모두 포함하여 옳게 서술한 경우	100 %
서식지 파괴를 쓰고, 대책을 제시된 단어 중 2가지만 사용하여 서술한 경우	70 %
서식지 파괴만 쓴 경우	30 %

2-1 생물 다양성의 감소 원인은 서식지 파괴, 불법 포획과 남획, 외래종 유입, 환경 오염이 있으며, 기후 변화를 포함하기도 한다.

모범 답안 서식지 파괴, 불법 포획과 남획, 외래종 유입, 환경 오염, 기후 변화

3 생물 다양성을 보전하기 위한 활동에는 개인적 · 사회적 · 국가적 · 국제적 활동이 있다.

모범 답안 쓰레기의 양을 줄인다. 쓰레기를 잘 분리 배출한다. 환경 정화 활동을 한다. 친환경 농산물을 이용한다. 모피로 만든 제품을 사지 않는다. 희귀한 동물을 애완용으로 기르지 않는다. 옥상 정원과 같은 생물의 서식지를 만든다.

채점 기준	배점
개인적 활동을 2가지 모두 옳게 서술한 경우	100 %
개인적 활동을 1가지만 옳게 서술한 경우	50 %

핵심만 모아모아! 단원 정리하기

개념 학습 교재 108쪽

1 ❶ 생물 다양성 ❷ 종류 ❸ 생태계 ❹ 높다 ❺ 많고 ❻ 높다
2 ❶ 변이 ❷ 변이 ❸ 환경
3 ❶ 생물 분류 ❷ 특징
4 ❶ 계 ❷ 종 ❸ 생식
5 ❶ 원핵생물계 ❷ 원생생물계 ❸ 식물계 ❹ 균계 ❺ 동물계
6 ❶ 생태계 평형 ❷ 생물 자원
7 ❶ 서식지 ❷ 남획

실전에 도전! 단원 평가하기

개념 학습 교재 109~112쪽

01 ④ **02** ① **03** ⑤ **04** ① **05** ④ **06** ②, ⑤ **07** ② **08** ② **09** ㄱ, ㄷ **10** ③, ⑤ **11** ⑤ **12** ⑤ **13** (가) 원핵생물계, (나) 원생생물계, (다) 균계, (라) 식물계, (마) 동물계 **14** ⑤ **15** ③ **16** ② **17** ③ **18** ㄱ **19** ③ **20** 외래종 **21** ① **22** 해설 참조 **23** 해설 참조 **24** 해설 참조

01 ㄱ. 생물 다양성은 어떤 지역에 살고 있는 생물의 다양한 정도이다.
ㄴ. 생물 다양성에는 생물 종류의 다양한 정도, 같은 종류의 생물 사이에서 나타나는 특성의 다양한 정도, 생태계의 다양한 정도가 모두 포함된다.
오답 피하기 | ㄷ. 같은 종류의 생물 사이에서 나타나는 특성이 다양한 정도도 생물 다양성에 포함된다.

02 밭이나 논과 같이 사람의 필요에 의해 만든 농경지는 작물의 수가 적기 때문에 갯벌, 호수, 바다, 열대 우림에 비해 생물 다양성이 낮다.

03 ① (가)보다 (나)의 생물의 종류가 많고, 생물이 고르게 분포하므로 (가)보다 (나)의 생물 다양성이 높다.
② (가)와 (나)에서 생물의 총 수는 20으로 같다.
③ (가)에는 한 종의 생물이 대부분을 차지하고, (나)에는 다양한 생물이 고르게 분포한다.
④ 생물의 종류 수는 (가)에서 3이고, (나)에서 4이다. (가)보다 (나)에서 생물의 종류가 많다.
오답 피하기 | ⑤ (가)에는 한 종의 생물이 대부분을 차지하며, (가)보다 (나)가 여러 가지 생물이 고르게 분포한다.

04 변이는 같은 종류의 생물 사이에서 나타나는 특성의 차이이다. 거미가 4쌍의 다리를 가지는 것은 거미의 고유한 특성이다.

05 ㄱ. 껍데기에 뿔이 있는 (가)는 물살이 센 곳에 사는 소라이다.
ㄴ. 껍데기에 뿔이 없는 (나)는 물살이 약한 곳에 사는 소라이다.
오답 피하기 | ㄷ. 소라가 다른 환경에 적응하는 과정을 통해 생물 다양성이 높아진 것이다.

06 ①, ④ 부모에서 자손에게 전달되는 변이가 있고, 변이는 여러 세대를 거쳐 자손에게 전달될 수 있다.

③ 살아가는 환경에 알맞은 변이를 가진 생물이 더 많이 살아남는다.

오답 피하기 | ② 한 종류의 생물 무리에 다양한 변이가 있다.

⑤ 같은 종류의 생물이 서로 다른 환경에서 오랫동안 떨어져서 생활하면 다른 종류의 생물이 될 수 있다.

07 땅 위에 사는 동물과 물속에 사는 동물은 서식지에 따른 동물의 분류로 사람의 편의에 따른 분류이다.

08 자료 분석

	분류 단계	고양이	호랑이	개
가장 큰 단계	계	동물계㉠	동물계	동물계
↑	문	척삭동물문	척삭동물문	척삭동물문
	강	포유강	포유강	㉡ 포유강
	목	식육목	식육목	식육목
	과	고양잇과	고양잇과	갯과
	속	고양이속	표범속	개속
가장 작은 단계	종	고양이	호랑이	개

① 고양이, 호랑이, 개는 같은 척삭동물문에 속하므로 같은 동물계이다.

③ 생물의 분류 단계는 종<속<과<목<강<문<계 순이므로 계는 생물을 분류하는 가장 큰 단계이다.

④ 속의 다음 단계가 과이므로 같은 속에 속하는 생물은 같은 과에 속한다.

⑤ 과의 다음 단계가 목이므로 같은 과에 속하는 생물은 같은 목에 속한다.

오답 피하기 | ② 같은 목에 속하는 동물은 같은 강에 속하므로 ㉡은 포유강이다.

09 서식지와 먹이가 비슷하다고 같은 종은 아니다. 종은 자연 상태에서 짝짓기를 하여 생식 능력이 있는 자손을 낳을 수 있는 생물 무리이다.

10 

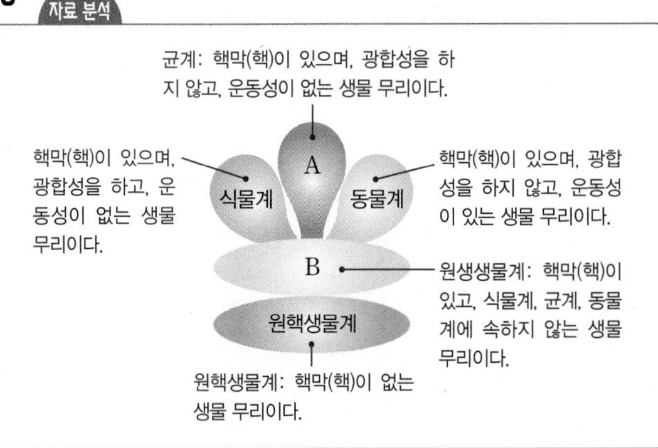

①, ② A는 균계이며, B는 원생생물계이다. 버섯, 곰팡이, 효모는 균계(A)에 속한다.

④ 식물계와 동물계의 분류 기준은 운동성의 여부이다. 식물계는 운동성이 없으며, 동물계는 운동성이 있다.

오답 피하기 | ③ A와 동물계는 모두 광합성을 하지 않으므로 광합성의 여부는 A와 동물계의 분류 기준이 될 수 없다.

⑤ 원핵생물계와 나머지 계의 분류 기준은 핵막으로 둘러싸인 뚜렷한 핵의 유무이다.

11 ㄱ. 원생생물계(B)에 속하는 생물은 대부분 단세포 생물이다.

ㄴ. 원생생물계(B)는 핵막으로 둘러싸인 뚜렷한 핵이 있는 세포로 이루어진 생물 중 식물계, 균계, 동물계에 속하지 않는 생물 무리이다.

ㄷ. 원생생물계(B)에 속하는 생물에는 짚신벌레, 미역, 다시마, 아메바, 해캄 등이 있다.

12 ⑤ 아메바, 푸른곰팡이, 민들레는 모두 세포에 핵막으로 둘러싸인 뚜렷한 핵을 가지고 있다.

오답 피하기 | ① 아메바만 물속에서 생활한다.

② 아메바는 몸이 1개의 세포로 이루어져 있고, 푸른곰팡이와 민들레는 몸이 여러 개의 세포로 이루어져 있다.

③ 아메바는 운동성이 있고, 푸른곰팡이와 민들레는 운동성이 없다.

④ 민들레는 광합성을 통해 스스로 양분을 만든다.

13 

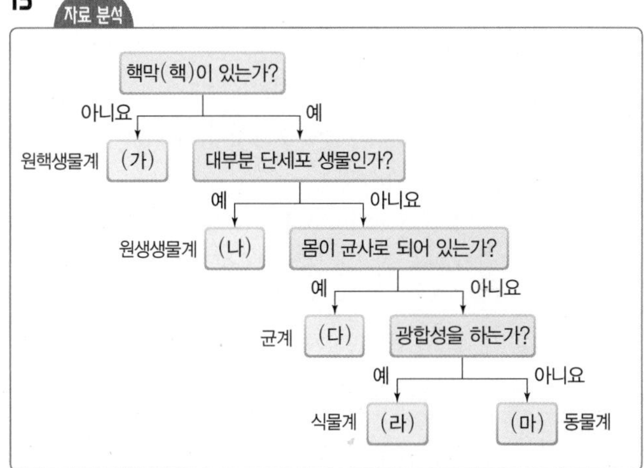

(가)와 나머지 계의 분류 기준이 '핵막(핵)이 있는가?'이므로 (가)는 원핵생물계이다. (나)는 핵이 있으며, 대부분 단세포 생물이므로 원생생물계이다. (다)는 핵이 있으며, 몸이 균사로 되어 있으므로 균계이다. (라)는 핵이 있으며, 광합성을 하므로 식물계이며, 나머지 (마)는 동물계이다.

14 표고버섯, 누룩곰팡이는 균계에, 대장균, 젖산균은 원핵생물계에, 버드나무, 이끼는 식물계에, 아메바, 짚신벌레는 원생생물계에 속하는 생물이다.

15 ③ 동물계(마)에 속하는 생물은 대부분 운동성이 있어 먹이에 따라 다양한 곳에 산다.

오답 피하기 | ① 동물계(마)에 속하는 생물은 세포벽이 없다.

② 동물계(마)에 속하는 생물은 물속에서 살거나 땅 위에서 산다.

④ 대부분 몸이 균사로 이루어진 생물은 균계에 속하는 생물이다.

⑤ 식물계에 속하는 생물과 원생생물계에 속하는 일부 생물은 엽록체가 있어 스스로 양분을 만든다. 동물계(마)에 속하는 생물은 엽록체가 없어 스스로 양분을 만들지 못한다.

16 생물 다양성이 높은 생태계는 생물이 멸종될 위험이 줄어들어 생태계가 안정적으로 유지될 수 있다.

17 ③ (가)보다 (나)의 생물 다양성이 높아 (가)보다 (나)에서 생태계 평형이 잘 유지된다.

오답 피하기 | ① (가)에서 뱀이 사라져도 토끼가 사라지지 않는다.
② (나)에서 토끼가 사라져도 뱀은 쥐를 먹이로 살아갈 수 있다.
④ 생물의 종류가 많은 (나)가 생물의 종류가 적은 (가)보다 생태계 평형이 잘 유지된다.
⑤ 먹이 사슬이 복잡하게 얽혀 있는 (나)가 먹이 사슬이 단순한 (가)보다 매의 먹이가 더 많다.

18 ㄱ. 목화와 누에고치는 옷감의 재료로 이용되는 생물 자원이다.

오답 피하기 | ㄴ. 의약품의 원료로 이용되는 생물 자원은 주목, 푸른곰팡이, 버드나무 등이다.
ㄷ. 휴식과 안정을 제공하는 관광 자원은 산, 수목원 등이다.

19 ㄱ. 도로를 개발하거나 농경지를 만드는 등의 서식지 파괴는 생물 다양성을 감소시키는 가장 심각한 원인이다.
ㄴ. 무분별한 채집과 사냥으로 야생 동식물의 개체 수가 급격하게 줄어들면 생물 다양성이 감소한다.

오답 피하기 | ㄷ. 환경이 오염되어 서식지의 환경이 변하면 생물들의 생존이 어려워져 멸종 위기에 처한 생물이 생긴다.

20 외래종은 사람들이 의도적이거나 우연히 옮긴 것으로 생물 다양성의 감소 원인이다.

21 ① 희귀한 동물을 애완용으로 기르지 않기, 모피로 만든 제품 사지 않기, 친환경 농산물 이용하기 등은 생물 다양성 보전을 위한 개인적 활동이다.

오답 피하기 | ② 생물 다양성 보전을 위한 법률 제정을 건의하는 것은 사회적 활동이다.
③, ⑤ 멸종 위기종을 관리하고 복원하는 사업을 시행하는 것과 종자 은행을 설립하는 것은 모두 생물 다양성 보전을 위한 국가적 활동이다.
④ 여러 나라가 함께 다양한 국제 협약을 체결하고 실행하는 것은 생물 다양성 보전을 위한 국제적 활동이다.

22 더운 지역에 사는 사막여우와 추운 지역에 사는 북극여우는 기온(온도)에 따른 차이로 인해 다른 생김새를 갖는다.

모범 답안 더운 지역에 사는 사막여우는 높은 기온에 적응한 결과 귀가 크고 몸집이 작아 몸의 열을 방출하기 쉽다.

채점 기준	배점
사막여우의 생김새가 북극여우와 다른 까닭을 환경과 관련지어 옳게 서술한 경우	100 %
사막여우의 생김새가 북극여우와 다른 까닭을 환경과 관련짓지 않고 서술한 경우	50 %

23 (가)는 세포에 핵막으로 둘러싸인 뚜렷한 핵이 없는 생물 무리로, 원핵생물계이다. (나)는 세포에 핵막으로 둘러싸인 뚜렷한 핵이 있는 생물 무리이다. (다)는 식물계에 속하는 생물 무리이며, (라)는 균계에 속하는 생물 무리이다.

모범 답안 (1) 세포에 핵막으로 둘러싸인 뚜렷한 핵이 있는지의 여부
(2) 광합성을 하지 못하고, 대부분 죽은 생물을 분해하여 양분을 얻으며, 세포벽이 있고, 운동성이 없다.

	채점 기준	배점
(1)	(가)와 (나)로 나눈 분류 기준을 옳게 쓴 경우	40 %
(2)	(라)에 속한 생물의 특징을 제시된 단어를 모두 포함하여 옳게 서술한 경우	60 %
	(라)에 속한 생물의 특징을 제시된 단어 중 2가지만 포함하여 옳게 서술한 경우	30 %

24 도로를 건설하면 생물이 살던 서식지가 끊어지므로 생물이 이동할 수 없어 생물 다양성이 감소한다.

모범 답안 도로 건설로 인해 끊어진 생물의 서식지를 생태 통로를 만들어 연결하여 생물의 이동을 돕기 위해서이다.

채점 기준	배점
생태 통로를 설치하는 까닭을 옳게 서술한 경우	100 %
생태 통로를 설치하는 까닭을 생물의 이동을 포함하지 않고 서술한 경우	60 %

I 지권의 변화 ≫

01 지구계와 지권의 구조

중단원 핵심 정리 시험 대비 교재 2쪽

❶ 지구계 ❷ 지권 ❸ 바다 ❹ 생물권 ❺ 외권 ❻ 지권 ❼ 지권 ❽ 기권 ❾ 직접 ❿ 시추 ⓫ 간접 ⓬ 지진파 분석 ⓭ 속도 ⓮ 대륙 ⓯ 해양 ⓰ 맨틀 ⓱ 액체

중단원 퀴즈 시험 대비 교재 3쪽

1 ㉠ 계, ㉡ 지구계 **2** ㉠ 바다, ㉡ 지각 **3** (1) 외권 (2) 지권 (3) 수권 (4) 생물권 (5) 기권 **4** (1) B (2) D (3) C (4) A (5) E (6) F **5** ㉠ 시추, ㉡ 지진파 분석 **6** ㄴ **7** A: 지각, B: 맨틀, C: 외핵, D: 내핵 **8** ㉠ 모호면, ㉡ B **9** ㉠ 액체, ㉡ 고체

중단원 기출 문제 시험 대비 교재 4~7쪽

01 ② **02** ④ **03** ③ **04** ⑤ **05** ⑤ **06** ⑤ **07** C **08** ② **09** ④ **10** ④ **11** ④ **12** ④ **13** B, 맨틀 **14** ④ **15** A: 대륙 지각, B: 해양 지각, C: 모호면, D: 맨틀 **16** ④ **17** ㄴ, ㄷ, ㄹ **18** ③ **19** B, 맨틀 **20** ④ **21** ① **22** ② **23** 해설 참조 **24** 해설 참조

01 계는 여러 구성 요소가 서로 영향을 주고받으며 상호 작용을 하고 있다.

02 대류권은 기권을 구성하는 층상 구조 중 하나이다.

03 **오답 피하기** | ③ 지권은 암석과 토양으로 이루어진 지구의 표면과 지구 내부이다. 지권의 외핵은 액체 상태이다.

04 지권은 지구의 표면과 내부를 구성하는 암석, 흙, 화산재, 각종 퇴적물 등으로 이루어진다.

05 인간을 비롯한 지구상에 살고 있는 모든 생명체를 생물권이라고 하는데, 생물권은 기권이나 수권의 변화에 민감하게 반응한다. 즉, 기권이나 수권의 변화에 의해 생물의 서식지가 바뀌거나 멸종되기도 한다.

06 식물이 이산화 탄소를 흡수하고 산소를 방출하는 광합성 작용은 지구계의 구성 요소 중 생물권과 기권의 상호 작용이다.

07 파도가 해안 절벽을 침식시켜 동굴이 만들어지는 현상은 수권과 지권의 상호 작용이다.

08 운석을 연구하고 지구 내부로 전달되는 지진파를 분석하는 것은 지구 내부를 간접적으로 확인하는 방법이고, 화산 분출물 조사와 직접 땅을 파는 시추는 지구 내부를 직접적으로 확인하는 방법이다.

09 지진파는 물질의 상태가 달라지면 속도가 변하며, 지구 내부를 통과하므로 지구의 내부 구조를 연구하는 데 효과적으로 이용되고 있다.

10 **오답 피하기** | ㄴ. 내시경 검사를 통해 몸속에 이상이 있는지를 확인하는 것은 직접적인 방법이다.

11 A는 지각, B는 맨틀, C는 외핵, D는 내핵이다. 지권에서 유일하게 액체 상태인 층은 C(외핵)이다.

12 핵(C+D)의 구성 물질은 철과 니켈 등이다. 외핵(C)은 액체 상태, 내핵(D)은 고체 상태로 추정된다.

13 지구 전체 부피의 약 80 %를 차지하는 층은 맨틀(B)이다. 맨틀은 고체 상태이지만 유동성이 있다. 모호면은 지각과 맨틀의 경계면으로, 맨틀은 모호면에서 깊이 약 2900 km까지에 해당한다.

14 지구 내부로 갈수록 온도와 압력이 커진다. 내핵은 압력이 매우 높아 액체 상태로 존재할 수 없어 고체 상태이다. 핵은 철과 니켈 같은 무거운 물질로 이루어져 있다.

15 지각은 대륙 지각과 해양 지각으로 구분하며, 지각과 맨틀의 경계면을 모호면이라고 한다.

16 모호면은 지각과 맨틀의 경계면으로, 지진파가 모호면을 지날 때 지진파의 속도가 갑자기 빨라진다. 맨틀은 유동성이 있는 고체 상태이다.

17 ㄴ. 지구 내부의 층상 구조는 지각, 맨틀, 외핵, 내핵으로 이루어져 있으며, 각 층의 두께는 다르다.
ㄷ. 실험에서 고무찰흙으로 표현하기 가장 어려운 층은 두께가 가장 얇은 지각이다.
ㄹ. 실험에서 고무찰흙이 가장 많이 들어가는 층이 맨틀인 것으로 보아, 지구 내부의 층상 구조 중에서 맨틀이 가장 많은 부피비를 차지한다는 사실을 알 수 있다.
오답 피하기 | ㄱ. 지구 내부는 지각, 맨틀, 외핵, 내핵의 4개의 층으로 이루어져 있다.

18 지각, 맨틀, 내핵은 고체 상태이고, 외핵은 액체 상태이다. (가)는 외핵, (나)는 지각, (다)는 맨틀, (라)는 내핵의 특징이다. 지구 중심으로 갈수록 (나)－(다)－(가)－(라)의 순서대로 나타난다.

19 A는 지각, B는 맨틀, C는 외핵, D는 내핵이다. 지구 내부를 달걀로 비유했을 때, 껍질은 지각, 흰자는 부피가 가장 큰 층인 맨틀, 노른자는 핵에 비유할 수 있다.

20 지각이 위로 높이 솟아올라 있을수록 모호면의 깊이가 깊다. 지각과 맨틀의 경계면인 모호면은 지각의 두께가 두꺼울수록 깊이가 깊어진다. 따라서 A~D 중 A에서 모호면의 깊이가 가장 깊고, D에서 가장 얕다.

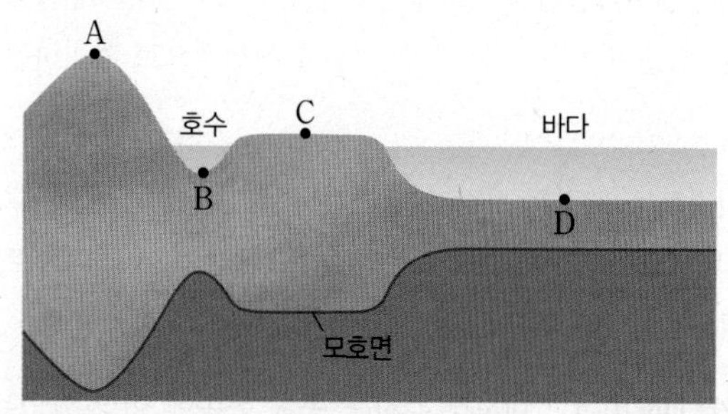

21 자료 분석

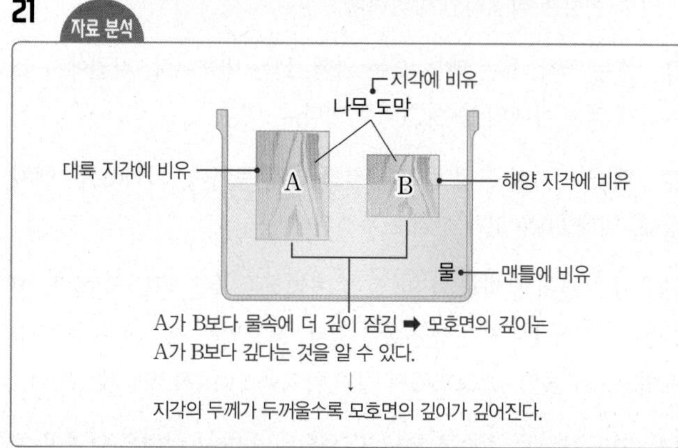

ㄱ. 물은 맨틀에 비유된다.

ㄴ. 나무 도막과 물의 경계면은 지각과 맨틀의 경계면인 모호면에 비유되며, 대륙 지각에서의 모호면이 해양 지각에서의 모호면보다 더 깊이 위치함을 알 수 있다.

오답 피하기| ㄷ. 그림에서 수면 위로 높이 솟아 있는 나무 도막 A는 나무 도막 B보다 두께가 두껍고 물에 더 깊게 잠겨 있다.

ㄹ. 두께가 두꺼운 나무 도막 A는 대륙 지각에, 두께가 얇은 나무 도막 B는 해양 지각에 비유된다.

22 자료 분석

5100 km−2900 km

층	지표로부터 깊이(km)	실제 두께(km)	모형의 두께(cm)
지각	0~35	35	B
맨틀	35~2900	2865	28.65
외핵	2900~5100	A	22
내핵	5100~6400	1300	C

B• 6400 : 64=35 : B

C• 6400 : 64=1300 : C

핵

핵의 두께: A(2200 km)+1300 km =3500 km

모형에서 핵의 두께(x): 6400 : 64=3500 : x ∴ x=35 cm

모형에서 핵의 두께(x): x=22 cm+C(13 cm) =35 cm

ㄱ. 외핵의 두께는 5100 km−2900 km=2200 km이다.

ㄷ. C는 $\frac{64\text{ cm}\times1300\text{ km}}{6400\text{ km}}$=13 cm이다.

오답 피하기| ㄴ. 모형의 두께는 비례식을 이용하여 계산한다. 지구 반지름인 6400 km를 64 cm로 표현했으므로 B의 두께는 '6400 km : 64 cm=35 km : B' 또는 '6400 km : 35 km =64 cm : B'의 비례식을 이용하여 구할 수 있다. 따라서 B는 0.35 cm이다.

ㄹ. 핵은 외핵과 내핵으로 이루어져 있다. 따라서 핵의 두께는 6400 km−2900 km=3500 km이다. 모형의 반지름이 64 cm이므로 핵의 두께(x)를 나타내는 비례식은 6400 km : 64 cm =3500 km : x이다. 따라서 모형에서 핵의 두께는 35 cm이다.

23 모범 답안 (1) 지권 - 기권

(2) 화산이 폭발할 때 분출된 화산재가 햇빛을 차단했기 때문이다.

	채점 기준	배점
(1)	상호 작용하는 지구계의 구성 요소를 모두 옳게 쓴 경우	40 %
(2)	화산 폭발로 인해 지구의 기온이 낮아진 까닭을 옳게 서술한 경우	60 %

24 모범 답안 (1) 지구 내부를 통과하여 전달되는 지진파를 분석한다.

(2) 지진파는 모든 방향으로 전달되며, 통과하는 물질에 따라 전달되는 속도가 달라지기 때문이다.

	채점 기준	배점
(1)	지구 내부를 효과적으로 알 수 있는 방법을 옳게 쓴 경우	30 %
(2)	지진파 분석이 가장 효과적인 까닭을 옳게 서술한 경우	70 %

02 지각의 구성_암석

중단원 핵심 정리

시험 대비 교재 8쪽

❶ 변성암 ❷ 빠르다 ❸ 느리다 ❹ 현무암 ❺ 크다 ❻ 작다 ❼ 다져짐 ❽ 화석 ❾ 진흙 ❿ 석회암 ⓫ 수직 ⓬ 편마암 ⓭ 편암 ⓮ 퇴적암 ⓯ 퇴적물

중단원 퀴즈

시험 대비 교재 9쪽

1 생성 **2** ㉠ 화성암, ㉡ 퇴적암, ㉢ 변성암 **3** ㉠ 화산암, ㉡ 심성암 **4** A: 현무암, 유문암, B: 반려암, 화강암 **5** ㉠ 현무암, ㉡ 화강암 **6** 굳어짐 **7** ㉠ 사암, ㉡ 역암 **8** 역암 **9** ㉠ 층리, ㉡ 엽리 **10** ㉠ 규암, ㉡ 대리암 **11** A: 화성암, B: 변성암

암기 문제 공략

시험 대비 교재 10쪽

1 (1) ㄹ, ㅈ (2) ㅁ (3) ㄱ (4) ㄴ (5) ㄴ, ㅂ, ㅅ, ㅇ (6) ㅇ (7) ㅋ (8) ㄷ (9) ㉠ ㅊ, ㉡ ㅌ (10) ㅊ, ㅌ (11) ㅇ, ㅋ **2** A: 석회암, B: 편마암, C: 현무암 **3** A: 사암, B: 편마암, C: 반려암 **4** (1) A: 퇴적암, B: 변성암, C: 화성암 (2) A: ㄴ, ㅂ, ㅅ, ㅇ, B: ㄷ, ㅊ, ㅋ, ㅌ, C: ㄱ, ㄹ, ㅁ, ㅈ

중단원 기출 문제

시험 대비 교재 11~15쪽

01 ④ **02** ③ **03** ① **04** ③ **05** ⑤ **06** ② **07** ② **08** ① **09** ③, ④ **10** ② **11** ⑤ **12** ③ **13** ② **14** ① **15** ③ **16** ④ **17** ③ **18** ① **19** ⑤ **20** (가) 사암 (나) 역암 (다) 편마암 (라) 화강암 (마) 현무암 **21** ⑤ **22** ⑤ **23** ③ **24** ②, ⑤ **25** ③ **26** 해설 참조 **27** 해설 참조 **28** 해설 참조

01 화강암, 현무암, 반려암, 유문암은 마그마가 식어서 만들어진 화성암이고, 석회암은 퇴적물이 굳어져서 만들어진 퇴적암이다.

02 화성암은 마그마가 지표 부근이나 지하 깊은 곳에서 식어 굳어진 암석이다.

오답 피하기 | ④ 퇴적물이 굳어져서 만들어진 암석은 퇴적암이다.
⑤ 높은 열과 압력을 받아서 생성된 암석은 변성암이다.

03 A는 지표 부근으로 마그마가 빠르게 냉각되어 굳어져 암석을 구성하는 광물 결정의 크기가 작은 화산암이 생성된다. 반면, B는 지하 깊은 곳으로 마그마가 서서히 냉각되어 굳어져 암석을 구성하는 광물 결정의 크기가 큰 심성암이 생성된다.

오답 피하기 | ㄴ. 암석을 구성하는 광물의 종류와 비율에 따라 A 지역이나 B 지역에서 모두 어두운색 암석이 생성될 수 있다.
ㄹ. 암석을 구성하는 광물 결정의 크기는 A보다 B에서 생성된 암석이 더 크다.

04 A에서는 화산암인 현무암, 유문암이 생성되고, B에서는 심성암인 반려암, 화강암이 생성된다.

05 화성암은 암석의 색과 광물 결정의 크기로 분류한다.
⑤ 어두운색 광물의 부피비가 크면 암석의 색은 어둡고, 작으면 암석의 색은 밝다.

오답 피하기 | ① 심성암은 광물 결정의 크기가 큰 B와 D이다.
② 화산암은 광물 결정의 크기가 작은 A와 C이다.
③ A는 마그마가 지표 부근에서 빠르게 식어서 만들어진 암석이다. 마그마가 천천히 식어서 만들어진 암석은 광물 결정의 크기가 큰 B와 D이다.
④ D는 마그마가 지하 깊은 곳에서 천천히 식어서 만들어진 암석이다. 마그마가 빠르게 식어서 만들어진 암석은 광물 결정의 크기가 작은 A와 C이다.

06 광물 결정의 크기가 큰 B, D는 마그마가 천천히 냉각되어 생성된 심성암이다. B, D 중에서 밝은색 광물을 많이 포함하는 암석은 색이 밝은 B이다. 현무암은 C, 유문암은 A, 반려암은 D, 화강암은 B에 해당한다. 석회암은 퇴적암이다.

07 현무암은 화산암으로 마그마가 지표에서 빠르게 냉각되어 암석을 이루는 알갱이의 크기가 작아 육안으로 구분되지 않으며, 어두운색 광물을 많이 포함한 암석이다.

08 화성암은 마그마의 냉각 장소에 따라 화산암과 심성암으로 구분된다. 화산암은 마그마가 지표에서 빠르게 냉각되어 결정의 크기가 작은 화성암이고, 심성암은 마그마가 지하 깊은 곳에서 천천히 냉각되어 결정의 크기가 큰 화성암이다.

오답 피하기 | ㄷ. 화산암과 심성암은 암석의 색으로 구분한 것이 아니라 생성 장소에 따라 다르게 나타나는 광물 결정의 크기로 구분한 것이다.
ㄹ. 암석을 이루는 광물의 종류와 비율에 따라 암석의 색이 달라진다. 화강암은 밝은색을 띠고 현무암은 어두운색을 띠므로, 암석을 이루는 광물의 종류와 비율은 다르다.

09 ①, ② 지표에 드러난 암석은 오랜 시간이 지나면 자갈, 모래, 진흙 등의 작은 알갱이로 부서진다. 이 알갱이들은 물, 바람, 빙하 등에 의해 운반되어 호수나 바다 밑바닥에 쌓이는데, 이를 퇴적물이라고 한다.
⑤ 퇴적암은 퇴적물의 크기, 종류, 색깔이 서로 다른 퇴적물이 쌓이면서 만들어진 평행한 줄무늬인 층리가 발견되기도 한다.

오답 피하기 | ③ 퇴적물이 다져지면 눌리게 되어 퇴적물을 이루는 입자 사이의 거리가 더 좁아진다.
④ 암석이 열과 압력에 의해 구조나 성질이 변하는 암석은 변성암이다.

10 주어진 자료는 퇴적암이 만들어지는 과정이다. 사암은 퇴적암으로, 모래가 쌓이고 굳어져서 만들어진 암석이다.

오답 피하기 | ①, ④ 화강암과 현무암은 화성암이다.
③, ⑤ 편마암과 대리암은 변성암이다.

11 셰일, 역암, 응회암은 퇴적물이 쌓이면서 굳어져 생긴 퇴적암

이다. 퇴적암의 특징은 층리가 나타나거나 화석이 발견되는 것이다.

12 역암은 자갈이, 셰일은 진흙이, 응회암은 화산재가, 석회암은 석회 물질이, 암염은 소금이 퇴적되어서 굳어져 생성된 퇴적암이다.

13 A는 해안에서 가까우므로 입자가 크고 무거운 자갈이 주로 퇴적되어 역암이 생성되고, C는 해안에서 멀기 때문에 입자가 작고 가벼운 진흙이 주로 퇴적되어 셰일이 생성된다. B에서는 주로 사암이 생성된다.

오답 피하기 | ①, ③ A에서는 주로 역암이, C에서는 셰일이 생성된다.
④ A, B, C 중 A에 퇴적된 퇴적물의 크기가 가장 크다.
⑤ 퇴적물의 크기가 작을수록 해안에서 먼 곳까지 운반되어 쌓인다.

14 역암은 자갈, 사암은 모래, 셰일은 진흙이 주성분이다.

15 통식빵에 마시멜로를 끼우고 위에서 누르면 누르는 힘의 수직 방향으로 마시멜로가 납작해지는데, 이처럼 엽리는 암석을 누르는 힘의 수직 방향으로 나타나는 줄무늬 구조이다. 이러한 엽리는 변성암의 특징이다.

오답 피하기 | ① 층리는 퇴적암의 특징이고, 셰일은 퇴적암이다.
② 층리는 퇴적암의 특징이고, 화강암은 화성암이다.
④ 엽리는 변성암의 특징이고, 반려암은 화성암이다.
⑤ 엽리는 변성암의 특징이고, 석회암은 퇴적암이다.

16 편암과 편마암은 변성암 중에서 엽리가 나타나는 암석이다.

오답 피하기 | ① 사암은 퇴적암이고, 편암은 변성암이다.
② 대리암은 변성암이고, 응회암은 퇴적암이다.
③ 암염은 퇴적암이고, 화강암은 화성암이다.
⑤ 편마암은 변성암이고, 현무암은 화성암이다.

17 변성암은 변성 작용을 받기 전 원래 암석의 종류와 변성 정도에 따라 분류한다. 셰일이 변성 작용을 받으면 편암, 편마암이 되고, 사암은 규암, 석회암은 대리암, 화강암은 편마암이 된다.

18 엽리와 재결정은 변성암의 특징이다.

• 엽리: 암석이 압력의 영향을 크게 받을 때 암석 속 광물이 압력의 수직 방향으로 배열되면서 나타나는 줄무늬이다.

• 재결정: 암석이 열의 영향을 크게 받으면 암석을 이루는 광물이 커지거나 새로운 광물로 변하는 것이다.

오답 피하기 | ㄴ. 층리나 화석은 퇴적암의 특징이다. 변성암은 높은 열과 압력을 받아 만들어지므로 화석이 발견되기 어렵다.
ㄷ. 엽리는 변성암의 특징으로 암석이 높은 압력을 받으면 광물이 압력의 수직 방향으로 배열되면서 생기는 줄무늬이다.

19 석회암은 퇴적암이고 편마암은 변성암이며, 편마암에서 나타나는 줄무늬는 압력에 의해 형성된 엽리이다. 석회암이 열과 압력을 받아 변성되면 대리암이 된다.

20 화강암과 현무암은 화성암이고, 사암과 역암은 퇴적암이며, 편마암은 변성암이다.

21 암석의 순환 과정은 다음과 같다.

• 암석이 풍화, 침식을 받아 부서지면 퇴적물이 된다.
• 퇴적물이 다져지고 굳어지면 퇴적암이 된다.
• 암석이 높은 열과 압력을 받아 성질이 변하면 변성암이 된다.
• 암석이 매우 높은 열을 받아 녹으면 마그마가 된다.
• 마그마가 식으면 화성암이 된다.

오답 피하기 | ① 마그마가 식으면 화성암이 된다.
② 변성암이 녹으면 마그마가 된다.
③ 화성암이 풍화 · 침식되면 퇴적물이 된다.
④ 퇴적물은 풍화 · 침식된 산물이다.

22 E는 화성암이 만들어지는 과정으로 지하 깊은 곳에서 만들어진 마그마가 지표로 흘러나오거나 지하에서 식어서 굳어져 만들어지는 과정이다. 자갈, 모래, 진흙 등으로 구성된 암석이 만들어지는 것은 화성암이 아닌 퇴적암이 되는 과정이다.

23 화강암이 변성 작용을 받으면 편마암이 된다.

24

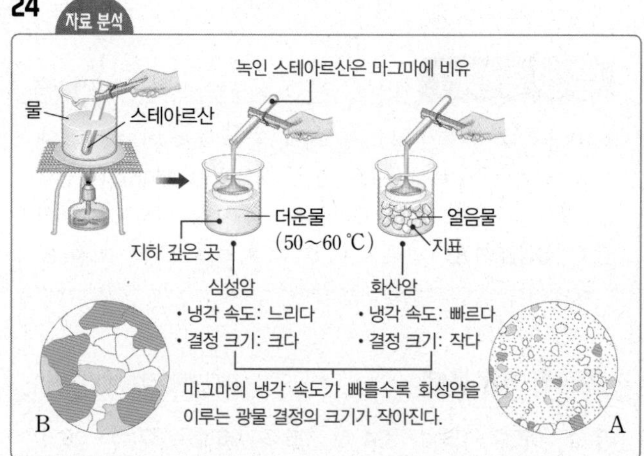

더운물에서의 실험은 심성암의 생성 원리를 나타내고, 얼음물에서의 실험은 화산암의 생성 원리를 나타낸다. 냉각 속도가 느릴수록 결정을 만들 시간이 충분하므로 결정이 커지고, 냉각 속도가 빠를수록 결정이 자랄 시간이 부족하여 결정이 작다.

오답 피하기 | ② 더운물은 얼음물에 비해 스테아르산의 냉각 속도가 느리므로 지하 깊은 곳에서 마그마가 냉각되어 생성되는 심성암의 생성 환경에 비유할 수 있다.
⑤ 더운물에서 냉각시킨 결정의 크기는 B, 얼음물에서 냉각시킨 결정의 크기는 A에 비유할 수 있다.

25

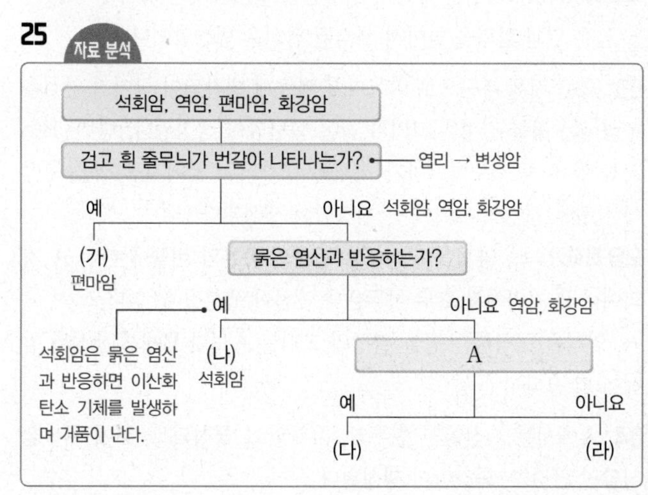

③ 암석이 자갈이나 모래와 같은 퇴적물로 이루어져 있는 암석은 퇴적암이다. A에 '암석이 자갈이나 모래와 같은 퇴적물로 이루어져 있는가?'라는 질문이 들어갈 경우, (다)는 역암이고, (라)는 화강암이다.

오답 피하기 | ①, ② (가)는 편마암이고, (나)는 석회암이다.
④ 마그마가 식어서 굳어진 암석은 화성암이다. 화강암은 화성암에 해당한다.
⑤ 화석이 발견될 수 있는 암석은 퇴적암이다. 역암은 퇴적암에 해당한다.

26 현무암은 광물 결정의 크기가 작은 화산암이고, 반려암은 광물 결정의 크기가 큰 심성암이다.

모범 답안 (1) (가) 현무암 (나) 반려암
(2) 현무암은 지표 부근에서 마그마가 빨리 식어 만들어져서 광물 결정의 크기가 작지만, 반려암은 지하 깊은 곳에서 마그마가 천천히 식어 만들어져서 광물 결정의 크기가 크다.

	채점 기준	배점
(1)	(가)와 (나)의 명칭을 모두 옳게 쓴 경우	30 %
(2)	주어진 단어를 포함하여 현무암과 반려암의 차이점을 옳게 서술한 경우	70 %

27 **모범 답안** (1) ㉠: 현무암 - A, ㉡: 화강암 - B
(2) 마그마의 냉각 속도가 다르기 때문이다.
(3) 유문암은 암석의 색이 밝고, 광물 결정의 크기가 작다.

	채점 기준	배점
(1)	㉠과 ㉡에 해당하는 암석의 이름과 생성 위치를 모두 옳게 쓴 경우	30 %
	㉠과 ㉡에 해당하는 암석의 이름과 생성 위치 중 1가지만 옳게 쓴 경우	15 %
(2)	A와 B에서 생성된 암석의 광물 결정 크기가 다르게 나타나는 까닭을 옳게 서술한 경우	30 %
(3)	유문암의 특징을 옳게 서술한 경우	40 %

28 퇴적암의 층리는 퇴적물의 종류와 관련이 있고, 변성암의 엽리는 압력의 방향과 관련이 있다.

모범 답안 층리는 퇴적물이 쌓일 때 퇴적물의 크기, 종류, 색깔이 다른 퇴적물이 쌓이면서 나타나는 줄무늬이고, 엽리는 암석이 압력을 받으면 암석 속 광물이 압력의 수직 방향으로 배열되면서 만들어진 줄무늬이다.

채점 기준	배점
층리와 엽리의 생성 과정을 구체적으로 모두 옳게 서술한 경우	100 %
층리와 엽리 중 1가지만 옳게 서술한 경우	50 %

03 지각의 구성_광물과 토양

중단원 핵심 정리

시험 대비 교재 16쪽

❶ 장석 ❷ 석영 ❸ 흑운모 ❹ 조흔색 ❺ 황동석 ❻ 적철석 ❼ > ❽ 방해석 ❾ 물 ❿ 작아 ⓫ 석회 동굴 ⓬ 넓 ⓭ 풍화 ⓮ 식물

중단원 퀴즈

시험 대비 교재 17쪽

1 광물 2 ㉠ 장석, ㉡ 석영 3 ㄷ, ㄹ, ㅁ, ㅂ 4 (가) 장석, 석영 (나) 흑운모, 휘석, 감람석, 각섬석 5 ㉠ 방해석, ㉡ 방해석 6 ㉠ 조흔색, ㉡ 자성 7 공기 8 ㉠ 부피, ㉡ 뿌리 9 ㉠ 풍화, ㉡ 토양 10 (1) A (2) D

암기 문제 공략

시험 대비 교재 18쪽

광물의 특성
❶ 조흔판 ❷ 흑운모 ❸ 적철석 ❹ 자철석 ❺ 금 ❻ 황철석 ❼ 황동석 ❽ 석영 ❾ 방해석 ❿ 자철석 ⓫ 방해석 ⓬ 장석, 석영 ⓭ 흑운모, 각섬석, 휘석, 감람석 ⓮ 흰색 ⓯ 석영 ⓰ 자철석 ⓱ 이산화 탄소 ⓲ ㉢ ⓳ ㉤ ⓴ ㉠ ㉑ ㉣ ㉒ ㉡

토양의 생성 과정
❶ C층 ❷ A층 ❸ B층 ❹ 풍화 ❺ 식물 ❻ A ❼ D ❽ B ❾ C

개념 문제 공략

시험 대비 교재 19쪽

광물의 특성을 찾는 문제
1 색 **2** (가) 조흔색 (나) 자성 (다) 굳기 **3** (1) 조흔색 (2) 염산 반응 (3) 자성 (4) 염산 반응 **4** ㄴ, ㄹ

광물의 굳기를 비교하는 문제
1 C>B>A **2** B>A **3** C>A>방해석>B

[광물의 특성을 찾는 문제]

1 (가)는 밝은색 광물이고, (나)는 어두운색 광물이다.

2 (가) 조흔색은 광물 가루의 색이다. 겉보기 색으로 광물을 구별하기 어려울 때 조흔색으로 광물을 구별할 수 있다.
(나) 자성은 광물이 클립과 같은 쇠붙이를 끌어당기는 성질이다. 자철석은 자성이 있는 광물이다.
(다) 두 광물을 서로 긁으면 두 광물 중에서 굳기가 작은 광물이 긁힌다.

3 (1) 황철석과 황동석은 색이 같고 염산 반응과 자성이 없는 것도 같지만, 조흔색은 서로 다르다.

(2) 방해석의 성분은 탄산 칼슘이다. 탄산 칼슘은 염산과 반응하여 염화 칼슘이 되며 물과 이산화 탄소를 발생한다.

탄산 칼슘+염산 → 염화 칼슘+물+이산화 탄소

(3) 자철석은 자성이 있어 클립과 같은 쇠붙이를 붙게 할 수 있다.

(4) 방해석과 석영은 색과 조흔색이 같고 자성이 없는 것도 같지만, 염산 반응은 방해석만 나타난다.

4 A와 B는 색이 같지만 조흔색이 각각 검은색, 흰색으로 다르고, A만 자성을 띠므로 조흔색과 자성을 비교하여 구별할 수 있다.

[광물의 굳기를 비교하는 문제]

1 광물을 서로 긁었을 때 긁히는 쪽이 굳기가 작다. A와 B를 서로 긁었을 때 A가 긁혔으므로 굳기는 A가 B보다 작다. B와 C를 서로 긁었을 때 B가 긁혔으므로 굳기는 B가 C보다 작다.

2 손톱으로 A를 긁었더니 A가 긁혔으므로 굳기는 A가 손톱보다 작다. 손톱으로 B를 긁었더니 손톱이 긁혔으므로 굳기는 B가 손톱보다 크다. 따라서 굳기는 B>손톱>A이다.

3 A를 방해석으로 긁었더니 방해석에 흠집이 생겼으므로 굳기는 A>방해석이다. 방해석과 B를 서로 긁었더니 방해석이 긁히지 않았으므로 굳기는 방해석>B이다. C를 A로 긁었더니 C가 긁히지 않았으므로 굳기는 C>A이다. 따라서 굳기는 C>A>방해석>B이다.

중단원 기출 문제

시험 대비 교재 20~23쪽

01 ⑤ **02** ② **03** ② **04** ⑤ **05** ② **06** ① **07** ②, ④ **08** ④ **09** ③ **10** A: 방해석, B: 석영, C: 자철석, D: 흑운모 **11** ⑤ **12** (가) ㄷ (나) ㄱ **13** 이산화 탄소 **14** ④ **15** ③ **16** (가) → (다) → (나) **17** ① **18** ⑤ **19** ⑤ **20** ② **21** 해설 참조 **22** 해설 참조 **23** 해설 참조

01 지각은 암석으로 이루어져 있고, 암석은 광물로 이루어져 있다. 암석을 이루고 있는 광물의 종류에 따라 암석의 특징이 다르게 나타난다.

02 ㄴ. 장석과 석영은 밝은색을 띠는 광물이다.

오답 피하기 | ㄱ. A는 석영, B는 장석이다.

ㄷ. 지각에는 밝은색을 띠는 광물이 어두운색을 띠는 광물보다 많다.

03 화강암을 이루는 광물은 석영, 장석, 흑운모 등이며, 조암 광물 중 가장 많은 부피비를 차지하는 광물은 장석이다.

04 광물을 구별하는 방법으로는 색, 조흔색, 굳기, 염산과의 반응, 자성 등이 있다. 광물의 질량, 부피, 크기, 무게는 같은 광물이라도 달라질 수 있기 때문에 광물을 구별할 수 있는 특성이 아니다.

05 ㄴ. 흑운모는 조흔색이 흰색이고 적철석은 조흔색이 적갈색이므로 조흔색으로 두 광물을 구별할 수 있다.

오답 피하기 | ㄱ. 석영과 방해석은 색(무색 또는 흰색)이 같아 색으로 두 광물을 구별할 수 없다.

ㄷ. 화강암은 주로 밝은색 광물로 구성되어 있어 암석의 색도 밝은색을 띤다.

06 금, 황동석, 황철석은 색이 노란색으로 같지만 조흔색은 각각 노란색, 녹흑색, 검은색이므로 초벌구이 자기판인 조흔판에 긁어 광물 가루의 색을 비교해서 구별한다.

07 ② 석영은 무색투명하고 방해석보다 단단하다.

④ 흑운모는 얇은 판처럼 뜯어지는 특징이 있다.

오답 피하기 | ①, ③, ⑤ A는 석영, B는 장석, C는 흑운모이다. 화강암을 구성하는 주요 광물은 석영, 장석, 흑운모이다.

08 ㄴ. 석영의 굳기가 방해석보다 크므로 석영과 방해석을 서로 긁으면 방해석이 긁힌다.

ㄹ. 방해석은 묽은 염산과 반응하여 이산화 탄소 기체를 발생한다.

오답 피하기 | ㄱ. 석영은 자성이 없다.

ㄷ. 석영과 방해석은 모두 색이 밝은 광물이다.

09 흑운모는 색은 검은색이지만 조흔색은 흰색이고, 자철석은 자성을 띤다.

10 석영, 방해석, 흑운모, 자철석을 색을 기준으로 분류하면 밝은색을 띠는 석영과 방해석, 어두운색을 띠는 흑운모와 자철석으로 분류된다. 석영과 방해석에 묽은 염산을 떨어뜨렸을 때 거품이 발생하는 A는 방해석, 반응하지 않는 B는 석영이다. 자철석의 조흔색은 검은색이고, 흑운모의 조흔색은 흰색이다.

11 **오답 피하기** | ⑤ 암석의 틈에서 자라는 나무 뿌리의 작용으로 틈을 넓혀 암석이 부서지게 된다.

12 암석의 팽창은 압력의 변화에 의해, 물이 어는 작용은 온도 변화에 의해 일어난다.

13 이산화 탄소가 녹아 있는 물이 석회암 지대에 스며들면 석회암이 녹아서 석회 동굴이 만들어진다.

14 물과 얼음 중 얼음의 부피가 더 큰데, 암석의 틈에 들어간 물이 얼면서 부피가 커지면 얼음은 마치 쐐기와 같은 작용을 하여 암석의 틈을 더욱 벌린다. 이러한 과정이 반복되면 암석은 작은 조각들로 부서진다.

오답 피하기 | ④ 물과 얼음에 의한 암석의 풍화는 기온이 높은 지역보다 낮은 지역에서 잘 일어난다.

15 토양은 암석이 오랜 기간 동안 풍화 작용을 받아 만들어지며, 생물의 유해나 부식물로 된 식토가 포함되어 있어 식물이 잘 자라게 한다.

16 토양은 암석이 풍화되며 생긴다. (가)는 일부 암석이 부서진 단계, (다)는 표면에 토양이 생성된 단계이다. (나)는 성숙한 토양의 단계이다.

17 (가) A는 C가 풍화되어 만들어진 층으로 식물이 잘 자랄 수 있고 생명 활동이 활발한 층이다.
(나) B는 A에서 녹은 물질이나 진흙이 내려와서 쌓인 층으로 가장 나중에 생성된다.

18 A는 식물이 자랄 수 있고 생명 활동이 가장 활발한 층이다. B는 겉 부분의 흙에서 물에 녹은 물질과 진흙 등이 아래로 내려와 만들어진 층이다. C는 암석 조각과 모래 등으로 이루어진 층이다. D는 풍화를 받지 않은 암석이다. 토양의 생성 순서는 D → C → A → B이다.
오답 피하기 | ㄱ. 잘 발달된 토양일수록 B층의 두께가 두껍다.

19 자료 분석

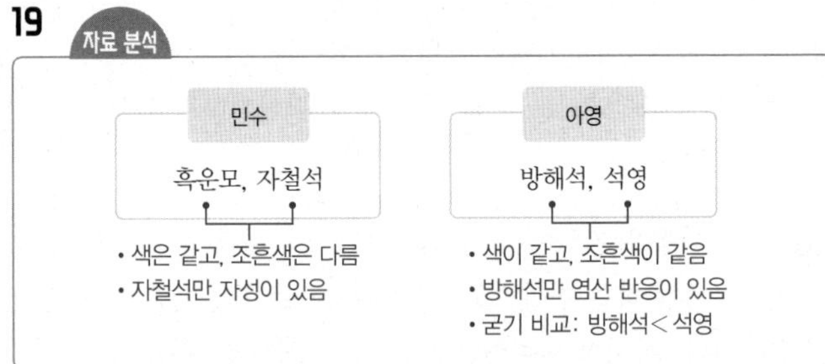

민수가 구별해야 하는 흑운모와 자철석은 둘 다 검은색이어서 색으로는 구별이 어렵지만, 조흔색이 각각 흰색과 검은색으로 다르므로 조흔색을 통해 구별할 수 있다. 그리고 흑운모와 자철석 중 자철석만 자성이 있으므로 작은 쇠붙이를 가까이 대면 자철석에만 쇠붙이가 달라붙는다.
아영이가 구별해야 하는 방해석과 석영은 굳기가 다르므로 서로 긁어 보면 방해석에 흠집이 생긴다. 또한 묽은 염산을 떨어뜨리면 방해석은 거품이 생기고, 석영은 아무런 반응이 없다.

20 자료 분석

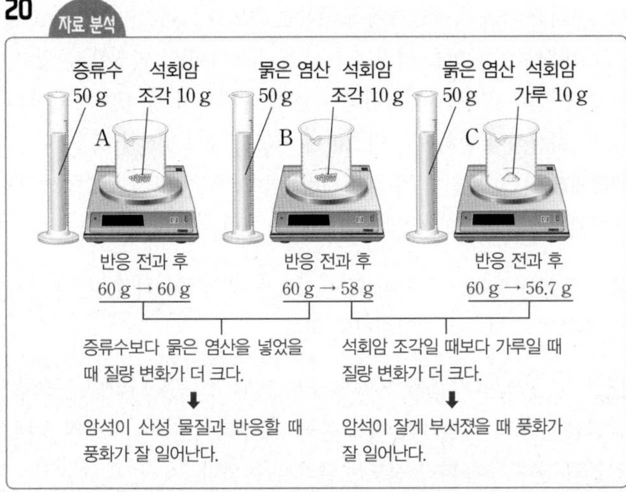

① 석회암이 순수한 물보다는 산성 물질에 의해, 조각보다는 가루일 때 풍화가 더 잘 일어나므로 풍화의 조건을 알 수 있다.
③ 비커 B는 질량이 2 g 감소하였고, 비커 C는 질량이 3.3 g 감소하였으므로 비커 C의 질량 변화가 더 크다.
④ A와 B를 비교해 보면 증류수(질량 변화: 0 g)보다 묽은 염산(질량 변화: 2 g)을 넣었을 때 질량 변화가 더 크다는 것을 알 수 있다.
⑤ 석회암이 염산과 반응하면서 이산화 탄소 기체가 발생하고 질량이 감소하므로 A와 B를 비교하면 암석이 산성 물질과 반응할 때 풍화가 잘 일어남을 알 수 있다.
오답 피하기 | ② 석회암 조각일 때보다 석회암 가루일 때 표면적이 더 크므로 표면적이 클 때 풍화가 더 잘 일어난다.

21 모범 답안 (1) 방해석
(2) 석영은 조흔판보다 더 단단해서 조흔판에 긁히지 않기 때문에 석영을 조흔판에 긁어 조흔색을 확인하기 어렵다.

	채점 기준	배점
(1)	거품이 발생하는 광물을 옳게 쓴 경우	30 %
(2)	석영이 조흔판보다 더 단단해서 조흔판에 긁히지 않아 조흔색을 알 수 없다고 옳게 서술한 경우	70 %

22 모범 답안 흑운모, 자철석, 적철석의 조흔색은 각각 흰색, 검은색, 적갈색으로 다르기 때문에 세 광물을 조흔판에 긁어 조흔색을 비교한다.

채점 기준	배점
세 광물을 구별하는 방법을 구체적으로 서술한 경우	100 %
주어진 단어를 포함하지 않고 조흔색이 다르다고 서술한 경우	50 %

23 모범 답안 암석의 틈에 스며든 물이 얼면서 부피가 커져 암석의 틈이 넓어지고, 물이 얼고 녹기를 반복하면서 암석이 부서지게 된다.

채점 기준	배점
물이 얼어서 암석의 틈이 넓어진다는 내용을 포함하여 옳게 서술한 경우	100 %
물이 얼었기 때문이라고만 서술한 경우	70 %

04 지권의 운동

중단원 핵심 정리 시험 대비 교재 24쪽

❶ 판게아 ❷ 베게너 ❸ 화석 ❹ 빙하 ❺ 해양 지각 ❻ 맨틀 ❼ 경계 ❽ 마그마 ❾ 지진 ❿ 관광 자원 ⓫ 규모 ⓬ 멀어 ⓭ 경계 ⓮ 경계

중단원 퀴즈 시험 대비 교재 25쪽

1 대륙 이동설 2 (가) 해안선 (나) 화석 (다) 빙하 3 원동력 4 판 5 ㉠ 대륙판, ㉡ 해양판 6 (1) 규 (2) 진 (3) 규 (4) 진 7 ㉠ 화산대, ㉡ 지진대 8 태평양 9 ㉠ 띠, ㉡ 경계 10 경계

중단원 기출 문제 시험 대비 교재 26~29쪽

01 ②, ③ **02** ④ **03** ② **04** ④ **05** ② **06** ④ **07** ② **08** ④ **09** ㉠ 규모, ㉡ 진도, ㉢ 규모, ㉣ 진도 **10** ② **11** A: 진원, B: 진앙 **12** ① **13** ④ **14** ⑤ **15** ④ **16** ③ **17** ③ **18** ② **19** 해설 참조 **20** 해설 참조 **21** 해설 참조 **22** 해설 참조

01 **오답 피하기** | ②, ③ 베게너의 대륙 이동설은 대륙 이동의 원동력을 설명하지 못하였기 때문에 발표 당시에 많은 과학자들에게 인정받지 못하였다. 대륙 이동의 원동력인 맨틀의 대류는 베게너 이후 홈스가 제안하였다.

02 대륙 이동설을 주장한 베게너는 대륙 이동의 증거로 산맥의 연속성, 화석의 분포, 해안선 모양의 일치, 빙하의 흔적을 제시하였다.
오답 피하기 | ④ 지구 내부의 층상 구조는 지진파 분석을 통해 알아낸 것으로, 베게너의 대륙 이동설과는 관계가 없다.

03 ㄴ. (나)는 모든 대륙이 하나로 뭉쳐져 있으므로 과거에 존재했던 판게아를 나타낸다. (다)는 현재의 대륙 분포이다. (가)는 (나)와 (다) 사이의 대륙 분포를 나타낸다. 따라서 대륙이 이동한 순서는 (나) → (가) → (다)이다.
오답 피하기 | ㄱ. 대륙이 이동하면서 대서양은 점점 넓어지고 있다.
ㄷ. 화산 활동이나 지진은 판의 경계에서 주로 발생한다. 대륙 이동설과는 무관하다.

04 대륙판은 대륙 지각(평균 두께 약 35 km)을 포함하고, 해양판은 해양 지각(평균 두께 약 5 km)을 포함한다.
오답 피하기 | ①, ② 판은 지각과 상부 맨틀의 일부를 포함하는 단단한 암석층이다.
③ 대륙판과 해양판 모두 판 아래의 맨틀의 움직임을 따라 천천히 움직이고 있다.
⑤ 판 바로 아래에는 고체 상태의 맨틀이 분포한다.

05 ㄴ. C는 지각 아래에 위치한 맨틀이다.
오답 피하기 | ㄱ. A는 대륙 지각이고, B는 해양 지각이다.
ㄷ. 모호면은 지각과 맨틀의 경계면이다.

06 ㄴ, ㄷ. 과거에는 대륙이 하나로 연결되어 있어서 남아메리카와 아프리카가 붙어 있으므로, 메소사우루스는 현재의 남아메리카와 아프리카 지역에서 살았었다. 그 후 대륙이 분리되고 이동하였고, 현재는 떨어져 있는 두 대륙인 남아메리카 대륙과 아프리카 대륙에서 모두 화석으로 발견된다.
오답 피하기 | ㄱ. 글로소프테리스는 과거에 현재의 남아메리카, 아프리카, 남극, 인도, 오스트레일리아에 분포하였다.

07 ② 판은 지각과 맨틀의 윗부분을 포함하며, 판이 이동하면서 대륙도 함께 이동한다.
오답 피하기 | ① 우리나라는 유라시아판에 속한다.
③ 각 판이 움직이는 방향과 속도는 서로 다르다.
④ 지구의 표면은 10여 개의 판으로 이루어져 있다.
⑤ 대서양 중심부에서는 판과 판이 서로 멀어지면서 화산 활동이나 지진이 발생한다.

08 화산 활동은 지하에서 생성된 마그마가 지각의 약한 틈을 뚫고 지표로 분출하는 현상으로, 화산 활동으로 만들어진 산을 화산이라고 한다. 화산이 분출하면 화산 가스, 화산재, 용암 등이 함께 뿜어져 나온다. 화산 활동은 대체로 지진과 함께 발생한다.
오답 피하기 | ④ 진도와 규모는 지진의 세기를 나타낸다.

09 지진의 세기는 진도 또는 규모로 나타낸다. 규모는 지진이 발생할 때 방출된 에너지의 양을 나타낸 것이고, 진도는 지진에 의해 어느 장소에서 땅이 흔들린 정도와 피해 정도를 나타낸 것이다.

10 ①, ④ 지진은 지구 내부의 급격한 변동으로 땅이 흔들리거나 갈라지는 현상이다.
③ 해저에서 지진이 발생하면 그 충격으로 바닷물에 파동이 발생한다. 이러한 파동이 해안가에 도착하면 속도가 느려지며, 수십 m 높이의 바닷물이 해안을 덮치는 지진 해일(쓰나미)이 발생할 수 있다.
⑤ 지진은 주로 암석이 오랫동안 큰 힘을 받아서 끊어질 때 발생하지만, 화산이 폭발하거나 마그마가 이동할 때도 발생한다.
오답 피하기 | ② 지진이 자주 발생하는 지역은 전 세계에 고르게 펴져 있는 것이 아니라 특정한 지역에 띠 모양으로 분포한다.

11 지진이 일어난 근원이 되는 지점을 진원이라 하고, 진원 바로 위 지표면의 지점을 진앙이라고 한다.

12 ㄱ. 진도는 지진을 느낀 정도나 피해 정도를 나타낸 것으로, 동일한 규모의 지진이라 해도 진원으로부터의 거리, 지층의 상태, 건물의 상태 등에 따라 진도는 달라질 수 있다.
오답 피하기 | ㄴ. 동일한 지진의 경우 지진의 규모는 어디에서나 같다.
ㄷ. 지진 발생 지점으로부터 멀어질수록 진도는 대체로 작게 나타난다.

13 **오답 피하기**| ㄱ. 화산 활동과 지진은 전 세계에 고르게 분포하는 것이 아니라 대부분 특정 지역에 집중되어 분포한다.

14 ①, ④ 환태평양 화산대와 지진대는 전 세계 화산 활동의 70~80 %가 일어나고 있어 불의 고리라고도 한다.
② 화산대와 지진대는 판의 경계와 거의 일치한다.
③ 전 세계에서 화산 활동과 지진이 가장 활발한 지역이다.
오답 피하기| ⑤ 환태평양 화산대와 지진대는 태평양의 가장자리에 분포한다.

15 ㄱ. 화산대와 지진대는 판의 경계와 거의 일치한다. 이는 판의 경계에서는 판의 이동으로 지각의 움직임이 활발하여 화산 활동이나 지진이 자주 일어나기 때문이다.
ㄴ. 화산 활동이나 지진과 같은 지각 변동은 주로 판의 경계 부근에서 일어난다.
오답 피하기| ㄷ. 태평양 주변부를 따라 분포하는 화산대와 지진대에서는 대서양 주변부보다 화산 활동과 지진이 활발하게 일어난다. 대서양에서는 판의 경계가 중앙부에 분포한다.

16 ③ 우리나라는 유라시아판의 안쪽에 위치하고, 일본은 여러 판들이 만나는 판의 경계 부근에 위치한다.
오답 피하기| ① 전 세계의 모든 판은 이동한다.
② 우리나라와 일본이 속한 판은 유라시아판으로 대륙판이다.
④ 일본은 판의 경계 부근에 위치하기 때문에 우리나라보다 화산 활동과 지진이 자주 발생한다.
⑤ 우리나라도 지진의 발생 횟수가 증가하고 있다. 우리나라도 지진의 안전지대가 아니므로 지진에 대비해야 한다.

17 자료 분석

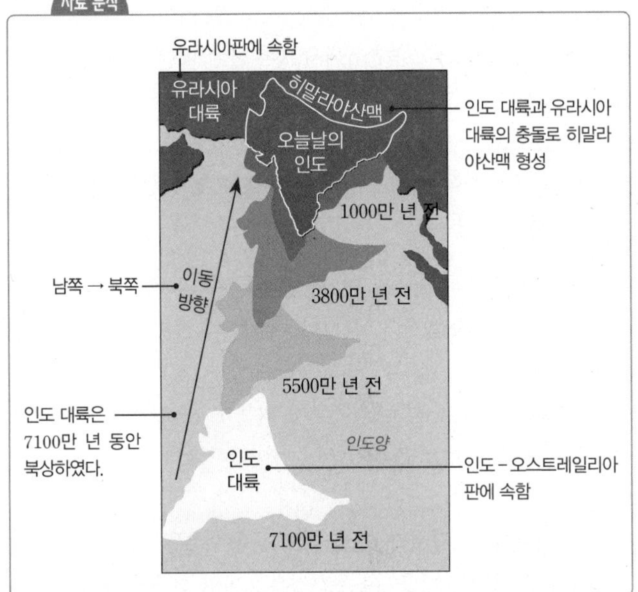

ㄴ. 대륙을 포함하는 판 이동의 원동력은 맨틀의 대류이다.
ㄷ. 인도 대륙은 남쪽에서 북쪽 방향으로 조금씩 이동해 유라시아 대륙과 인도 대륙이 충돌하면서 히말라야산맥이 형성되었다.
오답 피하기| ㄱ. 인도-오스트레일리아판의 이동에 따라 인도 대륙이 북쪽으로 이동하였다.
ㄹ. 인도 대륙의 이동 방향이 바뀌지 않는다면 대륙의 충돌에 의해 히말라야산맥은 계속 높아질 것으로 예상된다.

18 자료 분석

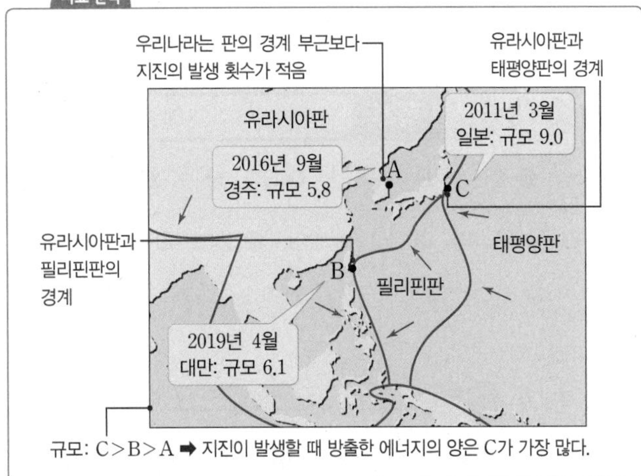

ㄷ. B와 C는 판의 경계 부근에서 발생한 지진이지만, 우리나라에서 발생한 A는 판의 경계에서 떨어진 곳에서 발생한 지진이다.
오답 피하기| ㄱ. 규모가 클수록 강력한 지진이므로, A, B, C 중 C 지진이 가장 강력했다.
ㄴ. B는 유라시아판과 필리핀판의 경계에서 발생한 지진이다.

19 **모범 답안** 추운 지역에 있던 대륙이 이동했기 때문이다.

채점 기준	배점
추운 지역(극지방)의 대륙이 이동했기 때문이라고 서술한 경우	100 %
대륙이 이동했기 때문이라고만 서술한 경우	60 %

20 **모범 답안** (1) C
(2) 판은 지각과 맨틀의 윗부분을 포함하는 단단한 암석층이다.

	채점 기준	배점
(1)	판에 해당하는 것을 옳게 고른 경우	30 %
(2)	주어진 단어를 포함하여 판의 정의를 옳게 서술한 경우	70 %

21 **모범 답안** 피해: 화산 활동으로 분출된 화산재에 의해 기온이 낮아짐, 용암으로 인한 산불 피해 등
혜택: 화산 지형과 온천은 관광 자원으로 활용, 지열을 난방이나 발전에 이용 등

채점 기준	배점
화산 활동에 의한 피해와 혜택을 모두 옳게 서술한 경우	100 %
화산 활동에 의한 피해와 혜택 중 1가지만 옳게 서술한 경우	50 %

22 **모범 답안** 우리나라는 판의 안쪽에 위치하고 있지만, 일본은 판의 경계 부근에 위치하기 때문이다.

채점 기준	배점
우리나라와 일본의 위치를 판의 경계와 관련하여 옳게 서술한 경우	100 %
우리나라와 일본의 위치를 판의 경계와 관련하여 일부만 옳게 서술한 경우	50 %

Ⅱ 여러 가지 힘

01 중력과 탄성력

중단원 핵심 정리 시험 대비 교재 30쪽

❶ 모양 ❷ 화살표 ❸ 지구 중심 ❹ 크다 ❺ $\frac{1}{6}$ ❻ 무게 ❼ 질량 ❽ $\frac{1}{6}$ ❾ 같다 ❿ 빨리 ⓫ 반대 ⓬ 같다 ⓭ 비례

중단원 퀴즈 시험 대비 교재 31쪽

1 ㄱ, ㄷ, ㄹ 2 20 N, 동쪽 3 C 4 ㉠ 무게, ㉡ 질량 5 질량 : 60 kg, 무게: 98 N 6 ㉠ 탄성, ㉡ 탄성력 7 15 N, 왼쪽 8 2 cm

계산 문제 공략 시험 대비 교재 32쪽

1 (1) 12 kg (2) 19.6 N **2** (1) 3 kg (2) 4.9 N **3** (1) 117.6 N (2) 12 kg **4** (1) 1.5 kg (2) 2.45 N **5** (1) 50 kg (2) 50 kg (3) 196 N (4) 50 kg (5) 1225 N (6) 0

1 (1) 지구에서의 질량이 12 kg이므로 달에서의 질량도 12 kg이다.
(2) 지구에서 이 물체의 무게는 $12 \times 9.8 = 117.6$(N)이고, 달에서의 무게는 지구에서 무게의 $\frac{1}{6}$이므로 $117.6\ \text{N} \times \frac{1}{6} = 19.6\ \text{N}$이다.

2 (1) 지구에서의 질량이 $29.4 \div 9.8 = 3$(kg)이므로 달에서의 질량도 3 kg이다.
(2) 달에서의 무게는 지구에서 무게의 $\frac{1}{6}$이므로 $29.4\ \text{N} \times \frac{1}{6} = 4.9\ \text{N}$이다.

3 (1) 지구에서의 중력은 달에서 중력의 6배이므로 지구에서의 무게는 $19.6\ \text{N} \times 6 = 117.6\ \text{N}$이다.
(2) 지구에서의 무게가 117.6 N이므로 지구에서의 질량은 $117.6 \div 9.8 = 12$(kg)이다.

4 (1) 300 g인 추 5개와 수평을 이루고 있으므로 이 물체의 질량은 $300\ \text{g} \times 5 = 1500\ \text{g} = 1.5\ \text{kg}$이다. 질량은 변하지 않는 고유한 양이므로 달에서의 질량도 1.5 kg이다.
(2) 지구에서 이 물체의 무게는 $1.5 \times 9.8 = 14.7$(N)이고, 달에서의 무게는 지구에서 무게의 $\frac{1}{6}$이므로 $14.7\ \text{N} \times \frac{1}{6} = 2.45\ \text{N}$이다.

5 (1) 우주 비행사의 무게가 490 N이므로 질량은 $490 \div 9.8 = 50$(kg)이다.
(2) 질량은 변하지 않는 고유한 양이므로 지구에서와 같은 50 kg이다.
(3) 화성에서의 중력은 지구에서 중력의 0.4배이므로 $490\ \text{N} \times 0.4 = 196\ \text{N}$이다.
(4) 질량은 변하지 않는 고유한 양이므로 지구에서와 같은 50 kg이다.
(5) 목성에서의 중력은 지구에서 중력의 2.5배이므로 $490\ \text{N} \times 2.5 = 1225\ \text{N}$이다.
(6) 무중력 상태에서는 중력이 작용하지 않으므로 모든 물체의 무게가 0이다.

계산 문제 공략 시험 대비 교재 33쪽

1 3 cm **2** 2 cm **3** (1) 6 cm (2) 7.5 N (3) 8 cm **4** (1) 6 cm (2) 6 cm (3) 10 N (4) 12 N

1 5 N : 1 cm = 15 N : x에서 용수철이 늘어난 길이는 x = 3 cm이다.

2 용수철에 매단 추의 총 무게가 $5\ \text{N} \times 4 = 20\ \text{N}$이므로 용수철은 2 cm 늘어난다.

3 (1) 이 용수철은 무게가 3 N인 물체를 매달았을 때 2 cm가 늘어난다. 따라서 무게가 9 N인 물체를 매달면 3 N : 2 cm = 9 N : x에서 용수철이 늘어난 길이는 x = 6 cm이다.
(2) 3 N : 2 cm = x : 5 cm에서 용수철에 매단 물체의 무게는 x = 7.5 N이다.
(3) 이 용수철은 무게가 3 N인 물체를 매달았을 때 2 cm가 늘어난다. 즉, 3 N의 힘에 의해 2 cm가 늘어나므로 12 N의 힘으로 당기면 8 cm가 늘어난다.

4 (1) 용수철에 추 1개를 매달았을 때, 즉 무게가 2 N인 물체를 매달았을 때 3 cm가 늘어나므로 무게가 4 N인 물체를 매달면 6 cm가 늘어난다.
(2) 용수철은 무게가 4 N인 물체에 의해 6 cm만큼 늘어나므로 용수철의 원래 길이는 전체 길이 − 늘어난 길이 = 12 cm − 6 cm = 6 cm이다.
(3) 용수철의 원래 길이가 6 cm이므로 용수철은 21 cm − 6 cm = 15 cm 늘어난 것이다. 이 용수철은 2 N의 힘에 의해 3 cm 늘어나므로 2 N : 3 cm = x : 15 cm에서 용수철에 매단 물체의 무게는 x = 10 N이다.
(4) 용수철에 작용하는 탄성력의 크기는 용수철을 손으로 잡아당긴 힘의 크기와 같다. 용수철을 잡아당긴 힘 x는 2 N : 3 cm = x : 18 cm에서 x = 12 N이다.

중단원 기출 문제

시험 대비 교재 34~37쪽

01 ④, ⑤ **02** ④ **03** ㄹ **04** ① **05** C **06** ② **07** ④ **08** ③ **09** ④ **10** ⑤ **11** ① **12** ㄱ, ㄷ **13** 20 N **14** ④ **15** ⑤ **16** ⑤ **17** 중력, 탄성력 **18** ③ **19** ② **20** ①, ⑤ **21** ㄱ, ㄷ **22** 해설 참조 **23** 해설 참조 **24** 해설 참조

01 물체에 힘을 작용하여 물체의 모양이나 운동 상태를 변하게 한 경우만 과학에서 말하는 힘에 해당한다.
④ 용수철의 모양이 변했으므로 힘이 작용한 것이다.
⑤ 농구공의 운동 상태가 변했으므로 힘이 작용한 것이다.
오답 피하기 | 정신적인 활동은 과학에서 말하는 힘이 아니다.

02 물체에 힘이 작용하면 물체의 모양이나 운동 상태(빠르기와 운동 방향)가 변한다.
오답 피하기 | ④ 썰매는 빠르기와 운동 방향이 변하지 않았으므로 힘이 작용하지 않은 것이다.

03 ㄹ. 화살표의 길이는 힘의 크기에 비례하므로 크기가 4 N인 힘을 길이가 4 cm인 화살표로 나타냈다면 길이가 2 cm인 화살표는 크기가 2 N인 힘을 나타낸다는 것을 알 수 있다.
오답 피하기 | ㄱ. 화살표의 방향이 힘의 방향을 나타내므로 이 힘의 방향은 북서쪽이다.
ㄴ. 화살표의 길이가 힘의 크기를 나타낸다.
ㄷ. 화살표의 시작점이 힘의 작용점을 나타낸다.

04 **오답 피하기** | ㄴ. 물체에 작용하는 중력의 크기를 무게라고 한다.
ㄷ. 공중에 떠 있는 물체에도 중력이 작용한다.

05 지표 부근의 물체에는 지구 중심 방향인 C 방향으로 중력이 작용한다.

06 질량은 측정 장소에 따라 달라지지 않는 고유한 양이고, 무게는 물체에 작용하는 중력의 크기이므로 측정 장소에 따라 달라진다.

07 ㄱ. 질량은 장소에 따라 변하지 않는 고유한 양이므로 지구와 달에서의 질량인 A와 B는 같다.
ㄷ. 지구에서의 무게(N)=9.8×질량(kg)이므로 C는 A의 9.8배이다.
오답 피하기 | ㄴ. 달에서의 무게는 지구에서 무게의 $\frac{1}{6}$이므로 D는 C의 $\frac{1}{6}$이다.

08 질량은 측정 장소에 따라 변하지 않는 고유한 양이므로 달에서도 60 kg이고, 달에서의 무게는 지구에서 무게의 $\frac{1}{6}$이므로 $60\times9.8\times\frac{1}{6}=98$(N)이다.

09 ㄱ. A는 가정용저울로 무게를 측정하는 저울이다.
ㄴ. B는 윗접시저울로 질량을 측정하는 저울이다.
ㄹ. 질량은 장소에 따라 변하지 않는 고유한 양이므로 달에서 B로 측정한 사과의 질량은 지구에서와 같은 1200 g이다.
오답 피하기 | ㄷ. 달에서의 중력은 지구에서 중력의 $\frac{1}{6}$이므로 달에서 A로 측정한 사과의 무게는 $12\text{ N}\times\frac{1}{6}=2\text{ N}$이다.

10 **오답 피하기** | ⑤ 용수철의 종류와 관계없이 탄성력의 크기는 용수철을 변형시킨 힘의 크기와 같다.

11 탄성력은 탄성체가 변형된 방향과 반대 방향으로 작용한다. 고무줄을 양쪽에서 바깥쪽으로 잡아당겼으므로 A, B에서 탄성력은 모두 안쪽으로 작용한다.

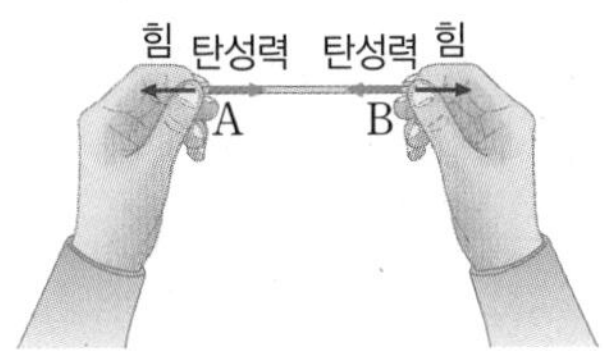

12 ㄱ. (가), (나)에서 손에 작용하는 탄성력의 크기는 외부에서 작용한 힘의 크기와 같은 10 N이다.
ㄷ. (가), (나)에서 용수철은 원래 상태로 되돌아가려는 힘인 탄성력을 손에 작용한다.
오답 피하기 | ㄴ. 탄성력의 방향은 외부에서 작용한 힘의 방향과 반대이므로 (가)에서는 왼쪽, (나)에서는 오른쪽이다.

13 이 용수철은 2 N의 힘이 작용할 때 1 cm 늘어난다. 따라서 2 N : 1 cm=x : 10 cm에서 용수철을 잡아당긴 힘은 x=20 N이다.

14 1 N : 2 cm=4 N : x에서 용수철이 늘어난 길이는 x=8 cm이다.

15 ① 추에 작용하는 중력의 방향은 아래 방향인 B이다.
② 추에 작용하는 중력에 의해 용수철이 아래로 늘어났으므로 탄성력의 방향은 A이다.
③, ④ 추에 작용하는 탄성력의 크기는 중력의 크기와 같은 10 N이다.
오답 피하기 | ⑤ 용수철에 매단 추의 무게가 무거울수록 용수철이 늘어난 길이가 길어진다. 즉, 용수철에 매단 추의 무게와 용수철이 늘어난 길이는 비례한다.

16 용수철에 매단 추가 2개, 3개로 증가할 때 용수철이 늘어난 길이가 2배, 3배가 되었으므로, 용수철이 늘어난 길이는 용수철에 매단 추의 개수에 비례한다.

17 추에 작용하는 중력에 의해 용수철이 늘어나므로 추에는 중력과 탄성력이 작용한다.

18 **오답 피하기** | ③ 컬링은 스톤과 빙판 사이의 마찰력을 조절하면서 진행하는 경기이다.

19 

천체	지구	달	화성	목성
중력의 상대적 크기	1	$\frac{1}{6}$	$\frac{1}{3}$	2.5

지구를 1로 했을 때 각 천체에서의 중력이다. ➡ 달과 화성에서의 중력은 지구에서보다 작고, 목성에서의 중력은 지구에서보다 크다.

중력이 달에서의 6배인 지구에서 물체의 무게는 $98 \times 6 = 588$(N)이고, 질량은 $588 \div 9.8 = 60$(kg)이다.

② 질량은 모든 천체에서 동일하게 측정되므로 목성에서 물체의 질량은 60 kg이다.

오답 피하기 | ① 지구에서 물체의 무게는 588 N이다.

③ 목성에서의 중력은 지구에서 중력의 2.5배이므로 목성에서 물체의 무게는 588 N × 2.5 = 1470 N이다.

④ 물체의 질량은 모든 천체에서 동일하게 측정된다.

⑤ 물체의 무게는 중력의 크기가 큰 행성일수록 크게 측정된다.

20 ② 질량은 변하지 않으므로 우주 정거장에서 쇠공의 질량은 지구에서와 같은 200 g이다.

③ 질량은 변하지 않으므로 우주 정거장에서 고무공의 질량은 지구에서와 같은 100 g이다.

④ 중력이 작용하지 않는 우주 정거장에서는 모든 물체의 무게가 0이므로 두 공의 무게를 비교할 수 없다.

오답 피하기 | ① 우주 정거장에서는 중력이 작용하지 않으므로 쇠공과 고무공의 무게는 모두 0이다.

⑤ 우주 정거장에서 쇠공과 고무공을 동시에 불면 쇠공보다 질량이 작은 고무공이 더 빨리 밀려난다.

21 자료 분석

6 cm
19.6 N

용수철에 매단 물체의 무게가 무거울수록, 즉 용수철에 작용하는 힘의 크기가 클수록 용수철이 많이 늘어난다.
➡ 달에서는 용수철에 매단 물체의 무게가 $\frac{1}{6}$이 되므로 용수철이 늘어난 길이도 $\frac{1}{6}$이 된다.

ㄱ. 지구에서 추의 무게가 19.6 N이므로 추의 질량은 $19.6 \div 9.8 = 2$(kg)이다.

ㄷ. 달에 가서 같은 용수철에 이 추를 매달면 용수철에 작용하는 중력이 $\frac{1}{6}$이 되므로 용수철은 1 cm 늘어난다.

오답 피하기 | ㄴ. 질량은 장소에 따라 변하지 않으므로 달에 가서 양팔저울로 이 추의 질량을 측정하면 지구에서와 같은 2 kg이다.

22 공이 운동하는 동안 공에 작용하는 중력은 변하지 않는다.

모범 답안 중력의 크기는 9.8 N으로 모두 일정하고, 중력의 방향도 아래 방향(↓)으로 모두 일정하다.

채점 기준	배점
중력의 크기와 방향을 모두 옳게 서술한 경우	100 %
중력의 크기와 방향 중 1가지만 옳게 서술한 경우	50 %

23 **모범 답안** (1) 질량은 장소에 따라 변하지 않는 고유한 양이므로 우주 비행사의 질량은 일정하다.

(2) 무게는 지구 중심에서 멀어질수록 감소하므로 우주 비행사의 무게는 점점 감소한다.

	채점 기준	배점
(1)	까닭과 함께 질량이 일정하다고 서술한 경우	50 %
	질량이 일정하다고만 서술한 경우	30 %
(2)	까닭과 함께 무게가 감소한다고 서술한 경우	50 %
	무게가 감소한다고만 서술한 경우	30 %

24 

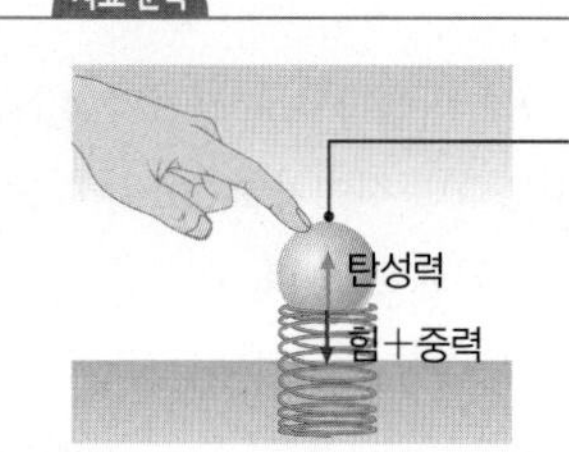

이 상태에서 탁구공을 누르는 손을 치운다.
➡ 힘이 작용하지 않는다.
➡ 원래 상태로 돌아가려는 탄성력이 위쪽으로 작용하므로 탁구공이 위로 튀어 오른다.

모범 답안 (1) 중력의 방향: 아래 방향, 탄성력의 방향: 위 방향

(2) 탁구공은 탄성력에 의해 위로 튀어 오르므로 용수철을 더 많이 압축시켜 탁구공에 작용하는 탄성력의 크기를 크게 한다.

	채점 기준	배점
(1)	중력과 탄성력의 방향을 모두 옳게 쓴 경우	50 %
	중력과 탄성력의 방향 중 1가지만 옳게 쓴 경우	20 %
(2)	모범 답안과 같이 서술한 경우	50 %
	용수철을 더 많이 압축시킨다고만 서술한 경우	30 %

02 마찰력과 부력

중단원 핵심 정리 시험 대비 교재 38쪽

❶ 반대 ❷ 힘 ❸ 운동 ❹ 거칠 ❺ 무거울 ❻ 중력 ❼ 클 ❽ > ❾ = ❿ < ⓫ 작다

중단원 퀴즈 시험 대비 교재 39쪽

1 ㉠ 접촉면, ㉡ 반대 **2** (가) 오른쪽, (나) 왼쪽 **3** 10 N **4** (1) < (2) < **5** ㉠ 반대, ㉡ 기체 **6** 6 N **7** ㄱ, ㅁ, ㅂ

계산 문제 공략 시험 대비 교재 40쪽

1 0.2 N **2** 16 N **3** 18 N **4** 4 N **5** 5 N **6** 6 N

1 용수철저울의 눈금이 0.98 N−0.78 N=0.2 N만큼 감소하였다. 이는 추가 물속에 잠기기 전후의 무게 차, 즉 추에 작용하는 부력의 크기를 의미한다.

2 추 1개를 물속에 완전히 넣었을 때 추가 받는 부력의 크기는 10 N−8 N=2 N이다. 따라서 추 2개를 물속에 완전히 넣었을 때는 4 N의 부력을 받고, 이때 공기 중에서 추의 무게는 20 N이므로 용수철저울의 눈금은 16 N을 가리킨다.

3 추 1개당 받는 부력의 크기가 4 N이므로 (다)와 같이 추 3개가 모두 물속에 완전히 잠길 때 용수철저울의 눈금은 30 N−12 N=18 N을 가리킨다.

4 물체가 받는 부력의 크기는 흘러넘친 물의 무게인 4 N과 같다.

5 물속에 잠긴 물체가 받는 부력의 크기=공기 중에서 물체의 무게−물속에서 물체의 무게=15 N−10 N=5 N이다. 물체가 받는 부력의 크기는 흘러넘친 물의 무게와 같으므로 흘러넘친 물의 무게는 5 N이다.

6 추에 작용하는 부력은 18 N−12 N=6 N이고, 이는 흘러넘친 물의 무게와 같다.

중단원 기출 문제 시험 대비 교재 41~45쪽

01 ③ **02** 중력의 방향: D, 마찰력의 방향: B **03** ④ **04** ③ **05** 5 N **06** ⑤ **07** ② **08** (나)>(가)=(다)>(라) **09** ② **10** ⑤ **11** ④ **12** ① **13** ① **14** ④ **15** 위(↑) 방향으로 2 N **16** ⑤ **17** ④ **18** ③ **19** ③ **20** ③ **21** B>A>C **22** ⑤ **23** ① **24** ⑤ **25** ③ **26** 10 N **27** 해설 참조 **28** 해설 참조 **29** 해설 참조

01 ㄱ. 접촉면이 거칠수록, 물체의 무게가 무거울수록 마찰력이 크다.
ㄴ. 마찰력은 접촉면에서 물체의 운동을 방해하는 힘으로 물체의 운동 방향과 반대 방향으로 작용한다.
오답 피하기 | ㄷ. 물체를 밀어도 물체가 움직이지 않을 때 물체에 작용하는 마찰력의 크기는 물체를 민 힘의 크기와 같다.

02 중력은 지구 중심 방향인 D 방향으로 작용하고, 마찰력은 물체가 미끄러지는 방향과 반대 방향인 B 방향으로 작용한다.

03 중력은 지구 중심 방향(↓)으로 작용하고, 탄성력은 용수철이 늘어난 방향과 반대 방향(←)으로 작용하며, 마찰력은 나무 도막이 운동하는 방향과 반대 방향(←)으로 작용한다.

04 마찰력은 물체의 무게가 무거울수록, 접촉면이 거칠수록 크다.

05 용수철저울의 눈금이 5 N일 때 나무 도막은 정지해 있다. 따라서 이때 나무 도막에 작용하는 마찰력의 크기는 나무 도막에 작용한 힘의 크기와 같은 5 N이다.

06 물체의 무게는 일정하게 하고 접촉면의 거칠기만 변화시켰으므로 접촉면의 거칠기와 마찰력의 크기 관계를 알아보고자 하는 실험이다.

07 ② A-B-C 순으로 미끄러지기 시작했으므로 마찰력의 크기는 C가 가장 크고 A가 가장 작다. 접촉면이 거칠수록 마찰력의 크기가 크므로 바닥의 재질이 가장 거친 신발은 C이다.
오답 피하기 | ① 신발은 빗면을 따라 아래로 미끄러지려고 하므로 C에 작용하는 마찰력의 방향은 ㉠이다.
③ 가장 큰 마찰력이 작용하는 신발은 가장 나중에 미끄러지는 C이다.
④ 미끄러지기 시작하는 순간이 모두 다르므로 A, B, C에 작용하는 마찰력의 크기는 모두 다르다.
⑤ 미끄러지기 전에도 미끄러지려는 방향과 반대 방향으로 신발에 마찰력이 작용한다.

08 자료 분석

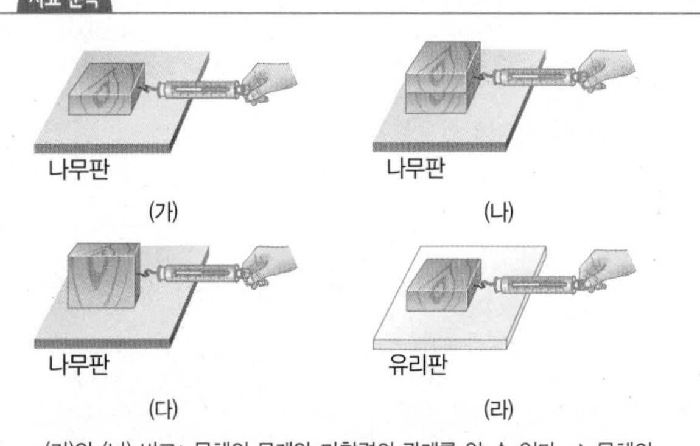

• (가)와 (나) 비교: 물체의 무게와 마찰력의 관계를 알 수 있다. ➡ 물체의 무게가 무거울수록 마찰력이 크므로 용수철저울의 눈금은 (나)>(가)이다.
• (가)와 (다) 비교: 접촉면의 넓이와 마찰력의 관계를 알 수 있다. ➡ 접촉면의 넓이와 마찰력은 관계가 없으므로 (가)=(다)이다.
• (가)와 (라) 비교: 접촉면의 거칠기와 마찰력의 관계를 알 수 있다. ➡ 접촉면이 거칠수록 마찰력이 크므로 용수철저울의 눈금은 (가)>(라)이다.

나무 도막이 움직이기 시작할 때 용수철저울의 눈금은 마찰력의 크기를 의미한다. 마찰력은 물체의 무게가 무거울수록, 접촉하는 면이 거칠수록 커지며, 접촉면의 넓이에는 영향을 받지 않는다.

09 빗면의 기울기를 점점 크게 할수록 나무 도막을 빗면에서 미끄러져 내려가게 하는 힘의 크기가 증가한다. 이 힘의 크기와 나무 도막에 작용하는 마찰력의 크기는 같으므로 마찰력의 크기도 점점 증가한다.

10 ⑤ 판을 들어 올릴수록 나무 도막이 아래로 내려가려는 힘이 커져 나무 도막이 미끄러진다. 나무 도막이 미끄러지기 직전까지 나무 도막이 아래로 내려가려는 힘의 크기와 마찰력의 크기는 같다. 따라서 나무 도막이 미끄러지기 시작하는 빗면의 기울기가 클수록 마찰력의 크기가 크다.

오답 피하기 | ① 마찰력의 방향은 모두 빗면 위 방향이다.

② 마찰력의 크기는 접촉면이 거칠수록 크다.

③ 유리판은 빗면의 기울기가 23°일 때부터 미끄러지기 시작하므로 빗면의 기울기가 20°일 때 나무 도막은 정지해 있다.

④ 나무 도막이 미끄러지기 시작하는 빗면의 기울기가 클수록 마찰력이 큰 것이므로 사포판 > 나무판 > 유리판 순으로 마찰력이 크다.

11 ④ 마찰력을 크게 하여 이용하는 예이다.

오답 피하기 | ①, ③은 탄성력, ②는 부력, ⑤는 자기력을 이용하는 예이다.

12 **오답 피하기** | ㄷ, ㄹ은 마찰력이 작아야 편리한 경우이다.

13 ㄱ. 부력의 방향은 중력과 반대 방향이다.

오답 피하기 | ㄴ, ㄷ. 부력은 액체나 기체가 그 속에 있는 물체를 위쪽으로 밀어 올리는 힘으로, 물속에 잠긴 물체의 부피가 클수록 부력의 크기가 크다.

14 자료 분석

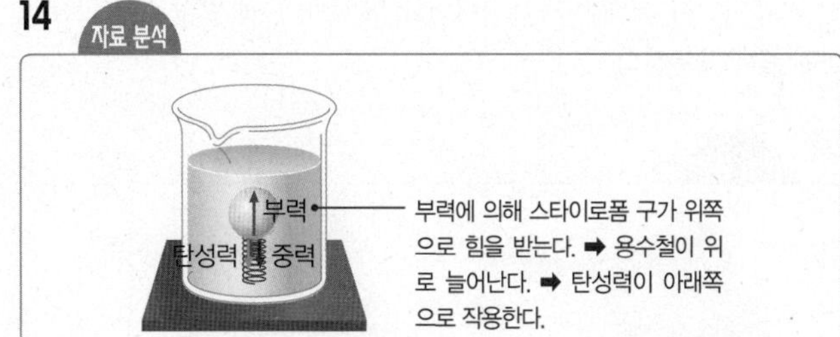

중력은 지구 중심 방향(↓)으로 작용하고, 부력은 중력과 반대 방향(↑)으로 작용하며, 탄성력은 용수철이 늘어난 방향과 반대 방향(↓)으로 작용한다.

15 물속에 잠긴 추에 작용하는 부력의 크기 = 공기 중에서 추의 무게 − 물속에서 추의 무게 = 6 N − 4 N = 2 N이다.

16 ㄴ. A와 B에 작용하는 부력의 방향은 중력과 반대 방향으로 같다.

ㄷ. A, B가 물에 떠 있으므로 각각 부력의 크기와 중력의 크기가 같은데, B에 작용하는 부력의 크기가 더 크므로 중력의 크기도 B가 더 크다.

오답 피하기 | ㄱ. 부력은 물에 잠긴 물체의 부피에 비례하므로 더 많이 잠긴 B에 작용하는 부력의 크기가 더 크다.

17 자료 분석

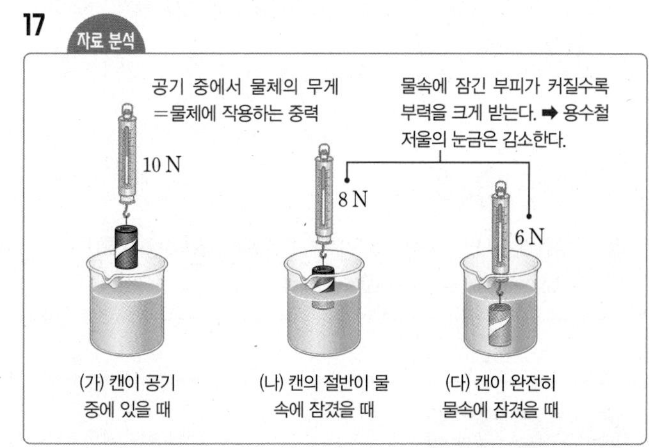

ㄱ. (다)에서 캔에 작용하는 부력이 10 N − 6 N = 4 N이고, (나)에서 캔에 작용하는 부력이 10 N − 8 N = 2 N이다. 따라서 캔에 작용하는 부력의 크기는 (다)에서가 (나)에서의 2배라는 것을 알 수 있다.

ㄷ. (나)는 (가)에 비해 용수철저울의 눈금이 2 N만큼 감소하였고, (다)는 (가)에 비해 용수철저울의 눈금이 4 N만큼 감소하였다. 따라서 (나)와 (다)를 비교하면 물속에 잠긴 캔의 부피가 클수록 캔이 받는 부력의 크기가 커진다는 것을 알 수 있다.

오답 피하기 | ㄴ. 캔에 작용하는 중력의 크기는 (가), (나), (다)에서 모두 같다.

18 ③ 물속에 잠긴 추의 부피가 증가하므로 추에 작용하는 부력의 크기도 증가한다.

오답 피하기 | ①, ② 추의 질량과 추에 작용하는 중력의 크기는 일정하다.

④ 추에 작용하는 부력이 증가하므로 용수철저울이 가리키는 눈금은 감소한다.

⑤ 추에 작용하는 중력의 크기는 변하지 않지만 부력의 크기는 점점 증가한다.

19 흘러넘친 물의 무게는 부력의 크기를 의미하므로 부력의 크기는 3 N이고, 부력의 크기만큼 물속에서 추의 무게가 감소하므로 용수철저울의 눈금은 10 N − 3 N = 7 N을 가리킨다.

20 A, B, C는 물속에 잠긴 부피가 모두 같으므로 물의 깊이(잠긴 위치)에 관계없이 부력의 크기는 같다.

21 물속에 잠긴 물체가 받는 부력의 크기는 물체의 질량과는 관계가 없고 물속에 잠긴 물체의 부피가 클수록 크다.

22 ①, ② 중력은 ㉡ 방향으로 작용하고, 부력은 중력과 반대 방향인 ㉠ 방향으로 작용한다.

③, ④ 배는 물로부터 위로 밀어 올리는 힘인 부력을 받으며, 중력과 부력의 크기가 같아 물 위에 가만히 떠 있는 것이다.

오답 피하기 | ⑤ 화물선에 화물을 더 많이 실으면 화물선이 물속에 잠긴 부피가 커지므로 화물선에 작용하는 부력이 증가한다.

23 **오답 피하기** | ① 운동 방향과 반대 방향으로 작용하는 마찰력에 의한 현상이다.

24 자료 분석

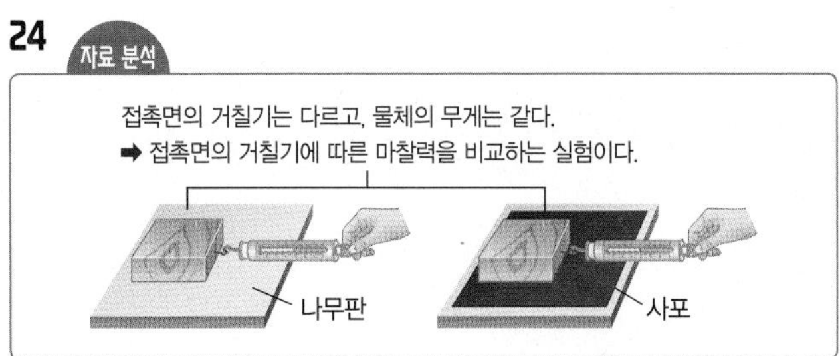

제시된 실험은 접촉면의 거칠기에 따른 마찰력의 크기를 알아보려는 것이다.

①, ②, ③ 접촉면을 매끄럽게 하여 마찰력을 작게 하여 이용하는 예이다.

④ 접촉면을 거칠게 하여 마찰력을 크게 하여 이용하는 예이다.

오답 피하기 | ⑤ 물체의 무게와 마찰력의 크기 관계로 설명할 수 있는 현상이다. 무게가 무거운 큰 트럭에 작용하는 마찰력이 더 커서 트럭을 밀기가 더 어려운 것이다.

25 자료 분석

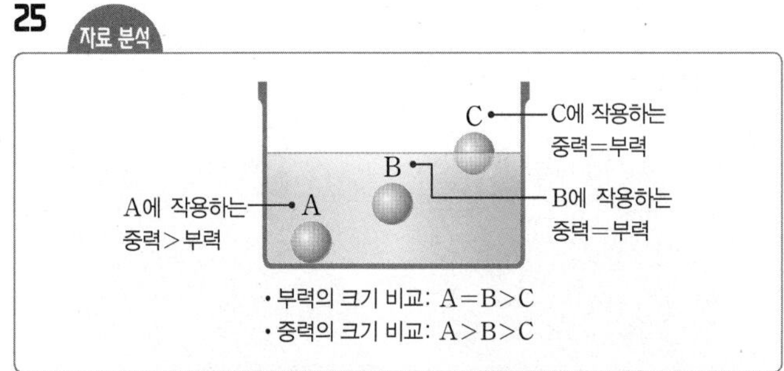

③ A는 가라앉아 있으므로 중력의 크기가 부력의 크기보다 크다.

오답 피하기 | ① 부력의 크기는 물에 잠긴 물체의 부피가 클수록 크므로 부력의 크기를 비교하면 A=B>C이다.

② A와 B에 작용하는 부력의 크기는 같지만 A는 바닥에 가라앉아 있고, B는 중간에 떠 있다. 이는 A에 작용하는 중력의 크기가 B에 작용하는 중력의 크기보다 크기 때문이다.

④ C는 물 위에 떠 있으므로 C에 작용하는 중력과 부력의 크기는 같다.

⑤ C를 물속에 잠기도록 아래로 누르면 C가 물속에 잠긴 부피가 커지므로 C에 작용하는 부력의 크기가 증가한다.

26 자료 분석

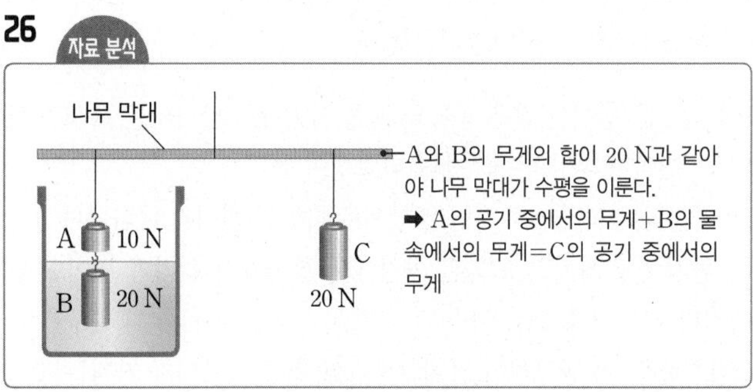

나무 막대가 수평을 이루고 있으므로 A와 B의 무게의 합이 C의 무게인 20 N과 같다. 공기 중에서 A의 무게가 10 N이므로 물속에서 B의 무게는 10 N이 되어야 한다. 공기 중에서 B의 무게는 20 N이므로 물속에서 B의 무게가 10 N이 되려면 B에는 10 N의 부력이 위쪽으로 작용해야 한다.

27 **모범 답안** 눈길에 모래를 뿌린다. 계단에 미끄럼 방지 패드를 부착한다. 등산화 바닥을 울퉁불퉁하게 만든다. 체조 선수가 손에 횟가루를 묻힌다. 등

채점 기준	배점
2가지 모두 옳게 서술한 경우	100 %
1가지만 옳게 서술한 경우	50 %

28 **모범 답안** (1) A<B

(2) 부력의 크기는 물속에 잠긴 물체의 부피가 클수록 크다. 짐을 많이 실은 B가 A보다 더 많이 잠겨 있으므로 B에 작용하는 부력의 크기가 더 크다.

	채점 기준	배점
(1)	A<B라고 쓴 경우	40 %
(2)	제시된 단어를 모두 포함하여 까닭을 옳게 서술한 경우	60 %
	제시된 단어를 일부만 포함하여 서술한 경우	30 %

29 **모범 답안** 왕관, 왕관이 물속에서 부력을 크게 받아 무게가 더 가벼워졌으므로 금덩어리 쪽으로 저울이 기울어진 것이다. 물속에서의 부피가 클수록 부력이 커지므로 왕관의 부피가 금덩어리보다 크다.

채점 기준	배점
왕관을 고르고, 까닭을 옳게 서술한 경우	100 %
왕관만 고른 경우	40 %

Ⅲ 생물의 다양성

01 생물 다양성

중단원 핵심 정리 시험 대비 교재 46쪽

❶ 종류 ❷ 습지 ❸ 높다 ❹ 작아진다 ❺ 생태계 ❻ 높다 ❼ 5 ❽ 3 ❾ 높다 ❿ 변이 ⓫ 환경 ⓬ 온도(기온) ⓭ 계절 ⓮ 변이 ⓯ 높아진다

중단원 퀴즈 시험 대비 교재 47쪽

1 ㉠ 생물 다양성, ㉡ 생물 다양성 2 (가) ㄴ, (나) ㄷ, (다) ㄱ 3 (나) 4 변이 5 ㉠ 낮은, ㉡ 높은 6 ㉠ 뿔, ㉡ 뿔 7 ㉠ 변이, ㉡ 환경

중단원 기출 문제 시험 대비 교재 48~51쪽

01 ⑤ 02 ③ 03 ② 04 사막, 갯벌, 논, 강 05 ②, ③ 06 ⑤ 07 ② 08 ③ 09 ④ 10 난초사마귀 11 ② 12 ② 13 ③, ④ 14 ⑤ 15 ④ 16 (나) → (가) → (라) → (다) → (마) 17 ② 18 ⑤ 19 ⑤ 20 해설 참조 21 해설 참조 22 해설 참조

01 ㄱ. 어떤 지역에 얼마나 다양한 생태계가 존재하는지는 생태계의 다양한 정도를 나타내며, 생물 다양성에 포함된다.
ㄴ. 일정한 지역에 얼마나 많은 종류의 생물이 살고 있는지는 생물 종류의 다양한 정도를 나타내며, 생물 다양성에 포함된다.
ㄷ. 같은 종류의 생물에서 나타나는 특성의 다양한 정도는 생물 다양성에 포함된다.

02 ① 생물의 종류가 다양하면 생물 다양성이 높다.
② 여러 종류의 생물이 고르게 분포하면 생물 다양성이 높다.
④ 바다, 숲, 사막 등 여러 가지 생태계가 분포하면 생물 다양성이 높다.
⑤ 한 종류의 생물 사이에서 다양한 특성이 나타나면 생물 다양성이 높다.
오답 피하기 | ③ 어떤 지역에 한 종류의 생물이 분포하는 것은 생물 다양성이 낮은 경우이다.

03 ① 생물 다양성의 의미 중 (가)는 생물 종류의 다양한 정도를 나타낸 것이다.
③ 일정한 지역에 살고 있는 생물의 종류가 많을수록 생물 다양성이 높다.
④ 생물이 가지는 특성(유전자)은 부모로부터 자손에게 전해진다.
⑤ 같은 생물에서 나타나는 특성이 다양할수록 급격한 환경 변화나 전염병에도 살아남는 것이 있다.
오답 피하기 | ② (나)는 같은 종류의 생물 사이에서 나타나는 특성의 다양한 정도를 나타낸 것이다.

04 생태계의 종류에는 사막, 갯벌, 강, 숲, 초원, 열대 우림 등이 있으며, 사람의 필요에 따라 만들어진 논이나 밭도 생태계에 속한다.

05 ② 논이나 밭과 같은 농경지는 사람의 필요에 따라 만들어진 생태계이다.
③ 갯벌은 육지와 바다를 이어 주는 곳으로, 다양한 생물들이 살고 있다.
오답 피하기 | ① 사막, 갯벌, 논, 강 중 갯벌의 생물 다양성이 가장 높다.
④ 갯벌과 강에 살고 있는 생물의 종류는 다르다.
⑤ 사막에는 건조한 환경에 적응한 생물이 살고 있다.

06 열대 우림은 식물이 무성하게 자라고, 이를 터전으로 수많은 종류의 생물이 살고 있으므로 생물 다양성이 높다.

07 같은 종류에 속하는 생물의 특성이 다양할수록 급격한 환경 변화나 전염병에도 살아남는 것이 있어서 멸종할 가능성이 작아진다.

08 자료 분석

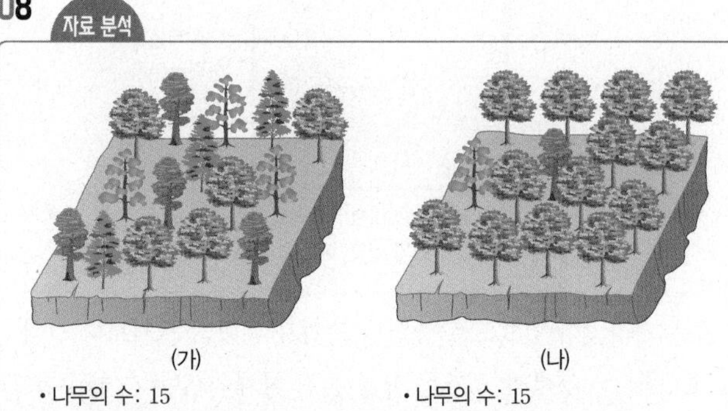

➡ (나) 지역보다 (가) 지역에 여러 종류의 나무가 고르게 분포한다. → (나) 지역보다 (가) 지역의 생물 다양성이 높다.

① (가)에 서식하는 나무는 4종류이고, (나)에 서식하는 나무는 3종류이다.
②, ④ (가)와 (나)에 각각 서식하는 나무의 수는 15로 같다.
⑤ (나)에는 한 종류의 나무가 대부분을 차지하지만 (가)에는 다양한 나무가 고르게 분포한다.
오답 피하기 | ③ (나)보다 (가)에 다양한 나무가 고르게 분포하므로 (나)보다 (가)의 생물 다양성이 높다.

09 ①, ⑤ 변이는 같은 종류의 생물 사이에서 나타나는 특성의 차이로, 변이가 다양할수록 생물 다양성이 높다.
② 환경의 영향과 유전적인 영향으로 다양한 변이가 나타난다.
③ 환경이 달라지면 변화된 환경에서 살아가기 유리한 변이도 달라진다.
오답 피하기 | ④ 잠자리의 날개가 2쌍인 것은 잠자리가 가지는 고유

의 특성으로, 변이가 아니다.

10 화려한 색깔의 꽃이 있는 환경에서는 화려한 색깔을 가진 난초사마귀가 살아가는 데 유리하다.

11 바지락 껍데기의 무늬와 색깔이 다양하게 나타난 까닭은 다양한 변이가 나타났기 때문이다.

12 북극여우와 사막여우의 생김새는 온도에 따라 다르게 나타난 것이다.

13 ①, ② (가)와 (나)는 눈잣나무로, (가)는 바람이 약하게 부는 곳에 살고 있어 위로 곧게 자라는 것이고, (나)는 바람이 세게 부는 곳에 살고 있어 땅에 붙어서 옆으로 누워 자라는 것이다.
⑤ (가)와 (나)는 같은 종류의 눈잣나무가 바람의 세기가 다른 환경에 적응한 모습을 나타낸 것이다.
오답 피하기 | ③, ④ (다)는 봄에 태어난 호랑나비이고, (라)는 여름에 태어난 호랑나비이다.

14 갈라파고스제도의 여러 섬에는 먹이의 종류가 다르기 때문에 핀치가 각 섬에 적응하는 과정에서 부리의 모양이 섬마다 다르게 변했다.

15 같은 종류의 생물이 오랜 시간 동안 서로 다른 환경에서 살아가면 서로 다른 생김새와 특성을 지닌 무리로 나누어질 수 있다.

16 목이 긴 변이를 가진 거북이 키가 큰 선인장이 있는 환경에서 살기에 유리했기 때문에 목이 긴 기린이 목이 짧은 기린보다 많이 살아남았다.

17 ① 거북은 살아가기에 유리한 환경에 적응하여 살아간다.
③ 환경에 유리한 변이를 가진 거북이 많이 살아남게 되고 자손을 남기게 된다.
④ 목이 긴 거북이 키가 큰 선인장이 있는 환경에서 살기에 유리하였으므로, 목이 긴 거북이 나타나는 데 직접적인 영향을 미친 환경 요인은 먹이이다.
⑤ 목 길이에 대한 변이와 환경에 적응하는 과정은 다양한 종류의 거북이 나타나는 원인이 된다.
오답 피하기 | ② 거북 무리는 원래 목이 짧았지만, 목이 좀 더 긴 변이를 가진 거북도 있었다.

18 자료 분석

(가) 과학자들은 지구에 살고 있는 생물의 종류를 1000만 종 이상으로 예상한다. ← 생물 종류의 다양한 정도
(나) 지역에 따라 기후 조건이 달라 다양한 생태계가 형성된다. ← 생태계의 다양한 정도
(다) 다양한 종류의 변이가 존재할수록 지구 생물 전체의 특성(유전자)은 다양해진다. ← 같은 종류의 생물 사이에서 나타나는 특성(유전자)의 다양한 정도

ㄱ. 달팽이의 껍데기 무늬와 색깔이 매우 다양한 것은 같은 종류의 생물 사이에서 나타나는 특성(유전자)의 다양한 정도(다)에 해당한다.
ㄴ. 생태계에 열대 우림, 초원, 바다, 갯벌 등이 있는 것은 생태계의 다양한 정도(나)에 해당한다.
ㄷ. 원핵생물계, 원생생물계 등에 속하는 새로운 종류의 생물이 계속 보고되고 있는 것은 생물 종류의 다양한 정도(가)에 해당한다.

19 ⑤ 같은 종류였던 생물이 다양한 환경에 적응하는 과정에서 각 환경에 유리한 변이를 가진 생물만 살아남아 자손을 남기게 된다.
오답 피하기 | ① 부모에게서 여러 가지 특성을 가진 자손이 태어날 수 있다.
② 생물이 다양해진 까닭은 한 생물이 시간이 지남에 따라 몸의 변화가 생기기 때문이 아니라 변이와 환경에 적응하는 과정 때문이다.
③ 생물은 변화된 환경에 적응하기 유리한 방향으로 발달하며 다양해진다.
④ 과거에 살았던 생물의 특성은 변화된 환경에 적응하여 변하고, 그 특성을 자손에게 물려준다.

20 사람의 필요에 의해 옥수수만 재배하는 밭이므로 생물의 종류가 적고, 급격한 환경 변화에 적응하지 못할 가능성이 크다.
모범 답안 옥수수만 재배하는 농경지는 옥수수 사이에서 나타나는 특성이 다양하지 않아 생물 다양성이 낮기 때문이다.

채점 기준	배점
특성이 다양하지 않고 생물 다양성이 낮다는 내용을 모두 포함하여 까닭을 옳게 서술한 경우	100 %
특성이 다양하지 않고 생물 다양성이 낮다는 내용 중 1가지만 포함하여 까닭을 옳게 서술한 경우	50 %

21 무당벌레의 겉 날개의 색깔과 무늬가 다양하게 나타나는 것은 변이의 예에 해당한다.
모범 답안 (1) 변이
(2) 사람은 저마다 생김새가 다르다. 코스모스의 꽃잎 색은 여러 가지이다. 바지락의 껍데기 무늬는 서로 조금씩 다르다.

	채점 기준	배점
(1)	변이라고 쓴 경우	30 %
(2)	변이의 예를 2가지 모두 옳게 서술한 경우	70 %
	변이의 예를 1가지만 옳게 서술한 경우	30 %

22 **모범 답안** 씨앗을 깰 수 있는 조금 더 크고 단단한 부리를 가진 새가 더 많이 살아남아 자손을 남겼다.

채점 기준	배점
제시된 단어를 모두 포함하여 옳게 서술한 경우	100 %
제시된 단어 중 2가지만 포함하여 옳게 서술한 경우	60 %

02 생물의 분류

중단원 핵심 정리 시험 대비 교재 52쪽

❶ 분류 ❷ 다양성 ❸ 종 ❹ 다른 ❺ 다른 ❻ 같은 ❼ 단세포
❽ 기관 ❾ 균계 ❿ 원생생물계 ⓫ 원핵생물계 ⓬ 식물계
⓭ 균사 ⓮ 동물계 ⓯ 있다 ⓰ 못한다

중단원 퀴즈 시험 대비 교재 53쪽

1 생물 분류 2 ㄴ, ㄹ 3 ㉠ 종, ㉡ 강, ㉢ 계 4 ㉠ 종, ㉡ 생식
5 ㉠ 원핵생물계, ㉡ 식물계 6 원생생물계 7 ㉠ 있다, ㉡ 식물계,
㉢ 없다, ㉣ 없다

중단원 기출 문제 시험 대비 교재 54~57쪽

01 ④ **02** ④ **03** ③, ⑤ **04** ④ **05** ② **06** ③ **07** ② **08** ③
09 ④ **10** ①, ③ **11** ④ **12** ② **13** ③ **14** A: 원핵생물계, B: 원생생물계, C: 동물계, D: 식물계, E: 균계 **15** ② **16** ④ **17** ②
18 ⑤ **19** 해설 참조 **20** 해설 참조

01 ① 사람의 이용 목적에 따라 식용 식물과 약용 식물로 구분한 것은 사람의 편의에 따라 분류한 것이다.
② (가)와 같이 사람의 편의에 따라 분류하는 방법은 분류하는 사람에 따라 결과가 달라질 수 있다.
③ (나)와 같이 꽃이 피는 식물과 꽃이 피지 않는 식물로 분류한 것은 생물 고유의 특징에 따라 분류한 것이다.
⑤ (나)로 분류하는 기준에는 생김새, 속 구조, 번식 방법, 유전적 특징 등이 있다.
오답 피하기 | ④ (가)로 분류하는 기준에는 사람의 이용 목적이나 서식지 등이 있다.

02 ㄱ, ㄷ. 생물 분류를 통해 같은 무리에 속하는 생물의 특징을 미루어 짐작할 수 있으며, 새로 발견한 생물이 어떤 생물 무리에 속하는지 찾거나 결정하는 데 도움이 된다.
오답 피하기 | ㄴ. 생물 분류를 통해 생물 사이의 멀고 가까운 관계를 알 수 있다.

03 ③, ⑤ 종은 생물의 분류 단계 중 가장 작은 단계로, 자연 상태에서 짝짓기를 하여 생식 능력이 있는 자손을 낳을 수 있는 생물 무리이다.
오답 피하기 | ① 여러 종이 모여 속을 이룬다.
②, ④ 종의 분류 기준에 생김새나 서식지는 포함되지 않는다.

04 ① 고양이는 곰과 같은 목, 강, 문, 계에 속한다.
② 사람과 호랑이는 같은 강, 문, 계에 속한다.
③ 사자는 호랑이와 같은 속, 과, 목, 강, 문, 계에 속한다.
⑤ 호랑이, 사자, 고양이, 곰, 사람, 개구리, 잠자리는 모두 동물계에 속하는 생물이다.
오답 피하기 | ④ 개구리는 호랑이와 같은 문에 속하며, 같은 목에 속하지 않는다.

05 ② 암말과 수탕나귀를 교배하여 얻은 노새는 생식 능력이 없으므로 말과 당나귀는 같은 종이 아니다.
오답 피하기 | ①, ③, ④ 말, 당나귀, 노새는 각각 다른 종이다.
⑤ 노새는 생식 능력이 없으므로 자신을 닮은 자손을 낳을 수 없다.

06 원핵생물계에 속하는 생물에 대한 설명이다. 대장균은 원핵생물계에 속하는 생물이다.
오답 피하기 | 이끼는 식물계, 여우는 동물계, 짚신벌레는 원생생물계, 느타리버섯은 균계에 속하는 생물이다.

07 (가) 무리는 기관이 발달되어 있지 않고, (나) 무리는 기관이 발달되어 있다.

08 호랑이, 개구리, 해파리는 모두 동물계에 속하는 생물로, 핵막으로 둘러싸인 뚜렷한 핵이 있는 세포로 이루어져 있고, 세포벽이 없으며, 운동 기관이 있어 이동할 수 있다. 또한, 광합성을 하지 못하므로 다른 생물을 먹이로 섭취하여 양분을 얻는다.
오답 피하기 | ③ 호랑이, 개구리, 해파리는 모두 몸이 여러 개의 세포로 이루어진 다세포 생물이다.

09 개미는 동물계, 이끼는 식물계, 해캄은 원생생물계에 속하는 생물이다.

10 ① 원핵생물계와 나머지 계를 구분하는 분류 기준 A는 핵막(핵)의 유무이다.
③ ㉠은 원핵생물계, ㉡은 원생생물계, ㉢은 균계이다.
오답 피하기 | ② 원핵생물계(㉠)에 속하는 생물은 몸이 1개의 세포로 이루어진 단세포 생물이다.
④ 균계(㉢)에 속하는 생물에는 버섯, 곰팡이 등이 있다.
⑤ 원생생물계(㉡)에 속하는 생물은 운동성이 있거나 없으며, 균계(㉢)에 속하는 생물은 운동성이 없다.

11 식물계에 속하는 생물은 광합성을 하여 스스로 양분을 만들며, 균계(㉢)에 속하는 생물은 광합성을 하지 못하고 대부분 죽은 생물을 분해하여 양분을 얻는다.

12 ㄴ, ㄷ. 표고버섯, 푸른곰팡이, 효모는 균계에 속하는 생물이다.
오답 피하기 | ㄱ. 여우는 동물계에 속하는 생물이다.
ㄹ. 고사리는 식물계에 속하는 생물이다.

13 자료 분석

식물계에 속하는 생물, 원생생물계에 속하는 일부 생물 → 광합성을 한다.
동물계에 속하는 생물, 원생생물계에 속하는 일부 생물 → 광합성을 하지 못한다.
식물계와 동물계에 속하는 생물 → 기관이 발달되어 있다.
원생생물계에 속하는 생물 → 기관이 발달되어 있지 않다.

	광합성을 한다.	광합성을 하지 못한다.
기관이 발달되어 있다.	A 장미	B 사자
기관이 발달되어 있지 않다.	C 해캄	D 아메바

장미와 해캄은 광합성을 하고, 사자와 아메바는 광합성을 하지 못한다. 장미와 사자는 기관이 발달되어 있고, 해캄과 아메바는 기관이 발달되어 있지 않다.

14 자료 분석

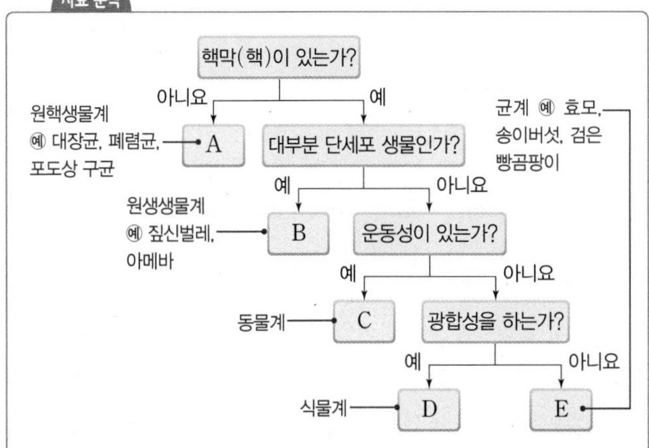

핵막(핵)이 없는 생물은 원핵생물계이고, 나머지 계에 해당하는 생물은 모두 핵막(핵)이 있으므로 A는 원핵생물계이다. B는 핵이 있으며, 대부분 단세포 생물이므로 원생생물계이다. C는 핵이 있으며, 다세포 생물이고, 운동성이 있으므로 동물계이다. D는 핵이 있으며, 다세포 생물이고, 운동성이 없으며 광합성을 하므로 식물계이다. 나머지 E는 균계이다.

15 원핵생물계(A)에 속하는 생물은 대장균, 폐렴균, 포도상 구균이고, 원생생물계(B)에 속하는 생물은 짚신벌레, 아메바이다. 효모, 송이버섯, 검은빵곰팡이는 균계(E)에 속하는 생물이다.

16 D는 식물계이다.

① 식물계에 속하는 생물은 세포벽이 있으며, 몸이 여러 개의 세포로 이루어진 다세포 생물이다.

② 식물계에 속하는 생물은 엽록체가 있어 광합성을 하여 스스로 양분을 만든다.

③ 식물계에 속하는 생물은 뿌리, 줄기, 잎과 같은 기관이 발달해 있다.

⑤ 식물계에 속하는 생물은 운동 기관이 없어 움직이지 않고 한 곳에 뿌리를 내리고 생활한다.

오답 피하기 | ④ 균계(E)에 속하는 생물은 광합성을 하지 못하고, 대부분 죽은 생물을 분해하여 양분을 얻는다.

17 자료 분석

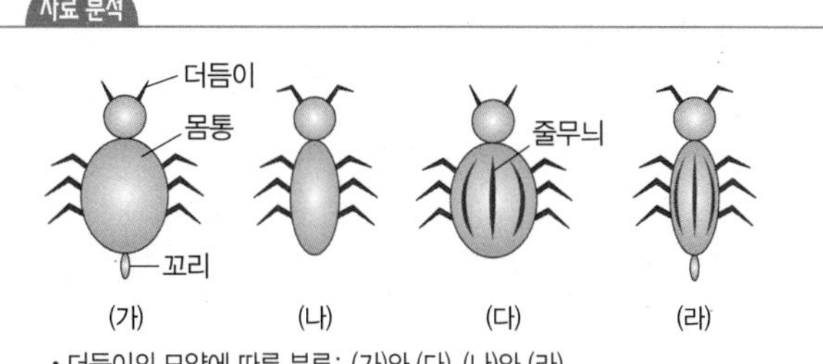

• 더듬이의 모양에 따른 분류: (가)와 (다), (나)와 (라)
• 꼬리의 유무에 따른 분류: (가)와 (라), (나)와 (다)
• 줄무늬의 유무에 따른 분류: (가)와 (나), (다)와 (라)
• 몸통의 모양에 따른 분류: (가)와 (다), (나)와 (라)

① (가)~(라)는 같은 과에 속하므로 같은 목, 강, 문, 계에 속한다.

③ (가)~(라)는 더듬이의 모양이 서로 같거나 다르므로 분류하는 기준이 된다.

④ 꼬리의 유무는 (가)~(라)를 분류하는 기준이 되고, 꼬리가 있는 (가)와 (라), 꼬리가 없는 (나)와 (다)로 분류할 수 있다.

⑤ 몸통의 모양은 (가)~(라)를 분류하는 기준이 되고, 몸통의 폭이 넓은 (가)와 (다), 몸통의 폭이 좁은 (나)와 (라)로 분류할 수 있다.

오답 피하기 | ② (다)와 (라)는 줄무늬의 수가 같으므로 줄무늬의 수는 (다)와 (라)를 분류하는 기준에 해당하지 않는다.

18 자료 분석

원핵생물계 대장균
대장균과 효모가 공통적으로 가지는 특징이다.
대장균만 가지는 특징이다.
(가)
(나)
(다)
(라)
대장균, 효모, 고사리가 공통적으로 가지는 특징이다.
균계 효모
고사리 식물계
효모와 고사리가 공통적으로 가지는 특징이다.

⑤ (라)는 효모와 고사리가 가지는 공통된 특징으로 '핵막으로 둘러싸인 뚜렷한 핵이 있다.'가 해당한다.

오답 피하기 | ① 대장균은 특징 (가), (나), (다)를 가진다.

② (가)는 대장균만 갖는 특징으로, '핵막으로 둘러싸인 뚜렷한 핵이 없다.'가 해당한다. 원핵생물계에 속하는 대장균은 단세포 생물이며, 효모는 균계에 속하는 단세포 생물이다.

③ 대장균과 효모는 기관이 발달되어 있지 않으므로 '기관이 발달되어 있다.'는 (나)에 해당하지 않는다.

④ (다)는 대장균, 효모, 고사리가 모두 갖는 공통적인 특징이어야 한다. '스스로 양분을 만들 수 있다.'는 고사리만 가지는 특징이다.

19 종은 생물의 분류 단계에서 가장 작은 단계이며, 자연 상태에서 짝짓기를 하여 생식 능력이 있는 자손을 낳을 수 있는 생물 무리이다.

모범 답안 불테리어와 불도그 사이에서 태어난 보스턴테리어는 생식 능력이 있기 때문이다.

채점 기준	배점
불테리어와 불도그 사이에 태어난 보스턴테리어가 생식 능력이 있기 때문이라는 내용을 모두 포함하여 옳게 서술한 경우	100 %
보스턴테리어가 생식 능력이 있기 때문이라고만 서술한 경우	80 %

20 원핵생물계를 (가)로, 식물계와 균계를 (나)로 나눈 분류 기준은 핵막(핵)의 유무이고, 식물계를 (다)로, 균계를 (라)로 나눈 분류 기준은 광합성 여부(양분을 얻는 방법), 엽록체 유무이다.

모범 답안 (1) (가)는 세포에 핵막으로 둘러싸인 뚜렷한 핵이 없고, (나)는 세포에 핵막으로 둘러싸인 뚜렷한 핵이 있다.
(2) (다) 장미, 이끼, 소나무, 고사리, (라) 표고버섯, 푸른곰팡이
(3) (다)는 광합성을 하여 스스로 양분을 만들고, (라)는 광합성을 하지 못하고 대부분 죽은 생물을 분해하여 양분을 얻는다.

	채점 기준	배점
(1)	(가)와 (나) 무리의 분류 기준을 각 무리가 가지는 특성을 포함하여 서술한 경우	40 %
	핵막(핵)의 유무라고만 서술한 경우	20 %
(2)	생물을 옳게 분류한 경우	20 %
(3)	(다)와 (라) 무리가 양분을 얻는 방법을 광합성 여부를 포함하여 옳게 서술한 경우	40 %
	광합성 여부를 포함하지 않고 서술한 경우	20 %

03 생물 다양성 보전

중단원 핵심 정리

시험 대비 교재 58쪽

❶ 생태계 평형 ❷ 먹이 사슬 ❸ 낮은 ❹ 높은 ❺ 생물 자원 ❻ 의약품 ❼ 도꼬마리 ❽ 산소 ❾ 서식지 파괴 ❿ 생태 통로 ⓫ 남획 ⓬ 천적 ⓭ 사회적 활동 ⓮ 국가적 활동

중단원 퀴즈

시험 대비 교재 59쪽

1 생물 다양성 2 (나) 3 (가) 4 (1) 벼, 보리, 밀 (2) 목화, 누에고치 (3) 목재 (4) 주목, 푸른곰팡이 5 서식지 파괴 6 외래종 7 개인적 8 국가적 9 생물 다양성 협약

중단원 기출 문제

시험 대비 교재 60~63쪽

01 ④ **02** ① **03** ④ **04** ② **05** ㉠ (가), ㉡ (가) **06** ⑤ **07** (다) **08** ③ **09** ③, ⑤ **10** ③ **11** ⑤ **12** ③ **13** ④ **14** ④ **15** ③ **16** ⑤ **17** ③ **18** ① **19** ③ **20** 해설 참조 **21** 해설 참조 **22** 해설 참조

01 ㄱ. 생물 다양성은 인간에게 필요한 생물 자원을 제공한다.
ㄷ. 생물 다양성은 생태계 평형이 유지되도록 하여 생태계를 이루는 생물의 종류와 수가 변하지 않고 안정된 상태가 유지된다.
오답 피하기 | ㄴ. 생물 다양성은 지구 환경을 유지하고 보전되도록 한다. 지구 환경의 유지에 높은 수준의 과학 기술도 필요하다.

02 ② 생물 다양성이 높으면 변화된 환경에도 살아남을 생물이 많기 때문에 생물이 멸종될 위험이 줄어든다.
③ 생물 다양성이 높아야 생태계가 안정적으로 유지될 수 있고, 생물 다양성이 낮으면 생태계가 안정적으로 유지될 수 없다.
④ 생태계를 구성하는 생물의 종류가 적을수록 먹이 사슬이 단순하고, 생태계를 구성하는 생물의 종류가 많을수록 먹이 사슬이 복잡하게 얽혀 있다.
⑤ 생태계 평형이란 생태계를 이루는 생물의 종류와 수가 크게 변하지 않고 안정된 상태를 유지하는 것이다.
오답 피하기 | ① 먹이 사슬이 복잡하게 얽혀 있으면 생태계 평형이 잘 유지된다.

03 ①, ② 다양한 종류의 생물이 서식하여 먹이 사슬이 복잡하게 얽혀 있으면 생태계가 안정적으로 유지된다.
③ 같은 생물 사이에서 다양한 특징이 나타나면 생물 다양성이 높아 생태계가 안정적으로 유지된다.
⑤ 생물 다양성이 높아 먹이 사슬이 복잡하게 얽혀 있으면 한 생물이 사라져도 다른 생물을 먹이로 하여 살 수 있으므로 생태계가 안정적으로 유지된다.

오답 피하기| ④ 생태계에서 한 종류의 생물이 대부분을 차지하면 생물 다양성이 낮아 생태계가 안정적으로 유지되기 어렵다.

04 자료 분석

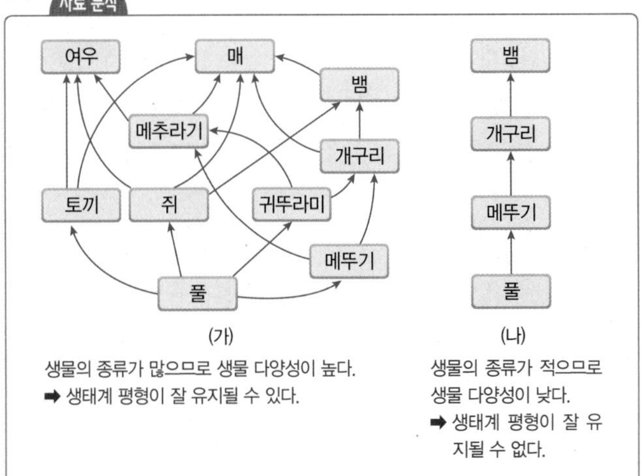

ㄷ. (가)에서 개구리가 사라져도 뱀은 쥐를 먹이로 하여 살 수 있으므로 뱀이 사라지지 않는다.

오답 피하기| ㄱ. (나)에서 개구리가 사라지면 뱀이 사라지고, 메뚜기는 단기적으로 수가 많아진다.

ㄴ. (가)가 (나)보다 먹이 사슬이 복잡하게 얽혀 있다.

05 생물 다양성이 높아 생태계 평형이 잘 유지될 생태계는 먹이 사슬이 복잡한 (가)이다.

06 ① 생물 자원인 주목, 푸른곰팡이, 버드나무로부터 의약품의 원료를 얻는다.

② 생물 자원인 목재로부터 가구나 집의 재료를 얻는다.

③ 생물 자원인 벼, 보리, 밀로부터 식량의 재료를 얻고, 목화, 누에고치로부터 옷감의 재료를 얻는다.

④ 생물 자원은 산업용 재료나 아이디어를 제공한다.

오답 피하기| ⑤ 울창한 숲은 대기의 이산화 탄소를 흡수하고, 생물에게 필요한 산소를 공급한다.

07 옷에 붙어 잘 떨어지지 않는 도꼬마리를 보고 신발의 벨크로를 발명하였다.

08 목화(나)와 누에고치(라)는 옷감의 원료로 사용되고, 푸른곰팡이(마)는 항생제인 페니실린의 원료로 사용된다.

09 ③, ⑤ 생물 다양성은 지구 환경을 유지하고 보전한다. 울창한 숲은 대기의 이산화 탄소를 흡수하고, 생물에게 필요한 산소를 공급하며, 동물에게 서식처를 제공하기도 한다. 버섯, 곰팡이, 세균 등은 죽은 동식물의 사체나 배설물을 분해하여 토양을 비옥하게 만든다.

오답 피하기| ①, ② 목재가 가구나 집의 재료가 되며, 주목이 항암제의 원료로 이용되는 것과 같이 생물 다양성은 인간에게 필요한 생물 자원을 제공한다.

④ 생물 다양성은 인간에게 필요한 생물 자원을 제공하여 산업용 재료나 아이디어를 얻기도 한다.

10 ㄱ. 불법 포획과 남획으로 인한 무분별한 채집과 사냥은 생물 다양성 감소의 원인이 된다.

ㄴ. 생물 다양성을 감소시키는 주된 원인은 과도한 인간의 활동으로, 서식지 파괴, 불법 포획과 남획, 외래종 유입, 환경 오염 등이 있다.

오답 피하기| ㄷ. 환경이 오염되어 환경 정화 시설을 설치하여도 환경은 오염되기 전과 같은 상태가 되지는 못한다.

11 ① 산을 깎아 도로를 만드는 인간의 활동은 서식지 파괴이다.

②, ④ 서식지 파괴에 의해 그곳에 살아가던 생물의 서식지가 감소되어 생물들이 사라져 생물의 종류 수가 감소될 것이다.

③ 서식지 파괴는 생물 다양성 감소의 가장 심각한 원인이다.

오답 피하기| ⑤ 인간이 자연을 개발하는 과정은 자연에 작거나 큰 피해를 준다.

12 쓰레기 배출량을 줄이는 것은 환경 오염에 의한 생물 다양성 감소를 막기 위한 직접적인 대책이다.

13 ㄱ. 배스, 뉴트리아, 가시박, 황소개구리는 모두 외래종으로, 사람들이 의도적이거나 우연히 옮긴 생물들이다.

ㄷ. 외래종은 천적이 없어 원래 그 지역에 살던 토종 생물들을 위협하므로 외래종이 무분별하게 유입되는 것을 방지하고, 꾸준히 감시하여 퇴치해야 한다.

오답 피하기| ㄴ. 외래종은 토종 생물들을 위협하여 생물 다양성을 감소시킨다.

14 ①, ③ 남획은 동물을 함부로 마구 잡는 것으로, 무분별한 채집과 사냥은 생물 다양성 감소의 원인이 된다.

② 불법 포획과 남획을 막기 위한 법률을 강화하여 생물 다양성을 보전해야 한다.

⑤ 불법 포획과 남획을 통해 야생 동식물의 개체 수가 급격히 줄어들어 생물 다양성이 감소한다.

오답 피하기| ④ 붉은귀거북은 멸종 위기종이 아니라 외래종이다. 멸종 위기종에는 반달가슴곰, 수리부엉이, 두루미, 나도풍란 등이 있다.

15 생물 다양성 보전을 위한 개인적 활동에는 쓰레기 분리 배출하기, 친환경 농산물 이용하기, 모피로 만든 제품 사지 않기, 희귀한 동물을 애완용으로 기르지 않기 등이 있다.

오답 피하기| ③ 생태 관련 수업을 제공하는 것은 생물 다양성 보전을 위한 사회적 활동이다.

16 ㄱ. 종자 은행은 우리나라 고유의 우수한 종자를 보관하고 배양하여 보급하는 역할을 한다. 우리나라의 종자 은행은 농촌 진흥청의 농업 유전자원 센터, 국립 수목원, 국립 백두대간 수목원 등에 있다.

ㄴ. 멸종 위기종과 야생 동식물 등 생물 다양성 보전을 위해 국립 공원을 지정한다.

ㄷ. 종자 은행 설립과 국립 공원 지정은 생물 다양성 보전을 위한 국가적 활동이다.

17 (가)는 생물 다양성 협약으로, 지구에 사는 생물의 멸종을 막기 위해 동식물 및 천연 자원을 보전하기 위한 협약이다. (나)는 람사르 협약에 대한 설명으로, 국제적으로 중요한 습지 보호에 관한 협약이다.

18 자료 분석

생물 다양성이 가장 높다. ➡ 생태계 평형이 잘 유지된다.
생태계 A
생태계 B
생태계 C
호랑이 뱀 매 새 사슴 토끼 쥐 메뚜기 잎 풀 열매
토끼가 사라져도 뱀, 쥐를 먹이로 할 수 있다.
뱀이 사라져도 토끼를 먹이로 할 수 있다.

ㄱ. 생물 다양성이 가장 높은 생태계는 먹이 사슬이 복잡하게 얽혀 있는 A이다.

오답 피하기 | ㄴ. C에서 뱀이 사라질 경우 매는 토끼를 먹이로 하여 살아갈 수 있다.

ㄷ. 토끼가 사라질 경우 B와 C에서는 매가 다른 생물을 먹이로 하여 살아갈 수 있다.

19 자료 분석

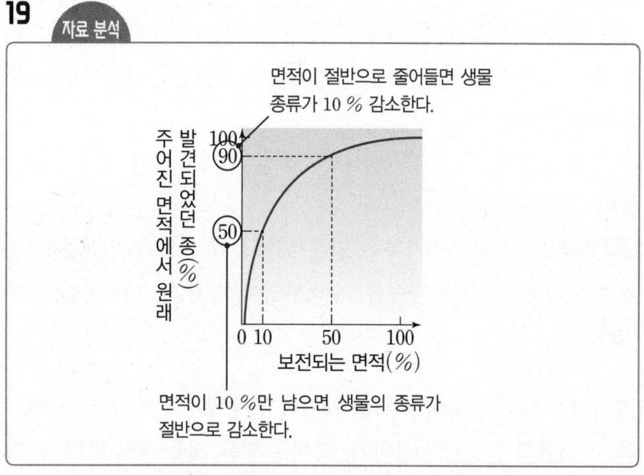

ㄱ, ㄴ. 서식지가 파괴되어 서식지 면적이 감소될수록 생물의 종류도 감소하여 생물 다양성이 감소한다.

오답 피하기 | ㄷ. 생물의 서식지 면적이 절반으로 줄어들면 생물 종류의 10 %가 감소한다.

20 (가)에 살고 있는 생물은 4종류이고, 동물들의 총 수는 약 5만 마리이다. (나)에 살고 있는 생물은 8종류이고, 동물들의 총 수는 약 50만 마리이다.

모범 답안 (나), (가)보다 (나)에 살고 있는 생물의 종류가 많고, 수가 많기 때문이다.

채점 기준	배점
(나)를 쓰고, 그렇게 생각한 까닭을 옳게 서술한 경우	100 %
(나)만 쓴 경우	30 %

21 댐을 건설하거나 하천을 정비하는 일은 생물의 서식지를 감소시킨다. 그 결과 서식지에 살던 생물의 종류와 수도 감소되어 생물 다양성을 감소시킨다.

모범 답안 서식지 파괴, 생물 다양성을 감소시킨다.

채점 기준	배점
서식지 파괴를 쓰고, 생물 다양성에 미치는 영향을 옳게 서술한 경우	100 %
서식지 파괴만 쓴 경우	30 %

22 생물이 살아가는 서식지에 가운데를 가로지르는 도로가 생기면 서식지 가운데서 살아가는 종의 수가 감소한다.

모범 답안 (1) 감소한다.

(2) 나누어진 서식지를 연결해서 동물들이 이동할 수 있도록 생태 통로를 만든다.

	채점 기준	배점
(1)	감소한다고 쓴 경우	30 %
(2)	서식지 연결, 동물 이동에 대한 내용과 생태 통로를 모두 포함하여 옳게 서술한 경우	70 %
	생태 통로를 만든다고만 서술한 경우	50 %

VISUAL CONTENTS — 중요한 자료 분석 다시 보기

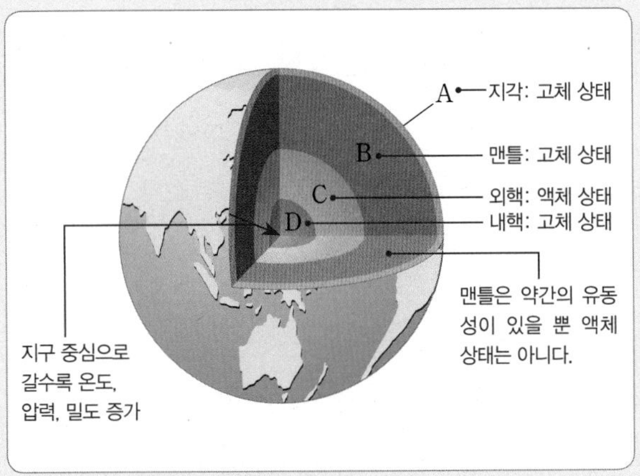

Ⅰ. 지권의 변화 — 지권의 층상 구조

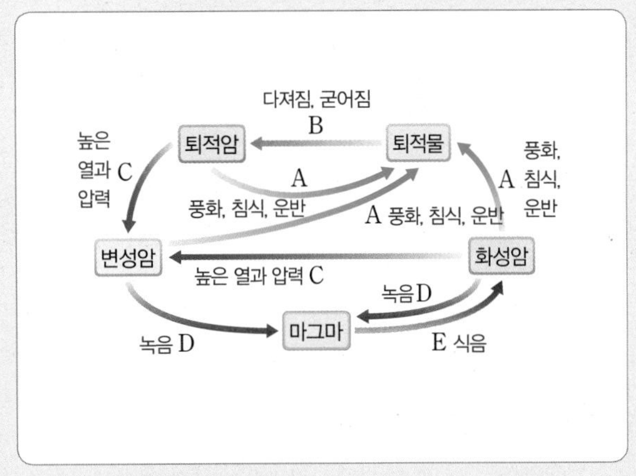

Ⅰ. 지권의 변화 — 암석의 순환

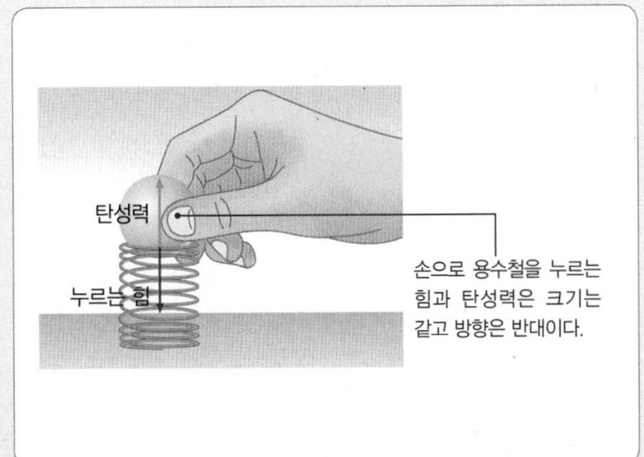

Ⅱ. 여러 가지 힘 — 탄성력의 방향

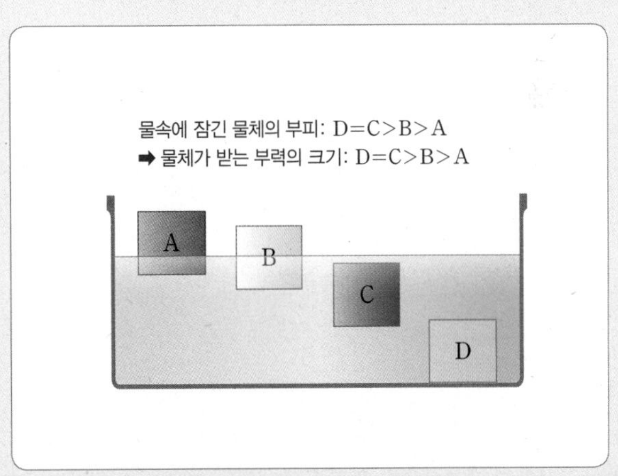

Ⅱ. 여러 가지 힘 — 부력의 크기

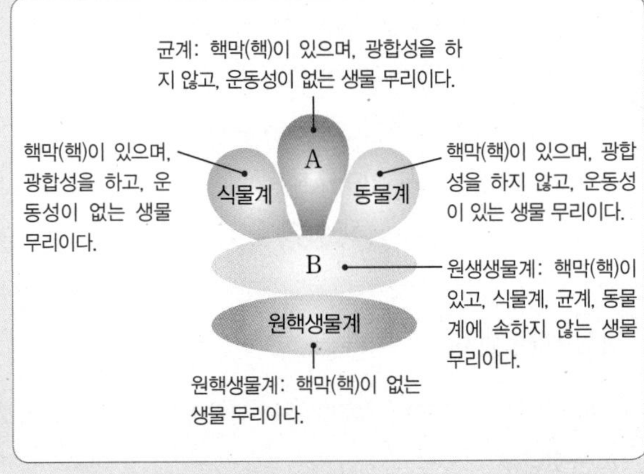

Ⅲ. 생물의 다양성 — 생물의 5계 분류

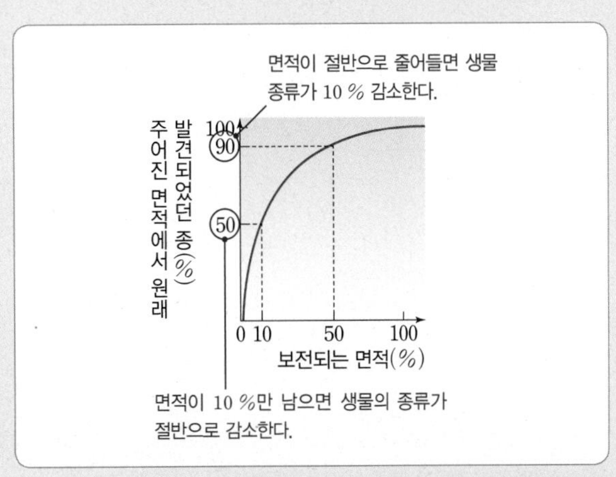

Ⅲ. 생물의 다양성 — 서식지 면적의 감소에 따라 줄어든 생물 종류의 비율

개념 학습 교재

ⓒ Muller / McPhoto / Alamy Stock Photo 84p_높은 산 위의 눈잣나무

ⓒ Avalon.red / Alamy Stock Photo 84p_평지의 잣나무

ⓒ 강원도청, 한국문화정보원 84p_산천어

ⓒ 강원도청, 한국문화정보원 84p_송어

ⓒ 이미지메이킹 92p_미역

ⓒ James King-Holmes / Alamy Stock Photo 102p_종자은행

시험 대비 교재

ⓒ Muller / McPhoto / Alamy Stock Photo 46, 50p_높은 산 위의 눈잣나무

ⓒ Avalon.red / Alamy Stock Photo 46, 50p_평지의 잣나무

ⓒ 이미지메이킹 53p_미역

ⓒ James King-Holmes / Alamy Stock Photo 62p_종자은행

비욘드

너듀나듀
배움에 재미를 더하다
EBS 스터디 굿즈 플랫폼, 너듀나듀
WEATHER MAP
OF KOREAN WINT
STUDY
WORD :BOOK
그림 속 제품이 궁금하다면? ndnd.me
© NEODYUNADYU